冶金专业教材和工具书经典传承国际传播工程
普通高等教育“十四五”规划教材

“十四五”国家重点出版物出版规划项目

深部智能绿色采矿工程
金属矿深部绿色智能开采系列教材
冯夏庭　主编

深部工程岩体灾害监测预警

Monitoring and Early Warning of Rock Mass Disasters in Deep Engineering

刘建坡　徐世达　主　编
陈炳瑞　姚志宾　副主编

扫码看本书
数字资源

北　京
冶　金　工　业　出　版　社
2024

内 容 提 要

本书以深部工程岩体测试与监测的需求为目标导向，介绍了测试系统组成、各种类型传感器的工作原理和基本的数据分析方法；地应力和扰动应力测试、岩体表面和内部变形观测、岩体结构和损伤探测、微震监测、爆破振动监测、支护系统监测等过程，以及岩体测试与监测技术的工作原理、数据处理方法、使用条件和注意事项等，并辅以典型深部岩体工程应用案例；深部工程典型岩体灾害-岩爆的监测预警、金属矿山地下采空区监测及稳定性评价中的岩体原位综合监测方法及应用。

本书可供从事矿山开采的工程技术人员、科研人员和管理人员阅读，也可供相关领域的工程技术人员与高等院校师生参考。

图书在版编目(CIP)数据

深部工程岩体灾害监测预警/刘建坡，徐世达主编.—北京：冶金工业出版社，2022.10（2024.1 重印）

（深部智能绿色采矿工程/冯夏庭主编）

“十四五”国家重点出版物出版规划项目

ISBN 978-7-5024-9286-1

Ⅰ.①深… Ⅱ.①刘… ②徐… Ⅲ.①矿山—灾害防治—高等学校—教材 Ⅳ.①TD7

中国版本图书馆 CIP 数据核字(2022)第 173762 号

深部工程岩体灾害监测预警

出版发行	冶金工业出版社	**电　　话**	(010)64027926
地　　址	北京市东城区嵩祝院北巷 39 号	**邮　　编**	100009
网　　址	www.mip1953.com	**电子信箱**	service@mip1953.com

责任编辑 刘小峰 赵缘园 美术编辑 彭子赫 版式设计 郑小利 孙跃红

责任校对 李 娜 责任印制 禹 蕊

三河市双峰印刷装订有限公司印刷

2022 年 10 月第 1 版，2024 年 1 月第 2 次印刷

787mm×1092mm 1/16；20.25 印张；485 千字；302 页

定价 56.00 元

投稿电话 (010)64027932 投稿信箱 tougao@cnmip.com.cn

营销中心电话 (010)64044283

冶金工业出版社天猫旗舰店 yjgycbs.tmall.com

（本书如有印装质量问题，本社营销中心负责退换）

冶金专业教材和工具书
经典传承国际传播工程
总　　序

钢铁工业是国民经济的重要基础产业，为我国经济的持续快速增长和国防现代化建设提供了重要支撑，做出了卓越贡献。当前，新一轮科技革命和产业变革深入发展，中国经济已进入高质量发展新时代，中国钢铁工业也进入了高质量发展的新时代。

高质量发展关键在科技创新，科技创新离不开高素质人才。党的二十大报告指出："教育、科技、人才是全面建设社会主义现代化国家的基础性、战略性支撑。必须坚持科技是第一生产力、人才是第一资源、创新是第一动力，深入实施科教兴国战略、人才强国战略、创新驱动发展战略，开辟发展新领域新赛道，不断塑造发展新动能新优势。"加强人才队伍建设，培养和造就一大批高素质、高水平人才是钢铁行业未来发展的一项重要任务。

随着社会的发展和时代的进步，钢铁技术创新和产业变革的步伐也一直在加速，不断推出的新产品、新技术、新流程、新业态已经彻底改变了钢铁业的面貌。钢铁行业必须加强对科技进步、教育发展及人才成长的趋势研判、规律认识和需求把握，深化人才培养体制机制改革，进一步完善相应的条件支撑，持续增强"第一资源"的保障能力。中国钢铁工业协会《"十四五"钢铁行业人力资源规划指导意见》提出，要重视创新型、复合型人才培养，重视企业家培养，重视钢铁上下游复合型人才培养。同时要科学管理，丰富绩效体系，进一步优化人才成长环境，造就一支能够支撑未来钢铁行业高质量发展的人才队伍。

高素质人才来源于高水平的教育和培训，并在丰富多彩的创新实践中历练成长。以科技创新为第一动力的发展模式，需要科技人才保持知识的更新频率，站在钢铁发展新前沿去思考未来，系统性地将基础理论学习和应用实践学习体系相结合。要深入推进职普融通、产教融合、科教融汇，建立高等教育+职业教育+继续教育和培训一体化行业人才培养体制机制，及时把钢铁科技创新成果转化为钢铁从业人员的知识和技能。

一流的专业教材是高水平教育培训的基础，做好专业知识的传承传播是当代中国钢铁人的使命。20 世纪 80 年代，冶金工业出版社在原冶金工业部的领导支持下，组织出版了一批优秀的专业教材和工具书，代表了当时冶金科技的水平，形成了比较完备的知识体系，成为一个时代的经典。但是由于多方面的原因，这些专业教材和工具书没能及时修订，导致内容陈旧，跟不上新时代的要求。反映钢铁科技最新进展和教育教学最新要求的新经典教材的缺失，已经成为当前钢铁专业人才培养最明显的短板和痛点。

为总结、提炼、传播最新冶金科技成果，完成行业知识传承传播的历史任务，推动钢铁强国、教育强国、人才强国建设，中国钢铁工业协会、中国金属学会、冶金工业出版社于 2022 年 7 月发起了“冶金专业教材和工具书经典传承国际传播工程”（简称“经典工程”），组织相关高校、钢铁企业、科研单位参加，计划用 5 年左右时间，分批次完成约 300 种教材和工具书的修订再版和新编，以及部分教材和工具书的对外翻译出版工作。2022 年 11 月 15 日在东北大学召开了工程启动会，率先启动了高等教育和职业教育教材部分工作。

“经典工程”得到了东北大学、北京科技大学、河北工业职业技术大学、山东工业职业学院等高校，中国宝武钢铁集团有限公司、鞍钢集团有限公司、首钢集团有限公司、河钢集团有限公司、江苏沙钢集团有限公司、中信泰富特钢集团股份有限公司、湖南钢铁集团有限公司、包头钢铁（集团）有限责任公司、安阳钢铁集团有限责任公司、中国五矿集团公司、北京建龙重工集团有限公司、福建省三钢（集团）有限责任公司、陕西钢铁集团有限公司、酒泉钢铁（集团）有限责任公司、中冶赛迪集团有限公司、连平县昕隆实业有限公司等单位的大力支持和资助。在各冶金院校和相关钢铁企业积极参与支持下，工程相关工作正在稳步推进。

征程万里，重任千钧。做好专业科技图书的传承传播，正是钢铁行业落实习近平总书记给北京科技大学老教授回信的重要指示精神，培养更多钢筋铁骨高素质人才，铸就科技强国、制造强国钢铁脊梁的一项重要举措，既是我国钢铁产业国际化发展的内在要求，也有助于我国国际传播能力建设、打造文化软实力。

让我们以党的二十大精神为指引，以党的二十大精神为强大动力，善始善终，慎终如始，做好工程相关工作，完成行业知识传承传播的使命任务，支撑中国钢铁工业高质量发展，为世界钢铁工业发展做出应有的贡献。

中国钢铁工业协会党委书记、执行会长

2023年11月

金属矿深部绿色智能开采系列教材
序　言

新经济时代，采矿技术从机械化全面转向信息化、数字化和智能化；极大程度上降低采矿活动对生态环境的损害，恢复矿区生态功能是新时代对矿产资源开采的新要求；“四深”（深空、深海、深地、深蓝）战略领域的国家部署，使深部、绿色、智能采矿成为未来矿产资源开采的主趋势。

为了适应这一发展趋势对采矿专业人才知识结构提出的新要求，依据新工科人才培养理念与需求，系统梳理了采矿专业知识逻辑体系，从学生主体认知特点出发，构建以地质、测量、采矿、安全等相关学科为节点的关联化教材知识结构体系，并有机融入“课程思政”理念，注重培育工程伦理意识；吸纳地质、测量、采矿、岩石力学、矿山生态、资源综合利用等相关领域的理论知识与实践成果，形成凸显前沿性、交叉性与综合性的“金属矿深部绿色智能开采系列教材”，探索出适应现代化教育教学手段的数字化、新形态教材形式。

系列教材目前包括《金属矿山地质学》《深部工程地质学》《深部金属矿水文地质学》《智能矿山测绘技术》《金属矿床露天开采》《金属矿床深部绿色智能开采》《井巷工程》《智能金属矿山》《深部工程岩体灾害监测预警》《深部工程岩体力学》《矿井通风降温与除尘》《金属矿山生态-经济一体化设计与固废资源化利用》《金属矿共伴生资源利用》，共13个分册，涵盖地质与测量、采矿、选矿和安全4个专业、近10个相关研究领域，突出深部、绿色和智能采矿的最新发展趋势。

系列教材经过系统筹划，精细编写，形成了如下特色：以深部、绿色、智能为主线，建立力学、开采、智能技术三大类课群为核心的多学科深度交叉融合课程体系；紧跟技术前沿，将行业最新成果、技术与装备引入教材；融入课程思政理念，引导学生热爱专业、深耕专业，乐于奉献；拓展教材展示手段，采用全新数字化融媒体形式，将过去平面二维、静态、抽象的专业知识以三维、动态、立体再现，培养学生时空抽象能力。系列教材涵盖地质、测量、开采、智能、资源综合利用等全链条过程培养，将各分册教材的知识点进行梳理与整合，避免了知识体系的断档和冗余。

系列教材依托教育部新工科二期项目“采矿工程专业改造升级中的教材体系建设”（E-KYDZCH20201807）开展相关工作，有序推进，入选《出版业“十四五”时期发展规划》，得到东北大学教务处新工科建设和“四金一新”建设项目的支持，在此表示衷心的感谢。

主编 冯夏庭

2021 年 12 月

前　言

随着国民经济发展对基础工程建设、资源开发、油气自给等方面需求的日益增加，能源、资源、水利水电、交通与环境工程不断向深部发展。深部高应力和复杂赋存地质环境下，工程难度和施工规模逐渐增大，在强烈地开采（挖）卸荷效应和动力扰动条件下，深部岩体的力学响应信息复杂多变，工程岩体灾害频发。高能级岩爆与矿震、大面积采空区失稳、冒顶和片帮等灾害严重影响深部工程建设安全和生产效率。在这种背景下，为保证深部岩体工程的质量和施工的安全性，需要加强现场测试和监测工作，有效保障现场施工质量，并对由于施工引起的岩体位移、应力及周边环境进行相应的跟踪监测，通过现场反馈信息及时对现场施工方法进行调整或设计变更，以确保施工安全和保护周边环境。

相对于浅部工程来说，深部工程复杂的开采（或施工）条件对于岩体测试与监测技术提出了更高的要求，具体表现为：测点位置多、数据量大、大多需要重复性和连续性监测、设备性能要求高等。近年来，伴随着电子技术和计算机技术的快速发展，涌现出以智能监测技术、大数据智能分析、无线通信技术为代表的诸多新的岩体测试手段。地下岩体工程监测技术也逐步向可移动监测、高精度高性能仪器设备、多源信息集成化一体化监测与智能分析方向发展。对于高等教育来说，如何培养适应新一轮科学技术革命的卓越工程人才，是新时期采矿工程和岩土工程等学科教学改革所必然面对的挑战。岩体测试教材须引入最新的信息化和智能化方面的知识内容和科研成果。同时，考虑到测试与监测技术发展日新月异，岩体测试教材需要更新迭代，保证学生所掌握的测试技术和方法能够紧跟信息化和智能化时代步伐。

全书在编写过程中，融入了思政元素，引导学生重视深部工程建设的安全问题，为行业发展做出贡献。在内容上，本教材以深部工程岩体测试与监测的需求为目标导向，按照测试与监测基础知识、分类岩体信息测试与监测技术、典型岩体灾害综合监测3部分，共分为9章撰写。第1章主要介绍测试系统组成、包含智能传感器在内的不同类型传感器工作原理和基本数据分析方法；第2~7章为分类岩体信息测试与监测技术，包括原岩应力和扰动应力测试、岩体表面和内部变形观测、岩体结构和损伤探测、微震监测、爆破振动监测和支护系统监测，对相关测试与监测技术的工作原理、数据处理方法、使用条件和注意事项等方面进行了详细介绍，特别强调了相关测试与监测技术在深部工程应用过程中的特点和质量控制要点，并辅以典型深部岩体工程应用案例；第8、9章针对深部硬岩工程岩爆和地下金属矿山采空区坍塌两种典型地下工程岩体灾害，介绍了岩体原位综合监测方法、最新的前沿成果和工程应用案例。

作为“金属矿深部绿色智能开采系列教材”的一个分册，本教材在冯夏庭院士指导下完成，刘建坡和徐世达担任主编，陈炳瑞和姚志宾担任副主编，具体编写分工为：第1章、第3章（3.1节、3.2节）、第4章（4.1节、4.2节）和第5章由刘建坡编写；第2章（2.1~2.3节）、第6章和第9章由徐世达编写；第8章由陈炳瑞编写；第2章（2.4节）、第3章（3.3节）、第4章（4.3节）和第7章由姚志宾编写；课后思考题由刘建坡、徐世达、陈炳瑞、姚志宾编写。

在教材编写过程中，多位有丰富教学经验和丰硕科研成果的专家学者对本教材进行了认真审阅，提出了许多宝贵意见和建议，专家包括：同济大学夏才初教授，中国矿业大学（北京）陈忠辉教授，中国科学院武汉岩土力学研究所陈从新研究员、李邵军研究员、江权研究员，河南理工大学袁瑞甫教授，东北大学朱万成教授、赵兴东教授。研究生师宏旭、司英涛、魏登铖、陈天晓、张宸瑞、张伟、牛文静、张宇、张俊杰、武峰、徐孝男、张飞飞等为本教材资料收集、编排、绘图和校核付出了大量精力和时间，在此一并表示衷心的感谢。

在本教材编写和出版过程中，获得了东北大学百种优质教材建设项目资助，得到了东北大学资源与土木工程学院、深部金属矿山安全开采教育部重点实验室领导和同仁的大力支持和帮助，在此致以真诚的感谢。同时，本教材编写过程中，参阅了大量国内外文献，在此谨向文献作者表示由衷的感谢。

由于编者水平所限，教材中不足之处在所难免，诚恳希望各位读者不吝赐教、批评指正。

编　者
2022 年 5 月

目 录

绪　论

本章课件

0.1　我国深部工程建设发展趋势

向地球深部进军是国家战略科技问题，我国自“九五”开始设立相关科技攻关项目，着重解决深部资源开发及深部工程建设过程中的关键问题，其中，“十三五”科技创新总体布局中把“深地”探测列入重要内容，形成了“深空”“深地”和“深海”三大科技发展战略，“十四五”规划和“二〇三五”远景目标建议指出，要重点发展深地资源开发等多项科技前沿领域，这些都充分体现了我国对战略科技资源的迫切需求及建设创新型国家的决心和宏大愿景，同时也开启了我国深部工程建设的新时代。

随着科技的进步和关键技术的突破，深部工程建设取得了发展和进步，但同时也面临着严峻的挑战。几十年来，持续大规模资源开采使得浅部矿产资源已趋于枯竭，未来矿产资源开发也将全面进入第二深度空间（1000~2000m）范围，金属矿深部开采将成为常态。国外进入千米开采深度较早，开采深度超千米的金属矿山百余个，其中，南非、加拿大、印度、美国和俄罗斯等是世界上金属矿采深井数量最多的几个国家，绝大多数金矿的开采深度超过2000m，如南非 Mponeng 金矿采深目前已超过4000m，矿体埋深更是超过7500m；加拿大 LaRonde 多金属矿开拓深度已达到3008m，矿体延伸至3700m。虽然和国外的众多深部金属矿山相比，中国金属矿的开采深度较浅，但是一大批金属矿山正处于向深部全面推进的阶段，如红透山铜矿、湘西金矿、夹皮沟金矿、冬瓜山铜矿、凡口铅锌矿、玲珑金矿、会泽铅锌矿、程潮铁矿等都即将进入或基本已进入1000~2000m深部开采范畴，其中辽宁红透山铜矿达到1300m，吉林夹皮沟金矿达到1400m，河南灵宝釜鑫金矿达到1600m。此外，由于提升、运输、充填等开采过程成本高，新建深井矿山为保证开采经济性，在设计开采方法时往往以规模换效益，开采规模显著增大，例如思山岭铁矿、马城铁矿等深部矿山设计年开采规模均超过1000万吨，甚至达到1500万吨。

我国水利水电在近些年也得到了蓬勃发展，已经修建了一大批长距离输水隧洞和大型地下厂房，为满足国民经济和社会发展需要发挥了重要作用。据统计，我国已建和在建的地下水电站约120座，拟建超过50座，总数近200座，且水工隧洞累计施工长约1100km。地下厂房建设呈现出洞室跨度大、开挖规模大、结构复杂的特点，例如金沙江溪洛渡水电站，左、右岸地下厂房开挖尺寸为443.34m×31.9m×79.6m（长×宽×高），是世界上规模最大的地下水电站；正在建设的锦屏二级水电站，4条引水隧洞单线长度约16.7km，开挖直径为12.4~13.0m，最大埋深约2525m。此外，由于地下洞室群通常布置在深埋岩体中，上覆岩层厚度少则数百米，多则上千米，最大地应力均接近或超过几十兆帕，如已建的二滩、拉西瓦、锦屏一级、官地，在建的猴子岩、长河坝及拟建的两河口、双江口等工程。随着各方面经验的积累，地下水利水电地下厂房的建设已经处于世界前列，并逐渐向数字化、智能化方向发展。

0.2 深部工程岩体灾害监测预警的重要性

深部工程赋存地质环境极端复杂，与浅部地层相比，地质灾害发生频率更高、成灾机理更复杂，易发生高强度岩爆、软岩持续大变形、采空区失稳、大体积塌方/冒落等灾害，灾害共生-次生现象显著，催生链式灾害效应，导致重大人员伤亡、严重经济损失和恶劣社会影响。各类深部工程地质灾害的监测和有效预警是难以解决的工程痼疾。

0.2.1 岩爆

自1738年英国锡矿岩爆被首次报道以来，世界范围内已有联邦德国、南非、中国、前苏联、波兰、捷克斯洛伐克、匈牙利、保加利亚、奥地利、意大利、瑞典、挪威、新西兰、美国、法国、加拿大、日本、印度、比利时、安哥拉、瑞士等众多国家和地区记录有岩爆问题。最初，岩爆主要见于深埋的采矿巷道或竖井内，如埋深在几千米以下的南非金矿和印度的 Kolar 金矿等。后来，在埋深较浅的交通隧道、引水隧洞甚至是排污管道、输油管道等的施工中也频繁出现岩爆，如挪威 Heggura 公路隧道、瑞典 Vietas 水电站引水隧洞、挪威某排污管道等。

岩爆风险随着深度的增加也越来越高，其危害性很大。南非的金矿开采深度达2000~4500m，是目前世界上开采深度最大的地下工程。据有关资料显示，1987~1995年，因岩爆和岩崩引起的受伤率和死亡率分别占南非采矿工业的1/4和1/2以上；印度 Kolar 金矿的一次岩爆导致了距岩爆震中2~3km处的地面建筑物被毁，岩爆事件所释放的能量达到了里氏4.5~5.0级。据不完全统计，截至1993年，我国已有65个矿井发生过冲击地压（岩爆），其中35个矿井累积发生过2000余次具有破坏性的诱发地震，造成了数以百计的人员伤亡。

我国金属矿山，如红透山铜矿、冬瓜山铜矿、玲珑金矿、杨家杖子稀有金属矿区、青城子金属矿区、大厂锡矿区等均纷纷出现岩爆灾害。例如，抚顺红透山铜矿采深超过1250m，在1995~2004年期间，累计发生岩爆49次，其中规模较大的岩爆两次。第一次发生在1999年5月18日早晨7：00左右交接班时，第二次发生在1999年6月20日。这两次岩爆导致采场斜坡道和附近几十米长的巷道发生了破坏，巷道边墙呈薄片状弹射出来，最大片落厚度达1m。交接班工人在+253主平硐口听到巨大响声，根据经验判断其响声相当于500~600kg炸药爆破的声音。我国年金属产量超过1.5万吨的冬瓜山铜矿采深超过1000m，自1996年12月5日第一次发生岩爆以来，已经记录到岩爆现象超过10余次，岩爆多次影响到开采进度。河南省灵宝崟鑫金矿自埋深超过360m后，井壁岩体出现不同程度的岩爆，随着深度的增加，岩爆烈度不断增强。该矿2004年11月15日至2005年1月16日，采深在1200m左右的2号竖井连续发生6起岩爆事件。此外，我国深埋隧洞，如成昆铁路关村坝隧道、二滩水电站、天生桥、渔子溪和锦屏二级水电站引水隧洞等都发生了不同强度的岩爆事件。例如锦屏二级水电站引水隧洞发生岩爆750多次，其中轻微岩爆占44.9%，中等岩爆占46.3%，强烈~极强岩爆占8.8%。其中2009年11月28日排水洞的一次极强岩爆导致一台 TBM 机械报废，造成严重经济损失。

0.2.2 岩体大变形

软岩大变形问题从20世纪60年代就作为世界性难题被提了出来。在地下工程的建设过程史中，软岩大变形问题一直是困扰深部工程建设和运营的重大难题之一。深部工程软岩大变形灾害具有变形量大、变形速率快和持续时间长的特点，直接导致衬砌结构变形，引发次生地质灾害。随着隧道开挖深度的增加，大变形问题愈趋严重，直接影响着工程安全及人员安全。例如：纸坊隧道、新城子隧道、毛羽山隧道、马家山隧道、同寨隧道、玄真观隧道施工期均发生了不同程度的挤压性围岩大变形，造成了长段初期支护喷混凝土开裂、掉块，钢架扭曲、断裂，初期支护失稳及侵限破坏；牡绥铁路兴源隧道2012年12月发生软岩大变形，造成局部段落初期支护侵限换拱，工期滞后约15个月；成兰铁路跃龙门隧道2013年开工建设以来多次发生软岩大变形，最大变形量达80cm；2017年5月至12月，高地应力软岩段群洞效应凸显，对应平导洞加速变形，造成净空大幅缩小，导致车辆无法通过；哈牡客专爱民隧道2016年9月第三系富水砂泥岩互层地层发生初支沉降大变形事件，造成工期滞后约6个月；阳城隧道、段家坪隧道、阳山隧道砂泥岩互层段施工中均发生不同程度的大变形，造成初支拱部剥皮、开裂、错台、钢筋扭曲，初支侵入建筑限界；郭旗隧道富水黄土地层段施工发生大变形，初支侵入建筑限界；张唐铁路旧堡隧道施工中多次出现大变形，严重侵限最大超过1.0m，造成钢架压扭；四川省的锦屏二级水电站引水隧洞在穿越绿泥石片岩地层时曾发生过严重的大变形灾害。该隧洞绿泥石片岩段围岩级别为Ⅳ级，埋深约为1500m，最大开挖洞径为14.3m，施工中多处围岩因持续变形而产生了大面积的缩径现象，收敛变形达0.5~0.7m，严重影响了隧道结构安全和过流条件。

工程围岩变形破坏超过支护技术所能控制的限度，就可能发生岩体大变形工程灾害。因此，必须从工程作用力（包括破坏的始动力和破坏发展过程中的驱动力）和支护在围岩大变形过程中的控制作用两方面进行监测预警，控制围岩大变形破坏的过程，避免可能发生的灾害。

0.2.3 采空区失稳

在矿山开采过程中，将矿石从矿体上分离下来，就形成了采空区。由于长期以来空场采矿法在我国冶金矿山、有色金属矿山和黄金矿山地下开采中占了较大比重，遗留了大量采空区。我国62.5%的冶金矿山、89%的有色金属矿山和几乎全部的黄金矿山为地下开采，其中采用空场采矿法的比重约为53.5%。按照中国矿石产量从1949年的4000多万吨、1986年的70亿吨保守估算，我国的历史采空区体积超过250亿立方米。这些采空区有的已经塌陷，有的依旧存在，统计难度极大。2009年，25个省市金属、非金属矿山统计数据显示，独立采空区达8892个，总体积约4.32亿立方米。随着矿产资源需求的大幅增长，矿山开采强度也逐年提高，采空区的数量和体积也大量增加。至2015年底，依据国务院安委会办公室统计数据，全国金属非金属地下矿山采空区总体积达12.8亿立方米，分布于全国28个省。大量未处理的采空区，严重影响着井下开采的安全，也威胁着周围居民的生命财产安全和生态环境，成为金属矿山重大危险源之一。2001年7月17日，广西南丹拉甲坡矿采空区发生透水事故，死亡81人；2005年11月，河北某石膏矿发生采空区上覆岩层坍塌，造成重大人员伤亡，同时给当地环境造成巨大影响；2005年12月26

日，安阳县都里铁矿采空区突然引发大面积地表塌陷，造成 8 人坠落、3 人失踪；2006 年 6 月 18 日，包头市聚龙矿业公司采空区塌陷造成 1 人遇难，6 人失踪；2011 年 8 月 15 日上午，湖北黄石阳新县铜矿采空区发生塌陷，塌陷面积 60 多平方米，深度约 13m，采空区塌陷导致居民住房倒塌；2015 年山东平邑县万庄石膏矿区“12・25”采空区坍塌事故造成 1 人死亡，13 人下落不明；2019 年 10 月 28 日，南丹县某矿山采空区岩石破碎冒落带塌方，造成 2 人死亡，11 人失联。

随着采空区灾害愈发严重，采空区综合监测、稳定性评估与治理已经引起国家安全管理部门的高度重视。国务院安委会办公室下发了《金属非金属地下矿山采空区事故隐患治理工作方案》（2016 第 5 号文件），要求加强安全生产工作，坚决遏制采空区引发的重特大事故。因此，矿山开采过程中采空区综合监测和稳定性评估是防灾减灾的关键，成为研究的焦点。

0.2.4 大体积塌方/冒落

大体积塌方/冒落是深部工程常见的围岩失稳破坏模式之一。由于其具有复杂的非线性和突发性等特征，难以预测，已成为深部工程岩体灾害中一个极为突出的安全隐患，一旦发生塌方事故，将会造成施工困难、机械损毁、工期延误以至人员伤亡等巨大损失，此类工程事故案例屡见不鲜。例如：2005 年 3 月，山西省太谷县范家岭 1 号隧道发生塌方事故，塌方量为 3700m^3；2007 年 5 月，重庆市巫山县桃树娅隧道发生塌方事故，塌方量 5000m^3；六沾铁路六盘水隧道 2010 年 2 月洞身充填溶洞处发生塌方，造成 8 名施工人员被困；锦赤铁路烧锅地隧道 2010 年 10 月黄土施工段发生塌方，造成二衬向隧道内挤 1m；贵广客专金刚山二号隧道 2010 年 11 月掌子面处因施工工艺与施工质量不到位造成掌子面塌方事故，致 2 名施工人员死亡；兰渝铁路大宝山隧道 2010 年 12 月发生塌方，造成工程经济损失 483 万元；山西中南部铁路东川 1 号隧道 2011 年 3 月发生关门塌方，导致 1 人死亡；杭长客专王家山隧道 2011 年 8 月发生塌方，造成工程经济损失 1621 万元；长昆客专半山隧道 2012 年 4 月发生塌方，造成直接经济损失 2000 余万元；丹大铁路苗家堡隧道 2013 年 9 月发生塌方事件，造成地表塌陷，洞内多榀钢架损坏，工期滞后 3 个月；云桂铁路富宁隧道 2014 年 7 月发生塌方事故，造成 14 名施工人员被困，1 人失联；2014 年 12 月，福建省龙岩市新罗区厦蓉高速公路后祠隧道出口段发生塌方事故，塌方量约 5000m^3；南龙铁路芦林隧道 2016 年 1 月发生顶拱大规模塌方，造成经济损失约 1000 万元；玉磨铁路曼么一号隧道 2017 年 9 月发生关门塌方事故，造成 9 名施工人员被困。因此，对于深部工程大面积塌方/冒落的监测预警越显重要。

从以上几方面地下工程岩体不同类型破坏特点可以看出，随着人类社会的快速发展，人类活动影响逐渐加强，加之地震地质灾害频繁发生，深部工程动力灾害事故更加凸显。在深部高初始地应力和采动扰动应力耦合作用下，深部岩层结构具有连续/非连续大变形、多尺度破裂并致灾的动态演变历程，会造成岩爆、岩体大变形、采空区坍塌、大体积塌方/冒落等地压灾害。多角度立体的岩体变形与破裂过程监测预警是揭示深部采动岩体力学行为和深部工程灾害及时预警的关键，开展深部工程岩体灾害监测对解决资源保障与可持续发展等重大科学问题具有重要意义。

0.3 深部工程岩体测试与监测的特点和需求

深部工程岩体面临高地应力和复杂地质条件的情况，工程难度和施工规模也逐渐增大，例如中深孔爆破规模化开采、大型地下硐室、深埋隧洞开挖等。在强烈的开采（挖）卸荷效应和动力扰动条件下，深部岩体的力学响应信息复杂多变。相对于浅部工程来说，深部工程岩体测试与监测具有如下特点：

（1）测点位置多，数据量大。在复杂地质和力学环境下，深部工程岩体条件多变、工程岩体灾害多样。在同一工程不同区域需要开展不同的测试工作，且测点布置和测试工作量较浅部工程显著增加，才能保证深部工程岩体测试与监测数据的完整性和覆盖性。

（2）重复性和连续性监测要求高。深部岩体工程服务周期长、灾害孕育过程机制复杂且有预警需求。因此，深部工程岩体力学响应信息的重复性观测或连续监测已经成为重要的发展趋势，这就给测试设备的可靠性和服务年限提出了较高的要求。

（3）测试与监测设备性能要求高。深部工程岩体力学特征对测试与监测设备的量程、灵敏度等提出了更高的要求。例如深部软岩大变形监测需要较高精度和较大量程的位移监测设备，深部深孔爆破开采要求爆破振动监测设备具备较大的量程和抗冲击性能，深部工程岩爆灾害预警需要捕捉灾害孕育过程中岩体内部所产生的微小破裂信号进而对微震监测系统的灵敏度提出了更高的要求。

（4）监测技术与数据分析方法的智能化要求逐步提升。深部工程岩体测试与监测的参数多、工作量大，智能化的测试与监测技术可以有效降低工作强度，提高测试和监测数据的可靠性。另外，深部工程测试与监测的数据量较浅部显著增加。因此，亟须开发适用不同工况条件和数据类型的数据预处理、后处理数据智能分析方法。

（5）多种测试方法综合应用、多学科交叉分析。由于各种监测方法都有优缺点和适用性，因此根据工程的特点和测试的要求，综合多种测试技术，可以起到取长补短、相互校核的目的，从而提高监测精度和数据的可靠性。工作人员必须熟悉所要研究的目标岩体，包括结构类型、构造特点、受力状况及所处的外部环境条件等，这就要测试人员具有地质学、工程力学、岩土力学、测试技术等方面的相关知识，以便制定合理的工程岩体测试精度指标和技术指标，合理而科学地处理观测资料和分析变形观测成果，特别是对监测结果做出科学合理的解释。

0.4 深部工程岩体测试与监测的发展趋势

伴随着电子技术、通信技术、计算机技术和数据分析技术的快速发展，涌现出以岩体智能监测技术、大数据智能分析、无线通信技术为代表的诸多新的岩体测试手段，给深部岩体工程领域带来了巨大活力，大大促进了深部岩体测试与监测水平的提高，为深部岩体工程领域的不断扩展打下了坚实的基础，同时也对深部岩体测试与监测提出了更高的要求。纵观岩体测试与监测的当前研究动态和发展现状，深部岩体测试与监测技术呈现以下发展趋势。

0.4.1 监测仪器方面向“可移动监测”和“高精度”方向发展

“可移动监测”是指可多次利用仪器（或仪器的测读部分）对岩体工程进行重复性测试的一种监测方式。这就是说，在完成某点某次监测以后，可根据需要以携带方式将仪器（或仪器的测读部分）移走，以便进行下一测点或同一测点的监测。正因为是可移动的，即仪器可用于重复监测，所以即使仪器（包括专门测座）价格较高，但其单点单次的量测费用却较低，这就为采用先进高科技监测手段提供了经济条件。另外，随着传感器技术的发展，岩体相关参数的测试精度显著增加，在岩体的结构、应力、变形、裂隙和能量等信息获取精度较以前有了量级上的提高，从而保证所获得的岩体信息更为准确。

0.4.2 监测系统向多元信息集成化、一体化监测与智能分析方向发展

随着岩体测试与监测水平的提高，在岩体工程设计、施工和灾害防控方面越来越多考虑岩体多元信息的综合集成分析结果。同样，在岩体测试和监测系统设计方面，越来越多的考虑如何采用一套监测系统获得更多类型岩体信息。因此，考虑岩体动态施工设计（包括设计意图、设计方法、工程尺寸、形状、各部分布局，以及施工方法）、地质条件、岩体信息参数、专家群体经验、数值分析结果、已发生各种工程事故案例及其所用监测仪器性能等多种因素的综合集成化、一体化监测与智能分析系统的研发得到越来越广泛的重视。

随着国民经济的日益发展，深部工程建设和深地资源开发在经济社会发展中的战略地位将日趋凸显。岩石力学和采矿工程工作者要适应新时代要求，扎实工作，通过研发精细化、智能化的岩体监测技术，降低工程建设过程中的各类灾害发生概率和破坏程度，推动深部工程建设和深地资源开发的高质量发展，实现人与深部工程、人与自然的和谐相处。

1　岩体测试与监测基础

本章课件

本章提要

测试系统的理论知识是岩体测试与监测的基础。本章介绍：(1) 测试系统，包括测试系统组成、特性、选择和质量标准；(2) 传感器分类及原理，包括电学类、光学类、机械类与智能传感器，以及传感器的选择、标定；(3) 数据分析基础，包括误差的基本概念、分析、处理与经验公式的建立。

1.1　概　　述

在科学技术高度发达的现代社会中，人们在从事工业生产和科学实验等活动中，主要依靠对信息资源的开发、获取、传输和处理。传感器处于研究对象与测控系统的接口位置，是感知、获取与检测信息的窗口。一切科学实验和生产过程，特别是自动检测和自动控制系统所获取的信息，都要通过传感器转换为容易传输与处理的电信号。

在岩土工程实践中提出监测和检测的任务是正确及时地掌握各种信息。大多数情况下是要获取被测对象信息的大小，即被测试的值大小。这样，信息采集的主要含义就是测试、取得测试数据。

“测试系统”这一概念是传感技术发展到一定阶段的产物。在工程中，需要有传感器与多台仪表组合在一起，才能完成信号的检测，这样便形成了测试系统。尤其是随着计算机技术及信息处理技术的发展，测试系统所涉及的内容也不断得以充实。为了更好地掌握传感器，需要对测试的基本概念、测试系统等方面的理论及工程方法进行学习和研究，只有了解和掌握了这些基本理论，才能更有效地完成监测任务。

1.2　测 试 系 统

1.2.1　测试系统的组成

测试技术包括测量技术和试验技术两个方面。测试技术是通过测试系统来实现的，按照信号传递方式来分，常用的测试系统可分为模拟式和数字式两种。一个测试系统可以由一个或若干个功能单元组成。通常，测试系统应具有以下几个功能：将被测对象置于预定状态下，对被测对象所输出的信息进行采集、变换、传输、分析、处理、判断和显示记录，最终获得测试所需的信息。一个典型的力学测试系统如图 1-1 所示。

荷载系统是使被测对象处于一定的受力状态下，使被测对象（试件）有关的力学量之

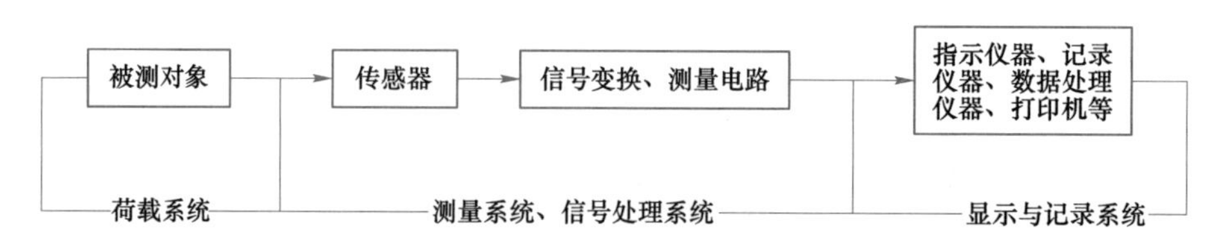

图 1-1　测试系统的组成

间的联系充分显露出来，以便进行有效测量的一种专门系统。岩土工程测试采用的荷载系统除液压式外，还有重力式、杠杆式、气压式等。

测量系统由传感器、信号变换和测量电路组成，它将被测量（如力、位移等）通过传感器变成电信号，经过变换、放大、运算，变成易于处理和记录的信号。传感器是整个测试系统中采集信息首要的关键环节，它的作用是将被测量（主要是非电量）转换成便于放大、记录的电量。

信号处理系统是将测量系统的输出信号作进一步处理以便排除干扰。如智能测试系统中需要设置智能滤波软件，以便排除测量系统中的干扰和偶然波动，提高所获得信号的置信度。对模拟电路，则要用专门的仪器或电路（如滤波器等）来达到这些目的。

显示和记录系统是测试系统的输出环节，它是将被测对象所测得的有用信号及其变化过程显示或记录下来。数据显示可以用各种表盘、电子示波器和显示屏来实现，数据记录可以采用记录仪、光式示波器等设备来实现，智能测试系统中以微机、打印机和绘图仪等作为显示记录设备。

1.2.2　测试系统的特性

传递特性是表示测量系统输入与输出对应关系的性能。了解测量系统的传递特性对于提高测量的精确性和正确选用系统或校准系统特性是十分重要的。对不随时间变化（或变化很慢而可以忽略）的量的测量叫静态测量，对随时间变化的量的测量叫动态测量。与此相对应，测试系统的传递特性分为静态传递特性和动态传递特性。描述测试系统静态测量时的“输入-输出”函数关系的方程、图形、参数称为测试系统的静态传递特性。描述测试系统动态测量时的“输入-输出”函数关系的方程、图形、参数称为测试系统的动态传递特性。作为静态测量的系统，可以不考虑动态传递特性，而作为动态测量系统，则既要考虑动态传递特性，又要考虑静态传递特性。因为测试系统的精度很大程度上与其静态传递特性有关，所以下面介绍测试系统的静态传递特性。有关动态传递特性的内容参考有关文献。

一个理想的测试系统，应该具有确定的“输入-输出”关系，其中以输出与输入呈线性关系为最佳，即理想的测试系统应当是一个线性系统。因此，我们在研究线性测试系统中的任一环节（传感器、运算电路等）都可简化为一个方框图，并用 $x(t)$ 表示输入量，$y(t)$ 表示输出量，$h(t)$ 表示系统的传递关系，则三者之间的关系可用图 1-2 表示。$x(t)$、$y(t)$ 和 $h(t)$ 是三个具有确定关系的量，若已知其

图 1-2　系统、输入和输出

中任何两个量，即可求第三个量，这便是工程测试中常常需要处理的实际问题。

在静态测试中，测试系统的输入、输出信号不随时间而变化，因而定常线性系统的输入-输出微分方程式就变成：

$$a_0y = b_0x \tag{1-1}$$

也就是说，理想的定常线性系统，其输出将是输入的单调、线性比例函数。总的说来，测试系统的静态特性就是在静态测试的情况下，实际的测试系统与理想定常线性系统的接近程度的描述。静态特性的指标主要有灵敏度、非线性度和回程误差。为了评定测试系统的静态响应特性，通常采用静态测量的方法求取输入-输出关系曲线，作为标定曲线。理想线性系统的标定曲线应该是直线，但由于各种原因，实际测试系统的标定曲线（图 1-3）并非如此。

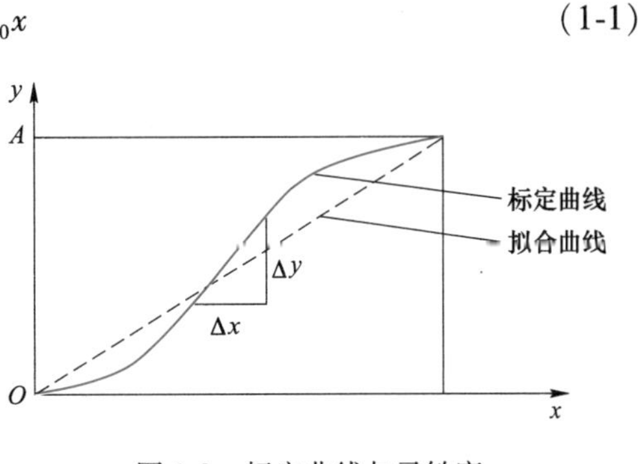

图 1-3 标定曲线与灵敏度

1.2.3 测试系统的选择

岩土工程监测中，根据不同的工程场地和监测内容，监测仪器（传感器）和元件的选择应从仪器的技术性能、仪器埋设条件、仪器测读的方式和仪器的经济性四个方面加以考虑，其原则如下。

1.2.3.1 仪器技术性能的要求

（1）仪器的可靠性：仪器选择中最主要的要求是仪器的可靠性。仪器固有的可靠性是安装简易、服务时间长、受外界条件影响小、运行过程性能良好。为考虑测试成果的可靠程度，一般认为，用简单的物理定律作为测量原理的仪器，即光学仪器和机械仪器，其测量结果要比电子仪器可靠，受环境影响较少。对于具体工程，在满足精度要求下，选用设备应以光学、机械和电子为先后顺序，优先考虑使用光学及机械式设备，提高测试可靠程度；这也是为了避免无法克服的环境因素对电子设备的影响。所以在监测时，应尽可能选择测量方法简单的仪器。

（2）仪器使用寿命：岩土工程监测一般是较为长期、连续进行的观测工作，要求各种仪器能从工程建设开始，直到使用期内都能正常工作。对于埋设后不能置换的仪器，仪器的工作寿命应与工程使用年限相当。对于重大工程，应考虑某些不可预见因素，仪器的工作寿命应超过工程使用年限。

（3）仪器的坚固性和可维护性：仪器选型时，应考虑其耐久性和坚固性。仪器从现场组装标定直至安装运行，应不易损坏，在各种复杂环境条件下均可正常运转工作。为了保证监测工作的有效和持续，仪器选择应优先考虑比较容易标定、修复或置换的仪器，以弥补和减少由于仪器出现故障给监测工作带来的损失。

（4）仪器的精度：精度应满足监测数据的要求，选用具有足够精度的仪器是监测的必要条件。如果选用的仪器精度不足，可能使监测结果失真，甚至导致错误的结论。过高的精度也不可取，实际上它不会提供更多的信息，只会给监测工作增加麻烦和费用预算。

（5）灵敏度和量程：灵敏度和量程是互相制约的。一般对于量程大的仪器其灵敏度较低；反之，灵敏度高的仪器其量程则较小。因此，仪器选型时应对仪器的量程和灵敏度统一考虑。首先满足量程要求，一般是在监测变化较大的部位，宜采用量程较大的仪器；反之，宜采用灵敏度较高的仪器；对于岩土体变形很难估计的工程情况，既要灵敏度高，又要满足大量程的要求，保证测量的灵敏度，又能使测量范围根据需要加以调整。

1.2.3.2 仪器埋设条件的要求

（1）仪器选型时，应考虑其埋设条件。对用于同一监测目的的仪器，在其性能相同或出入不大时，应选择在现场易于埋设的仪器设备，以保证埋设质量，节约劳力，提高工效。

（2）当施工要求和埋设条件不同时，应选择不同仪器。以钻孔位移计为例，固定在孔内的锚头有：楔入式、涨壳式（机械的与液压的）、压缩木式和灌浆式。楔入式与涨壳式锚头，具有埋设简单、生效快和对施工干扰小等优点，在施工阶段和在比较坚硬完整的岩体中进行监测，宜选用这种锚头。压缩木式锚头具有埋设操作简便和经济的优点，但只有在地下水比较丰富或很潮湿的地段才选用。灌浆式锚头最为可靠，完整及破碎岩石条件均可使用，永久性的原位监测常选用这种锚头。但灌浆式锚头的埋设操作比较复杂，且浆液固化需要时间，不能立即生效，对施工干扰大，不适合施工过程中的监测。

1.2.3.3 仪器测读方式的要求

（1）测读方式也是仪器选型中需要考虑的一个因素。岩土体的监测，往往是多个监测项目子系统所组成的统一的监测系统。有些项目的监测仪器布设较多，每次测量的工作量很大，野外任务十分艰巨。为此，在实际工作中，为提高一个工程的测读工作效率与加快数据处理进度，选择操作简便易行、快速有效和测读方法尽可能一致的仪器设备是十分必要的。有些工程的测点，人员到达受到限制，在该种情况下可采用能够远距离观测的仪器。

（2）对于能与其他监测网联网的监测，如水库大坝坝基边坡监测时，坝基与大坝监测系统可联网监测，仪器选型时应根据监测系统统一的测读方式选择仪器，以便于数据通信、数据共享和形成统一的数据库。

1.2.3.4 仪器选择的经济性要求

（1）在选择仪器时，进行经济性比较，在保证技术使用要求下，使仪器购置、损耗及其埋设费用最为经济，同时，在运用中能达到预期效果。仪器的可靠性是保证实现监测工作预期目的的必要条件，但提高仪器的可靠性，要增加很多的辅助费用。另外，选用具有足够精度的仪器，是保证监测工作质量的前提。但过高的精度，实际上不会提供更多的信息，还会导致费用的增加。

（2）在我国，岩土工程测试仪器的研制已有很大发展。近年研制的大量国产监测仪器，已在岩土工程的监测中大量采用，实践证明，这些仪器性能稳定可靠且价格低廉。

1.2.4 岩体测试系统的质量标准

监测仪器应考虑的主要技术性能及其质量标准主要有可靠性和稳定性、准确度和精度、灵敏度和分辨率。

（1）可靠性和稳定性。可靠性和稳定性是指仪器在设计规定的运行条件和运行时间内，检测元件、转换装置和测读仪器、仪表保持原有技术性能的程度。要求用于岩土监测的仪器，应能经受时间和环境的考验，仪器的可靠性和稳定性对监测成果的影响应在设计所规定的范围内。仪器由于温度、湿度等因素影响引起的零漂，应限制在仪器设计所规定的限度内。仪器允许使用的温度、湿度范围越大，其适应性越好。

（2）准确度和精度。准确度是指测量结果与真值偏离的程度，系统误差的大小是准确度的标志。系统误差越小，测量结果越准确。精度是指在相同条件下测量同一个量所得结果重复一致的程度。由偶然因素影响所引起的随机误差大小是精度的标志，随机误差越小，精度越高。

（3）灵敏度和分辨率。对传感器而言，灵敏度是输入量（被测信号）与输出量的比值。具有线性特性的传感器灵敏度为常数。当用相等的被测量输入两个传感器时，灵敏度高的传感器的输出量高于灵敏度低的传感器。对于接收仪器来说，当同一个微弱输入量，灵敏度高的接收仪器读数值比灵敏度低的仪器读数值大。分辨率对传感器来说是灵敏度的倒数，灵敏度越高，分辨率越高，传感器检测出的输入量变化越小。对机测仪器（如百分表、千分表等），其分辨率以表尺面的最小刻度表示。

1.3 传感器分类及原理

传感器的概念来自“感觉（sensor）”一词，人们为了研究自然现象，仅仅依靠人的五官获取外界信息是远远不够的，于是人们发明了能代替或补充人五官功能的传感器，工程上也将传感器称为“变换器”。传感器技术是涉及材料、机械、电子、力学、光学、声学等多学科交叉的综合性技术，传感器种类繁多，应用领域十分广泛。随着科学技术的快速发展，传感器技术的发展日新月异，也在不断推动各个技术领域的发展与进步。传感器是测试系统的首要环节，是信息的源头，因此传感器的性能将直接影响整个测试系统，对测量精确度起着决定性作用。

在岩体工程中，所需测量的物理量大多数为非电量，如位移、压力、应力、应变等。为使非电量用电测方法来测定和记录，必须设法将它们转换为与之有确定关系、便于应用的某种物理量（主要是电量，如电压、电流、电容、电阻等），这种将被测物理量直接转换为相应的容易检测、传输或处理的信号的元件称为传感器，在有些学科领域，传感器又称为敏感元件、检测器、转换器等。

传感器一般由敏感元件、转换元件、转换电路三部分组成，组成框图如图 1-4 所示。

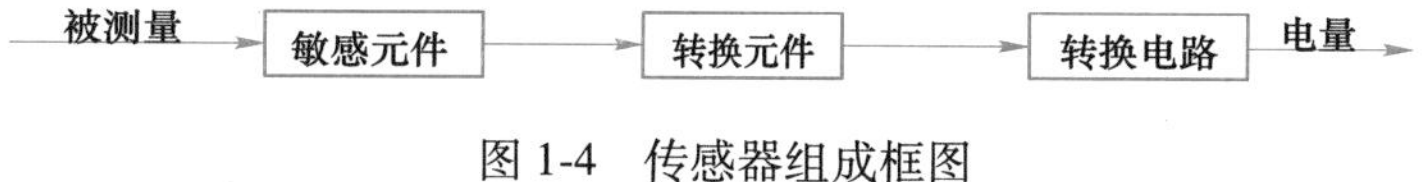

图 1-4 传感器组成框图

（1）敏感元件：它是直接感受被测量，并输出与被测量成确定关系的某一物理量的元件。

（2）转换元件：敏感元件的输出就是它的输入，它把输入转换成电路参数。

（3）转换电路：将上述电路参数接入转换电路，便可转换成电量输出。

实际上，有些传感器很简单，有些则较为复杂，最简单的传感器由一个敏感元件（兼转换元件）组成，它感受被测量时直接输出电量，如热电偶传感器。有些传感器由敏感元件和转换元件组成，没有转换电路，如压电式加速度传感器。有些传感器，转换元件不止一个，需经过若干次转换。

传感器是一门知识密集型技术，传感器的原理各种各样，它与许多学科有关，种类繁多，分类方法也很多。岩土工程检测技术中常用的传感器一般可按被测参数、工作原理和能量转换方式分类。按被测参数分类，其可分为位移传感器、压力传感器、速度传感器等；按工作原理分类，其可分为电阻式、电容式、压电式、磁电式等。

1.3.1 电学类传感器

1.3.1.1 电阻应变式传感器

电阻应变式传感器具有悠久的历史。由于它具有结构简单、体积小、使用方便、性能稳定、可靠、灵敏度高、动态响应快、适合静态及动态测量、测量精度高等优点，因此成为目前应用最广泛的传感器之一。电阻应变式传感器是一种利用电阻应变效应，由电阻应变片和弹性元件组合起来的传感器。当弹性元件感受到外力、位移、加速度等参数的作用时，其表面产生应变，再通过粘贴在上面的电阻应变片将其转换成电阻的变化，通过量测电阻应变片的电阻值变化来测量位移、加速度、力、力矩、压力等各种参数。

A 应变片的工作原理

电阻应变片的工作原理是基于金属的应变效应。金属丝的电阻随着它所受的机械变形（拉伸或压缩）的大小而发生相应的变化的现象称为金属的电阻应变效应。

由物理学可知，金属导线电阻 R 与其长度 l 成正比，与其面积 A 成反比，则电阻值的表达式为：

$$R = \rho \frac{l}{A} \tag{1-2}$$

当电阻丝受到拉力作用时将沿轴线伸长，伸长量为 Δl，横截面面积相应减小 ΔA，电阻率 ρ 的变化设为 $\Delta\rho$，则电阻的相对变化量为：

$$\frac{\Delta R}{R} = \frac{\Delta\rho}{\rho} + \frac{\Delta l}{l} - \frac{\Delta A}{A} \tag{1-3}$$

对于半径为 r 的圆导体，$\Delta A/A=2\Delta r/r$，又由材料力学可知，在弹性范围内有 $\Delta l/l=\varepsilon$，$\Delta r/r=-\mu\varepsilon$，$\Delta\rho/\rho=\lambda\sigma=\lambda E\varepsilon$，其中 σ 为应力值，代入式（1-3）可得：

$$\frac{\Delta R}{R} = (1 + 2\mu + \lambda E)\varepsilon \tag{1-4}$$

式中 ε——导体的纵向应变，其数值一般很小，常为微应变度量；

μ——电阻丝材料的泊松比，一般金属 μ 为 0.3~0.5；

λ——压阻系数，与材质有关；

E——材料的弹性模量。

因此，$(1+2\mu)\varepsilon$ 表示由于几何尺寸变化而引起的电阻的相对变化量，$\lambda E\varepsilon$ 表示由于材料电阻率的变化而引起电阻的相对变化量。不同属性的导体，这两项所占的比例相差很大。

通常把单位应变所引起的电阻值相对变化称为电阻丝的灵敏系数，并用 K_0 表示，则：

$$K_0 = \frac{\frac{\Delta R}{R}}{\varepsilon} = 1 + 2\mu + \lambda E \tag{1-5}$$

K_0与金属材料和电阻丝形状有关。显然，K_0越大，单位纵向应变所引起电阻值相对变化越大，说明应变片越灵敏，大量实验证明，在电阻丝拉伸极限内，电阻的相对变化与应变成正比，即K_0为常数。因此，式（1-5）可以表示为：

$$\frac{\Delta R}{R} = K_0 \varepsilon \tag{1-6}$$

各种材料的灵敏度系数由实验测定，一般用于制造电阻丝应变片的金属丝其灵敏系数多在 1.7 到 3.6 之间。

B　应变片的构造和种类

金属电阻应变片分为丝式应变片、箔式应变片和薄膜应变片三种。其中使用最早的是电阻丝应变片，构造如图 1-5 所示。

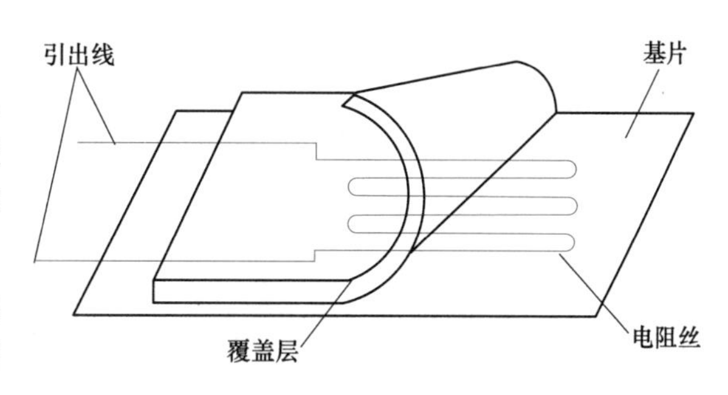

图 1-5　应变片的结构

金属丝式应变片的敏感栅由金属丝绕制而成，金属丝材料为电阻率 ρ 大而电阻温度系数 α 小的材料。丝式应变片的规格一般以使用面积（$l \times b$）和敏感栅的电阻值来表示。阻值一般在 50～1000Ω 范围内，常用的为 120Ω。

箔式电阻应变片是利用光刻、腐蚀等工艺制成的一种很薄的金属栅，厚度为 0.003～0.01mm，其优点是表面积与截面之比大，散热条件好，允许通过的电流较大，可制成各种需要的形状，易于大批量生产，因此得到了广泛应用，现已基本取代了金属丝式应变片，是目前主要使用的一种应变片。

电阻应变片必须被粘贴在试件或弹性元件上才能工作。黏结剂和黏结技术对测量结果有直接的影响，因此，黏结剂的选择、粘贴技术、应变片的保护等都必须认真做好。

C　电阻应变片的特性

实际应用中，选用应变片时，要考虑应变片的性能参数，主要有应变片的电阻值、灵敏度、允许电流和应变极限等。当前的金属电阻应变片的电阻值已经趋于标准化，主要规格有 60Ω、120Ω、350Ω、600Ω 和 1000Ω 等，其中 120Ω 的用得最多。

a　电阻应变片的灵敏系数

将电阻应变丝做成电阻应变片后，其电阻的应变特性与金属单丝时是不同的，因此，必须通过实验重新测定。该实验必须按规定的统一标准进行。实验证明，$\Delta R/R$ 与 ε 在很大范围内有很好的线性关系，即：

$$\frac{\Delta R}{R} = K\varepsilon \quad 或 \quad K = \frac{\frac{\Delta R}{R}}{\varepsilon} \tag{1-7}$$

式中　K——电阻应变片的灵敏系数。

实验表明，应变片的灵敏系数 K 恒小于电阻丝的灵敏系数 K_0，究其原因，主要是因为应变片中存在着所谓的横向效应。应变片的灵敏系数 K 值一般由生产厂家通过抽样标定后给出，产品包装上标明的“标称灵敏系数”是出厂时测定的该批产品的平均灵敏系数值。

b 横向效应

应变片的敏感栅除了有纵向线栅外，还有圆弧形或直线形的横栅。横栅既对应变片轴线方向的应变敏感，又对垂直于轴线方向的横向应变敏感。当材料产生纵向应变 ε_x 时，将在其横向产生一个与纵向应变符号相反的横向应变 $\varepsilon_y=-\mu\varepsilon_x$，因此，应变片上横向部分的线栅与纵向部分的线栅产生的电阻变化符号相反，使应变片的总电阻变化量减小，从而降低了整个电阻应变片的灵敏度，这就是应变片的横向效应。应当指出，横向灵敏度引起的误差往往较小，只在测量精度要求较高和应变场的情况较复杂时才考虑修正。

c 温度误差及补偿

应变片由于温度变化所引起的电阻变化与试件（弹性元件）应变所造成的电阻变化几乎有相同数量级，如果不采取必要的措施克服温度的影响，测量精度将无法保证。下面分析产生温度误差的原因及补偿方法。

（1）温度误差。由于测量现场环境温度改变而给测量带来的附加误差，称为应变片的温度误差。产生温度误差的主要因素有以下两点。

1）电阻温度系数的影响。敏感栅的电阻丝阻值随温度变化的关系可用下式表示：

$$R_T = R_0(1 + \alpha\Delta T) \tag{1-8}$$

式中 R_T——温度为 T(℃) 时的电阻值；

R_0——温度为 T_0(℃) 时的电阻值；

ΔT——温度变化值，$\Delta T=T-T_0$；

α——敏感栅材料的电阻温度系数。

当温度变化 ΔT 时，电阻丝电阻的变化值为：

$$\Delta R_{T_\alpha} = R_T - R_0 = R_0\alpha\Delta T \tag{1-9}$$

2）试件材料和电阻丝材料的线膨胀系数的影响。当试件与电阻丝材料的线膨胀系数相同时，不论环境温度如何变化，电阻丝的变形和自由状态一样，不会产生附加变形。当试件与电阻丝材料的线膨胀系数不同时，由于环境温度的变化，电阻丝会产生附加变形，从而产生附加电阻。

由以上分析可知，由于温度变化而引起的附加电阻给测量带来误差，该误差除与环境温度有关外，还与应变片本身的性能参数及试件的材料有关。

（2）温度补偿方法。电阻应变片的温度补偿方法通常有电桥补偿和应变片自补偿两大类。电桥补偿法，也称补偿片法，其原理如图 1-6 所示。

电桥输出电压 U_0 与桥臂参数的关系为：

$$U_0 = B(R_1R_4 - R_BR_3) \tag{1-10}$$

式中 B——由桥臂电阻和电源电压决定的常数。

由式（1-10）可知，当 R_3 和 R_4 为常数时，R_1 和 R_B 对电桥输出电压 U_0 的作用方向相反。利用这一基本关系实现对温度的补偿。

测量应变时，工作应变片 R_1 粘贴在被测试件表面，补偿应变片 R_B 粘贴在与被测试件材料完全相同的补偿块上，置于试件附近，并且仅工作应变片承受应变。

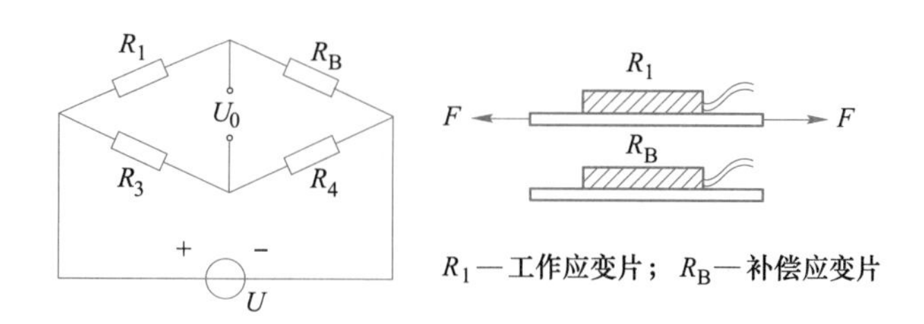

图 1-6 电桥补偿法

当被测试件不承受应变时，R_1和 R_B处于同一环境温度为 T 的温度场中，调整电桥参数使之达到平衡，则有：

$$U_0 = B(R_1R_4 - R_BR_3) = 0 \tag{1-11}$$

在工程上，一般按 $R_1 = R_B = R_3 = R_4$选取桥臂电阻。当温度升高或降低 ΔT 时，两个应变片因温度变化而引起的电阻变化量相同，电桥处于平衡状态，即：

$$U_0 = B[(R_1 + \Delta R_{1T})R_4 - (R_B + \Delta R_{BT})R_3] = 0 \tag{1-12}$$

若此时被测试件有应变 ε 的作用，则工作应变片电阻 R_1又有了新的增量 $\Delta R_1 = R_1K\varepsilon$，而补偿片因不承受应变，故不产生新的增量，此时电桥的输出电压为：

$$U_0 = BR_1R_4K\varepsilon \tag{1-13}$$

由式（1-13）可知，电桥输出电压 U_0仅与被测试件的应变 ε 有关，而与环境温度无关。

电桥补偿法的优点是简单、方便，在常温下补偿效果较好，其缺点是在温度变化梯度较大的情况下，很难做到工作片与补偿片处于温度完全一致的情况，因而影响补偿效果。

（3）应变片自补偿法。粘贴在被测部位上的应变片是一种特殊应变片，当温度变化时，产生的附加应变为零或相互抵消，这种应变片称为温度自补偿应变片。利用这种应变片实现温度补偿的方法称为应变片自补偿法。

1.3.1.2 压电式传感器

压电式传感器的工作原理是基于某些介质材料的压电效应（正压电效应和逆压电效应），利用压电效应制成了电势型传感器，是典型的有源传感器。当材料受力而变形时，其表面会有电荷产生，从而实现非电量测量。压电式传感器具有体积小、质量轻、结构简单、工作可靠、动态特性好、静态特性差的特点，因此，在各种动态力、机械冲击与振动测量，以及声学、医学、力学、宇航等方面都得到了广泛的应用。

A 压电效应及压电材料

压电式传感器的工作原理以晶体的压电效应为理论依据。某些电介质，当沿着一定方向受到压力或拉力作用而变形时，其内部就会产生极化现象，其表面上将产生电荷，若将外力去掉时，它们又重新回到不带电的状态，这种现象就称为正压电效应（机械能转为电能）。相反，当在电介质的极化方向施加电场，这些电介质也会产生变形，这种现象称为逆压电效应（电致伸缩效应）。而具有压电效应的材料称为压电材料，压电材料能实现机-电能量的相互转换。在自然界中大多数晶体具有压电效应，但压电效应十分微弱。随着对材料的深入研究发现，石英晶体、钛酸钡、锆钛酸铅等材料是性能优良的压电材料。

压电材料可以分为两大类：压电晶体和压电陶瓷。

B 压电式传感器的应用

压电式传感器从它可测的基本参数来讲是属于力传感器，因此，应用最多为测力，但是也可测量能通过敏感元件或其他方法变为力的参数，如位移、加速度等，尤其是对冲击、振动加速度的测量。

（1）压电式加速度传感器。图 1-7 所示是一种压电式加速度传感器的结构图。它主要由压电元件、质量块、预压弹簧、基座及外壳等组成。整个部件装在外壳内，并用螺栓加以固定。

测量时，将传感器基座与试件刚性固定在一起，当传感器受到振动时，由于弹簧的刚度相当大，而质量块的质量相对较小，可以认为质量块的惯性很小，因此，质量块感受到与传感器基座相同的振动，并受到与加速度方向相反的惯性力作用。这样，质量块就有一正比于加速度的交变力作用在压电元件上。由于压电元件具有压电效应，因此，在它的两个表面上就产生了交变电荷（电压）。当振动频率远低于传感器的固有频率时，传感器的输出电荷（电压）与作用力成正比，即与试件的加速度成正比，输出电量由传感器输出端引出，输入到前置放大器后就可以用普通的测量仪器测出试件的加速度，如在放大器中加入适当的积分电路，就可以测出试件的振动加速度或位移。

（2）压电式测力传感器。图 1-8 所示是压电式单向测力传感器的结构图，它主要由石英晶片、绝缘套、电极、上盖及基座等组成。

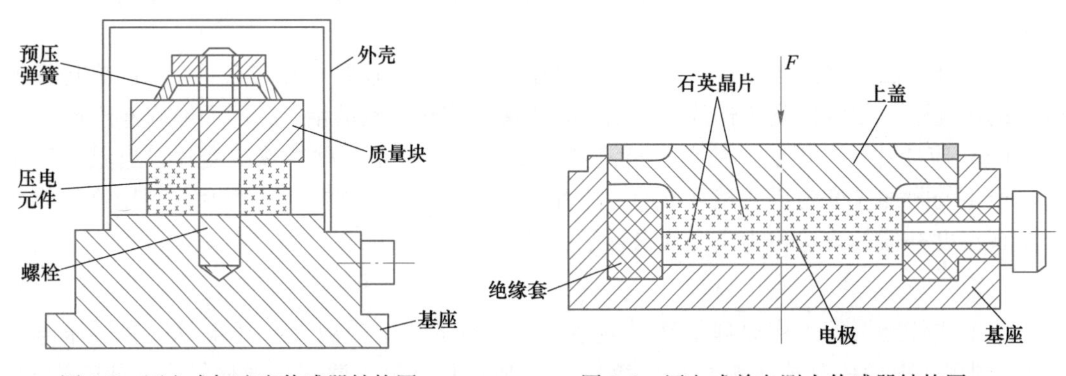

图 1-7 压电式加速度传感器结构图

图 1-8 压电式单向测力传感器结构图

此传感器用于机床动态切削力的测量，上盖为传力元件，其变形壁的厚度为 0.1～0.5mm，由测力范围（$F_{max}=5000$N）决定。当外力作用时，它将产生弹性变形，将力传递到石英晶片上。石英晶片采用 xy 切换型，利用其纵向压电效应，通过 x 方向受力的压电系数实现力-电转换。石英晶片的尺寸为 ϕ8mm×1mm。绝缘套用来绝缘和定位，为提高绝缘阻抗，传感器装配前要经过多次净化（包括超声波清洗），然后在超净工作环境下进行装配，加盖之后用电子束封焊。

1.3.1.3 电容式传感器

电容式传感器是以各种类型的电容器作为传感元件，将被测物理量或机械量转换成为电容量变化的一种转换装置，实际上就是一个具有可变参数的电容器。电容式传感器广泛用于位移、角度、振动、速度、压力、成分分析、介质特性等方面的测量。最常用的是平行板型电容器或圆筒型电容器。平行板型电容器是由一块定极板与一块动极板及极板间介质所组成（如图 1-9 所示），如果不考虑边缘效应，其电容量为：

$$C=\frac{\varepsilon_0\varepsilon A}{\delta} \tag{1-14}$$

式中 ε——极板间介质的介电系数；

ε_0——真空介电系数；

A——两平行极板相互覆盖面积，m^2；

δ——极板间距离，m。

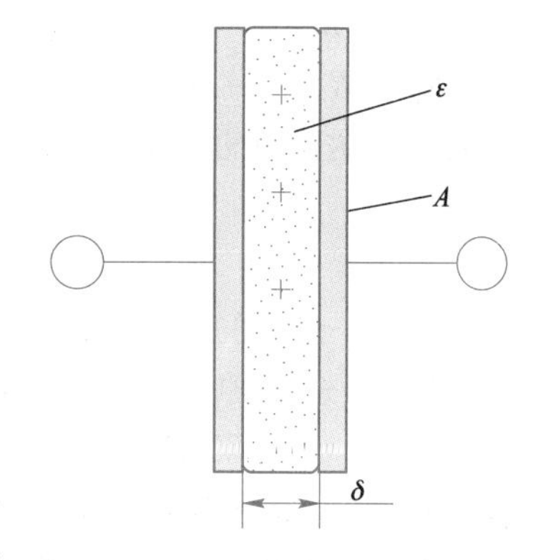

图 1-9 电容式传感器原理示意图

上式表明，电容量 C 是 ε、A、δ 的函数。如果保持其中两个参数不变，只改变其中一个参数，则电容量 C 就是该参数的单值函数，就可把该参数的变化转换为电容量的变化。由此原理，电容式传感器可分为极距变化型、面积变化型和介质变化型三类。

根据式（1-14）可知，极距变化型和面积变化型电容传感器的灵敏度分别为：

极距变化型
$$K=\frac{\mathrm{d}C}{\mathrm{d}\delta}=-\varepsilon A\frac{1}{\delta^2} \tag{1-15}$$

面积变化型
$$K=\frac{\mathrm{d}C}{\mathrm{d}x}=-\varepsilon b\frac{1}{\delta} \tag{1-16}$$

式中 b——电容器的极板宽度。

由上式可见，极距变化型电容传感器的灵敏度 K 与 δ^2 成反比，极距越小，灵敏度越高，对被测系统影响越小，适用于小位移（数百微米以下）的精确测量。但这种传感器有非线性特性，传感器的杂散电容对灵敏度和测量精度影响较大，与传感器配合的电子线路也比较复杂，使其应用范围受到一定限制。面积变化型电容传感器的优点是输入与输出呈线性关系，但灵敏度比极距变化型低，所以，其适用于较大的位移测量。

电容式传感器的输出是电容，尚需有后续测量电路进一步转换为电压、电流或频率信号。利用电容的变化来取得测试电路的电流或电压变化的常用电路有：调频电路、电桥型电路和运算放大器电路。其中，以调频电路用得较多，其优点是抗干扰力强、灵敏度高，但电缆的分布电容对输出影响较大，使用中调整比较麻烦。

1.3.1.4 电感式传感器

电感式传感器是根据电磁感应原理制成的，它是将被测非电量转换为线圈的自感系数 L 或互感系数 M 变化的装置。由于电感式传感器是将被测量的变化转化成电感量的变化，所以根据电感的类型不同，电感传感器可分成自感式（单磁路电感式）和互感式（差动变压器式）两类（本书不做详细介绍）。

单磁路电感传感器由铁芯、线圈和衔铁组成，如图 1-10（a）所示，当衔铁运动时，衔铁与带线圈的铁芯之间的气隙发生变化，引起磁路中磁阻的变化，因此，改变了线圈中的电感。线圈中的电感量 L 可按下式计算：

$$L=\frac{N^2}{R_m}=\frac{N^2}{R_{m0}+R_{m1}+R_{m2}} \tag{1-17}$$

式中 N——线圈的匝数；

R_m——磁路的总磁阻；

R_{m0}，R_{m1}，R_{m2}——空气隙、铁芯和衔铁的磁阻。

其中，磁路总磁阻又可以改写为：

$$R_m = \frac{2\delta}{\mu_0 A_0} + \frac{l_1}{\mu_1 A_1} + \frac{l_2}{\mu_2 A_2} \tag{1-18}$$

式中　μ_0——空气的磁导率；

A_0——空气隙有效导磁截面面积；

δ——空气隙的磁路长度；

μ_1，l_1——铁芯材料的磁导率和磁通通过铁芯的长度；

μ_2，l_2——衔铁材料的磁导率和磁通通过衔铁的长度；

A_1，A_2——铁芯和衔铁的截面面积。

通常空气隙的磁阻远大于铁芯和衔铁的磁阻，所以式（1-18）可以写为：

$$R_m \approx \frac{2\delta}{\mu_0 A_0} \tag{1-19}$$

将式（1-19）代入式（1-17），得：

$$L = \frac{N^2}{R_m} \approx \frac{N^2}{R_{m0}} = \frac{N^2 \mu_0 A_0}{2\delta} \tag{1-20}$$

上式表明，电感量与线圈的匝数平方成正比，与空气隙有效导磁截面面积成正比，与空气隙的磁路长度成反比，因此，改变空气隙长度和空气隙截面面积都能使电感量变化，从而可形成三种类型的单磁路电感传感器：改变空气隙长度 δ（图 1-10（a）)，改变磁通空气隙面积 A（图 1-10（b））和螺旋管式（可动铁芯式）（图 1-10（c））。其中，最后一种实质上是改变铁芯上的有效圈数。在实际测试线路中，常采用调频测试系统，将传感器的线圈作为调频振荡的谐振回路中的一个电感元件。单磁路电感传感器可做成位移的电感式传感器和压力的电感式传感器，也可做成加速度的电感式传感器。

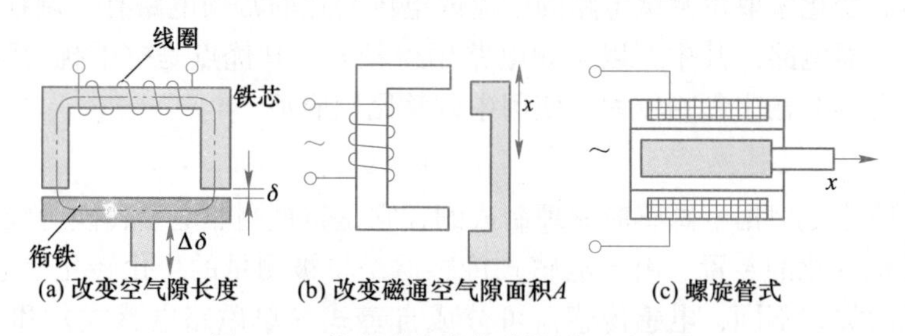

图 1-10　单磁路电感传感器原理示意图

1.3.1.5　磁电式传感器

根据电磁感应定律，当 W 匝线圈在恒定磁场内运动时，设穿过线圈的磁通为 ϕ，则线圈内会产生感应电动势 e 为：

$$e = -W\frac{\mathrm{d}\phi}{\mathrm{d}t} \tag{1-21}$$

线圈中感应电动势的大小与线圈的匝数和穿过线圈的磁通变化率有关，负号表示感应电动势的方向与磁通变化的方向相反。一般情况下，线圈的匝数是确定的，而磁通变化率与磁感应强度、磁路磁阻、线圈的运动速度有关，故只要改变其中一个参数，都会改变线圈中的感应电动势。根据工作原理不同，磁电感应式传感器可分为动圈式和磁阻式两大类。

（1）动圈式磁电传感器。动圈式磁电传感器的工作原理是，处在恒定磁场中的线圈做直线运动或转动时切割磁力线而产生感应电动势，该感应电动势的大小与线圈的运动速度或转动角速度成正比。因此，动圈式磁电传感器可直接测量线速度或角速度，有时也称为速度传感器。

动圈式磁电传感器按照其结构可分为线速度型和角速度型两类。

图 1-11（a）为线速度型传感器。当弹簧片敏感某一速度时，线圈就在磁场中做直线运动，切割磁力线，它所产生的感应电动势为：

$$e = WBlv\sin\theta \tag{1-22}$$

式中 W——有效线圈匝数，指在均匀磁场内参与切割磁力线的线圈匝数；

B——磁场的磁感应强度；

l——单匝线圈有效长度；

v——线圈与磁场的相对运动速度；

θ——线圈运动方向与磁场方向的夹角。

当线圈运动方向与磁场方向垂直，即 $\theta=90°$时，式（1-22）可写为：

$$e = WBlv \tag{1-23}$$

由此可见，若传感器的结构参数（W，B，l）选定，则感应电动势 e 的大小正比于线圈的运动速度 v。将被测到的速度经微分或积分运算，可得到运动物体的加速度或位移，因此动圈式磁电传感器也可用来测量运动物体的加速度和位移。

图 1-11（b）为角速度型传感器。线圈在磁场中产生的电动势为：

$$e = kWBA\omega \tag{1-24}$$

式中 k——与结构有关的系数，$k<1$；

A——单匝线圈的截面积；

ω——线圈的角速度。

因此，当传感器结构参数确定时，感应电动势与线圈相对于磁场的角速度成正比。

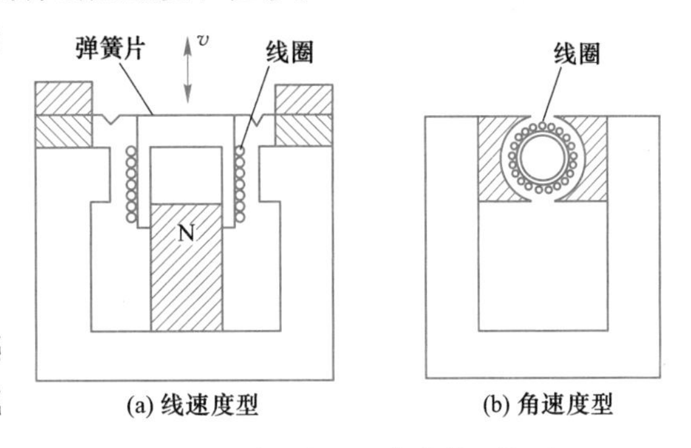

图 1-11 动圈式磁电传感器工作原理

（2）磁阻式磁电传感器。磁阻式传感器的工作原理是使线圈与磁铁固定不动，由运动物体（导磁材料）的运动来影响磁路气隙而改变磁路的磁阻，从而引起磁场的强弱变化，使线圈中产生交变的感应电动势。

磁阻式磁电传感器具有结构简单、使用方便等特点，可用于测量频数、转速、偏心、振动等。图 1-12 是几种不同的应用实例。

（3）磁电感应式传感器的应用：磁电感应式传感器是一种直接将被测量转换为感应电动势的有源传感器，也称为电动式传感器或发电型传感器，适用于动态测量，广泛应用在

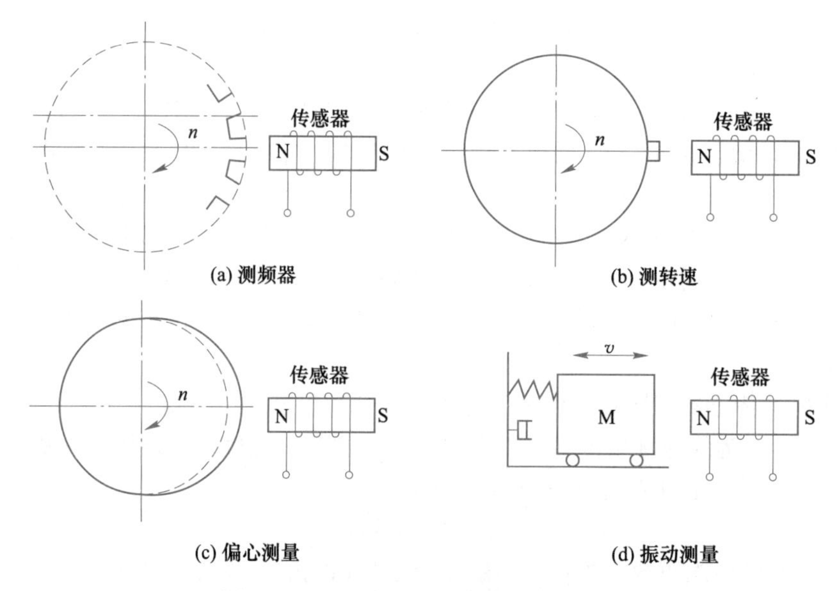

图 1-12 磁阻式磁电传感器的应用实例

机电系统的转速测量中。图 1-13 所示为磁电式转速传感器的结构原理，它由永久磁铁、线圈、齿盘等组成。在永久磁铁组成的磁路中，若改变磁阻（如空隙）的大小，则磁通量随之改变。磁路通过感应线圈，当磁通量发生突然改变时，就会感应出一定幅度的脉冲电动势，该脉冲电动势的频率等于磁阻变化的频率。为了使气隙发生变化，在待测轴上装一个由软磁材料做成的齿盘。当待测轴转动时，齿盘也跟随转动。齿盘中的齿和齿隙交替通过永久磁铁的磁场，从而不断改变磁路的磁阻，使铁心中的磁通量发生突变，在线圈内产生脉冲电动势，其频率与待测转轴的转速成正比。

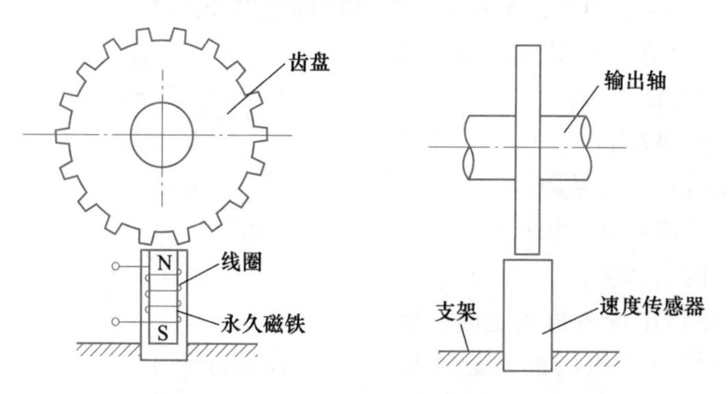

图 1-13 磁电式转速传感器结构原理图

根据转速传感器的结构，线圈所产生的感应电动势的频率为：

$$f=\frac{nz}{60} \tag{1-25}$$

式中 f——感应电动势的频率，Hz；

n——被测轴转速，r/min；

z——齿盘齿数。

当齿盘的齿数 $z=60$ 时，$f=n$，即只要测量感应电动势的频率 f 就可得到被测轴的转速。实际测量中，将线圈尽量靠近齿盘外缘，线圈产生的感应电动势即为正弦波形。

1.3.2 光学类传感器

1.3.2.1 光电式传感器

A 光电效应

光电式传感器通常是指能敏感到由紫外线到红外线光的光量，并将其转换成电信号的器件。光电式传感器工作的理论基础是光电效应。

如前文所述，光可以被看成是由具有一定能量的光子所组成，而每个光子所具有的能量 E 正比于其频率，光照射到物体上就可看成是一连串具有能量 E 的光子轰击在物体上。所谓光电效应是指由于物体吸收了能量为 E 的光子后产生的电效应。光电效应分为外光电效应、光电导效应和光生伏特效应，后两种现象发生在物体内部，也称为内光电效应。

B 光电传感器的特性

在设计和选用光电传感器时，需要考虑光电器件的特性及相关参数。光电器件的基本特性主要包括以下几方面：

（1）灵敏度。光电器件在单色（单一波长）光源作用下，输出的光电流与光通量或光照度之比称为灵敏度。光谱灵敏度反映了光电器件对不同波长入射光的响应能力。通常将任意波长下的光谱灵敏度与最大光谱灵敏度之比称为相对光谱灵敏度，由于相对光谱灵敏度比较容易测量，常用相对光谱灵敏度来表示。

（2）光电流与暗电流。光电器件在一定偏置电压作用下，在某种光源的特定照度下产生或增加的电流称为光电流。当光电器件无光照时，两端加电压后产生的电流称为暗电流。暗电流在电路设计中被认为是一种噪声电流，因此在测量微弱光强或精密测量中影响较大，应选择暗电流小的光电器件。

（3）光照特性。光照特性是指光电器件在一定电压作用下，作用到光电器件的光照度（或者光通量）与光电流之间的关系。通常光电器件在一定的照度范围内光照特性曲线为线性。

（4）光谱特性。光电器件在一定电压作用下，如果照射在光电器件上的是单色光，且入射光功率不变，光电流随入射光波长的改变而变化，通常将相对光谱灵敏度与入射光波长的关系称为光谱特性。光谱特性反映了一定波长的光源只适应特定的光电器件，即光电器件的光谱特性与光源的光谱分布一致时，光电器件的灵敏度最高，效率也高。

（5）伏安特性。在一定照度下，光电流与光电器件所施加电压的关系称为伏安特性。光电器件的伏安特性在设计电路时用于确定光电器件的负载电阻，并确保光电器件的工作电压或电流在额定功耗范围内。

（6）频率特性。在同样的极间电压和同样幅值的光强度下，当入射光强度以不同的正弦交变频率调制时，光电器件输出的光电流 I（或相对光谱灵敏度）与频率 f 的关系，称为频率特性。

由于光电器件存在一定的惰性，在一定幅度的正弦调制光照射下，当频率较低时，灵敏度与频率无关；而当频率增高到一定数值，灵敏度会出现逐渐下降趋势。

（7）脉冲响应特性。在阶跃脉冲光照射下，光电器件的光电流要经历一段时间才能达到最大饱和值，光照停止后，光电流也要经历一段时间才能下降为零。光电器件的脉冲响应特性通常用响应时间（上升时间和下降时间）来描述，其定义为：从稳态值的10%上升到其90%所需要的时间称为上升时间，从稳态值的90%下降到其10%所需要的时间为下降时间。脉冲响应特性反映了光电器件的响应速度，调制频率的上限也受响应时间的限制。

（8）温度特性。温度特性是指在一定的温度范围内，环境温度变化对光电器件的性能（灵敏度、光电流及暗电流等）产生影响，通常用温度系数表示。温度变化不仅影响光电器件的灵敏度，而且对光谱特性也有较大的影响，因此在高精度检测时，要进行温度补偿或在恒温条件下工作。

C 光电传感器的工作方式

利用光电器件制作的光电传感器属于非接触式传感器，在非电量测量中应用十分广泛，根据输出量的性质分为两类：模拟式光电传感器和开关式光电传感器。

（1）模拟式光电传感器：可将被测量转换为连续变化的光电流，通常要求光电器件的光照特性为线性。这一类传感器有下列几种工作方式。

1）辐射式：用光电元件测量物体温度，如光电比色高温计就是采用光电元件作为敏感元件，将被测物在高温下辐射的能量转换为光电流。

2）吸收式：用光电元件测量物体的透光能力，如测量液体、气体的透明度、混浊度的光电比色计，预防火警的光电报警器、无损检测中的黑度计等。

3）反射式：用光电元件测量物体表面的反射能力，光线投射到被测物体上后又反射到光电元件上，而反射光的强度取决于被测物体表面的性质和状态，如测量表面粗糙度、表面缺陷等。

4）遮光式：用光电元件检测位移。光源发出的光线被被测物体遮挡了一部分，使照射到光电元件上光的强度变化，光电流的大小与遮光多少有关。如检测加工零件的直径、长度、宽度、椭圆度等尺寸。

（2）开关式光电传感器：利用光电元件在有光照和无光照时的输出特性，将被测量转换为断续变化的开关信号，即“通”“断”的开关状态。这一类传感器要求光电器件的灵敏度高，对光照特性的线性要求不高，主要用于零件或产品的自动记数、光电开关、光电编码器、电子计算机中的光电输入装置及光电测速装置等方面。

D 光电传感器的应用

光电转速计包括反射式和透射式两种，它们都是由光源、光路系统、调制器和光电元件组成，如图1-14所示。光电元件多采用光电池、光敏二极管或光敏三极管，以提高寿命、减小体积、降低功耗和提高可靠性。调制器的作用是把连续光调制成光脉冲信号，它可以是一个带有均匀分布的多个小孔（缝隙）的圆盘，如图1-14（a）所示透射式光电转速计；也可以是一个涂上黑白相间条纹的圆盘，如图1-14（b）所示反射式光电转速计。当安装在被测轴上的调制器随被测轴一起旋转时，利用圆盘的透光性或反射性把被测转速调制成相应的光脉冲。光脉冲照射到光电元件上时，即产生相应的电脉冲信号，从而把转速转换成电脉冲信号，脉冲信号的频率可用一般的频率表或数字频率计测量。

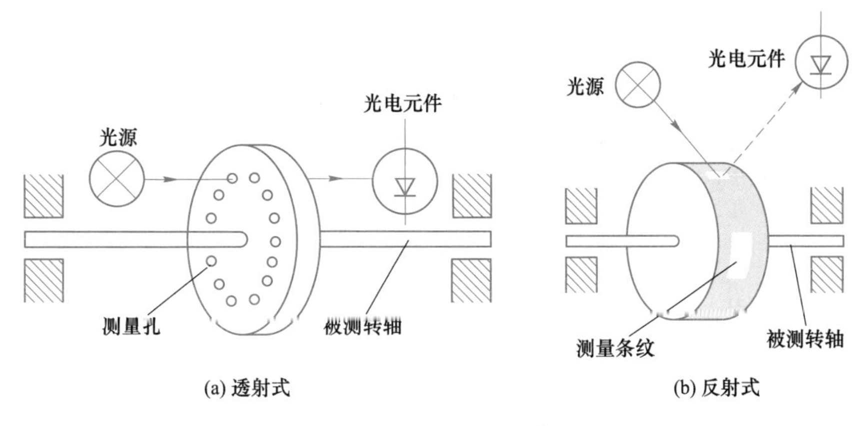

图 1-14　光电转速计的工作原理

1.3.2.2　光纤式传感器

光纤传感器是基于光导纤维的新型传感器，起源于光纤通信技术，它的应用是传感器领域的重大突破。在光纤通信利用中发现当温度、应力等环境变化时，引起光纤传输的光波强度、相位、频率、偏振态等变化，测量光波量的变化，就可知道导致这些变化的温度、应力等物理量的大小，根据这些原理便可研制出光导纤维传感器。光导纤维是 20 世纪 70 年代发展起来的一种新兴的光电子技术材料，到目前为止，光纤技术主要用于光纤通信、直接信息交换，把待测的量和光纤内的导光联系起来，形成光纤传感器。光纤传感器的迅速发展始于 1977 年，光纤传感器现已日趋成熟，这一项新技术的影响目前已十分明显。光纤传感器与传统传感器相比具有许多优点，目前已研制了多种不同的光纤传感器，用于磁、声、压力、温度、加速度、陀螺、位移、液面、转矩、光、电流和应变等物理量的测量，解决了以前认为难以解决，甚至不能解决的技术难题。

A　光纤的结构及导光原理

光导纤维，简称光纤，是一种用于传输光信息的多层介质结构的对称圆柱体，光纤传感器所用光纤与普通通信用光纤基本相同，都由纤芯、包层和涂覆层组成，结构如图 1-15 所示。

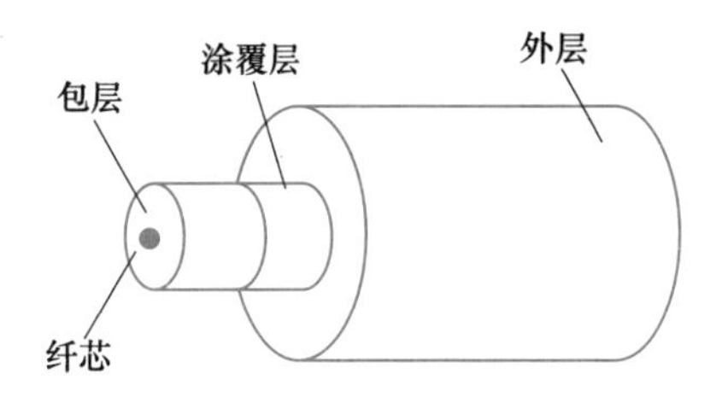

图 1-15　光纤的基本结构

当光线以某一较小的入射角 θ_1，由折射率 n_1 的光密物质射向折射率 n_2 的光疏物质时，一部分入射光以折射角 θ_2 折射入光疏物质，其余部分以 θ_1 角度反射回光密物质，根据光的折射定律，光折射和反射之间关系为：

$$\frac{\sin\theta_1}{\sin\theta_2}=\frac{n_2}{n_1} \tag{1-26}$$

当光线的入射角 θ_1 增大到某一角度 θ_c 时，透射入光疏物质的光线的折射角 $\theta_2=90°$，折射光沿界面传播，称此时的入射角 θ_c 为临界角，大于临界角入射的光线在介质交界面全部被反射回来，即发生光的全反射现象。临界角由下式确定：

$$\sin\theta_c=\frac{n_2}{n_1} \tag{1-27}$$

由上式可知，临界角 θ_c 仅与介质的折射率之比有关。

利用光的全反射原理，只要使射入光纤端面的光线与光轴的夹角小于一定值，使得光纤中的光线发生全反射时，则光线射不出光纤的纤芯（纤芯折射率大于包层折射率），如图 1-16 所示。光线在纤芯和包层的界面上不断地发生全反射，经过若干次的全反射，光就能从光纤的一端以光速传播到另一端，这就是光纤导光的基本原理。

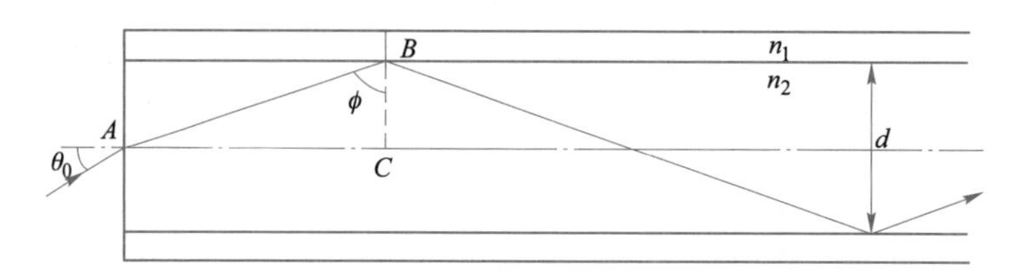

图 1-16　光在光纤中的全反射

B　光纤传感器基本原理

光纤传感器的基本原理是将来自光源的光经过光纤送入调制器，使待测参数与进入调制区的光相互作用后，引起光纤传输的光波强度、相位、频率、偏振态等发生变化，称为被调制的信号光，再经过光纤送入光探测器，经解调器解调后，获得被测参数。

C　光纤传感器的类型

按照光纤在传感器中的作用，光纤传感器可以分为功能型、非功能型和拾光型三大类，如图 1-17 所示。

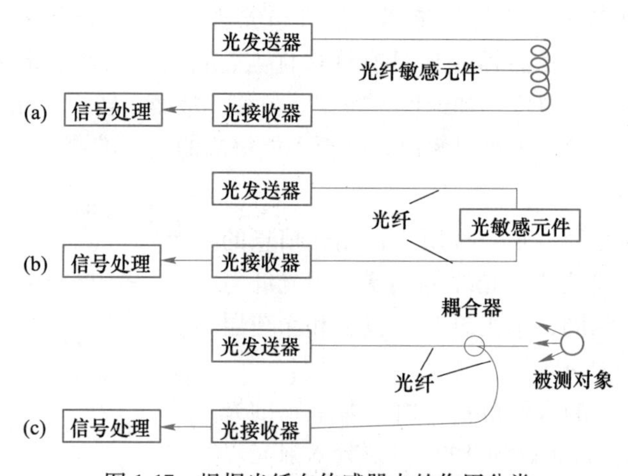

图 1-17　根据光纤在传感器中的作用分类

（1）功能型（内调制型、全光纤型）光纤传感器。如图 1-17（a）所示，此时光纤不仅是导光媒质，而且也是敏感元件，光在光纤内受被测量调制。此类传感器的优点是结构紧凑、灵敏度高，但是，它需用特殊光纤和先进的检测技术，因此成本高。随着对光纤传感器基本原理的深入研究和各种特殊光纤的成功研制，高灵敏度的功能型光纤传感器必将得到更广泛的应用。

（2）非功能型（或称传光型）光纤传感器。如图 1-17（b）所示，光纤在其中仅起导光作用，光照在光纤型敏感元件上受被测量调制。光纤与普通传感器中的导线作用相当，因而不能称为严格意义上的光纤传感器。此类光纤传感器无须特殊光纤及其他特殊技术，比较容易实现，成本低，但灵敏度也较低，只能用于对灵敏度要求不太高的场合。

（3）拾光型光纤传感器。如图 1-17（c）所示，用光纤作探头，接收由被测对象辐射的光或被其反射、散射的光。其常用的有：光纤激光多普勒速度计、辐射式光纤温度传感器等。

D 光纤传感器的特点

（1）质量轻、体积小。普通光纤外径为 250μm，最细的传感光纤直径仅为 35~40μm，可在结构表面安装或者埋入结构体内部，对被测结构的影响小，测量的结果是结构参数更加真实的反映。埋入安装时可检测传统传感器很难或者根本无法监测的信号，如：复合材料或者混凝土内部应力或者温度场分布、电力变压器的绝缘检测、山体滑坡的监测等。

（2）灵敏度高。光纤传感器采用光测量的技术手段，一般为微米量级。采用波长调制技术，分辨率可达到波长尺度的纳米量级。它是某些精密测量与控制必不可少的工具。

（3）耐腐蚀。由于光纤表面的涂覆层是由高分子材料做成，耐环境或者结构中酸碱等化学成分腐蚀的能力强，适应于智能结构的长期健康监测。

（4）抗电磁干扰。当光信息在光纤中传输时，它不会与电磁场产生作用。因而信息在传输过程中抗电磁干扰能力很强。因此，光纤传感器特别适用于高压大电流、强磁场噪声、强辐射等恶劣环境中，能解决许多传统传感器无法解决的问题。

（5）绝缘性能高。光纤是不导电的非金属材料，其外层的涂覆材料硅胶也不导电，因而光纤绝缘性能高，便于测量带高压设备的各种参数。

（6）传输频带较宽。通常系统的调制带宽为载波频率的百分之几，光波的频率较传统的位于射频段或者微波段的频率高几个数量级，因而其带宽有巨大的提高，便于实现时分或者频分多路复用，可进行大容量信息的实时测量，使大型结构的健康监测成为可能。

（7）使用期限内维护费用低。

E 光纤传感器的应用

作为 20 世纪 90 年代中期出现的一种新型传感器，光纤传感器是对以电信号为基础的传统传感器的变革。通过前面对光纤传感器工作原理及特点的介绍可知，光纤可以被应用到很多领域，目前的工程应用中，光纤可以构成位移、应变、压力、速度、加速度、转矩、角速度、角加速度、温度、电流、电压、流量、流速，以及磁、光、声、射线等近百种物理量检测的传感器，所以光纤传感器可以被称为万能传感器。当然，光纤传感器在开发过程中还有不少的实际困难，如噪声源、检测方法、封装、光纤的被覆等问题。因此，光纤传感器的实用化研究还在进行中。

下面介绍一种较为实用的光纤位移传感器。图 1-18 所示为光纤位移测量的原理图。光纤作为信号传输介质，起导光作用。光源发出的光束经过光纤 1 射到被测物体上并发生散射，有部分光线进入光纤 2 并被光电探测器件（此处为光敏二极管）接收，转变为电信号。由于入射光的散射作用随着距离 x 的大小而变化，所以进入光纤 2 的光强也会发生变化，光电探测器件转换的电压信号也将发生变化。实践证明，在一定范围内，光电探测器件的输出电压 U 与位移量 x 之间呈线性关系。在非接触式微位移测量、表面粗糙度测量等场合采用这种光纤传感器是很实用的。

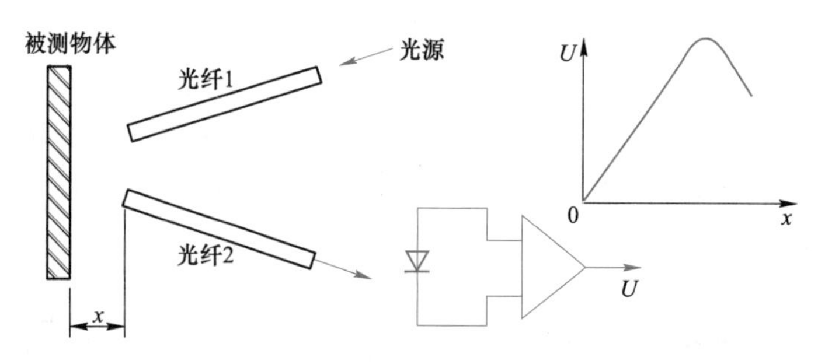

图 1-18 光纤位移测量原理图

光纤传感器在土木工程的应用领域相对较广泛，已经从混凝土的浇筑过程扩展到地基、桥梁、大坝、隧道、大楼、地震和山体滑坡等复杂系统的监测。

1.3.2.3 光栅式传感器

(1) 光栅传感器的结构及原理。光栅传感器主要由光源、透镜、光栅副、光电器件及测量电路等部分组成，如图 1-19 所示。光栅副是光栅传感器的核心，由主光栅和指示光栅组成，其精度决定着整个光栅传感器的测量精度。主光栅是测量的基准（也称为标尺光栅），其有效长度由测量范围确定。一般来说主光栅比指示光栅长，但两者的刻线密度相同。指示光栅的长度只要能满足测量所需的莫尔条纹数量即可。测量时，主光栅和指示光栅刻线面相对，两者之间保持小的间距且栅线之间错开一个很小的角度，以便形成莫尔条纹。在长光栅副中，一般主光栅与被测对象连在一起，并随其运动，指示光栅固定不动；但在数控机床上，主光栅往往固定在机床床身上不动，而指示光栅随托板一起移动。在圆光栅副中，主光栅通常固定在主轴上，并随主轴一起转动，指示光栅固定不动。当主光栅相对指示光栅移动时，透过光栅副的光在近似于垂直栅线的方向做明暗相间的变化，形成莫尔条纹。

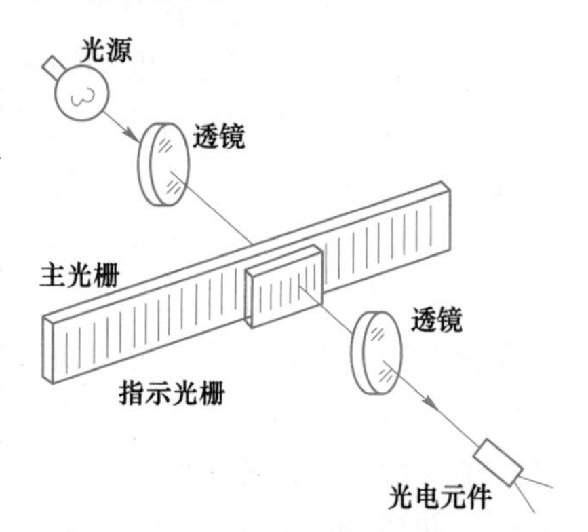

图 1-19 光栅传感器结构示意图

直读式光栅传感器的光路系统如图 1-20 所示。按透射光栅和反射光栅，光路系统分为透射直读式光路系统和反射直读式光路系统。其中，透射直读式光路系统结构简单、紧凑，调整方便，应用广泛；反射直读式光路系统适用于黑白反射光栅，一般用在数控机床上。

(2) 光栅传感器的应用。光栅传感器与其他数字式位移传感器相比，具有特点：1）高精度，光栅传感器在大量程长度或直线位移测量方面仅低于激光干涉传感器，在圆分度和角位移连续测量方面是精度最高的，测长精度$\pm(0.2+2\times10^{-6}L)\,\mu m$（$L$ 为被测长度），测角精度为 ± 0.1″。2）大量程兼有高分辨率，感应同步器和磁栅也具有大量程测量的特点，但分辨率和精度都不如光栅传感器。3）响应速度快，可实现动态测量。4）光栅位移测量属于增量式测量。5）对环境条件的要求不像激光干涉传感器那样严苛，但不如感应同步器和磁栅传感器的适应性强，油污和灰尘会影响它的可靠性。在工业现场使用时，对工作环境要求较高，不能承受大的冲击和振动，要求密封，以防止尘埃、油污和铁屑等的污

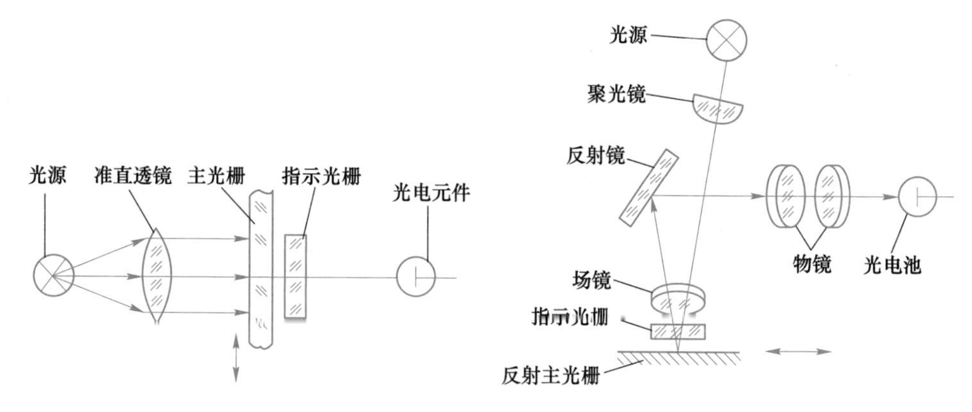

图 1-20 直读式光栅传感器的光路系统

染，光栅适合在实验室和环境较好的场合使用。6）成本较高。

由于光栅传感器具有测量精度高、测量范围大、分辨率高等优点，而且易于实现测量的自动化，因此广泛应用于数控机床和精密测量仪器设备中。图 1-21 所示为光栅传感器用于数控机床的位置检测和闭环反馈控制系统框图。由控制系统生成的位置指令 P_c 控制工作台移动，工作台移动过程中，光栅传感器作为数控机床的检测元件不断检测工作台的实际位置 P_f，并进行反馈（与位置指令 P_c 比较），形成位置偏差 P_e（$P_e = P_f - P_c$）。当 $P_f = P_c$ 时，则 $P_e = 0$，表示工作台已到达指令位置，伺服电机停转，工作台准确地停在指令位置上。

光栅传感器除了用于长度和角度的精密测量外，其应用范围可扩展到与位移相关的其他物理量，如速度、加速度、振动、力、表面轮廓等。

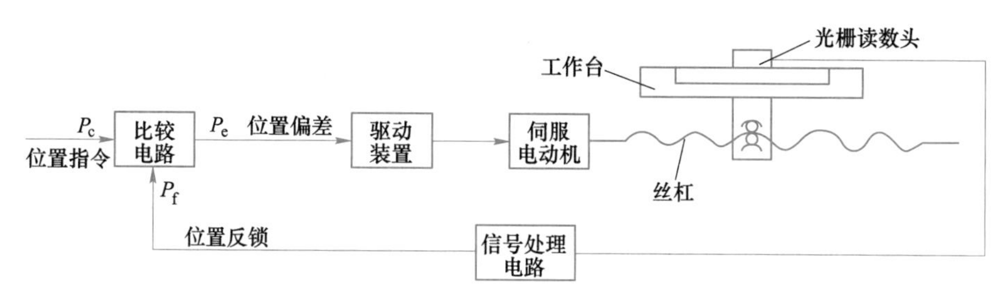

图 1-21 数控机床位置控制框图

1.3.3 机械类传感器

岩土工程测试中常用钢弦式应变计、压力盒作为量测传感器，其基本原理是将钢弦内应力的变化转换为钢弦振动频率的变化（如图 1-22 所示），钢弦应力与振动频率的关系式：

$$f = \frac{1}{2l}\sqrt{\frac{\sigma}{\rho}} \tag{1-28}$$

式中 f——钢弦振动频率；

l——钢弦长度；

ρ——钢弦密度；

σ——钢弦的张拉应力。

压力盒是常见的测试土、岩石压力的传感器，钢弦式压力盒做成后，l、ρ 为定值，钢弦频率只由张拉应力确定，张拉应力取决于外力 P，钢弦频率与薄膜所受压力 P 满足关系：

$$f^2 - f_0^2 = KP \tag{1-29}$$

式中 f——压力盒受压后钢弦的频率；

f_0——压力盒未受压时钢弦的频率；

P——压力盒底部薄膜所受的压力；

K——压力盒的标定系数。

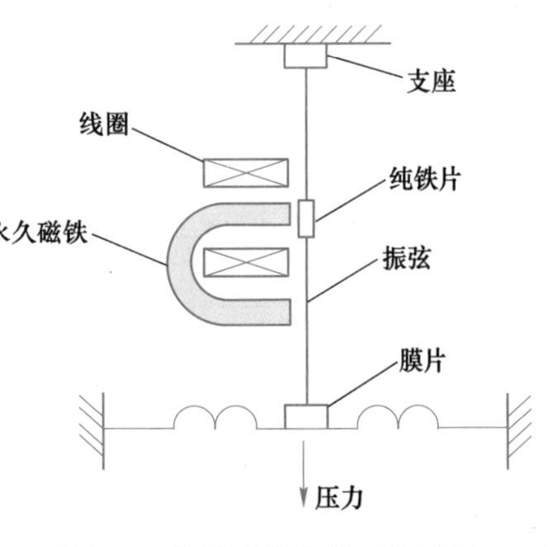

图 1-22 钢弦式传感器工作原理

钢弦式传感器主要有钢筋应力计、压力盒、表面应变计、孔隙水压力计等，其主要优点是构造简单，受温度影响小，易于防潮，在岩土工程、地下工程监测中得到广泛应用。钢弦式传感器的钢弦振动频率由频率仪测定。根据钢弦式传感器在岩土工程中使用后测定的频率就可以得到压力、应变等物理量。

1.3.4 智能传感器

近年来，传感器在发展与应用过程中越来越多地和微处理机相结合，使传感器不仅有视、嗅、触、味、听觉的功能，还具有存储、思维和逻辑判断等人工智能，从而使传感器技术提高到一个新的水平，智能传感器成为传感技术发展的必然趋势。

智能传感器（intelligent sensor 或 smart sensor）是当今世界正在迅速发展的高新技术，至今还没有形成规范化的定义。早期，人们简单地强调在工艺上将传感器与微处理器两者紧密结合，认为“传感器的敏感元件及其信号调理电路与微处理器集成在一块芯片上就是智能传感器”，这种提法在实际中并不总是必需的，而且也不经济。于是就产生了新的定义：传感器通过信号调理电路与微处理器赋予智能的结合，兼有信息检测与信息处理功能的传感器就是智能传感器。这一提法突破了传感器与微处理器结合必须在工艺上集成在一块芯片上的框框，而着重于两者赋予智能的结合可以使传感器的功能由以往只起“信息检测”作用扩展到兼有“信息处理”功能，因此，智能传感器是既有获取信息又有信息处理功能的传感器。

1.3.4.1 智能传感器的基本功能及特点

A 智能传感器的基本功能

智能传感器比传统传感器在功能上有极大拓展，主要表现在以下几个方面：

（1）数据存储、逻辑判断、信息处理。智能传感器可以存储各种信息，如装载历史信息、校正数据、测量参数、状态参数等，可对检测数据随时存取，大大加快了信息的处理速度，并能够对检测数据进行分析、统计和修正，还能进行非线性、温度、噪声、交叉感应以及缓慢漂移等误差补偿，也可根据工作情况进行调整使系统工作在低功耗状态和传送效率优化的状态。

（2）自检、自诊断和自校准。智能传感器可以通过对环境的判断和自检进行自动校零、自动标定校准，有些传感器还可以对异常现象或故障进行自动诊断和修复。

（3）灵活组态（复合敏感）。智能传感器可设置多种模块化的硬件和软件，用户可以通过操作指令，改变智能传感器的硬件模块和软件模块的组合形式，以达到不同的应用目的，完成不同的功能，实现多传感、多参数的复合测量。

（4）双向通信和标准化数字输出。智能传感器具有数字标准化数据通信接口，能与计算机或接口总线相连、相互交换信息。

根据应用场合的不同，目前推出的智能传感器选择具有上述全部功能或部分功能。智能传感器具有高的准确性、灵活性和可靠性，同时采用廉价的集成电路工艺和芯片以及强大的软件来实现，具有高的性能价格比。

B 智能传感器的特点

与传统传感器相比，智能传感器具有如下特点：

（1）精度高、测量范围宽。通过软件技术可实现高精度的信息采集，能够随时检测出被测量的变化对检测元件特性的影响，并完成各种运算，如数字滤波及补偿算法等，使输出信号更为精确；同时其量程比可达 100∶1，最高达 400∶1，具有很宽的测量范围和过载能力，特别适用于要求量程比大的控制场合。

（2）高可靠性与高稳定性。智能传感器能够自动补偿因工作条件或环境参数变化而引起的系统特性的漂移，如环境温度变化而引起传感器输出的零点漂移，能够根据被测参数的变化自动选择量程，能够自动实时进行自检，能根据出现的紧急情况自动进行应急处理（报警或故障提示），这些都可以有效提高智能传感器系统的可靠性与稳定性。

（3）信噪比与分辨率高。智能传感器具有数据存储和数据处理能力，通过软件进行数字滤波、相关分析、小波分析及希尔伯特-黄变换（HHT）等时频域分析提高信噪比；还可以通过数据融合、神经网络及人工智能技术等手段提高系统的分辨率。

（4）自适应性强。智能传感器的微处理器可以使其具备判断、推理及学习能力，从而具备根据系统所处环境及测量内容自动调整测量参数，使系统进入最佳工作状态。

（5）性能价格比高。智能传感器通过与微处理器相结合，采用价格便宜的微处理器和外围部件以及强大的软件即可实现复杂的数据处理、自动测量与控制等多项功能。

（6）功能多样化。相比于传统传感器，智能传感器不但能自动监测多种参数，而且能根据测量的数据自动进行数据处理并给出结果，还能够利用组网技术构成智能检测网络。

1.3.4.2 智能传感器的结构

智能传感器视其传感元件的不同具有不同的名称和用途，而且其硬件的组合方式也不尽相同，但其结构模块大致相似，一般由以下几个部分组成：一个或多个敏感器件；微处理器或微控制器；非易失性可擦写存储器；双向数据通信的接口；模拟量输入输出接口（可选，如 A/D 转换、D/A 转换）；高效的电源模块。图 1-23 为典型的智能传感器结构组成示意图。按照实现形式，智能传感器可以分为非集成化智能传感器、集成化智能传感器以及混合式智能传感器三种结构。

（1）非集成化智能传感器。非集成化智能传感器就是将传统的经典传感器、信号调理电路、微处理器以及相关的输入输出接口电路、存储器等进行简单组合而得到，如图 1-24 所示。非集成化智能传感器中传感器与微处理器分为两个独立部分，传感器仅仅用来获取

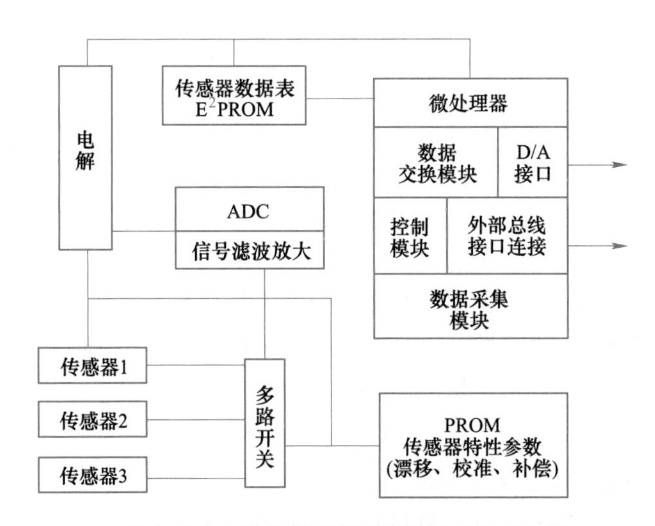

图 1-23 典型的智能传感器结构组成示意图

信息，微处理器是智能传感器的核心，不但可以对传感器获取的信息进行计算、存储、处理，还可以通过反馈回路对传感器进行调节；同时微处理器通过软件可实现测量过程的控制、逻辑推理、数据处理等功能，使传感器获得智能化功能，从而提高了系统性能。这种传感器的集成度不高、体积较大，但在当前的技术水平下，它仍是一种比较实用的智能传感器形式。

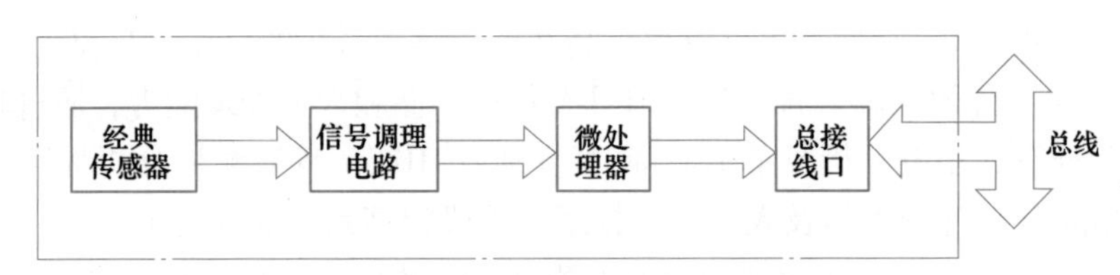

图 1-24 非集成化智能传感器框图

（2）集成化智能传感器。集成化智能传感器是采用微机械加工技术和大规模集成电路工艺技术将传感器敏感元件、信号调理电路、微处理器等集成在同一个芯片上而构成的。集成化智能传感器具有体积小、成本低、功耗小、可靠性高、精度高及多功能等优点，因此成为目前传感器研究的热点和传感器发展的主要方向。

（3）混合式智能传感器。根据需要将系统各个集成化环节，如敏感单元、信号调理电路、微处理器单元、数字总线接口等，以不同的组合方式集成在几个芯片上，并封装在一个外壳里构成混合式智能传感器。目前，混合式智能传感器作为智能传感器的主要类型而被广泛应用，混合式智能传感器的实现方式如图 1-25 所示。

1.3.4.3 智能化功能的实现方法

智能传感器的“智能化”主要体现在强大的信息处理功能上，其智能化核心是微处理器，可以在最少硬件基础上利用强大的软件优势对测量数据进行处理，如实现非线性自校正、自诊断、实时自校准、自适应量程、自补偿等，以改善传感器的精度、重复性、可靠性等性能，并进一步提高传感器的分析和判断能力。

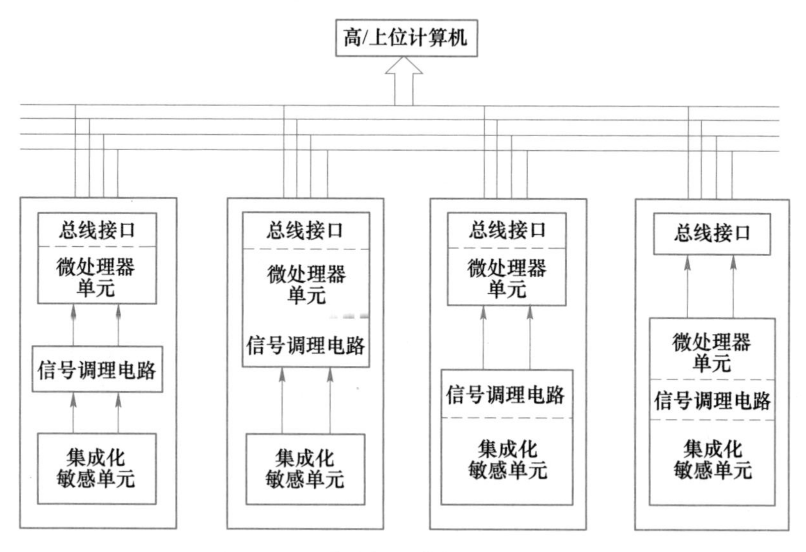

图 1-25 混合式智能传感器的实现方式

A 非线性自校正

理想传感器的输入量与输出信号成线性关系。线性度越高，则传感器的精度越高。传感器的非线性误差是影响其性能的重要因素，智能传感器通过软件自动校正传感器输入输出的非线性误差，可有效提高测量精度。

智能传感器非线性自校正的突出优点是不受限于前端传感器、调理电路至 A/D 转换的输入输出特性的非线性程度，仅要求输入输出特性重复性好。

智能传感器非线性自校正原理如图 1-26 所示。其中，传感器、调理电路至 A/D 转换器的输入-输出特性如图 1-26（b）所示，微处理器对输入按图 1-26（c）进行反非线性变换，最终可使其输入 x 与输出 y 成线性或近似线性关系，如图 1-26（d）所示。

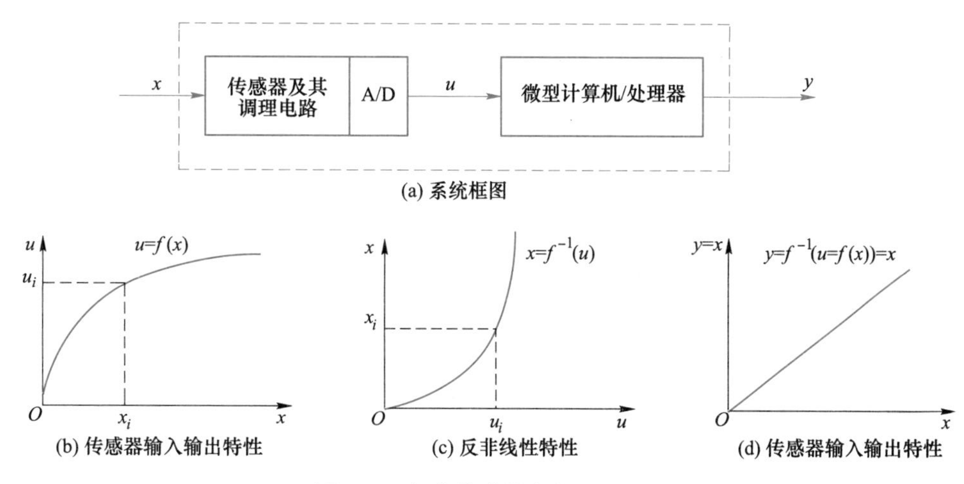

图 1-26 智能传感器自校正原理图

传统的非线性自校正方法主要有查表法（分段插值法）和曲线拟合法，适用于传感器的输入输出特性已知的情形。当传感器的特性曲线未知时，可通过神经网络方法、遗传算法、支持向量机方法等建立其输入输出特性关系并进行非线性自校正。

B 自诊断

自诊断技术俗称“自检”，包括软件自检和硬件自检，检验传感器能否正常工作，若发生故障希望能及时检测并进行隔离。

传感器故障诊断是智能传感器自检的核心内容之一。自诊断程序应判断传感器是否有故障，并实现故障定位、判别故障类型，以便后续操作中采取相应的对策。故障诊断方法可以划分成基于解析模型的方法、基于信号处理的方法、基于知识的方法等三种。当可以建立比较准确的被控过程数学模型时，基于解析模型的方法是首选的方法；当可以得到被控过程的输入输出信号，但很难建立被控对象的解析数学模型时，可采用基于信号处理的方法；当很难建立被控对象的定量数学模型时，可采用基于知识的方法。

（1）基于信号处理的方法。基于信号处理的方法通常利用信号模型，如相关函数、频谱、自回归滑动平均等，直接分析可测信号，提取诸如方差、幅值、频率等特征值，进而诊断出故障，目前，应用较多的是基于小波变换的方法和基于信息融合的方法。

基于小波变换方法的基本思路是：对系统的输入输出信号进行小波变换，利用该变换求出输入输出信号的奇异点，然后去除由于输入突变引起的极值点，则其余的极值点对应于系统的故障。该方法无须建立对象的数学模型，且对输入信号的要求较低，计算量不大，灵敏度高，克服噪声能力强，可以进行在线实时故障检测。

基于信息融合的方法利用传感器自身的测量数据，以及某些中间结果和系统的知识，提取有关系统故障的特征，即通过多源信息融合进行故障诊断。该方法的一个显著特点是，由于具有相关性的传感器的噪声是相关的，经过融合处理可以明显地抑制噪声，降低不确定性。

（2）基于解析模型的诊断方法。基于解析模型的诊断方法是随着解析冗余思想的提出而形成的，如等价空间法、观测器法、参数估计法等。这些方法应用分析冗余代替物理（硬件）冗余，将被诊断系统数学模型得到的信息和实际测量得到的信息相比较，通过分析残差进行故障诊断。

该方法的优点是模型机理清楚，结构简单，易实现、易分析和可实时诊断等；缺点是计算量大，系统复杂，存在建模误差，模型的可靠性差，容易出现误报、漏报等现象，外部扰动的鲁棒性，系统的噪声和干扰不敏感。

（3）基于知识的故障诊断方法。基于知识的智能故障诊断技术是故障诊断领域最为引人注目的发展方向之一，它大致经历了两个发展阶段：基于浅知识的第一代故障诊断专家系统和基于深知识的第二代故障诊断专家系统，以及后来出现的混合结构的专家系统。将上述两种方法结合使用，互补不足，相得益彰。它在传感器故障诊断领域的应用，主要集中在专家系统、神经网络和模糊逻辑系统等几个方面。

专家系统方法是通过系统知识的获取，在计算机上根据相应的算法和规则进行编程，实现对系统传感器的故障检测。其优点是规则易于增加和删除，但在实际应用中的最大困难在于知识的获取，而且它对新故障不能诊断。

神经网络具有的非线性大规模并行处理方面的特点，以及容错性和学习能力强，可以避免分析冗余技术中实时建模的需要，因而它被广泛应用于控制系统元部件诊断、执行器诊断和传感器故障诊断。同时，神经网络可以根据传感器中的相关性来恢复故障传感器信号。

模糊逻辑系统在故障诊断方面的应用，大多处于从属地位。由于其处理强非线性、模糊性问题的能力适应了故障非线性和模糊性特点，因此在故障诊断领域的应用有很大潜力。

C 自校准

自校准可以理解为每次测量前传感器自身的重新标定，以消除传感器的系统漂移。自校准可以采用硬件自校准、软件自校准和软硬件结合等方法。

用标准激励或校准传感器进行实时自校准的原理框图如图 1-27 所示。

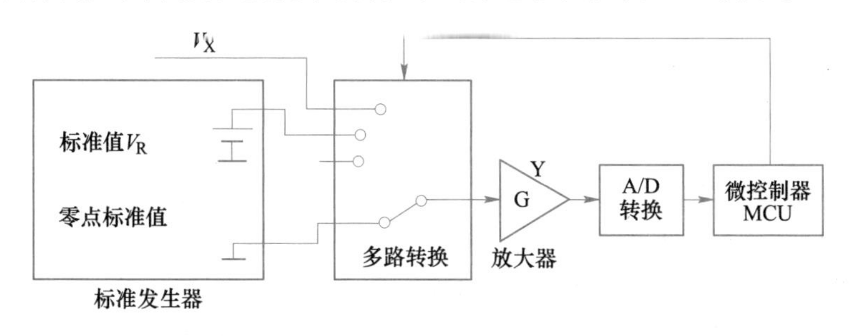

图 1-27 标准激励或校准传感器自校准原理框图

智能传感器的自校准过程通常分为以下三个步骤：

（1）校零。输入信号为零点标准值，进行零点校准。

（2）校准。输入信号为标准值 V_R，实时标定系统的增益或灵敏度。

（3）测量。对输入信号 V_X 进行测量，得到相应的输出值。

图 1-27 中，标准值 V_R、输入信号 V_X 和零点标准值的属性相同，自校准的精度取决于标准发生器产生的标准值的精度。上述自校准方法要求被校传感器的输入输出特性呈线性，这样仅需两个标准值就可实现系统的自校准，即标定传感器系统的零点和增益。

对于输入输出特性呈非线性的传感器系统，可以采用多点校准的方法，但为了提高标定的实时性，标定点数不宜过多。通常采用施加三个标准值的标定方法（三点标定法）进行实时在线自校准，即通过三个标准值及其对应的输出，确定自校准曲线方程：

$$x = C_0 + C_1 y + C_2 y^2 \tag{1-30}$$

式中 x——输入信号；

y——输出信号；

C_0，C_1，C_2——数值由最小二乘法确定。

这样，进入实际测量时，可根据系统的输出反推出对应的输入量，即得到校准后系统的真实输入信号。因此，只要传感器系统在标定与测量期间的输入输出特性保持不变，传感器系统的测量精度就取决于实时标定的精度。

D 自适应量程

智能传感器的自适应量程即增益的自适应控制，要综合考虑被测量的数值范围、测量精度和分辨率等因素，自适应量程的情况千变万化，没有统一的原则，应当根据实际情况分析处理。为了减少硬件设备，可使用可编程增益放大器 PGA（programmable gain amplifier），使多回路检测电路共用一个放大器，其根据输入信号电平的大小，改变测量放大器的增益，使各输入通道均用最佳增益进行放大，从而实现量程的自动调整。

图 1-28 所示的是一个改变电压量程的例子，在电压输入回路中插入四量程电阻衰减器，每个量程相差 10 倍，在每个量程中设置两个数据限，上限称升量程限，下限称降量程限。上限通常在满刻度值附近取值，下限一般取为上限的 1/10。智能传感器在工作中通过判断测量值是否达到上下限来自动切换量程。

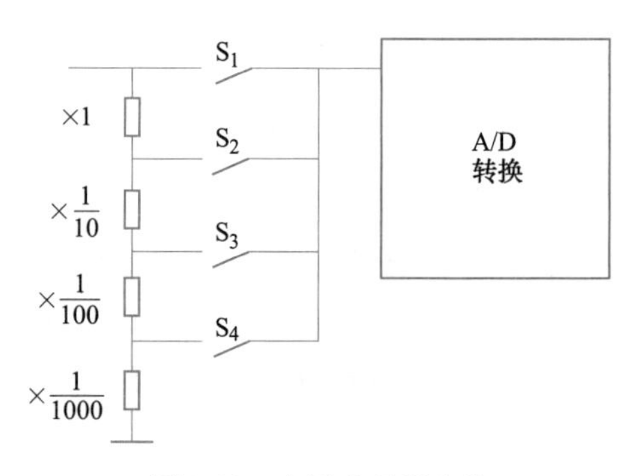

图 1-28 自适应量程电路

E 自补偿

自补偿即误差补偿技术，可以改善传感器系统的动态特性，使其频率响应特性具有更宽的工作频带范围。在系统不能进行完善的实时自校准时，自补偿可以消除由于环境、工作条件变化引起的系统特性的漂移，如零点漂移、灵敏度漂移等，从而提高系统的稳定性，增强抗干扰能力。下面主要介绍两种误差补偿技术：频率自补偿技术和温度自补偿技术。

（1）频率自补偿技术。在利用传感器对瞬变信号进行动态测量时，传感器由于机械惯性、热惯性、电磁储能元件及电路充放电等多种原因，使得动态测量结果与被测量之间存在较大的动态误差。特别是当被测信号的频率较高而传感器的工作频带不能满足测量允许误差的要求时，则希望扩展系统的频带，以改善系统的动态性能。常用的频率自补偿方法包括数字滤波法和频域校正法。

数字滤波法的补偿原理是给现有的传感器系统传递函数为 $W(s)$ 附加一个传递函数为 $H(s)$ 的校正环节，使系统的总传递函数 $I(s) = W(s) \cdot H(s)$ 满足动态性能的要求，如图 1-29 所示。这个附加环节的传递函数 $H(s)$ 由软件编程设计的等效数字滤波器来实现。

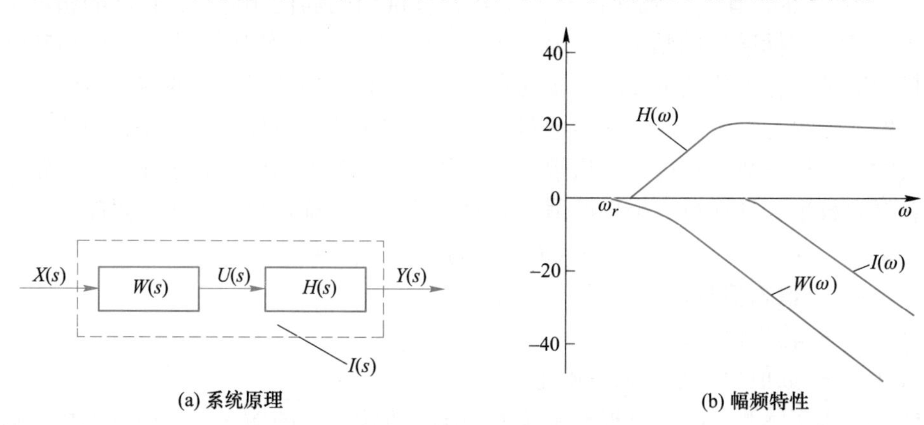

图 1-29 数字滤波自补偿法

频域校正法的补偿原理如图 1-30 所示。若由于系统的频带宽度不够或者动态性能不理想，系统对输入信号 $x(t)$ 的输出响应信号 $y(t)$ 将产生畸变，频域校正法的补偿原理就是对畸变的信号 $y(t)$ 进行傅里叶变换，找到被测输入信号 $x(t)$ 的频谱 $X(jw)$，再通过傅里叶反变换获得被测信号 $x(t)$。

采用数字滤波法和频域校正法进行频率自补偿时，现有传感器系统的动态特性必须已知，或者需要事先通过实验测定动态特性的特性参数，从而得到传递函数或频率特性，然后通过软件实现频率自补偿。

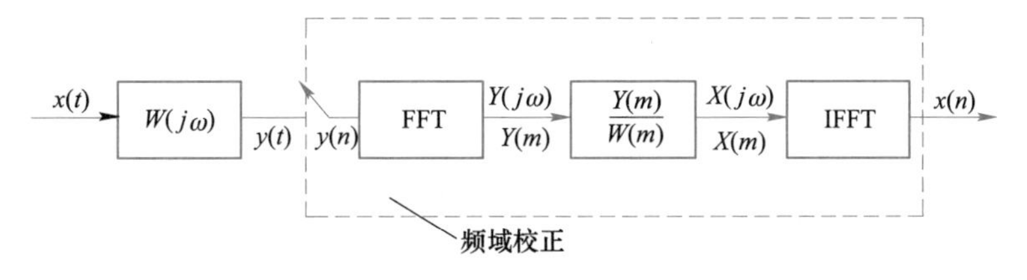

图 1-30 频域校正自补偿原理

（2）温度自补偿技术。温度是传感器系统最主要的干扰量，在经典传感器中主要采用结构对称（机械或电路结构对称）方式来消除其影响。智能传感器则采用监测补偿法，即通过对温度干扰量的监测，再经过软件处理实现误差补偿。

基于温度监测法的软件自补偿方法的基本思想：首先找出传感器系统静态输入输出特性随温度变化的规律；当监测出传感器系统当前的工作温度时，立即确立该温度下的输入输出特性，并进行刻度转换，从而避免最初标定时采用的输入输出特性所带来的误差。

1.3.5 传感器的选择和标定

1.3.5.1 传感器的选择

传感器是测试系统中最为关键的部件，如何根据测试目的和具体的实际条件，正确合理地选择传感器，是在进行测量时首先要解决的问题。当传感器确定以后，与其相配套的测量方法和测试设备就可以确定了。

传感器选择应遵循的一般原则是：

（1）根据测试对象、实际条件、测试方式确定传感器的类型；

（2）传感器的灵敏度和精确度应该满足测试的要求；

（3）传感器的频率响应特性应该满足测试的要求；

（4）传感器在线性范围内工作；

（5）传感器具有良好的稳定性；

（6）传感器除满足技术要求外，应尽可能满足体积小、质量轻、结构简单、价格便宜、易于维修、易于更换、便于携带、通用化和标准化等条件。

1.3.5.2 传感器的标定

传感器的标定，就是通过试验建立传感器输入量与输出量之间的关系，即求取传感器的输出特性曲线（又称标定曲线）。由于传感器在制造上的误差，即使仪器相同，其标定曲线也不尽相同。因此，传感器必须在使用前进行标定。另外，经过一段时间的使用后应对传感器进行复测，这种再次标定可以检测传感器的基本性能是否发生变化，判断其是否可以继续使用。对可以继续使用的传感器，若某些指标（如灵敏度）发生了变化，应通过再次标定对原数据进行修正或校准。传感器的标定工作应由具有相应资质的计量部门按照有关规范完成，并对使用单位出具相应的标定结果证明。

1.4 数据分析基础

岩体参数测试的目的，是要用数据说明所设计与施工的岩体工程结构体系是否安全可靠。在试验测试中，总是要选定一些物理、力学参数，如岩石的容重、静动弹模、内聚力、摩擦角、泊松比，岩体和支架的应力、应变、位移、压力、速度和加速度等，反映一定条件下岩体所处的状态。

实践证明，测量数据并不能绝对精密地表达被测参数的真实值，或称真值。如岩体原始应力，有其客观存在的数值，但是由于测量方法、仪器、环境和人的观察能力，以及测量程序，都难以做到没有差异和变化。因而，其真实值无法直接获得，通常只能用测量数据处理后的最佳值来代替。由此可见，测量数据同时包含有用信息和误差。只有将误差减小和控制在精度允许的范围内，数据才能起到工程依据的重要作用。

应当指出，数据是一种测量现象，数据之间的联系以及它们所表示出的内在规律性，反映测试对象的本质。在岩体实验测试所取得的一系列数据中，数据本身是各种因素综合作用的结果。一个数据既能反映整个变化过程中的普遍性，又能反映瞬时变化的特殊性。同时，数据又是可以分解的。

所以，一个数据或者一条数据曲线，不要仅仅看作是几个数字和一个简单图形。它们是处于互相联系又互相影响之中的。譬如，一条数据曲线看起来是简单的，实际上是很复杂的。用数学分析方法，可以把一条曲线分解成多条曲线，这是分析过程。把分解出来的各部分，按时间、空间特性组成具有新物理意义的曲线或曲面，这是综合过程数据处理方法。从根本上说是从不同角度对数据进行分析和综合，目的是寻求事物内在的规律性。

测试数据的性质还与测量方法有关。一定的测量方法规定着数据的性质。按被测量获得的方式有直接测量和间接测量两种方法。直接测量数据是被测量与标准量直接进行比较的结果，如用卡尺量取岩石试件长度，用温度计测量恒温箱里的温度等。间接测量首先是对与被测量者有确定函数关系的其他量进行直接测量，然后经过计算得到被测量的方法。如在测量岩石弹性模量 E 时，由于尚没有直接读取 E 值的仪器，可利用 $\sigma=E\varepsilon$ 的关系式，先测量出岩石试件在加载过程中的全部应力-应变值，并绘出曲线，再计算应力-应变曲线上弹性阶段的斜率值，即可得到 E 的值。

按被测量在测试过程中是否随时间变化，又有静态和动态两种测量方法。静态测量的对象是恒定的，被测量不随时间变化，采用的数据处理方法带有静特性，如数据的曲线拟合或回归方法等。动态测量是指在测量过程中被测量是变化的，如岩体中由爆破引起的应力波测量。动态测量取得的数据可以是周期性的，也可以是随机性的。

在数据处理上，主要有均值和方差分析、相关分析、概率密度分析、频谱分析。

离散性是岩体测量数据的一个重要特征。岩体的生成经历了极为复杂的过程，其内部结构性质的差异与变化幅度都十分显著，即使在很小的范围内也如此。譬如，用同一部位、同一岩块制作的两个岩石试件，其单轴抗压强度值也会相离甚远。岩体内部多变的客观现实，决定了其测量数据必然带有偏离总体均值的特征，概括为离散程度。另一方面，岩体性质的变化，在总体上遵循着一定的规律，可以用统计的方法来对数据加以处理。

各种测量数据，都可以分为确定性的和非确定性（随机性）的两类。能够用明确的数学关系式描述的数据称为确定性数据。反之，如果不能用明确的数学关系式来描述，无法预测未来时刻的精确值，这些数据是属于随机性的。判断数据是确定性的还是随机性的，通常以实测能否重复产生这些数据为依据。在同样精度范围内，能重复测得这些数据的，可以认为这些数据是确定性的，否则可以认为是随机性的。

为了便于分析，把实验测量数据作为时间函数来分类，见表 1-1。

表 1-1 数据（信号）分类表

稳定性数据				非稳定性数据		
周期数据		非周期数据		平稳过程		非平稳过程
正弦周期数据	复杂周期数据	准周期数据	瞬变数据	各态历经过程	非各态历经过程	非平稳特殊分类

1.4.1 误差的基本概念

（1）真值。客观存在的某一物理量的真实值。由于条件的限制，可以说真值是无法测得的，只能得到真值的近似值。

（2）测量（实验）值。用实验方法测量得到的某一物理量的数值。

（3）理论值。用理论公式计算得到的某个物理量的值。

（4）误差。测量值与真值的差，误差=测量值-真值。

误差则是测量值与真值之间的不一致现象。根据误差表达的形式不同，有绝对误差和相对误差两个基本概念。

1）绝对误差为被测参量的测量值与真值之间的差，即：

$$绝对误差=测量值-真值$$

2）相对误差为绝对误差与被测真值之比，即：

$$相对误差=绝对误差/被测真值$$

被测真值为未知数时，可用测量值的算术平均值代替被测真值进行计算。

相对误差描述了测量的准确性，可用于比较不同被测参量的测量精度。而绝对误差仅仅反映出测量值偏离真值的大小。

（5）准确度。反映实验的测量值与真值的接近程度，其由系统误差决定。

（6）精密度。多次测量数据的重复程度，其由偶然误差决定，但精密度高不一定准确度高，要求既有高的准确度又有高的精密度，即高的精确度，也就是通常所说的测量精度。

（7）有效数字。测量时的读数一般读到仪器刻度的最小刻度中的分数，不能略去，但末位数是欠准确的。最后一位数字为 0 时，也不可略去，因为其是有效数字，否则降低了数值的准确度。运算时，各数所保留的小数位数应以有效数字位数最少的为准；乘除法时所得的积或商的准确度不应高于准确度最低的因子。当大于或等于四个的数据计算平均值时，有效位数增加一位。

1.4.2　误差分析

在进行力、应力、应变、位移等物理量的测量实验时，不可避免地会存在着各方面的误差，就其性质来讲，大体可分为系统误差和偶然误差（随机误差）两大类，还有一种过失误差是由于人为造成的。为便于对测量误差进行分析和处理，按照误差的性质可分为以下三类。

1.4.2.1　系统误差分析

系统误差是由确定的系统产生的固定不变的因素引起的误差。该误差的偏向及大小总是相同的，如用偏重的砝码称重，所称得的物体的重量总是偏轻；应变片灵敏系数偏大，那么所测得的应变值则总是偏小。

此类误差是由某些固定不变的因素引起的，例如测量仪器不准确，测量方法错误和某些外界原因造成的误差。除这些大小和符号都不变的固定系统误差外，还有变动的系统误差，例如仪器的非线性、滞后、零漂，以及振子的幅频和相频特性不良造成的误差等。

系统误差有固定的偏向及规律性，可采取适当的措施予以校正、消除；而偶然误差只有当测量的次数足够多时，其服从统计规律，其大小等可由概率决定。一般的系统误差是产生原因和变化规律已知的误差，可通过对测量值修正的办法加以消除。系统误差常使测量值向某一方向偏离，使算术平均值有显著变化。但它的均方差一般没有大的变化。系统误差是固定的或者按一定规律变化的较大误差，其危害性远大于偶然误差，应特别重视。系统误差一般有下列来源：仪器及其安装误差、环境及人为误差、理论计算和测量方法误差等。不变的系统误差，不能用在同一条件下的多次测量来发现，只有改变形成这种误差的条件，通过实测对比才能发现。例如仪器和传感器的标定误差属于此类误差。变化的系统误差又分为线性变化和周期性变化的系统误差，以及按复杂规律变化的系统误差，例如光线示波器振子的圆弧误差等。发现变化系统误差的方法如下。

在无任何误差的影响时，测量条件不变则各次测量值应为一确定数值，记录曲线为一严格的直线，或是按此直线方向有规律变化的曲线。只有偶然误差存在时，测量数据才围绕在算术平均值两侧波动。然而，如果存在变化的系统误差且大于偶然误差，测量列数据的大小和符号的变化趋势取决于系统误差的变化规律，数据偏差的符号变化也将取决于系统误差的变化规律。这就是发现系统误差的依据。

（1）把数据对应的偏差，按测量先后顺序排列好。如果发现偏差的符号做有规律的交替变化，则该数据中必含有周期性变化的系统误差。

（2）如果动态测量记录曲线的水平基线由低到高或由高到低变化时，则有线性系统误差存在。如果曲线沿平均水平做某种周期性波动，则有周期性系统误差存在。

（3）正态概率纸判别法。正态概率纸的横坐标按普通的等距刻度，纵坐标则按正态分布的规律刻度。在应用时将要判别的数据，以横坐标为测量值，纵坐标为累计频数值进行标点。若各点在一条直线上，表示只含有偶然误差。尤其是中间各点应在直线上，否则必含有系统误差。

测量系统各环节引起误差的原因很多，要视具体情况作重点处理，以尽量减小其影响程度。在进行岩体或者结构测试时，要特别注意传感器安装位置及其正确性，并选用尺寸合适、量值和灵敏度尽量一致的传感器。

进行长时间静态测量时，要考虑仪器的防震、屏蔽、接地和电压稳压等，并要注意信号引线接头和转换开关等连接的可靠性。在测量高频过程和暂态过程时，要考虑信号放大器和记录器等的频率响应特征。

测量系统的测量误差，通常情况下在1%以上。静态测量时，误差的大小和标定的准确程度有关。一般的动测和静测，无须对测量仪器进行周期性校检、标定和稳定性的检查，不必进行精密的温度补偿和不必考虑传感器的横向灵敏度。总之，消除误差是测量中一项重要的基本功训练，因此要多多实践。

1.4.2.2 偶然误差分析

在测量中，如果已经消除引起系统误差的一切因素，而由不易控制的多种因素造成的误差，才称为偶然误差。偶然误差时大时小，时正时负，属于随机性的误差，服从统计规律。偶然误差是一种不规则的随机的误差，其误差没有固定的大小和偏向。

偶然误差属于随机误差，需要用统计方法整理数据，从离散的测量数据中，寻求其内在的规律。

频率分布直方图能清楚显示各组频数分布情况又易于显示各组之间频数的差别。它主要是为了将获取的数据直观、形象地表示出来，以便更好了解数据的分布情况。因此其中组距、组数起关键作用：分组过少，数据就非常集中；分组过多，数据就非常分散，这就掩盖了分布的特征。当数据在100以内时，一般分5~12组为宜。

（1）找出所有数据中的最大值和最小值，并算出它们的差（极差）；

（2）决定组距和组数；

（3）确定分点；

（4）将数据以表格的形式列出来（列出频率分布）；

（5）画频数分布直方图（横坐标为样本资料、纵坐标是样本频率除以组距）。

与频率分布直方图相关的一种图为折线图。可以在直方图的基础上来画，先取直方图各矩形上边的中点，然后在横轴上取两个频数为0的点，这两点分别与直方图左右两端的两个长方形的组中值相距一个组距，将这些点用线段依次联结起来，分组足够多时，成光滑曲线，就得到了频数分布曲线直方图，如图1-31所示。

偶然误差是指受不确定因素影响，测得值和真值之间存在的差值。由于偶然误差服从统计规律，当测量次数趋向无限大时，全体测得值的算术平均值就等于真值。因此，偶然误差通常指测得值与算术平均值的差值。

按正态规律分布（图1-32），可用测量值的算术平均值 $\bar{x}$ 和均方根误差 σ，作为评定偶然误差的表示法。

（1）测量值算术平均值 $\bar{x}$：

$$\bar{x} = \frac{\sum x_i}{n} \tag{1-31}$$

（2）均方根误差（标准误差）σ：

$$\sigma = \sqrt{\frac{\sum (x_i - \bar{x})^2}{n}} \tag{1-32}$$

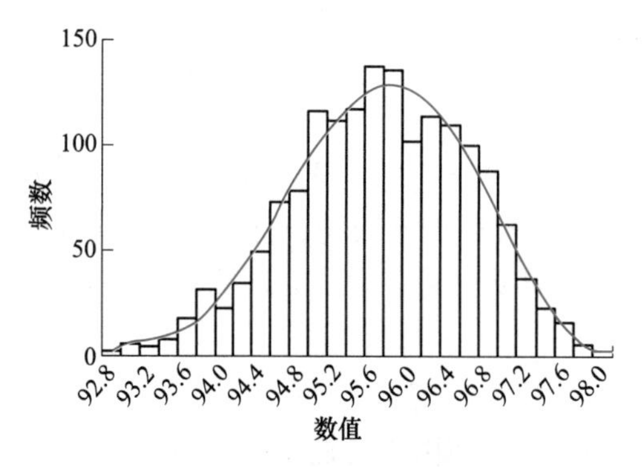

图 1-31 频数分布直方曲线图

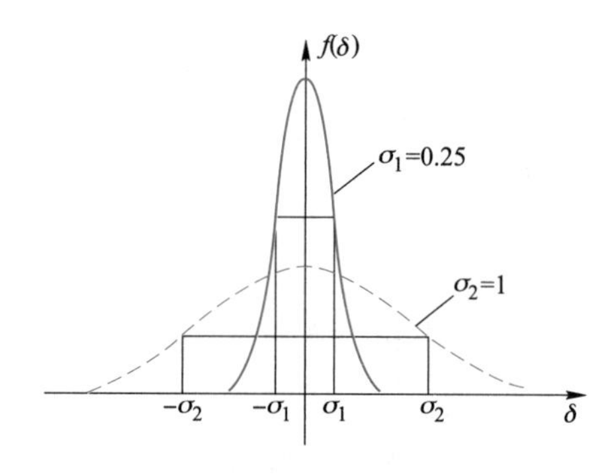

图 1-32 不同 σ 的正态分布曲线

（3）方差 σ^2：

$$\sigma^2 = \frac{\sum x_i^2}{n} - \left(\frac{\sum x_i}{n}\right)^2 \tag{1-33}$$

数据的离散性是描述数据测定值相对于均值的离散程度，这在岩石性质测定中经常要用到。

（1）均值的方差。一个既定的测试系统，其均方差是一定的。若要提高估计精度，就需要缩小置信度，增加风险率。而要减小风险率，又必须增加置信范围，使得估计含糊。用多次测定的平均值能够减少均方差。统计理论可证明，n 次均值的均方差 σ_n，比单个数据的均方差少 $\sqrt{n}$ 倍，即：

$$\sigma_n = \frac{\sigma}{\sqrt{n}} \tag{1-34}$$

（2）总体的分布中心。设样本的容量是 n 次测定，得到平均值 $\bar{x}$。总体的分布中心 μ 为：

$$\mu = \bar{x} \pm z\frac{\sigma}{\sqrt{n}} \tag{1-35}$$

式中 z——取决于风险率的双侧置信范围系数。

（3）总体均方差估计。有时，不仅总体的 μ 为未知，σ 也未知。这样，σ 也需要靠样本的有限次试验信息得到。对总体分布均方差 σ 的估计表示为：

$$\sigma = \sqrt{\frac{\sum (x_i - \bar{x})^2}{n-1}} \tag{1-36}$$

（4）离散系数。测定值的离散程度常用离散系数来表达。它定义为总体均方差估计与均值之比，是相对量值，用于比较不同测量数据的离散特性。离散系数用 ν 表示。

$$\nu = \frac{\sigma}{\bar{x}} \times 100\% \tag{1-37}$$

（5）试验次数。设允许相对误差为 γ，风险率为 α，因为：

$$\mu = \bar{x} \pm z\frac{\sigma}{\sqrt{n}} \tag{1-38}$$

$$\mu = \bar{x}(1 + \gamma) \tag{1-39}$$

$$\gamma = z\frac{\nu}{\sqrt{n}} \tag{1-40}$$

$$n = \left(z\frac{\nu}{\gamma}\right)^2 \tag{1-41}$$

1.4.2.3 过失误差分析

在测量数据中，个别数据与大多数比较相差很大，或记录曲线中出现异乎寻常的跳变，都意味着可能存在过失误差。但只凭此点尚不足以判定为过失误差。一般用如下办法判定：

(1) 拉依坦准则。因为偶然误差符合正态分布，偶然误差可能取得的全部值，几乎均在$\pm3\sigma$之间，大于$\pm3\sigma$的偶然误差，出现的机会极少。若误差δ超出极限误差，就可怀疑其是否是过失误差；而误差超过4σ时，可以认为是过失误差而予以剔除。此即所谓的拉依达准则。必须注意，不能一次同时舍弃几个偏离绝对值较大的测量值，只能舍弃其中最大者，然后从其余的测量值中再算出新的鉴别值，进行第二次剔除。

(2) 肖维纳准则。在N个数据中，某一个数据与平均值的偏差的大小，恰等于或大于其他所有偏差，出现的概率均小于$1/2N$，此值应当剔除。具体计算步骤如下：

1) 求出所有测量值的算术平均值和均方根误差；

2) 计算可疑的较大偏差与均方根误差之比C；

3) 如果C值大于表1-2中的值，可剔除此值。

表1-2 *N-C*值分布表

N	5	6	7	8	9	10	11	12	13	14	15
C	1.65	1.75	1.79	1.86	1.92	1.96	2.00	2.04	2.07	2.10	2.13
N	16	17	18	19	20	30	40	50	60	80	100
C	2.16	2.16	2.20	2.22	2.34	2.39	2.50	2.58	2.64	2.74	2.81

1.4.3 误差处理

岩体测量通常都是等精度测量。所谓等精度测量，就是指在测量仪器、外界条件和测量人员不变的条件下进行的测量。下面分别讨论等精度直接测量和间接测量误差的处理方法，即如何从一组测量数据中决定其最佳值的方法。

1.4.3.1 直接测量的误差处理

直接测量数据，就是被测量与标准量直接进行比较的结果，它直接反映被测量的大小及其误差，其处理步骤如下：

(1) 检查并剔除测量数据的系统误差；

(2) 计算测量数据的算术平均值；

(3) 计算测量数据的残差和均方根误差；

(4) 剔除测量数据的过失误差；

(5) 计算剔除过失误差后的测量数据的平均值、残差和均方根误差；

（6）再重复进行剔除过失误差的计算；

（7）计算算术平均值的均方差和最大可能偏差；

（8）列出测量结果。

1.4.3.2 间接测量的误差处理

在被测量不能或不易被直接测量时，可利用已知的被测量和自变量的函数关系，通过对自变量的直接测量，再根据函数关系求出被测量，此即所谓的间接测量法。下面讨论由直接测量误差计算间接测量误差的方法，即决定误差的传递规律问题。在实际中有两种情况：

（1）已知自变量的误差，求函数的误差，设间接测量的量 y 是直接测量的量 x_1，x_2，…，x_k的函数，即 $y=f(x_1, x_2, \cdots, x_k)$。

（2）已知函数误差求自变量的误差，给定函数误差的控制值后，求各自变量（直接实测值）的允许误差时，能有多种分配误差的方案。但是，当各实测值的误差难以估计时，通常用等效传递原理来解决，即假定各自变量的误差对函数误差的影响是相等的。从下式：

$$\sigma=\sqrt{\left(\frac{\partial y}{\partial x_1}\right)^2\sigma_{x_1}^2+\left(\frac{\partial y}{\partial x_2}\right)^2\sigma_{x_2}^2+\cdots+\left(\frac{\partial y}{\partial x_k}\right)^2\sigma_{x_k}^2} \tag{1-42}$$

$$=\sqrt{K\left(\frac{\partial y}{\partial x_i}\right)^2\sigma_{x_i}^2}$$

可得：

$$\sigma_{x_1}=\frac{\sigma_x}{\sqrt{K}\dfrac{\partial y}{\partial x_1}};\ \sigma_{x_2}=\frac{\sigma_x}{\sqrt{K}\dfrac{\partial y}{\partial x_2}};\ \sigma_{x_k}=\frac{\sigma_x}{\sqrt{K}\dfrac{\partial y}{\partial x_k}}$$

任何试验总是不可避免地存在误差，为提高测量精度，必须尽可能消除或减小误差，因此有必要对多种误差的性质、出现规律、产生原因，发现与消除或减小它们的主要方法及测量结果的评定等方面作研究。

1.4.4 经验公式的建立

在工程实践和科学试验研究工作中，经常需要了解某些变量的变化规律，或者需要建立变量之间的相互依赖关系，即经验公式。经验公式的建立和通常所论“数学模型”的建立是有区别的。尽管二者都是客观事物的一种抽象化“思维形式”，其本质相同，表现形式相似，但二者的建立途径却各异。前者是利用客观事物的外在表现（形或数），运用数理统计（多数场合都是如此）方法而获得，后者则是对现实世界中的某些对象，为了某个特定目的，从事物内部结构分析入手，做出一些必要的简化和假设，运用适当的数学语言和工具而得到的一个数学结构。经验公式建立的基础即经验数据应具有代表性、可靠性、一致性和相互独立性。

在经过处理的测量数据中，找出被测对象的定量规律，就是所谓的理论化（函数化）过程。最简单的情况是对于两个或多个存在着统计相关的随机变量，根据大量有关的测量数据来确定它们之间的回归方程（经验公式）。这种数学处理过程称为拟合过程。回归方程的求解包括两个内容：

（1）回归方程的数学形式的确定；

（2）回归方程中所含参数的估计。

这里只介绍一元回归方程的简单情况，即建立仅有两种测定值的回归方程，以及回归方程与测量点之间的相关密切程度和相关性检验。

1.4.4.1 回归方程数学形式的确定

A 函数类的选择

利用最小二乘法求取测量数据的回归方程，对同一组数据，采用不同的函数类，获得的拟合曲线是不相同的。也就是说，函数类的选择，直接影响拟合的效果。

在确定函数类时，首先把数据（x_t，y_t）描在坐标纸上，然后分析这些点的分布情况，并按各点偏离最小的原则，画出相关线。与已知的各类函数曲线相比，从中确定出一个或几个函数类。有的数据组，很容易确定。有的数据组却需要在几个不同函数类中，分别求拟合曲线，在比较均方差误差大小后，最后决定取舍。

B 曲线的直线化

由于直线便于回归方程，所以当不是直线相关时，需要先将其直线化。直线化的原理是做适当的变量代换，使之成为直线方程。待回归过程完成后，再将其进行回代。

C 回归方程的建立

通过测量一组数据（x_i，y_i），$i=1, 2, \cdots, n$。如果画在坐标纸上就是一系列散点，在这些散点中可作出许多直线方程。

$$y=ax+b \tag{1-43}$$

式中 y——函数（因变测定值）；

x——自变量（测定值）；

a——直线的斜率；

b——直线的截距。

然而，有意义的是找出其中的一条直线方程，它能反应各散点总的规律，又能使直线和各散点之间的差值的平方和为最小。

设函数 G 为此差值平方和，令：

$$\frac{\partial G}{\partial a}=0\ ;\ \frac{\partial G}{\partial b}=0$$

得到线性方程组：

$$\sum_{i=1}^{n}(y_i-ax_i-b)=0$$

$$\sum_{i=1}^{n}x_i(y_i-ax_i-b)=0$$

测得：

$$a=\frac{\sum_{i=1}^{n}(x_i-\bar{x})(y_i-\bar{y})}{\sum_{i=1}^{n}(x_i-\bar{x})^2} \tag{1-44}$$

$$b=\bar{y}-a\bar{x} \tag{1-45}$$

求出 a 和 b 后，直线方程就确定了，这就是最小二乘法回归方程的方法。但是还需检验两个变量的相关密切程度。只有二者相关密切时，直线方程才有意义。现在，进一步分析函数 G：

$$G=\sum(y_i-ax_i-b)^2=\sum[y_i-(\bar{y}-a\bar{x})-ax_i]^2 \tag{1-46}$$

测定值越接近于直线，G 值越小。如 $G=0$，全部散点落在直线上，则：

$$\sum(y_i-\bar{y})^2=a^2\sum(x_i-\bar{x})^2 \tag{1-47}$$

由此，将线性相关系数 r 写成：

$$r=a\sqrt{\frac{\sum(x_i-\bar{x})^2}{\sum(y_i-\bar{y})^2}} \tag{1-48}$$

式中，r 表示 x_i 与 y_i 之间的相关密切程度，它不仅是测定值对回归线的离散程度，并且还是互相依赖的程度。r 越接近于1，相关程度越好。一般要求 $r\geqslant 0.8$。

1.4.4.2　回归方程的相关性分析

（1）相关系数检验。相关系数 r 是由样本测量值计算出来的。那么 r 是否准确、真实地反映总体的相关系数 ρ，这和其他利用样本推测总体的性质一样，总要带几分风险。

因为 r 是 ρ 的估计，即 $\rho=r$ 。这就意味着即使 $\rho=0$ 的总体（即本来不相关的事件），样本也可能出现不小的 r 值。那么在给定的风险率 a 下，r 大到什么程度，ρ 都不大可能是0，也就是 x 和 y 才有或多或少的相关性。统计理论给出，只有当 $r>r_a$ 时，才可能认为 x 和 y 是相关的。r_a 由下式给出：

$$r_a=\frac{t_{a,k}}{\sqrt{k+t_{a,n}^2}} \tag{1-49}$$

式中　k——自由度，$k=n-2$；

$t_{a,k}$——双侧的，可查表获得。

（2）回归线的精度。不难看出，回归线仅仅是一个分布中心，其实测值与分布中心必定存在一定偏差。此偏差可用均方根误差的估计 σ 来表示。

$$\sigma=\sqrt{\frac{1}{n-2}\sum_{i=1}^{n}(y_i-\bar{y}_i)^2} \tag{1-50}$$

式中　$n-2$——计算系数 a 及 b 已用去两个自由度；

y_i——实测值；

$\bar{y}_i$——由回归方程计算得到的值。但上式计算困难，改用下式：

$$\sigma = \sqrt{\frac{(1-r^2)\sum(y_i-\bar{y})^2}{n-2}} \tag{1-51}$$

因此，回归线是一个置信范围。回归线只在实测范围内有效，不可贸然外延。

（3）回归分析法。回归分析是指自变量为非随机变量、因变量为随机变量条件下建立经验公式的方法。数理统计学中，把回归分析分为线性回归（一元或多元）和曲线回归（一元或多元）。时间序列回归公式这种方法是以时间为回归分析的自变量，以单位时间内发生的某种随机变量为因变量。

（4）因果关系回归公式。在时间序列回归公式中，某一随机变量仅依时间单因素而呈现出变化趋势，并未涉及变化的原因。在实际工程中，有时注重的是引起变化的内在原因。

本章小结

测试系统是岩体测试与监测的基础，一般需具备信息采集、变换、传输、处理和显示等功能，通常由传感器、信号变换和测量电路组成。测试系统一般应有较理想的输入与输出线性对应关系。测试系统的选择应依据监测目的及内容，从技术性能、测试条件、测读的方式和测试的经济性几方面考虑，同时，在可靠性和稳定性、准确度和精度、灵敏度和分辨率方面满足测试的要求。

传感器一般由敏感元件、转换元件、转换电路三部分组成，常用的传感器一般可按被测参数、工作原理和能量转换方式分类。传感器按工作原理可分为电学传感器、光学传感器、机械类传感器、智能传感器等。其中，电学类传感器主要有电阻应变式传感器、压电式传感器、电容式传感器、电感式传感器、磁电式传感器。光学类传感器主要有光电式传感器、光纤式传感器、光栅式传感器。钢弦式应变计、压力盒是机械类传感器的典型代表。为保证不同类型传感器，或者相同类型不同传感器测试标准的统一，需在测试前对传感器进行标定。

尽管对传感器进行了标定，仍然不能将误差完全消除。按照性质来讲，误差可分为系统误差、偶然误差和过失误差。系统误差是由确定的系统产生的固定不变的因素引起的，可采取适当的措施予以校正、消除。偶然误差是由不易控制的多种因素造成的误差，其误差没有固定的大小和偏向。通过增加测量次数，可减小或消除其影响。

思考题

1. 测试系统包括哪几部分，传感器由哪几部分组成？
2. 简述电阻应变片的结构和工作原理、电桥温度补偿法的原理。
3. 磁电式传感器和电感式传感器工作原理的区别是什么？

4. 简述光纤传感器的分类及特点。
5. 光栅传感器的组成及工作原理是什么？
6. 简述智能传感器的基本功能、特点及未来发展趋势。
7. 简述传感器选择的原则。
8. 数据误差处理的基本步骤及方法是什么？

2 岩体应力测试

本章课件

本章提要

岩体应力是工程岩体稳定性分析及工程设计的重要参数。本章介绍：应力解除法，包括孔底应力解除法、孔壁应变法、孔径变形法；水压致裂法，包括测量仪器设备、测量过程、应力计算与应用条件；扰动应力测试，包括压力枕法、刚性包体应力计法、空心包体应力计法、工程应用。

2.1 概　　述

在岩体漫长的形成过程中，由于自身重力、地质构造运动等原因使岩体产生了内应力效应，这种应力称为地应力。存在于地层中未受工程扰动的天然应力，也称岩体初始应力、绝对应力或原岩应力。当工程开挖扰动后，应力受到开挖扰动的影响而形成的应力称为次生应力或扰动应力。

初始地应力主要有两个构成部分：（1）因地球引力的作用形成的地应力，可称为静态地应力，或称自重应力；（2）因各种地壳运动的影响而产生的地应力称为构造应力。构造应力又可分为基本应力和附加应力。前者是构成地壳构造应力的基础应力，属一级构造力，地球自转引起的应力即属于此类。附加应力则是由地质构造活动产生，如板块挤压、变形、断裂均会导致局部区域内产生较大的附加应力。

地壳内部的原岩应力场是一个非均匀应力场，人们获得原岩应力状态的途径主要是通过现场实测。国内外大量的实测资料表明，地应力是一个相对稳定的应力场，它的分布具有以下规律：

（1）地应力是个相对稳定的非稳定应力场，它是时间和空间的函数。从小范围来看，它在空间上的变化是比较明显的，但就某个地区整体而言，其变化并不大。

（2）垂直应力随深度（或埋深）的增大呈线性关系增加。垂直应力值基本等于上覆岩层的重量。

（3）最大水平应力分量绝大多数大于垂直应力分量，地壳中的第一主应力方向接近水平，两个水平主应力分量并不相等，但均表现出随深度呈线性增长的规律。

（4）最大水平主应力和最小水平主应力之值一般相差较大，且呈现出很强的方向性。

次生应力，也称扰动应力、感生应力、围岩应力，是指由于地表或地下开挖、加载或减荷，引起初始应力发生改变所产生的应力。扰动应力与原岩应力有着直接的关系，同时又受到开挖工程几何尺寸、围岩性质、结构面特征、支护强度等因素的影响。

2.1.1 岩体应力测试的目的与意义

开展岩体应力测试，获取岩体的应力状态，不仅可以服务各类岩体的工程建设，而且对岩体灾害预警研究具有重要意义，具体如下。

(1) 了解岩体中存在应力的大小和方向。岩体应力是引起采矿及其他岩体工程变形和破坏的根本作用力，其大小和方向对围岩稳定性影响很大。岩体应力测试是通过岩体应力作用的物理效应间接测量岩体应力的方法，对多种地理环境都具有良好的适用性，能够较准确地获得岩体应力的大小和方向，极具参考意义。

(2) 为工程支护设计提供依据。我国在建大批生产规模较大的深部铁矿、铜矿等金属矿，功能性硐室群地下规模巨大，井巷工程空间分布复杂，往往穿越复杂地层甚至断裂带，工程建设遇到前所未有的挑战。地应力作为这些地下工程的基本荷载条件，在工程稳定性分析、开挖支护方案选择等方面，均起着控制作用。大量的现场实践也充分表明，以岩体应力测量数据为基础的支护设计成功地控制了围岩变形，岩体应力测试结果对提高巷道支护设计的合理性和可靠性具有重要意义。

(3) 预报岩体失稳破坏及预报岩爆的有力工具。岩体应力不仅是决定区域稳定性的重要因素，而且是各种岩土工程变形与破坏的作用力，洞室围岩的变形破坏特征以及各种地质灾害都与岩体应力密切相关。如坚硬岩体在高地应力作用下，易产生岩爆；软岩在高应力水平下极易发生大变形。所以，通过岩体应力测量掌握岩体的应力状态可以为岩体失稳和岩爆等地质灾害的发生提供数据支撑。

2.1.2 岩体应力测试方法分类

目前，测试地应力的方法较多，依据测量原理的不同可分为应力恢复法、应力解除法、水压致裂法、地球物理法和地质测绘法等（见图 2-1)。

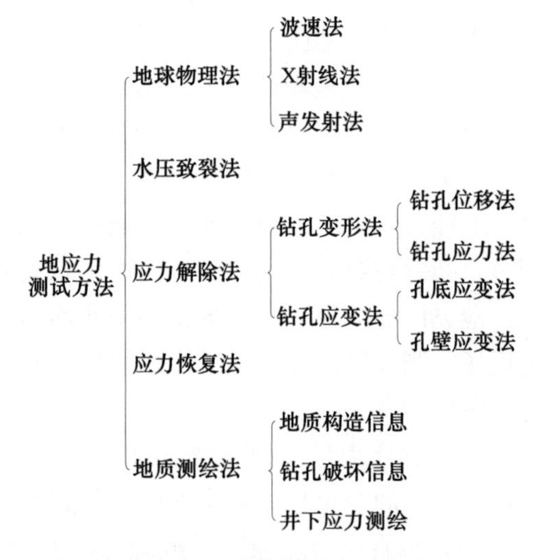

图 2-1 地应力测试方法汇总

应力恢复法是利用扁千斤顶加压，使已解除应力的岩石恢复到初始应力状态。该方法能直接测得应力的大小，设备简单，测试方便。但由于在岩壁上开槽深度受到限制，测量深度小，测出的是围岩的二次应力，且只能测已知主应力方向的应力大小，因此适用范围很小，实际应用的例子不多。应力解除法又称套芯法，将测点一定范围内的岩体与基岩分离，使该点岩体上所受应力解除。这时由应力产生的变形（或应变）相应恢复。通过一定的测量原件和仪器测量应力解除后的变形值，由确定的应力或应变关系求得相应应力值。它是目前应用最广的一种应力测量方法。水压致裂法是通过钻孔向地下某深度处的测点段压水，用高压将孔壁围岩压裂，然后根据破坏压力、关闭压力和破裂面的方位，计算和确定岩体内各主应力的大小和方向。该方法是深孔内测定岩体应力的唯一方法，可直接测定应力，不需要复杂的井下仪器，简单易行。地球物理法包括对岩石物理参数或测井资料（声波测井、电阻率测井、地层密度测井）进行定量的计算与评价，包括光弹性应力测定法、波速法、X射线法、声发射法等。地质测绘法依据节理、裂隙、裂纹形成的方位判断地应力的方向。该方法一般能求得地应力的方向，但无法求出地应力的大小，测试结果都只能是定性的。

依据测量原理的不同，可将测量方法分为直接测量法和间接测量法两大类。直接测量法是由测量仪器直接测量和记录各种应力量，如补偿应力、恢复应力、平衡应力，并由这些应力量和原岩应力的相互关系，通过计算获得原岩应力。在计算过程中不涉及不同物理量的换算，不需要知道岩石的物理和力学性质及应力应变关系。上述扁千斤顶法、水压致裂法和声发射法均属于直接测量法。间接测量法不是直接测量应力量，而是借助某些传感器元件或某些介质测量和记录岩体中某些与应力有关的间接物理量的变化，如岩体中的变形或应变、岩体的密度、渗透性、吸水性、电阻、电容、弹性波传播速度的变化等，然后由测得的间接物理量的变化，通过已知的公式计算岩体的应力值。在间接测量方法中，使用较为普遍的有套孔应力解除法和其他的应力或应变解除方法以及地球物理方法等。

2.2 应力解除法

原岩应力是天然状态下岩体内某一点各个方向上应力分量总体的度量，一般情况下，六个应力分量处于相对平衡状态。原岩应力实测是通过在岩体内施工扰动钻孔，打破其原有的平衡状态，测量岩体因应力释放而产生的应变，通过其应力应变效应，间接测定原岩应力。

应力解除法是在岩石中先钻一测量孔，将测量传感器安装在测孔中并观测读数，然后在测量孔外同心套钻钻取岩芯，使岩芯与围岩脱离。岩芯因应力被解除而产生弹性恢复。根据应力解除前后仪器所测得的差值，计算出应力值的大小和方向。目前世界各国用于应力解除的测量传感器有近百种，但从测量原理上基本可分为两大类：钻孔变形法和钻孔应变法，如图2-2所示。

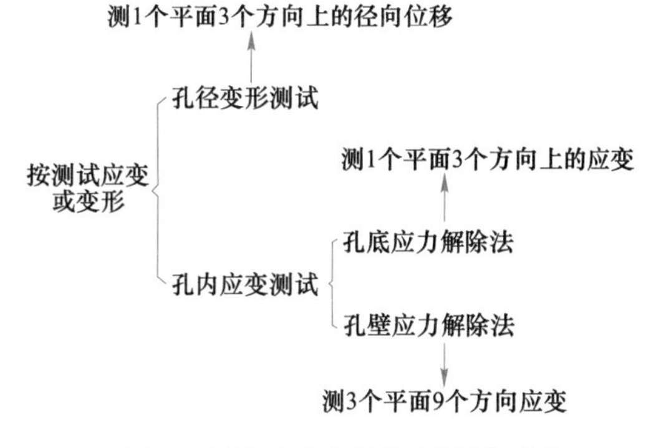

图2-2 不同应力解除法的测试区别

钻孔变形法是通过测量应力解除前后钻孔孔径的变化来反演计算应力。按所使用传感器的刚度不同，又分为钻孔位移法和钻孔应力法。钻孔位移法是直接测量应力解除前后的钻孔孔径变化，从而计算应力。钻孔应力法是把一种刚性钻孔变形计安装在测量孔内，通过测量应力解除前后变形计上的压力变化来计算应力。

钻孔应变法可分为孔底应变法和孔壁应变法。孔底应变法是通过测量应力解除前后钻孔端部的应变变化来计算应力。孔壁应变法是通过测量应力解除前后钻孔孔壁表面的应变变化来计算应力。

总的来说，钻孔应变法使用方便，费用较低，可实现单孔三维应力测量，这是它的显著优点。但钻孔应变法容易受岩石晶粒尺寸及微裂隙的影响，应变计读数的漂移量太大，应变计的粘贴和防潮技术也比较复杂，尤其是在有水钻孔中测量更为困难。

应力解除法基本原理是设壳内有一个处于应力状态的单元体，其尺寸为 x、y、z，将其与原岩体分离，相当于解除了单元体上的外力，则单元体的尺寸分别增大到 $x+\Delta x$、$y+\Delta x$、$z+\Delta z$，如图 2-3 所示，或者说恢复到受载前的尺寸，则恢复应变分别为：

$$\varepsilon_x = \frac{\Delta x}{x}, \varepsilon_y = \frac{\Delta y}{y}, \varepsilon_z = \frac{\Delta z}{z} \tag{2-1}$$

使用应力解除法需要注意，在下列条件成立时才可以使用：

（1）岩体是均质、连续、完全弹性体；

（2）加载和卸载时应力与应变之间的关系相同；

（3）单元体自重忽略不计。

2.2.1　孔底应力解除法

把应力解除法用到钻孔孔底的方法叫作孔底应力解除法。孔底应力解除法是先在围岩中钻孔，在孔底平面上粘贴应变元件，然后用套钻使孔底岩芯与母岩分开，进行卸载，观察卸载前后的应变，间接求出岩体中的应力。

2.2.1.1　测试仪器设备

（1）应变传感器，一般也叫作应变探头，该传感器由应变花、有机玻璃底板、硫化硅橡胶、塑料外壳及电镀插针等元件组成，如图 2-4 所示。

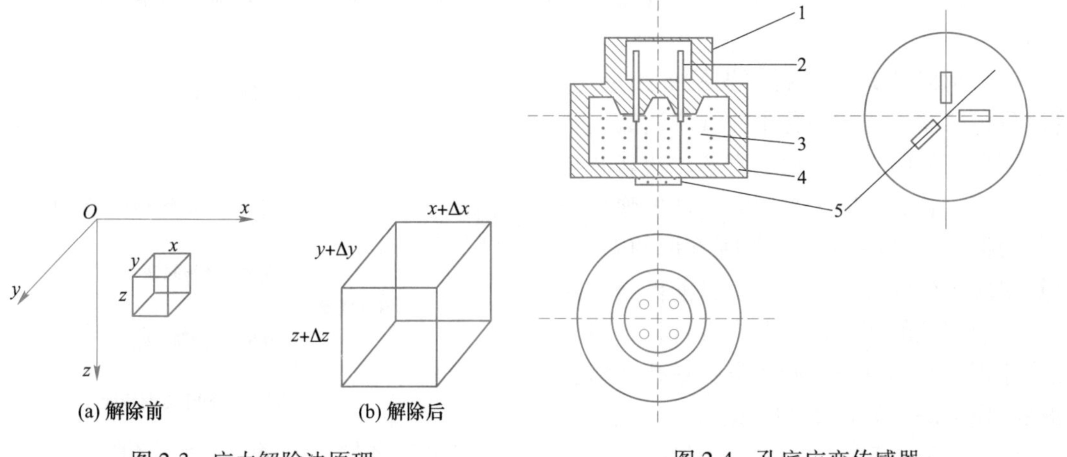

图 2-3　应力解除法原理

图 2-4　孔底应变传感器

1—塑料外壳；2—插针；3—硅橡胶；
4—有机玻璃底板；5—应变花

（2）安装工具。包括安装器、送入杆、固定支架等，用于把应变探头贴到孔底中央，并使得探头和应变仪连接。在安装器后部有三触点定向水银开关，只有三个指示灯全部亮，才能确认位置正确。

（3）电阻应变仪。

2.2.1.2　测试过程

孔底应力解除法的操作过程如图 2-5 所示。

（1）钻孔取芯。采用坑道钻机、空心金刚石钻头钻孔至预定深度，取出钻下的岩芯（见图 2-5（a））。

（2）孔底打磨。利用钻杆上的磨平钻头将孔底磨平、打光。冲洗钻孔，用热风吹干，在杆前端装上蘸有丙酮的器具擦洗孔底（见图 2-5（b））。

（3）粘贴应变探头。将环氧树脂黏合剂涂抹到孔底和探头上，用安装器将探头送到孔底，调正位置后，把送入杆用固定支架固定在孔口。经过 20h 的等待黏合剂固化；固化后测取初始应变读数，拆除安装工具（见图 2-5（c））。

（4）应力解除，取出岩芯。采用空心金刚石套孔钻头钻进，深度为岩芯直径的 2 倍，然后取出岩芯（见图 2-5（d））。

（5）测量数值。测量解除后的应变值，测定岩石的弹性模量（见图 2-5（e））。

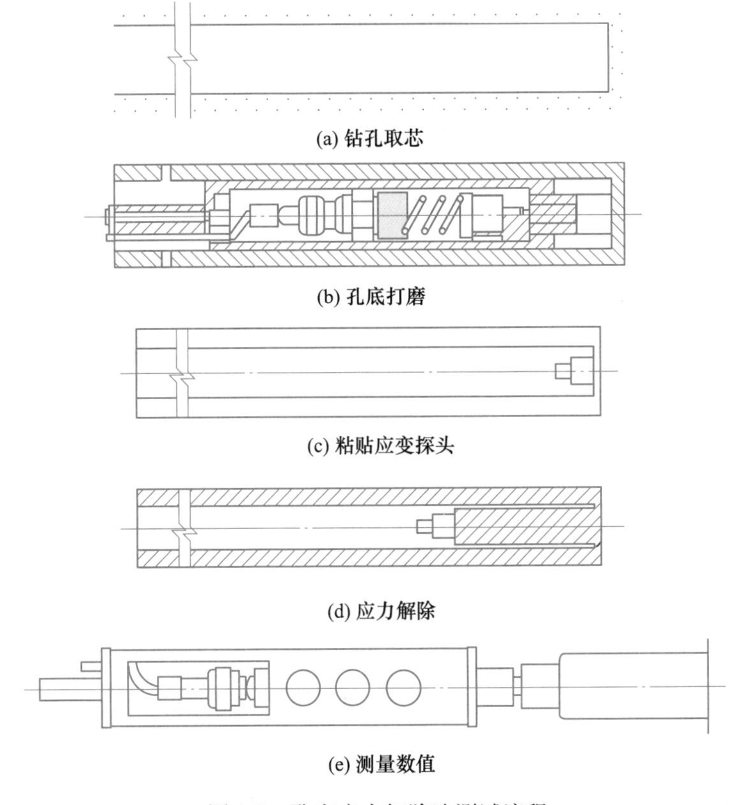

图 2-5　孔底应力解除法测试流程

2.2.1.3　应力计算

孔底应力解除法求岩体应力需经两个步骤：由孔底应变计算出孔底平面应力；利用孔底应力与岩体应力之间的关系计算出岩体应力分量。

（1）孔底平面应力与应变关系。孔底平面应力状态如图 2-6 所示。当采用直角应变花粘贴于孔底中心至 1/3 半径范围内时，应变片 G_A 与 x 轴重合，G_B 与 y 轴一致，则测得应变分别为 ε_a、ε_b 和 $\varepsilon_c = \varepsilon_{45^\circ}$。

孔底平面应变状态为：

$$\left.\begin{aligned}\varepsilon_x &= \varepsilon_a \\ \varepsilon_y &= \varepsilon_b \\ \gamma_{xy} &= 2\varepsilon_c - (\varepsilon_a + \varepsilon_b) = \gamma_{ab}\end{aligned}\right\} \tag{2-2}$$

主应变：

$$\varepsilon_{1,2} = \frac{1}{2}\left[(\varepsilon_a + \varepsilon_b) \pm \sqrt{(\varepsilon_a - \varepsilon_b)^2 + \gamma_{ab}^2}\right] = \frac{1}{2}(\varepsilon_a + \varepsilon_b) \pm \frac{\sqrt{2}}{2}\sqrt{(\varepsilon_a - \varepsilon_b)^2 + (\varepsilon_b - \varepsilon_c)^2} \tag{2-3}$$

主应变方向：

$$\tan 2\varphi = \frac{\gamma_{xy}}{\varepsilon_x - \varepsilon_y} = \frac{2\varepsilon_c - (\varepsilon_a + \varepsilon_b)}{\varepsilon_a - \varepsilon_b} \tag{2-4}$$

根据虎克定律，有：

$$\left.\begin{aligned}\sigma_1 &= \frac{E}{1-\nu^2}(\varepsilon_1 + \nu\varepsilon_2) \\ \sigma_2 &= \frac{E}{1-\nu^2}(\varepsilon_2 + \nu\varepsilon_1)\end{aligned}\right\} \tag{2-5}$$

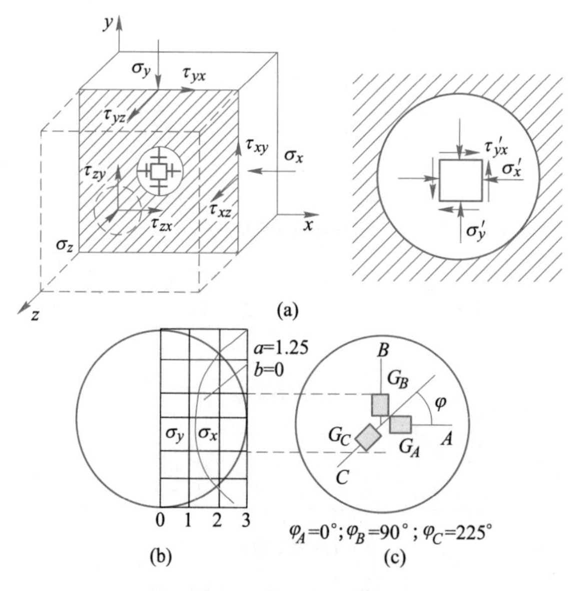

图 2-6 孔底应力分布图

最后得到孔底平面应力为：

$$\left.\begin{aligned}\sigma'_x &= \frac{E}{2}\left(\frac{\varepsilon_a + \varepsilon_b}{1-\nu} + \frac{\varepsilon_a - \varepsilon_b}{1+\nu}\right) = \sigma_A \\ \sigma'_y &= \frac{E}{2}\left(\frac{\varepsilon_a + \varepsilon_b}{1-\nu} - \frac{\varepsilon_a - \varepsilon_b}{1+\nu}\right) = \sigma_B \\ \tau'_{xy} &= \frac{E}{2}\left[\frac{2\varepsilon_c - (\varepsilon_a + \varepsilon_b)}{1+\nu}\right] = \tau_{AB}\end{aligned}\right\} \tag{2-6}$$

式中 E——岩石弹性模量；

ν——岩石泊松比。

（2）孔底应力与岩体应力的关系。由于孔底应力集中的影响，按式（2-5）计算出的应力值要高于岩体中的实际应力值，所以要对孔底应力加以校正。根据试验研究和有限元分析，存在下列关系：

$$\left.\begin{aligned}\sigma'_x &= a\sigma_x + b\sigma_y + c\sigma_z \\ \sigma'_y &= a\sigma_y + b\sigma_x + c\sigma_z \\ \tau'_{xy} &= d\tau_{xy}\end{aligned}\right\} \tag{2-7}$$

式中 σ'_x，σ'_y，τ'_{xy}——孔底平面的应力分量；

σ_x，σ_y，σ_z，τ_{xy}——岩体中的应力分量；

a——横向应力集中系数；

b，c——纵向应力集中系数；

d——剪应力集中系数。

根据 Von Heerdon 的研究，$a=1.25$，$b=0.0064$，$c=-0.75\ (0.645+\nu)$，$d=1.25$。一般情况下，b 可忽略不计。在做浅孔应力解除时，σ_z可不考虑。

利用单一孔应力解除法，只有在钻孔轴线与岩体的一个主应力方向平行的情况下，才能测得另外两个主应力的大小和方向。

2.2.2 孔壁应变法

孔壁应变法是在钻孔孔壁上粘贴三向应变计，通过测量应力解除前后的孔壁应变，利用弹性力学的理论求出岩体应力的方法。孔壁应变法只需一个钻孔就可以测出一点的空间应力分量，测试工作量较小，且精度高，为避免应力集中的影响，解除深度不应小于45cm，该方法适用在整体性好的岩体中，不适用于有水场合。

2.2.2.1 测试仪器设备

（1）三向钻孔应变计（图 2-7）。

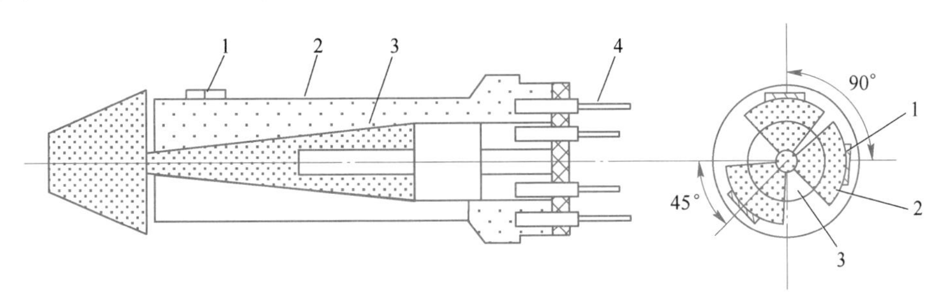

图 2-7 三向钻孔应变计

1—电阻应变片；2—橡胶栓；3—楔子；4—电镀插针

（2）推楔扦、温度补偿室、水银开关、支撑架、固定支架等安装器械。

2.2.2.2 测试过程

孔壁应变法测试流程如图 2-8 所示。

（1）钻测试大孔。采用空心钻头从岩体表面向岩体内部打大孔，至预定深度，用磨平钻头将孔底磨平。大孔直径一般为90～150mm，大孔深度至少为巷道、隧道或已开挖硐室跨度的2.5倍以上，水平钻孔需上倾1°～3°。

（2）钻传感器安装孔。从大孔底钻同心小孔，安装探头用，小孔直径为36～38mm，小孔深度一般为孔径的10倍左右，小孔打完后冲洗孔壁并吹干，在小孔中部涂适量黏结剂。

（3）安装探头和读取初始数据。将三向应变计装到安装装置上，送至小孔中央部位，将应变花贴到孔壁上；待黏结剂固化后，测取初读数，取出安装装置，用封孔栓堵塞小孔读取初始数据。

（4）钻应力解除套孔。用大孔空心钻头继续延深大孔，使小孔周围岩芯实现应力解除，如图2-8（e）所示。

（5）测量读数，求岩体应力。取出岩芯，拨出封孔栓，测量应力解除后的应变值，测量弹性模量与泊松比，根据测得小孔变形或应变数据求出小孔周围的原岩应力状态。

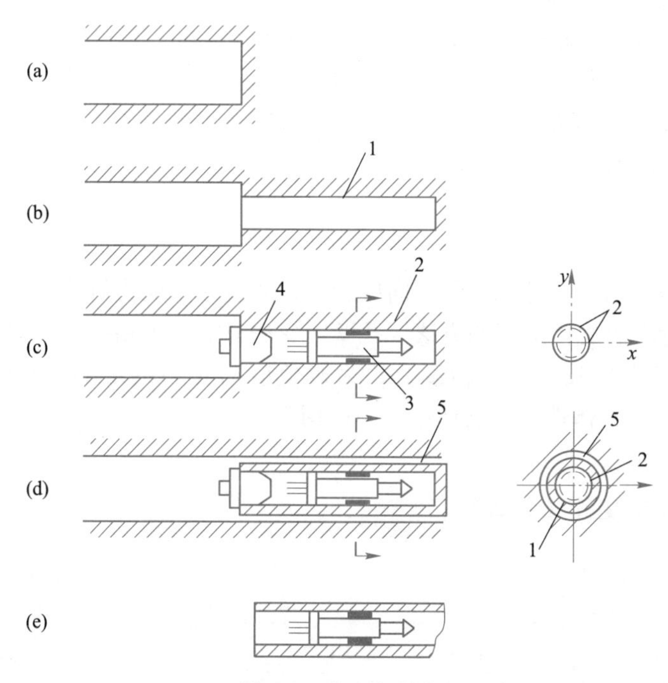

图2-8　孔壁应变法

1—测孔；2—应变片；3—应变花安装器；4—封孔栓；5—应力解除孔

2.2.2.3　应力计算

假设由巷道向岩体深处打一钻孔，在离开巷道影响区以外取一段为测试段；采用（r，θ，z）坐标系时，含钻孔的单元体及其上的应力分量，如图2-9所示。

（1）钻孔孔壁应力和原岩应力关系由Kirsch方程确定，当$r=a$时，孔壁上的六个应力分量为：

$$\sigma_\theta = (\sigma_x + \sigma_y) - 2(\sigma_x - \sigma_y)\cos 2\theta - 4\tau_{xy}\sin 2\theta \tag{2-8}$$

$$\sigma_z' = -2\nu\left[(\sigma_x - \sigma_y)\cos 2\theta + 2\tau_{xy}\sin 2\theta\right] + \sigma_z \tag{2-9}$$

$$\tau_{\theta z} = -2\tau_{xz}\sin\theta + 2\tau_{yz}\cos\theta \tag{2-10}$$

$$\sigma_r = \tau_{r\theta} = \tau_{rz} = 0 \tag{2-11}$$

式中，σ_r、σ_θ、σ'_z、$\tau_{r\theta}$、$\tau_{\theta z}$、τ_{rz} 分别为钻孔周围应力。

(2) 孔壁测点应力与应变关系（应变花布置如图 2-10 所示）：

$$\tau_{z\theta} = \frac{E}{2(1+\nu)}\gamma_{z\theta} \tag{2-12}$$

$$\sigma_z = \frac{E}{1-\nu^2}(\varepsilon_z + \nu\varepsilon_\theta) \tag{2-13}$$

$$\sigma_\theta = \frac{E}{1-\nu^2}(\varepsilon_\theta + \nu\varepsilon_z) \tag{2-14}$$

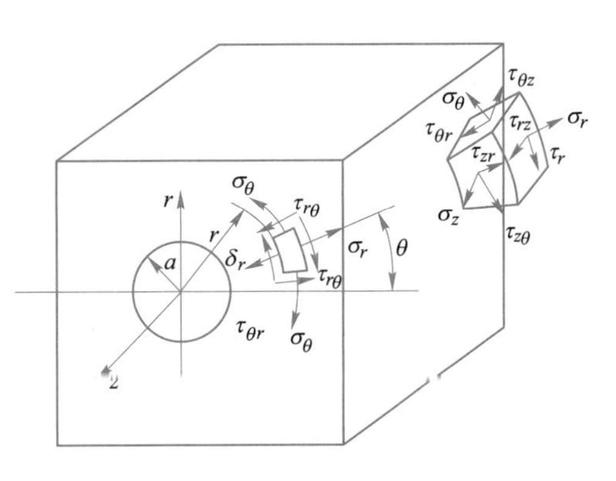

图 2-9 钻孔周围应力分布

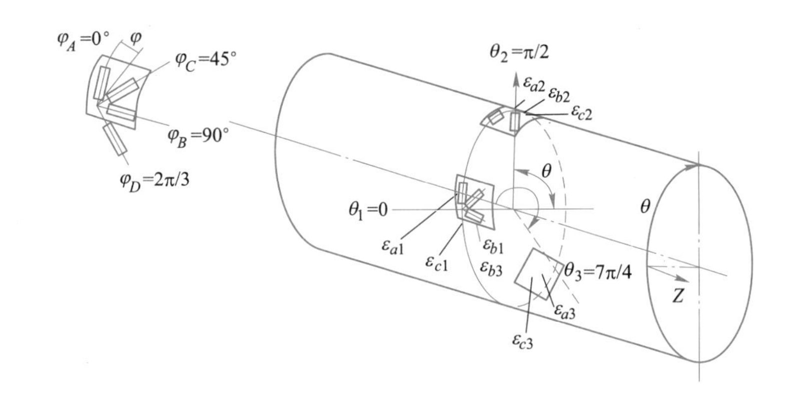

图 2-10 孔壁三向应变花布置

当在钻孔孔壁上粘贴三组应变花时，应使它们共处一个平面内，它们的布置如图 2-10 所示。在所选定的坐标系中，各应变花分别处在 $\theta=0$，$\theta=\pi/2$，$\theta=7\pi/4$ 处；应变花中各应变片的角度为 $\varphi_A=0$，$\varphi_B=\pi/2$，$\varphi_c=\pi/4$。

由三向应变计测得九个应变，它们分别是：

$\theta = \dfrac{\pi}{2}$ 点

$$\varepsilon_{\theta 1} = \varepsilon_{a1}$$
$$\varepsilon_{z1} = \varepsilon_{b1}$$
$$r_{\theta z1} = 2\varepsilon_{c1} - (\varepsilon_{a1} + \varepsilon_{b1})$$

$\theta = 0$ 点

$$\varepsilon_{\theta 2} = \varepsilon_{a2}$$
$$\varepsilon_{z2} = \varepsilon_{b2}$$
$$r_{\theta z2} = 2\varepsilon_{c2} - (\varepsilon_{a2} + \varepsilon_{b2})$$

$\theta = \dfrac{7\pi}{4}$ 点

$$\varepsilon_{\theta 3} = \varepsilon_{a3}$$
$$\varepsilon_{z3} = \varepsilon_{b3}$$
$$r_{\theta z3} = 2\varepsilon_{c3} - (\varepsilon_{a3} + \varepsilon_{b3}) \tag{2-15}$$

根据式（2-6）可求得孔壁应力 $\sigma_{\theta i}$、σ'_{zi}、$\tau_{\theta zi}$（$i=1, 2, 3$），而孔壁应力与岩体应力

又存在式（2-15）的关系，于是：

$$\theta = \frac{\pi}{2} \text{点} \qquad \left.\begin{aligned} \sigma'_{z1} &= 2\nu(\sigma_x + \sigma_y) + \sigma_z \\ \sigma_{\theta 1} &= 3\sigma_x - \sigma_y \\ \tau_{\theta z1} &= -2\tau_{xz} \end{aligned}\right\} \tag{2-16}$$

$$\theta = 0 \text{点} \qquad \left.\begin{aligned} \sigma'_{z2} &= -2\nu(\sigma_x - \sigma_y) + \sigma_z \\ \sigma_{\theta 2} &= -\sigma_x + 3\sigma_y \\ \tau_{\theta z2} &= -2\tau_{yz} \end{aligned}\right\} \tag{2-17}$$

$$\theta = \frac{7\pi}{4} \text{点} \qquad \left.\begin{aligned} \sigma'_{z3} &= 4\nu\tau_{xy} + \sigma_z \\ \sigma_{\theta 3} &= (\sigma_x + \sigma_y) + 4\tau_{xy} \\ \tau_{\theta z3} &= \sqrt{2}(\tau_{yz} + \tau_{zx}) \end{aligned}\right\} \tag{2-18}$$

原则上说，从上述 9 个方程中只要选出 6 个独立方程，就可以解出岩体应力分量来。实际上，为防止某个应变片失效而引起的较大误差，以及便于数据处理，可用 4 个应变片组成应变花，而且 3 个应变花中任何两个都不得布置在同一直径的两端，因此得到的将是 12 个含有未知应力分量的方程。

为了确定应力分量的最佳值，通常要用最小二乘法平差原理，对所得方程进行处理和选择。

2.2.3 孔径变形法

孔径变形法是在岩体钻孔中埋入孔径变形计，测量应力解除前后的孔径变化量，来确定岩体应力的方法。

2.2.3.1 测试仪器设备

孔径变形法所用的变形计有电阻式、电感式和钢弦式等多种。电阻式孔径变形计如图 2-11 所示，由刚性弹簧、钢环架、触头、外壳、定位器、电缆组成。当钻孔孔径发生变形时，孔壁压迫触头，触头挤压钢环，使粘贴在上面的应变片数值发生变化，只要测出应变量，换算出孔壁变形大小，就可以转求岩体应力。钢环装在钢环架上，每个环与一个触头接触，各触头互成 45°角，全部零件组装成一体，使用前需要进行标定。

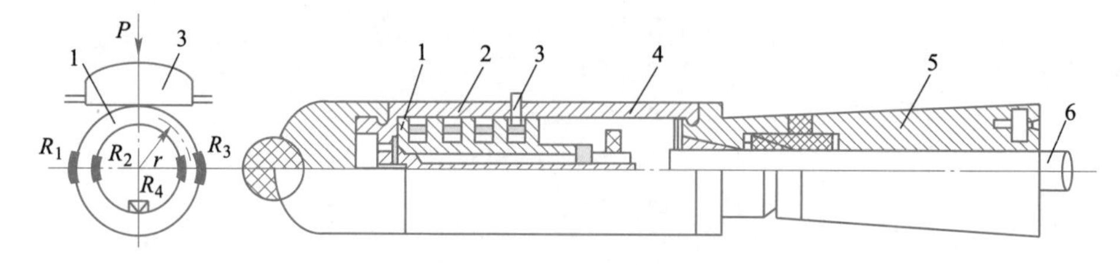

图 2-11 孔径变形计剖面图

1—弹性钢环；2—钢环架；3—触头；4—外壳；5—定位器；6—电缆

2.2.3.2 测试过程

孔径变形法测试过程与孔壁应变法大致相同：先钻大孔，之后再钻同心小孔，用安装杆将变形计送入孔中，适当调整触头的压缩量；然后接上应变片电缆并与应变仪连接；再用与大孔等径的空心钻头套钻；边解除应力，边读取应变，直到全部解除完毕。

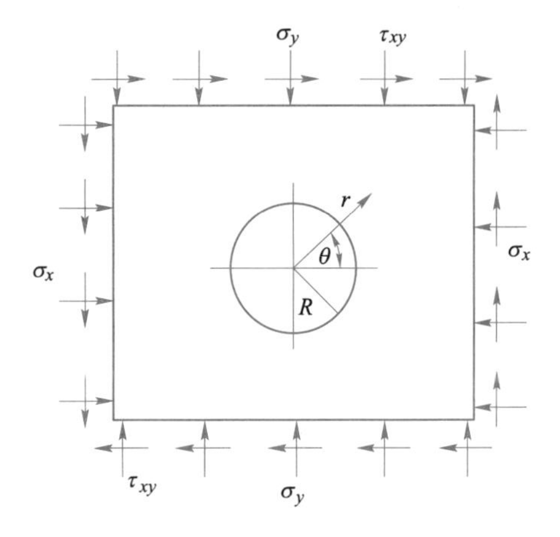

图 2-12 应力场示意图

2.2.3.3 应力计算

设在无限大均质弹性岩体中钻孔之后，在垂直于孔轴平面内受到均匀的平面应力场作用如图 2-12 所示。

钻孔孔壁径向位移（孔径变形）与岩体应力的关系：

$$u = \frac{R}{E}[\sigma_x(1 + 2\cos 2\theta) + \sigma_y(1 - \cos 2\theta) + \tau_{xy}\sin 2\theta] \tag{2-19}$$

式中 R——钻孔半径；

E——岩石的弹性模量；

θ——测量孔径位移方向与 σ_x 方向的夹角；

σ_x，σ_y，τ_{xy}——岩体应力分量。

如果取不同直径方向进行多次测量，按式（2-19），可得一组方程：

$$u_{\theta i} = \frac{R}{E}(C_{1\theta i}\sigma_x + C_{2\theta i}\sigma_y + C_{3\theta i}\tau_{xy}) \tag{2-20}$$

其中，$C_{1\theta i}=1+2\cos 2\theta_i$，$C_{2\theta i}=1-2\cos 2\theta_i$，$C_{3\theta i}=\sin 2\theta_i$。

将式（2-20）改写成：

$$\frac{u_{\theta i}E}{3R} = \frac{1}{3}(C_{1\theta i}\sigma_x + C_{2\theta i}\sigma_y + C_{3\theta i}\tau_{xy}) \tag{2-21}$$

引进记号 $\sigma_{\theta i} = \frac{u_{\theta i}E}{3R}$，称为记录应力值，其量纲为 Pa。此值并不是与 σ_x 成 θ 角的截面上的应力，也不是测量元件方向上的应力，它相当于折算位移与孔径位移成正比。

从不同的孔径方向测得 $u_{\theta i}$，并算出 $\sigma_{\theta i}$。如果进行 n 次测量，则得到 n 个残差方程：

$$r_i = \sigma_{\theta i} - \frac{1}{3}(C_{1\theta i}\sigma_x + C_{2\theta i}\sigma_y + C_{3\theta i}\tau_{xy}) \tag{2-22}$$

式中 r_i——残差；

σ_x，σ_y，τ_{xy}——应力分量的最佳值（真值）。

根据最小二乘法平差原理，可得下列方程组

$$[a_{ij}]\begin{Bmatrix}\sigma_x\\ \sigma_y\\ \tau_{xy}\end{Bmatrix} = \{g_i\}\begin{pmatrix}i=1,2,3\\ j=1,2,3\end{pmatrix} \tag{2-23}$$

其中，

$$a_{11} = \sum_{i=1}^{n} C_{1\theta i}^{2}\ ,\ a_{12} = a_{21} = \sum_{i=1}^{n} C_{1\theta i} C_{2\theta i}$$

$$a_{13} = a_{31} = \sum_{i=1}^{n} C_{1\theta i} C_{3\theta i}\ ,\ a_{22} = \sum_{i=1}^{n} C_{2\theta i}^{2}$$

$$a_{23} = a_{32} = \sum_{i=1}^{n} C_{2\theta i} C_{3\theta i}\ ,\ a_{33} = \sum_{i=1}^{n} C_{3\theta i}^{2}$$

$$g_1 = 3\sum_{i=1}^{n} \sigma_{\theta i} C_{1\theta i}\ ,\ g_2 = 3\sum_{i=1}^{n} \sigma_{\theta i} C_{2\theta i}\ ,\ g_3 = 3\sum_{i=1}^{n} \sigma_{\theta i} C_{3\theta i}$$

解方程（2-23），得岩体应力的最佳值，进而根据应力分量 σ_x、σ_y、τ_{xy} 计算出岩体中的主应力及其方向。

为了确定岩体的空间应力状态，至少要用交汇于一点的三个钻孔，分别进行孔径变形法的应力解除。

2.2.3.4 应用

（1）孔径变形法的测试元件具有零点稳定性好、直线性和防水性好、适应性强等特点，操作简便，能测量解除应变的全过程，还可以重复使用。

（2）孔径变形法采取的应力解除岩芯较长，一般不能小于 28cm，故不宜用于较破碎岩层的应力测量。

（3）在岩石弹性模量较低、钻孔围岩出现塑性变形的情况下，采用孔径变形法要比孔底和孔壁应变法效果好。

2.2.4 深部工程应力解除法测试

（1）深部工程应力解除法测试需要考虑高应力条件下钻孔过程中岩芯饼化现象的影响。随着钻孔破岩深入，岩芯根部应力集中进一步增强，应力集中程度达到岩体的破坏强度时，岩芯周边裂纹在微小缺陷处起裂，产生岩芯饼化现象。尤其是在小直径钻孔中，更容易出现岩芯饼化现象，导致测试失败。因此，深部工程应力解除法测试应考虑岩芯饼化现象的影响。通过采用大直径解除钻头或阶梯状、楔形新式钻头的方法，减少测试段岩芯饼化概率，有助于提高地应力测试的成功率。

（2）测点布置应考虑构造、应力扰动区的影响。地质构造、深部工程等对区域应力的大小、方向具有明显影响。因此，测点布置应具有全面性和代表性，以便获得整个区域的应力场特征。当测试区域存在断层、褶皱等地质构造时，应开展充分的前期调查，合理布置测点，降低区域构造的影响；当测点处于工程区附近时，应考虑工程应力扰动区的影响，通过布置不同的测试深度，达到应力测试目的。

（3）深部工程应力分析应注重三维应力分布特征。深部工程的围岩稳定性受地质条件、地应力场等多个因素的影响，相同地质条件下的岩体在不同的地应力场中力学行为往往具有较大差异。因此，采用孔壁应变法或三孔交汇于一点的孔底应力解除法、孔径变形法，确定深部工程所处三维应力场及开挖过程中的三维应力的变化，对深部工程的设计、施工和稳定性评价等具有重要意义。

2.2.5 工程应用

锦屏深部地下实验室 2 期工程最大埋深约为 2400m，位于轴向近南北走向的背斜区，地质条件复杂多变。钻孔过程中岩芯出现严重饼化现象，传统标准的孔径应变解除地应力测量流程实施过程中难以获得满足测试要求的完整岩芯（岩芯长度大于 30cm）。

针对上述问题，中科院武汉岩土所对孔径应变解除法测试地应力测量方法和技术进行了改进。首先选择了断面较小的连通洞，以减小开挖卸荷效应对原岩应力的扰动深度的影响；同时选取了岩性相对单一且完整的区域，该区域处于因背斜构造挤压与断层导致的破碎结构外侧，因而节理与裂隙相对不发育，岩芯完整性总体较好。测量采用中国科学院武汉岩土力学研究所研制的 36-2 型钻孔变形计与阶梯状或楔形新式钻头，分级初步解除，降低解除钻孔过程中空心岩芯的应力集中程度并减小其范围；同时使用大直径解除钻头，增大套芯试验段岩芯壁厚，延长饼化及裂缝扩展过程。经试验发现，可以达到应力解除过程中岩芯饼化裂纹扩展但不会贯通导致岩芯断裂的目的。最后，为提高试验效率，在选定试验孔钻孔扰动范围外近距离钻取平行小孔径（75mm）取芯孔，根据取芯孔岩芯揭示的岩体条件，选定套孔应力解除的测试段的深度位置，避开岩体破碎区域。测点处钻孔布置如图 2-13 所示。

依据测孔数据，地应力计算结果见表 2-1。这一测试结果表明：最接近垂直方向的主应力是最大主应力，与铅垂线夹角为 55.60°，其量值与上覆岩层自重估计值相近（64.80MPa）。近水平面的两个主应力是最小主应力和中间主应力。次主应力 67.30MPa 的量值与最大主应力非常接近，最小主应力 25.54MPa，远小于最大和次主应力。

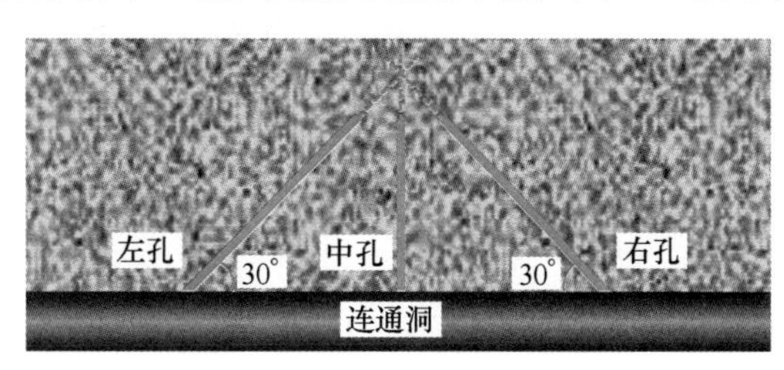

图 2-13 连通洞测试钻孔布置

表 2-1 地应力测量结果

主应力	量值/MPa	方位/(°)	倾角/(°)
σ_1	69.20	326.04	55.60
σ_2	67.32	167.36	32.60
σ_3	25.54	70.90	9.98

2.3 水压致裂法

水压致裂法又称水力压裂法，是一种地应力直接测量方法。水压致裂法是将钻孔中某一段封闭，向其中注入压力水，使孔壁破裂，记录压力随时间的变化，据记录的破裂压力、关泵压力和破裂方位，计算岩体主应力大小和方向。水压致裂法由 Hubbert & Wllis 首次提出，是一种深部压力测量技术。

2.3.1 测量仪器设备

（1）封堵器。由两个膨胀橡胶塞、转换阀、高压水管等组成，如图 2-14 所示。封堵器的直径有 76mm，95mm 等规格，分别适用于不同孔径的钻孔。橡胶塞之间的封堵长度为 0.5~1.0m；

（2）印模栓塞，用于确定裂隙方向；

（3）压力泵及压力控制系统（控制阀、压力表、流量计）等；

（4）数据采集系统，由 X-T 记录器、磁带记录仪等构成。

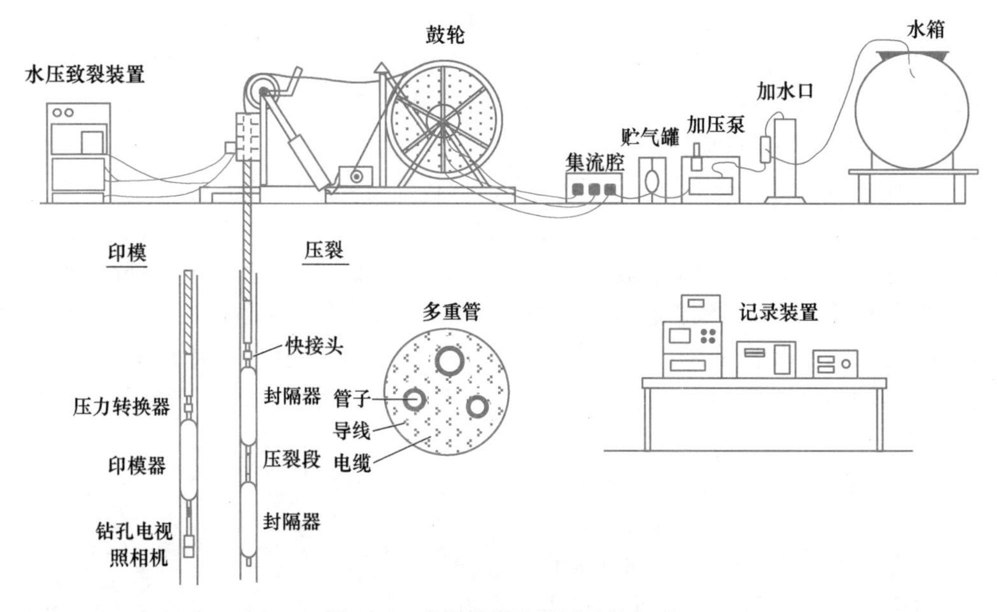

图 2-14　水压致裂法测试系统组成

2.3.2　测量过程

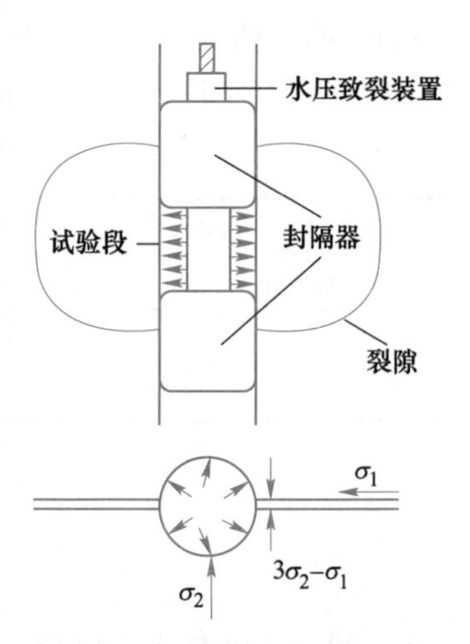

图 2-15　水压致裂封隔断示意图

水压致裂法地应力测量的加压系统分为单管加压和双管加压，操作过程基本一致。以单管加压系统为例（图 2-15），水压致裂法地应力测量步骤如下：

（1）钻孔。在已知应力分量方向（例如垂直应力分量的方向与重力方向一致）的情况下，钻与之平行的孔。

（2）座封。将封隔器下送至选定的压裂段，令高压液由钻孔杆进入封隔器，使封隔器膨胀座封于钻孔岩壁上，形成压裂段空间。

（3）注液施压。经高压水管向封堵段注入压力水，使钻孔岩壁承受逐渐增强的液压作用。

（4）岩壁致裂。不断提高泵压，当达到破裂压力时钻孔压力段岩壁沿阻力最小方向破裂，这时压力值急剧下降，最后停留在某一压力水平。

（5）关泵。停止增压，关闭液压泵，压力迅速下降，然后随着压裂液渗透入地层，泵压变成缓慢下降，这时便获得了裂缝处于临界闭合状态时的平衡压力，称瞬时关闭压力。

（6）放水卸压。打开泵阀卸压，承压段液压作用被解除后，裂缝完全闭合，泵压记录降至零，然后再加压使裂缝重新张开，记录所需压力；按上述步骤连续进行 3~5 次压裂循环，以便取得合理的压裂参数以及正确地判断岩石破裂和裂缝延伸过程。

（7）解封。排出封隔器里的压裂液，封隔器解封，用印模栓塞记录破裂裂隙的方向。

破裂过程的压力-时间曲线如图 2-16 所示。

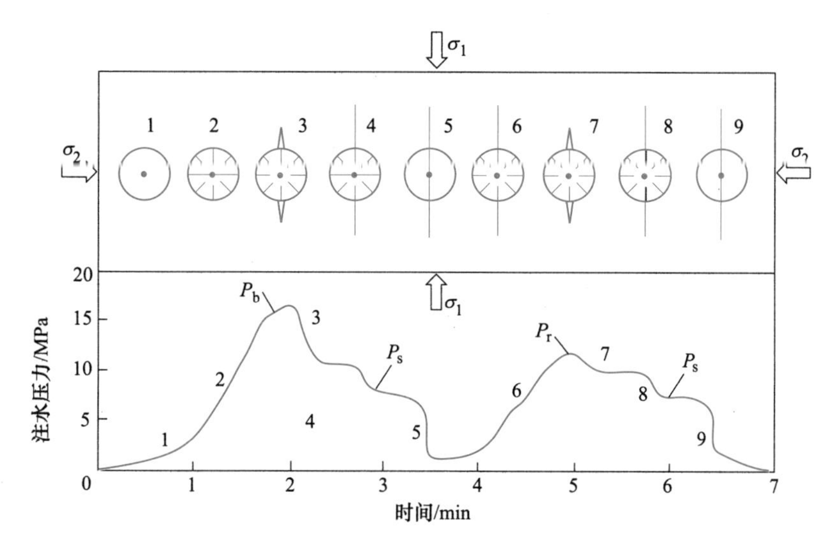

图 2-16　破裂过程的压力-时间曲线

2.3.3　应力计算

假设岩石是均匀的线弹性体，理论上，取封堵段某横截面，相当于中心有孔的无限大平面问题。如图 2-17 所示，作用有两个主应力 σ_1 和 σ_2，由弹性理论得知，孔周边上 A 点和 B 点的应力分别为：

$$\sigma_{\theta A} = 3\sigma_2 - \sigma_1 \tag{2-24}$$

$$\sigma_{\theta B} = 3\sigma_1 - \sigma_2 \tag{2-25}$$

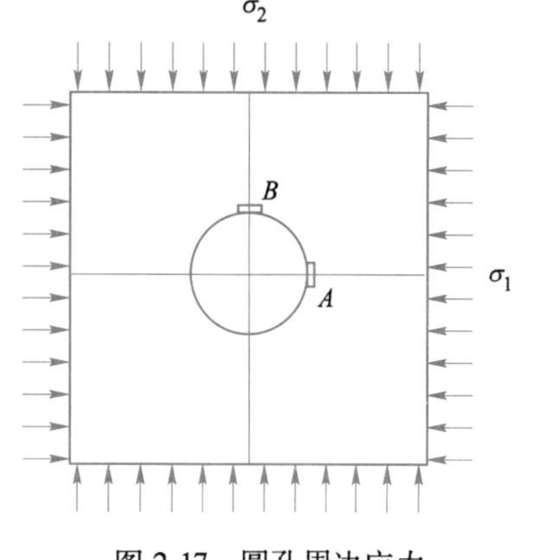

图 2-17　圆孔周边应力

若 $\sigma_1>\sigma_2$，则 $\sigma_A<\sigma_B$。因此，当圆孔内施加的液压大于孔壁上岩石所承受的压力时，将在最小切向应力的位置上，即 A 点及其对称点 A' 点处产生张破裂，且破裂将沿着垂直于最小压应力的方向扩展。此时把使孔壁产生破裂的外加液压 P_b 称为临界破裂压力，临界破裂压力等于孔壁破裂外的应力加上岩石的抗拉强度 T，即：

$$P_b = 3\sigma_2 - \sigma_1 + \sigma_t \tag{2-26}$$

若考虑岩石中所存在的孔隙压力 P_0，将有效应力换为区域主应力，上式将变为：

$$P_b = 3\sigma_h - \sigma_H + \sigma_t - P_0 \tag{2-27}$$

式中　σ_h，σ_H——原地应力场中的最小和最大水平主应力。

在实际测量中被封隔器封闭的孔段，在孔壁破裂后，若继续注液增压，裂隙将向纵深处扩展；若马上停止注压并保持压裂系统封闭，裂隙将立即停止延伸，在地应力场的作用下被高压液体涨破的裂隙趋于闭合，把保持裂隙张开时的平衡压力称为瞬时关闭压力 P_s，它等于垂直裂隙面的最小水平主应力，即：

$$P_s = \sigma_2 \tag{2-28}$$

岩石破坏相当于 $\sigma_t = 0$，则使裂隙重新张开的压力 P_r 为：

$$P_r = 3\sigma_2 - \sigma_1 - P_0 \tag{2-29}$$

$$P_b = 3\sigma_2 - \sigma_1 + \sigma_t - P_0 \tag{2-30}$$

$$\sigma_1 = 3P_s - P_r - P_0 \tag{2-31}$$

封堵段的原岩应力的垂直分量 σ_v 为：

$$\sigma_v = \gamma H \tag{2-32}$$

式中 H——封堵段距离地表深度；

γ——覆盖岩平均容重。

2.3.4 应用条件

（1）水压致裂法是测量岩体深部应力的新方法（>5000m），能测量较深处的绝对应力状态。该法不需要取岩芯和精密电子仪器，测试方法简单。

（2）孔壁受力范围广，避免了地质条件不均匀的影响。

（3）测试精度不高，仅用于区域内应力场估算，与其他测试方法相比，水压致裂法测试结果是可靠、可信的，测量速度快，成功率较高。

（4）水压致裂法（各向同性/均质/非渗透）不宜用于节理、裂隙发育的岩体应力测量。

（5）该方法设备笨重，钻孔封隔加压技术较复杂。

2.3.5 深部工程水压致裂法测试

（1）深部工程水压致裂法测试应提高压裂孔密封压力。由于埋深的增加或构造的存在，深部工程初始地应力增大，传统的水压致裂法测试设备无法或有效压裂钻孔孔壁岩体，导致地应力测试失败。即使采用庞大的高水压力系统能够压裂岩体，但因费用高昂，难以大量应用。因此，通过采用高压自锁封隔器实现高压流体密封，提高压裂孔密封压力，能够解决深部工程应力过高水压致裂法无法有效压裂的问题。

（2）测试压裂孔设计应考虑岩体三维地应力状态。深部工程围岩稳定性与岩体三维地应力特征密切相关。水压致裂法对完整围岩进行的单孔应力测量因破裂沿轴向发展，仅能获得钻孔截面的二维应力场。因此，通过布置三个及以上的压裂钻孔组成三维应力测量断面，获得岩体地应力三维应力场，为深部工程优化设计提供依据。

2.3.6 工程应用

在四川某水电站的压力管道线路上布置了一组水压致裂法三维地应力测试试验。测试点距压力管道 30m，水平埋深约 320m，垂直埋深约 420m，岩性为斜长花岗岩，裂隙不发育，完整性较好，岩体以块状~次块状结构为主，附近随机分布有少量小断层及影响带。测试位置由于探洞尺寸对钻孔施工条件的限制，现场试验在探洞地板上的三孔交汇采用发散型方式进行布置（如图 2-18 所示）。从 3 个钻孔取出的岩芯看，LD1 和 LD3 孔的岩石总体较完整、新鲜，岩性为花岗岩。LD2 孔 0～8m 岩体局部裂隙较发育，完整性较差；深部岩体较完整、新鲜，岩性为花岗岩。岩石致裂过程曲线如图 2-19 所示。试验时选择完整岩石段进行测试，致裂后进行印模测量，以确定钻孔横截面上最大平面主应力方向。取每孔测试结果的平均值计算岩体的三维地应力，计算结果见表 2-2。

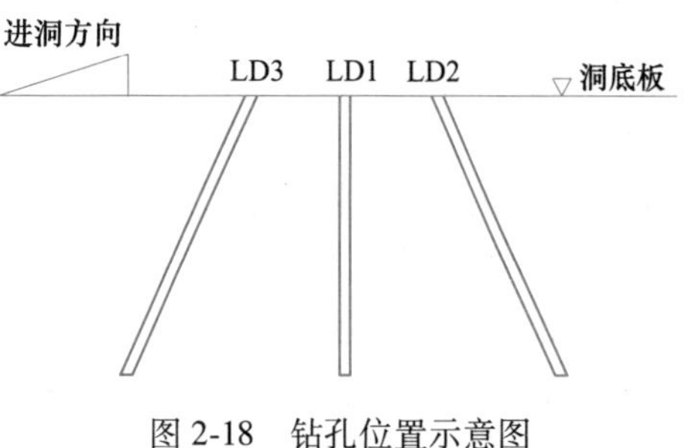

图 2-18　钻孔位置示意图

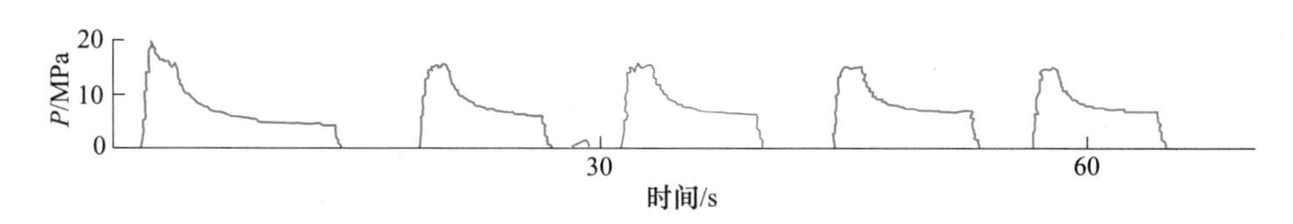

图 2-19　LD1 孔水压致裂过程曲线图

表 2-2　三维地应力计算成果表

主应力	量值/MPa	方位/(°)	倾角/(°)
σ_1	16.32	74	-53
σ_2	10.62	194	-21
σ_3	6.21	116	30

2.4　扰动应力测试

工程开挖引起的岩体应力场变化，即产生的扰动应力，是岩石工程稳定性评价和预测的重要内容。岩体扰动应力原位测试是水利水电、矿山和交通等领域岩石工程安全性研究的重要手段。通过捕获和分析岩石工程开挖、运行过程中的三维应力演化信息，可为预测预警岩石工程灾害（如塌方、岩爆等）提供直接、原位的基础数据，以便及时采取有效手段预防和控制工程灾害的发生，确保岩石工程施工期和运行期的安全性，减少因工程灾害带来的生命财产损失和工期延误。

为了监测开挖等引起的岩体应力变化，人们研制了大量的仪器。最初设计的仪器只能测量三个正应力分量的一至两个分量，具有代表性的仪器有压力枕、刚性包体计等。随着应力测试技术的不断发展，新一代的应力测试仪器，如空心包体应力计，能够监测钻孔内三个方向的应力变化。

2.4.1　压力枕

压力枕又称“扁千斤顶”，由两块薄钢板沿周边焊接在一起而成，并在周边设置有一个油压入口和一个出气阀，如图 2-20 所示。扁千斤顶的测量原理基于岩石为完全线弹性的假设，是一种一维应力

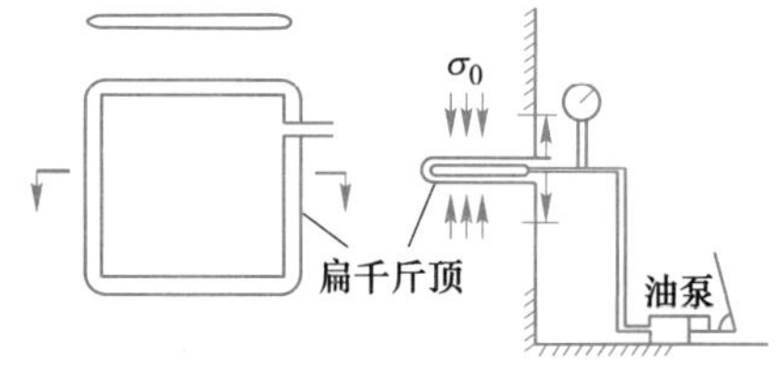

图 2-20　扁千斤顶应力测量示意图

测量方法。扁千斤顶测量只能在巷道、硐室或其他开挖体表面附近的岩体中进行，其测量的是开挖造成的扰动应力。

图 2-21 所示为扁千斤顶应力测量的具体过程。首先，在待测区安装两个测量柱，并用微米表测量两柱之间的距离 d；然后，挖一个垂直于测量柱连线的扁槽，其形状参数与扁千斤顶一致，同时记录下由于扁槽开挖造成的应力释放而引起的测量柱间距离的变化 d'；进而，将扁千斤顶完全塞入槽内，再用电动或手动液压泵向其加压，由于压力 ΔP 的增加，两测量柱的距离也增加，当两测量柱之间的距离 d' 恢复到扁槽开挖前的大小 d 时，停止加压；最后，记录下此时扁千斤顶中压力 P_t，该压力称为“平衡压力”，等于扁槽开挖前表面岩体中垂直于扁千斤顶方向的应力，即平行于两测量柱连线方向的应力。

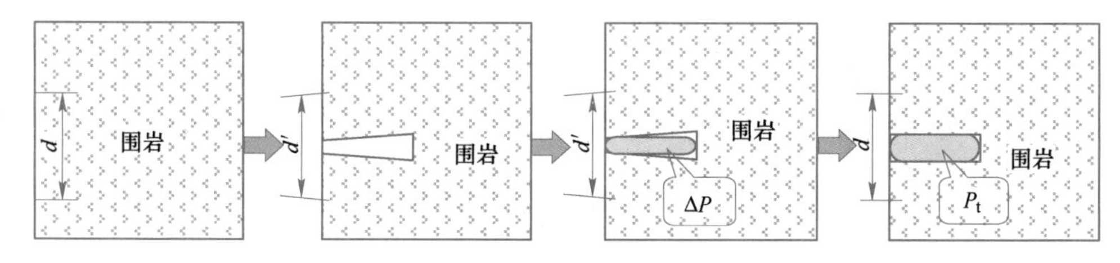

图 2-21　扁千斤顶应力测量过程示意图

由于扁千斤顶法测量地应力是一维的，且基于弹性假设的，但工程实际中开挖表面的岩体一般均会受到不同程度的损坏，这些将会造成测量结果存在误差，而且应用范围也受到限制，因而现已逐步被淘汰。

2.4.2　刚性包体应力计

刚性包体应力计法是 20 世纪 50 年代继扁千斤顶法之后应用较为广泛的一种岩体应力测量方法。刚性包体应力计的主要组成部分是一个由钢、铜合金或其他硬质金属材料制成的空心圆柱，在其中心部位有一个压力传感元件，如图 2-22 所示。测量时首先在测点打一钻孔，然后将该圆柱挤压进钻孔中，以使圆柱和钻孔壁保持紧密接触，就像焊接在孔壁上一样。

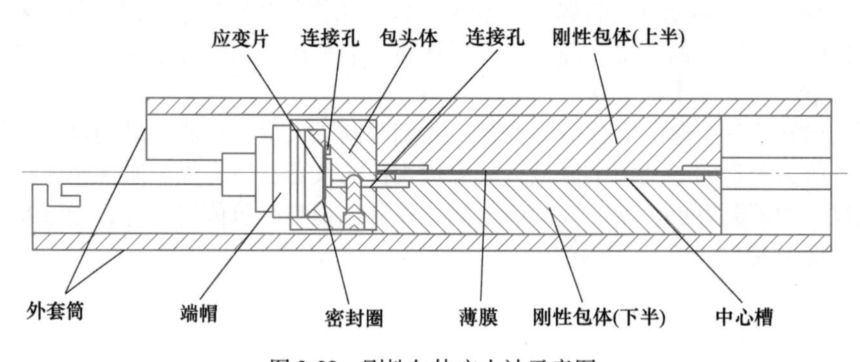

图 2-22　刚性包体应力计示意图

刚性包体应力测量的理论基础为：位于一个无限体中的刚性包体，当周围岩体中的应力发生变化时，在刚性包体中会产生一个均匀分布的应力场，该应力场的大小和岩体中的应力变化之间存在一定的比例关系，设在岩体中的 x 方向有一个应力变化 σ_x，那么在刚性包体中的 x 方向会产生应力 σ_x'，并且：

$$\frac{\sigma_x'}{\sigma_x} = (1-\nu^2)\left[\frac{1}{1+\nu+\frac{E}{E'}(\nu'+1)(1-2\nu')} + \frac{2}{\frac{E}{E'}(\nu'+1)+(\nu+1)(3-4\nu)}\right] \tag{2-33}$$

式中　E，E'——分别为岩体和刚性包体的弹性模量；

ν，ν'——分别为岩体和刚性包体的泊松比。

由式（2-33）可以看出，当 $E'/E>5$ 时，σ_x/σ_x'的比值将趋向于一个常数 1.5。这就是说，当刚性包体的弹性模量超过岩体的弹性模量 5 倍之后，在岩体中任何方位的应力变化都会在包体中相同方位引起 1.5 倍的应力。因此，只要测量出刚性包体中的应力变化就可知道岩体中的应力变化，这一分析为刚性包体应力计奠定了理论基础。上述分析也说明，为了保证刚性包体应力计能有效工作，包体材料的弹性模量要尽可能大，至少要超过岩体弹性模量的 5 倍以上。

刚性包体应力计具有很高的稳定性，因而可用于对现场应力变化的长期监测中，但通常只能测量垂直于钻孔平面的单向或双向应力变化情况。根据刚性包体中压力测试原理的不同，刚性包体应力计可分为液压式应力计、电阻应变片式应力计、压磁式应力计、光弹应力计、钢弦应力计等。除钢弦应力计外，其他各种刚性包体应力计因其灵敏度较低，于 20 世纪 80 年代之前已被逐步淘汰。

以下主要介绍几种振弦式刚性包体应力计。

振弦式应力计由受力弹性形变外壳（或膜片）、钢弦、紧固夹头、激振和接收线圈等组成。其工作原理是岩体应力变化引起钻孔变形，此变形传递至测量元件，引起元件中钢弦张力的变化。钢弦自振频率与张紧力的大小有关，在振弦几何尺寸确定之后，振弦振动频率的变化量，可表征受力的大小。因此，测量仪表通过测量电信号，并由振弦振动频率、振弦张力、钻孔变形及岩体应力变化之间的关系获得围岩压力的变化。

振弦式传感器的工作原理如图 2-23 所示。工作时开启电源，线圈带电激励钢弦振动，钢弦振动后在磁场中切割磁力线，所产生的感应电势由接收线圈送入放大器放大输出，同时将输出信号的一部分反馈到激励线圈，保持钢弦的振动，这样不断地反馈循环，加上电路的稳幅措施，使钢弦达到电路所保持的等幅、连续的振动，然后输出与钢弦张力有关的频率信号。振弦这种等幅连续振动的工作状态，符合柔软无阻尼微振动的条件，振弦的振动频率可由下式确定：

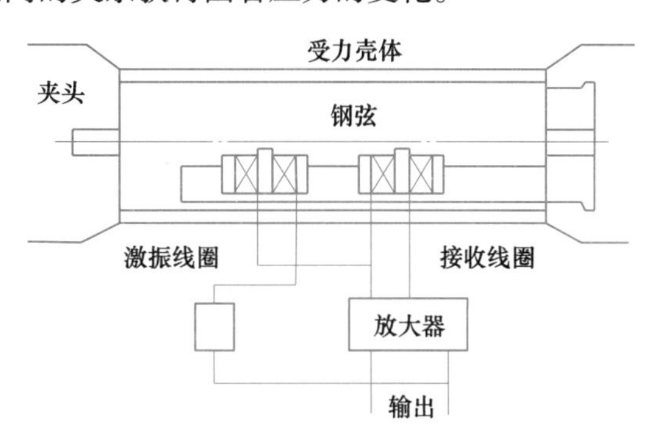

图 2-23　振弦式应力计工作原理图

$$f_0 = \frac{1}{2L}\sqrt{\frac{\sigma_0}{\rho}} \tag{2-34}$$

式中　f_0——初始频率；

L——钢弦的有效长度；

ρ——钢弦材料密度；

σ_0——钢弦上的初始应力。

由于钢弦的质量 m、长度 L、截面积 S、弹性模量 E 可视为常数，因此，钢弦的应力与输出频率 f_0 建立了相应的关系。当外力 F 未施加时，钢弦按初始应力作稳幅振动，输出初频 f_0；当施加外力时，则形变壳体（或膜片）发生相应的拉伸或压缩，使钢弦的应力增加或减少，这时初频也随之增加或减少。因此，只要测得振弦频率值 f，即可得到相应被测的力，即应力或压力值等。

常用振弦式应力计有以下几种：一是以基康 GK-4300 型为例的一维振弦式刚性包体应力计，二是以基康 GK-4350 型为例的二维振弦式刚性包体应力计，力直接作用于振弦，通过振弦频率变化，测得应力变化；三是 KSE-Ⅱ型液压振弦钻孔应力计，其原理是以液压油为应力传递介质，当围岩应力变化引起钻孔变形，引起压力枕的油压变化，此变化经传感器转换为钢弦振动频率的变化，通过钢弦振动频率与应力之间的关系，从而可测得岩体应力变化。

应力计监测围岩应力变化时还需获取岩体的弹性模量，岩体弹性模量测试可采用钻孔弹模仪测定，以 PROBEX-1 型钻孔弹模仪为例进行说明，如图 2-24 所示。弹模仪由下

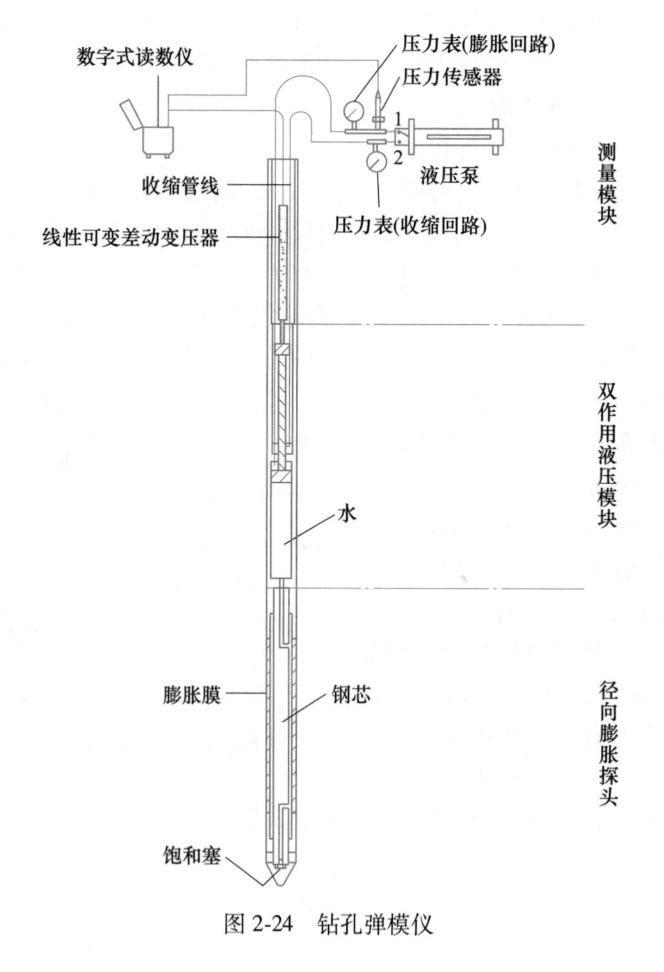

图 2-24　钻孔弹模仪

列部件组成：（1）装在钢质圆柱芯外的膨胀膜；（2）液压部件，包括双联活塞以及气缸套件，用于使膨胀膜胀缩；（3）测试模块，含一个线性位移传感器，监测注水体积；（4）液压管线以及导线；（5）手动液压泵及压力表；（6）数字式读数仪；（7）压力传感器。

测试时，将弹模仪安置在钻孔中，施加一个初始荷载，让封堵器和钻孔壁之间接触，然后对钻孔壁逐级施加荷载，达到恒定变形或恒定加载的极限，获得钻孔应力-变形曲线（如图 2-25 所示），进一步根据式（2-35）计算获得岩体弹性模量。特别是距离开挖面较近时由于受到开挖损伤的影响，围岩的弹性模量值会随着开挖发生变化，应随着开挖不断测试获取岩体弹性模量。

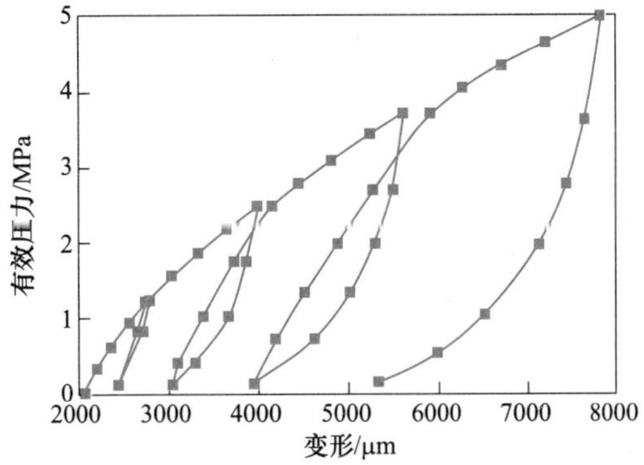

图 2-25 钻孔弹模测试曲线

$$E = (\Delta p/\Delta d) \times d(1 + \nu) \quad (2\text{-}35)$$

式中 Δp——压力差；

Δd——直径变化量；

d——钻孔直径；

ν——泊松比。

2.4.2.1 一维振弦式刚性包体应力计

一维刚性应力计主要有一种是振弦直接测量应力，以 GK-4300 型钻孔应力计为例进行说明。图 2-26 为 GK-4300 型钻孔应力计的示意图。

规格/mm	A	B	C
4300EX	41	36	29
4300B	76	57	47
4300N	76	73	64

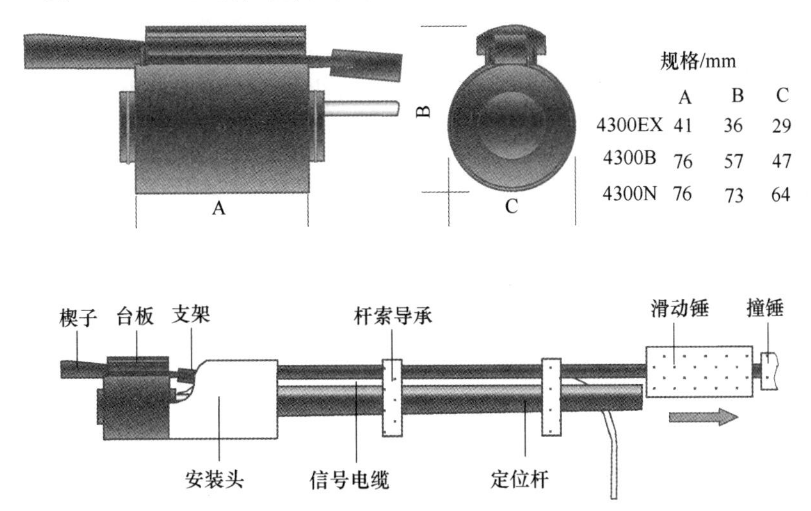

图 2-26 GK-4300 型钻孔应力计示意图

GK-4300 型振弦式应力计主要是为了长期测量岩石中的应力变化而设计的，它利用振弦传感器测量厚壁钢环的变形，厚壁钢环通过楔板和压板组合预加载到钻孔中，如图 2-27 所示。在使用中，不断变化的岩石应力会对测量体施加不断变化的载荷，从而使测量体发生偏转，这种偏转称为振弦元件的张力和振动共振频率的变化。振动频率的平方与量规直径的变化成正比，经校准后与岩石中应力的变化成正比。

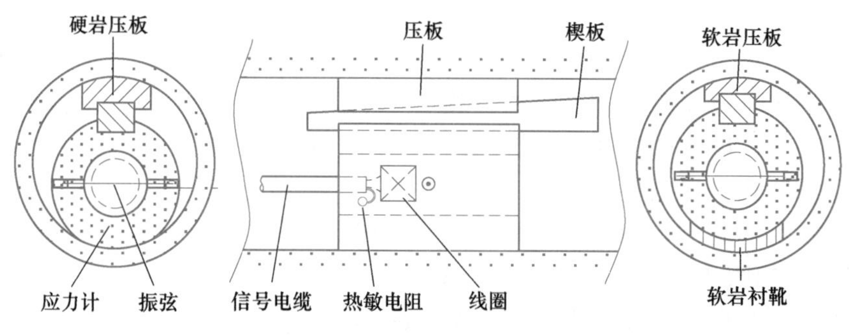

图 2-27　振弦式应力计示意图

应力计的实际校准要考虑多种因素，包括母岩弹性常数、安装过程中施加的预应力、应力计的方向与岩体应力方向的关系和压板接触的面积等。因此，应力计读数的精度在很大程度上是不确定的，所指示的应力大小只能是近似的。

振弦式应力计中靠近导线的线圈和磁铁组件用于激发导线和感应产生的振动频率。当仪表连接时，一个不同频率的脉冲被施加到线圈和磁铁组件上，导致电线以其共振频率振动。导线继续振动，测量频率的信号在传感器线圈中感应并传送到读出盒，进行调节和显示。一维的振弦式应力计只能获得一个方向上的应力，4300 型应力计的线与测量体的加载方向垂直，若要完全评估给定平面上的应力变化，需要在 0°、45°和 90°方向上安装三个应力计。应力计的安装是通过在应力计和与孔壁接触的压板之间打入一个楔子来完成的，用定位工具进一步推动楔子来预加载到所需的水平。在软岩中，用软岩压板和软岩衬靴来增加接触面积。

振弦式应力计测试过程如下。

（1）钻孔需求。应力计的安装需要孔壁光滑的钻孔，考虑到获得合适的孔直径与光滑的墙壁，应力计可以安装在冲击钻孔和地质钻孔中。如果孔壁粗糙，会影响应力计的响应。钻凿完测试孔后，应用水或压缩空气对钻孔进行彻底清洁。

每种型号的标准孔配置如下：4300EX 型应力计用于 38mm 钻孔中，当使用标准楔板和压板装置时，孔的直径可以在 37~39mm 之间；4300BX 型应力计设计用于 60mm 金刚石钻头，当使用标准楔板和压板装置时，孔的直径可以在 59~61mm 之间；4300NX 型应力计设计用于 NX 型 76mm 金刚石钻头，当使用标准楔板和压板装置时，孔的直径可以从 75~77. 5mm 不等。

（2）初步检查。在现场安装应力计之前，需完成以下步骤进行初步检查：

1）将应力计连接到一个读出盒上。

2）读数检查。在对温度进行修正后，现场的零位读数应与工厂读数一致。

3）用欧姆计检查电气连续性。两根引线（通常为红色和黑色）之间的电阻对于型号 4300BX 和 4300NX 应该在 180Ω 左右，型号 4300EX 应该在 90Ω 左右。

4）使用欧姆计检查两根热敏电阻线（通常为白色和绿色）之间的电阻。将电阻转换为温度，将结果与当前环境温度进行比较。

（3）连接楔板/压板装置。楔板/压板装置是单独放置的，它们是用尼龙螺钉和螺母固定在一起。拆下螺母，然后用尼龙螺丝将楔板/压板装置连接到应力计主体上，如图 2-28 所示。调整楔板的方向，使窄端与电缆的方向相同。将尼龙螺丝拧紧到阀体上的螺纹孔中，但注意不要把螺丝旋得太紧，否则会断裂。

通过将应力计上的螺纹尼龙针推入设置刀头上的匹配孔，将应力计安装到设置工具上。用适当的力量推入。确保插脚完全插入，使应力计和调整工具之间没有间隙。读数盒与引线连接，并进行初始读数。

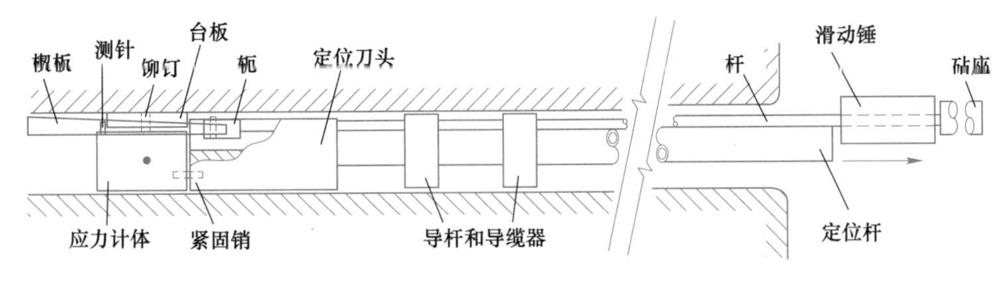

图 2-28 振弦式应力计安装工具组件

(4) 回收应力计。试验结束后，利用定位工具将应力计从钻孔中取出。

(5) 数据处理。为求任意给定时刻的应力变化，应用以下方程：

$$\sigma = (R_1 - R_0)G \tag{2-36}$$

式中 σ——压力变化；

R_0——初始读数；

R_1——后续压力读数；

G——灵敏度系数。

2.4.2.2 二维振弦式刚性包体应力计

以 Geokon4350 型双轴应力计为例介绍二维振弦式刚性包体应力计，图 2-29 为 Geokon4350 型双轴应力计示意图。

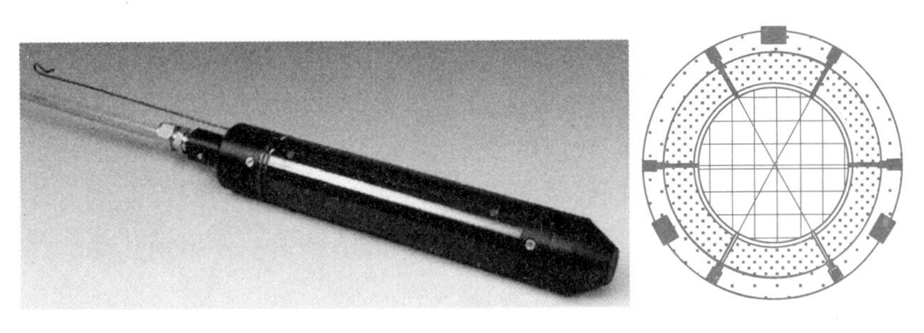

图 2-29 Geokon4350 型双轴应力计

Geokon4350 型双轴应力计，外壳是一厚壁钢制圆柱，在使用时，需将圆柱体在钻孔中灌浆或将其嵌入待测材料中。三个或六个振弦式传感器通过测量圆柱体的径向变形，并利用理论推导的等式可以确定圆柱相关应力变化。其基本原理如图 2-30 所示。

在垂直于钻孔的平面上，需以 60°间隔进行三次或六次测量来确定传感器周围的双轴应力场的变化。在双轴应力计中可以包含两个传感器，用于测量应力计的纵向变形，还能校正由于沿钻孔方向的应力变化而产生的误差。此外，若连接两个振弦式温度传感器，还

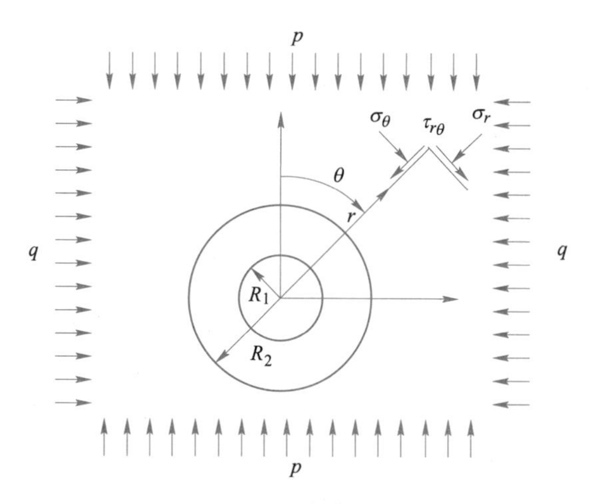

图 2-30 应力计计算原理示意图

可以补偿温度变化。

固定在圆柱体上的传感元件是振弦式应变传感器，用于精确测量圆柱体的变形。金属弦附近的线圈和磁铁用于激励金属弦振动和感应金属弦振动的频率。当传感器连接一个仪表时，在线圈和磁铁上会施加一个频率变化的脉冲，从而使得金属丝以其共振频率振动，进而在线圈中产生感应电流。电流将传输到读数盒，并在读数盒中显示数据。

应力计的安装是通过使用安装工具和自对准安装杆将应力计插入钻孔来完成的。在安装过程中，当应力计达到正确的位置和方向时，拉动拉销释放电缆，将应力计固定在适当的位置，并移走安装设备。通常使用特殊的可膨胀浆液来确保应力计与围岩完全接触。

二维振弦式刚性包体应力计安装过程如下：

（1）初步试验。安装前，应检查并记录零位数值，在记录零位数值之前，需要仪表达到环境温度，由于仪表质量较大，该过程一般需要几个小时时间。

（2）钻孔。4350 型应力计适用于 60mm 钻孔。应力计主体直径为 57. 2mm，加上中心按钮为 59mm。可以将直径为 57. 2mm 的测试塞推入孔中，检查最小直径。如果中心按钮突出太多，可以将突出部分锉掉。如果孔太大，按钮可以用螺钉或其他装置来扩大中心圆，否则，较大的环形空隙意味着较厚的灌浆层，这将对应力计输出产生一定影响。对于水平钻孔，应稍微向下钻孔，以确保浆液不会从钻孔中排出，同时保证应力计被浆液完全包围。钻孔后，应用清水冲洗或用压缩空气吹扫以清洁钻孔。如果钻孔直径符合要求，安装可以继续进行。

（3）灌浆。为确保压力计与围岩紧密接触，应使用可膨胀的浆液。注意在高度破碎的岩石中，钻孔可能需要大量灌浆和重新钻孔，以确保应力计完全在浆液中。在冰中，允许应力计在适当的位置冻结。

（4）应力计安装。应力计有两个安装在后端的卡环锚。这些锚通过一个拉销保持在其回收位置。当拉销被移除时，卡环将扩展并抓牢钻孔的侧面，使应力计在灌浆开始时能固定在适当位置。

（5）读取初始读数。安装后，应每隔一段时间读取读数，以确保良好的零位数据，并查看灌浆是否对应力计施加了预载。灌浆应在开始时获得一定强度，并在几天内达到完全强度。

2.4.2.3 液压振弦式刚性包体应力计

刚性应力计还有一种采用液压油将围岩应力传递给振弦来进行应力测量的方式，以 KSE 型液压式钻孔应力计为例进行说明，如图 2-31 所示。

KSE 型液压式钻孔应力计主要是将包裹体、导油管、压力-频率转换器等部分连接成一个闭锁的油路系统，当钻孔围岩对包裹体施加压力时，压力-频率转换器会将包裹体内部的液体压力转为对应的电频信号，根据频率的变化量获取相应的钻孔应力变化量。KSE-Ⅱ-2 型压力计是由压力传感器和数字显示仪（KSE-Ⅱ-2 型钢弦测力仪）组成的分离式钢弦型测频数字仪器。

（1）压力传感器由传力板、压力枕、导压管、压力-频率转换器和电缆等组成。

岩体应力通过压力枕两面的刚性传力板传递给压力枕，被转换为压力枕的液体压力，经压力频率转换器转换为钢弦振动的频率信号，该频率信号由数字显示仪处理并显示出被测岩体载荷力值。

（2）数字显示仪由机箱及机箱内的直流电源、电路板和 LCD 显示器、键盘等组成，如图 2-32 所示。

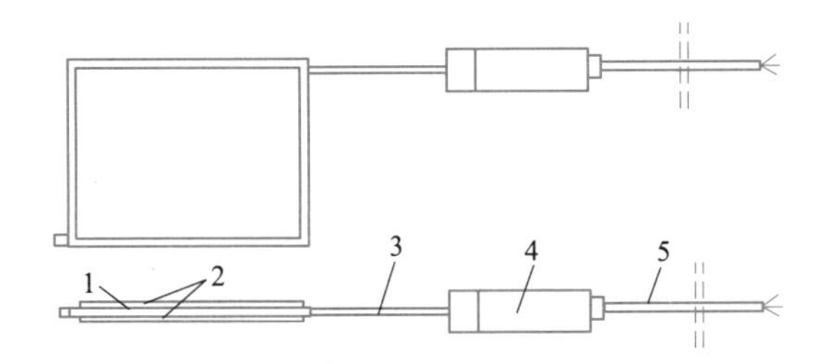

图 2-31 液压式钻孔应力计结构示意图
1—压力枕；2—上、下传力板；
3—导压管；4—压力-频率转换器；5—电缆

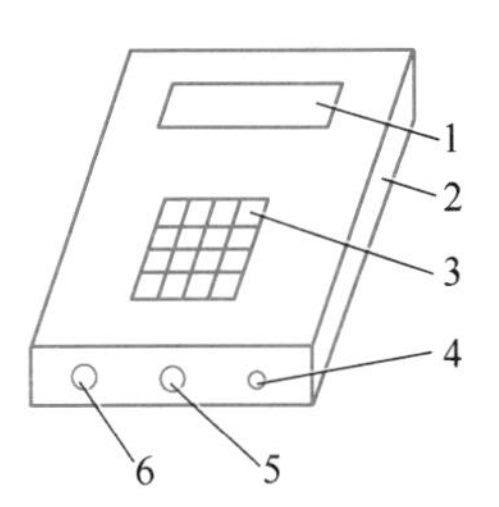

图 2-32 数字显示仪结构示意图
1—LCD 显示器；2—机箱；3—键盘；
4—电源开关；5—测量插孔；6—充电插孔

液压振弦式刚性包体应力计安装过程如下：

（1）安装前的准备工作。

1）检查压力传感器和数字显示仪工作是否正常。将测量电缆的插头插入数字显示仪“测量”插孔内，另一端的屏蔽线与压力传感器的电缆屏蔽线（公共端）连接，其余二芯线分别对应连接（安装后测量时，也同样连接）。把数字显示仪的电源开关置于“开位”，数字显示仪应清晰、稳定地显示出压力-频率转换器钢弦振动的频率值（有 1Hz 的量化误差），且能听到钢弦振动的声音。

2）测量并记录每台待安装的压力传感器的初始频率值。压力传感器与数字显示仪的连接方法如上，待数字显示仪显示的数字稳定后，记录该初始频率值（无载荷时的频率值）。

（2）安装。

1）在支柱下面的安装，如图 2-33 所示。压力传感器测量垂直于压力枕平面方向的力，所以安装时应注意：要求安装压力枕的基座和支柱的下端面尽量的平整，避免大的偏载影响测量准确性。

2）在支架上的安装示意图如图 2-34 所示。

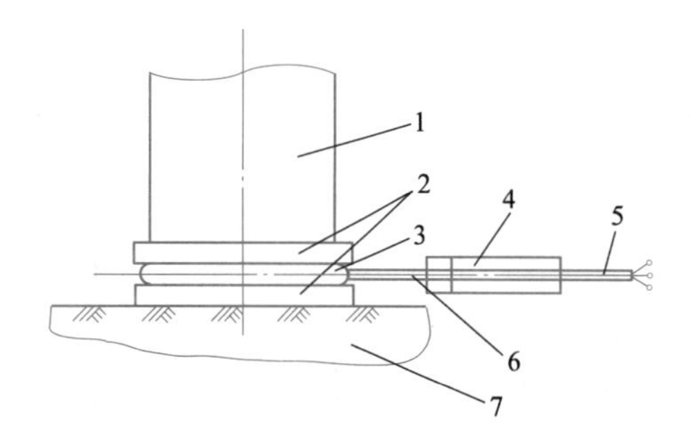

图 2-33　压力传感器在支柱下安装示意图
1—支柱；2—压力枕上下传力板；3—压力枕；
4—压力-频率转换器；5—测量电缆；
6—导压管；7—基座

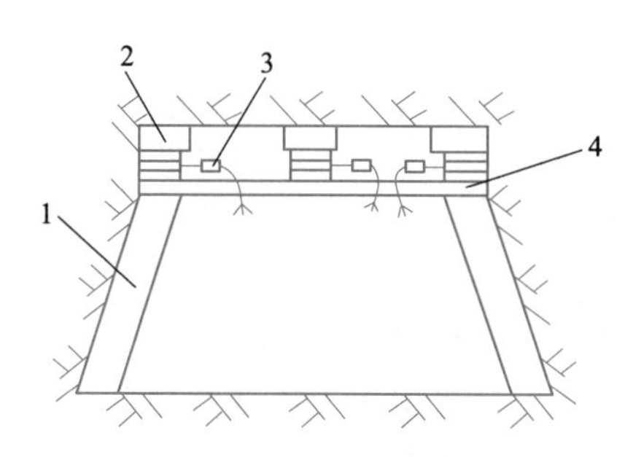

图 2-34　压力传感器在支架上安装示意图
1—支柱；2—垫块；
3—压力传感器；4—横梁

（3）结果计算。基于安装后的测量数字显示仪，按以下公式计算测量结果：

$$F = C(f_0^2 - f^2) \tag{2-37}$$

式中　C——压力传感器的标定系数；

f_0——压力传感器的初始频率值；

f——压力传感器安装后的频率值，数字显示仪自动采集；

F——压力计的测量值，kN。

（4）测量操作步骤。

1）压力传感器与数字显示仪连接，将测量电缆的插头插入数字显示仪"测量"插孔内，另一端的屏蔽线与压力传感器电缆的屏蔽线（公共端）连接，它们的其余二芯线对应连接（芯线、屏蔽线之间不要短路）。

2）数字显示仪的操作步骤：

①接通数字显示仪电源开关，显示"Wait……"，约 1s 后显示压力传感器的频率值（数字显示仪自动采集，不需要人为干预）。

②按"f_0，C 输入"键，输入 f_0 值，显示：f_0=××××Hz（4 倍整数），f_0 值已输入。

③按"f_0，C 输入"键，输入标定系数 C 值，显示：C=0. 000E-0MPa；按"C 单位"键；显示：C=0. 000E-0kN（将 C 的单位由 MPa 变为 kN）；输入 C 的数值；显示：C=××·××E×kN（小数点前 1 位，小数点后 3 位，指数为 1 位）。

④按"f_0，C 输入"键，显示测量结果；显示 F=××·××kN，即为测量值。

（5）数据记录表。应力监测结果的记录样表如表 2-3 所示。

表 2-3　监测记录样表

地点	时间	编号	标定系数 C	初始频率 f_0	测定频率 f	$F = C(f_0^2 - f^2)$

2. 4. 3　空心包体应力计

典型代表性空心包体应力计主要有空心包体式钻孔三向应变计、数字式空心包体应力计和光纤光栅三维空心包体应力计。空心包体式钻孔三向应变计将应变片粘贴在预制的环氧树脂薄筒上，再浇注一层薄的环氧树脂层制成应变计，即应变式三维空心包体应力计。数字式空心包体应力计包含高精密度的应变计和一个植入式的微处理器，它可以连续地进行应变测量并且通过串口连接传输测量数据。应变读数直接以数字格式显示在测量仪表上，基本上消除了由于过长的电缆所带来的噪声和信号衰减等常见的问题。电源只需要在进行数据读取时进行供应，消除了由于长期供电所带来的加热效应影响。光纤光栅三维空心包体应力计是采用光纤光栅粘贴在预制的环氧树脂薄桶上的三向应力计，即光纤光栅三维空心包体应力计。

空心包体应力计的测试原理如下：

设钻孔的半径为 R；应变计的内半径为 R_1；应变片嵌固部位的半径为 ρ；围岩的弹性常数为 E，ν；环氧树脂层的弹性常数为 E_1，ν_1；原岩应力分量为 σ_x，σ_y，$\tau_{xy}=\tau_{yx}$，$\tau_{yz}=\tau_{zy}$，$\tau_{zx}=\tau_{xz}$。环氧树脂层中应变片部位（$r=\rho$）的应力状态为：

$$\left.\begin{aligned}
\sigma_r^1 &= \frac{\zeta d_1}{1+\nu}\left(1-\frac{R_1^2}{\rho^2}\right)[(1-\nu_1\nu)(\sigma_x+\sigma_y)+\\
&\quad(\nu_1-\nu)\sigma_z]+2\zeta(1-\nu)\left(d_3+\frac{d_4}{\rho^2}+\frac{d_5}{\rho^4}\right)\cdot\\
&\quad[(\sigma_x-\sigma_y)\cos2\theta+2\tau_{xy}\sin2\theta]\\
\sigma_\theta^1 &= \frac{\zeta d_1}{1+\nu}\left(1+\frac{R_1^2}{\rho^2}\right)[(1-\nu_1\nu)(\sigma_x+\sigma_y)+\\
&\quad(\nu_1-\nu)\sigma_z]+2\zeta(1-\nu)\left(-d_2\rho^2-d_3-\frac{d_5}{\rho^4}\right)\cdot\\
&\quad[(\sigma_x-\sigma_y)\cos2\theta+2\tau_{xy}\sin2\theta]\\
\sigma_z^1 &= \frac{E_1}{E}[\sigma_z-\nu(\sigma_x+\sigma_y)]+\\
&\quad\frac{2\nu_1\zeta d_1}{1+\nu}[(1-\nu_1\nu)(\sigma_x+\sigma_y)+(\nu_1-\nu)\sigma_z]+\\
&\quad2\zeta\nu_1(1-\nu)\left(-d_2\rho^2+\frac{d_4}{\rho^2}\right)[(\sigma_x-\sigma_y)\cdot\\
&\quad\cos2\theta+2\tau_{xy}\sin2\theta]\\
\tau_{r\theta}^1 &= 2\zeta(1-\nu)\left(-\frac{d_2\rho^2}{2}-d_3+\frac{d_4}{2\rho^2}+\frac{d_5}{\rho^4}\right)\cdot\\
&\quad[(\sigma_x-\sigma_y)\sin2\theta-2\tau_{xy}\sin2\theta]\\
\tau_{\theta z}^1 &= 2\zeta d_6\left(1+\frac{R_1^2}{\rho^2}\right)(\tau_{yz}\cos\theta-\tau_{zx}\sin\theta)\\
\tau_{zr}^1 &= 2\zeta d_6\left(1-\frac{R_1^2}{\rho^2}\right)(\tau_{yz}\sin\theta+\tau_{zx}\cos\theta)
\end{aligned}\right\}\tag{2-38}$$

其中，
$$\left.\begin{aligned} d_1 &= 1/[1-2\nu_1+m^2+\zeta(1-m^2)] \\ d_2 &= 12(1-\zeta)m^2(1-m^2)/(a^2D) \\ d_3 &= [m^4(4m^2-3)(1-\zeta)+\kappa_1+\zeta]/D \\ d_4 &= -4a_1^2[m^6(1-\zeta)+\kappa_1+\zeta]/D \\ d_5 &= 3a_1^4[m^4(1-\zeta)+\kappa_1+\zeta]/D \\ d_6 &= 1/[1+m^2+\zeta(1-m^2)] \end{aligned}\right\};$$

$$D = (1+\kappa\zeta)[x_1+\zeta+(1-\zeta)(3m^2-6m^4+4m^6)]+(\kappa_1-\kappa\zeta)m^2[(1-\zeta)m^6+(\kappa_1+\zeta)];$$

$$\zeta = \frac{G_1}{G} = [E_1(1+\nu)]/[E(1+\nu_1)];$$

$$m = \frac{R_1}{R},\ \kappa = 3-4\nu,\ \kappa_1 = 3-4\nu_1。$$

在应变计的环氧树脂层圆周上，布置 3 个应变丛，序号用 i 表示，对应的极角为 θ_i。每个应变丛由 4 个应变片组成，用序号 j 表示，对应的角度为 φ_{ij}。不同位置的应变丛中，某一方向应变片的应变观测值与轴向、切向应变观测值的关系，由点应变状态的关系得：

$$\varepsilon_{ij}^1 = \varepsilon_z^1\cos^2\varphi_{ij}+\varepsilon_\theta^1\sin^2\varphi_{ij}+\frac{1}{2}\gamma_{z\theta}^1\sin 2\varphi_{ij} \tag{2-39}$$

再引入应力应变关系的广义虎克定律：

$$\left.\begin{aligned} \varepsilon_z^1 &= (\sigma_z^1-\nu_1\sigma_\theta^1-\nu_1\sigma_r^1)/E_1 \\ \varepsilon_\theta^1 &= (\sigma_\theta^1-\nu_1\sigma_z^1-\nu_1\sigma_r^1)/E \\ \gamma_{z\theta}^1 &= \tau_{z\theta}^1 2(1+\nu_1)/E_1 \end{aligned}\right\} \tag{2-40}$$

建立了观测值方程组以后，联立这些代数方程组解题，就可以求得三维地应力状态的 6 个应力分量。利用数理统计的最小二乘法原理，得到求解应力分量最佳值的正规方程组：

$$\begin{bmatrix} \sum_{k=1}^{n}A_{k1}^2 & \sum_{k=1}^{n}A_{k2}A_{k1} & \cdots & \sum_{k=1}^{n}A_{k6}A_{k1} \\ \sum_{k=1}^{n}A_{k1}A_{k2} & \sum_{k=1}^{n}A_{k2}^2 & \cdots & \sum_{k=1}^{n}A_{k6}A_{k2} \\ \vdots & \vdots & \ddots & \vdots \\ \sum_{k=1}^{n}A_{k1}A_{k6} & \sum_{k=1}^{n}A_{k2}A_{k6} & \cdots & \sum_{k=1}^{n}A_{k6}^2 \end{bmatrix} \begin{Bmatrix} \sigma_x \\ \sigma_y \\ \vdots \\ \tau_{zx} \end{Bmatrix} = E\begin{Bmatrix} \sum_{k=1}^{n}A_{k1}\varepsilon_k \\ \sum_{k=1}^{n}A_{k2}\varepsilon_k \\ \vdots \\ \sum_{k=1}^{n}A_{k6}\varepsilon_k \end{Bmatrix} \tag{2-41}$$

式中　n——观测值方程个数。

求得地应力的 6 个应力分量以后，再根据三维应力状态的特征方程和静力平衡方程及主应力互为垂直的几何关系，求得三个主应力的量值及其方向。

2.4.3.1 应变式三维空心包体应力计

1963 年以后，当国际上普遍采用钻孔应变计，出现了各种形式的钻孔三向应变计时，澳大利亚联邦科学和工业研究组织（CSIRO）资源开发研究所岩石力学部于 1976 年研制出第一代 CSIRO 型空心包体式钻孔三向应变计，由于它具有操作简单、测试成功率高、试验周期短、能适应地质条件较差的岩体等独特的优点，目前已成为世界上使用最广泛的地应力测量设备。

空心包体应力计可以用来监测岩石的长期应力变化，特别适合于长期的拉压应力变化监测。标准的空心包体应力计配置有 12 个应变计，在各向同性和各向异性的岩石中均可以完美地进行测量。空心包体应力计中包含有一个标准的测量温度用的热敏电阻，用来检测空心包体应力计所处位置可能发生的温度变化。

空心包体式应力计（CSIRO Hollow Inclusion），简称 HI Cell 应力计，是一种三向岩石应力计，由一系列的应变计组成，应变计封装在弹性模量已知的空心管壁上。用环氧树脂把应力计固定在钻孔中，然后把应力计永久地留放在原地监测相对应力随时间的变化。

澳大利亚 CSIRO 型三向应变计的测量元件应变片，为适应测量对象的岩石含有多节理和多微裂隙的特点，采用有效长度为 10mm 的电阻丝应变片。应变片的布置摆脱了传统的形式，除了布置 3 个常规的三分量应变丛外，单独又布置了 3 个应变片，共 12 个应变片，一次测量可获得 12 个观测值方程。因测量钻孔的口径较小，圆周角稍微变化会引起应力状态的较大变化，应变丛中每个应变片的有效面积中心不可能处于同一极角上，因此，每个应变片所处的极角和倾角需要单独计算，具体布置如图 2-35 和表 2-4 所示。

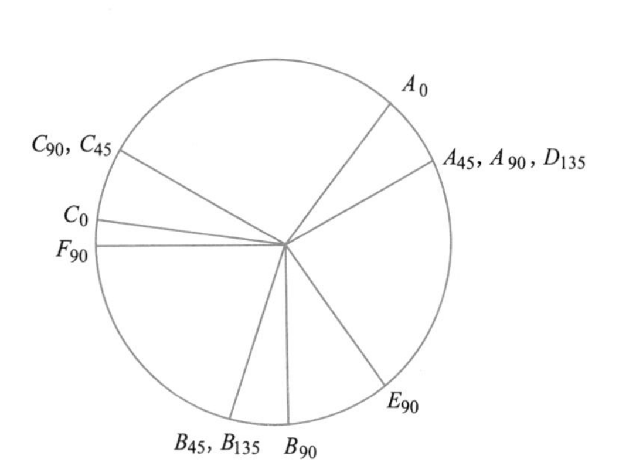

图 2-35　CSIRO 型三向应变计应变片的布置

表 2-4　澳大利亚 CSIRO 型三向应变计测量元件应变片布置

项目	ε_1 (A_0)	ε_2 (A_{90})	ε_3 (A_{45})	ε_4 (B_{45})	ε_5 (B_{135})	ε_6 (B_{90})	ε_7 (C_0)	ε_8 (C_{90})	ε_9 (C_{45})	ε_{10} (D_{135})	ε_{11} (E_{90})	ε_{12} (F_{90})
极角/(°)	323.0	300.0	300.0	163.5	163.5	180.0	83.0	60.0	60.0	300.0	210.0	90.0
倾角/(°)	0	90	45	45	135	90	0	90	45	135	90	90

图 2-35 中应变片的布置形式是以孔口往孔底方向为准，即钻孔坐标系的 z 轴由孔底指向孔口。第 1 组应变片为 A_0，A_{90}，A_{45}，D_{135}，最大极角间隔为 23°，应变片的倾角分别为 0°，90°，45°，135°；第 2 组应变片为 B_{45}，B_{135}，B_{90}，E_{90}，最大极角间隔为 46.5°，应变片的倾角分别为 45°，135°，90°，90°；第 3 组应变片为 C_0，C_{90}，C_{45}，F_{90}，最大极角间隔为 30°，应变片的倾角分别为 0°，90°，45°，90°。3 组应变片的极角平均间隔为 126.5°，106°，127.5°，与传统应变计的应变丛布置间隔为 120°相差不多。CSIRO 型三向应变计的应变片倾角为 90°的有 5 片，倾角为 45°的有 3 片，倾角为 0°和 135°的各有 2 片。增加倾角 90°切向应变片的数量，是因为切向应变片最为灵敏，有利于测量精度的提高。

以 HI Cell 空心包体计（如图 2-36 所示）为例说明其安装方式及流程，如图 2-37 所示。空心包体计安装在一个适合其外形的 38mm 直径的钻孔中，通过预置的环氧树脂与钻孔内壁进行黏合。空心包体应力计到达目标安装深度之后，通过活塞挤出环氧树脂黏合剂。推动空心包体应力计，通过安装杆激发活塞，空心包体应力计内部带有一根触发线，挤压完成时可以进行提示。

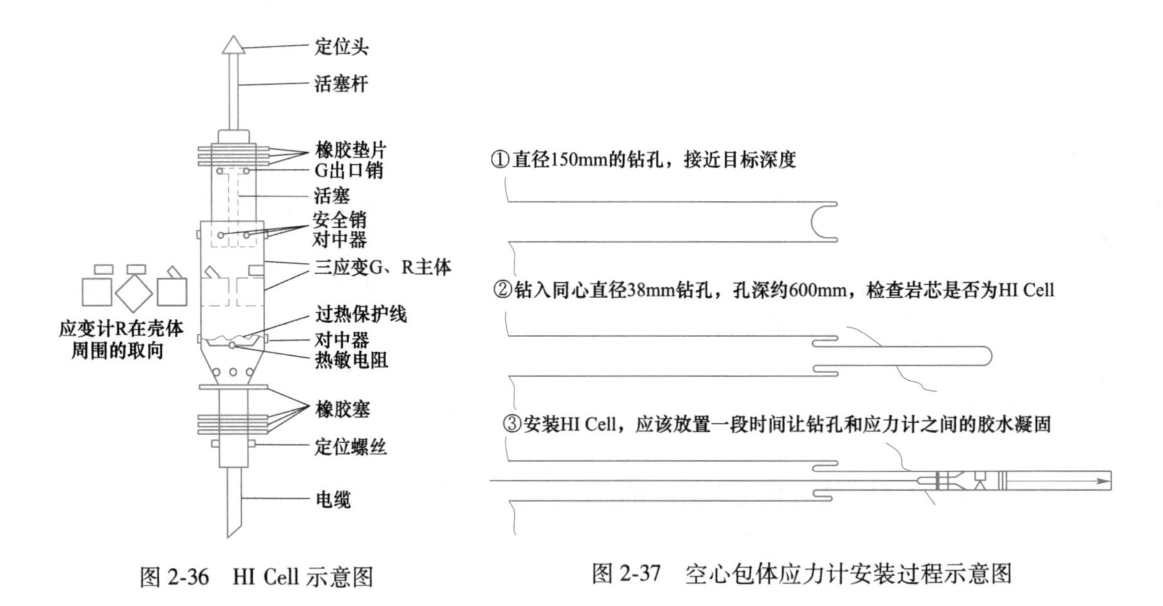

图 2-36 HI Cell 示意图

图 2-37 空心包体应力计安装过程示意图

多个橡胶密封件可以限制环氧树脂浆液流向空心包体应力计周围。在安装之前，钻孔必须使用压缩空气进行洗孔清洁，而且孔壁必须适合空心包体应力计的安装。一旦环氧树脂凝固硬化，空心包体应力计就被完全黏合在与钻孔孔壁 1.5~2.0mm 的位置，这是一个在进行数据模型简化分析时可以忽略的距离。

安装 HI Cell 空心包体计时，除常规设备外，还需要一些特殊的钻机设备辅助：

(1) 芯筒。芯筒包括一个薄壁芯柱，长 600~800mm（首选 750mm），后端板外部有一个 BW 杆销。芯径 144mm，孔径 153mm。

(2) 钻机附件。钻机附件包括 1.5m 长的 BW（或类似）钻杆、钻杆稳定器、钻杆联轴器。其中，每 3m 就需一个钻杆稳定器；钻杆联轴器的最小孔径为 13mm，用于清除读数电缆，并允许在钻孔期间进行水冲洗。

(3) 钻孔安装设备。在高研磨性岩石中，钻头的成本会变得过高。在这种情况下，应考虑在有必要设备的情况下，通过冲击或旋转方法将超大孔钻至目标深度附近。

2.4.3.2 光纤光栅三维空心包体应力计

A 应力计组成

单孔多点光纤光栅空心包体三维应力计，它主要由两个以上单元光纤光栅圆柱空心包体应力计、刚性连接杆、对中支架、波长解调仪和计算机组成，单元光纤光栅圆柱空心包体应力计由环氧树脂空心包体、刚性连接端环、光纤、光栅构成，光纤缠绕固定于应力计外表面的轴向、径向和螺旋凹槽内。测试装置安装于岩体中的钻孔内，通过注浆液与钻孔孔壁岩体耦合，实现对岩体工程三维扰动应力分布及其时空演化规律测试，如图 2-38 所示。

光纤光栅多向应力测量传感器主要由传感器龙骨、端环和 9 个光纤光栅串接组成。传感器龙骨采用环氧树脂材料制作，内径 30mm，外径 40mm，长度 200mm，上面沿轴向、横向和 45°斜角方向刻有凹槽，用于粘贴布置光纤光栅；端环由铝合金材料制作，用于固

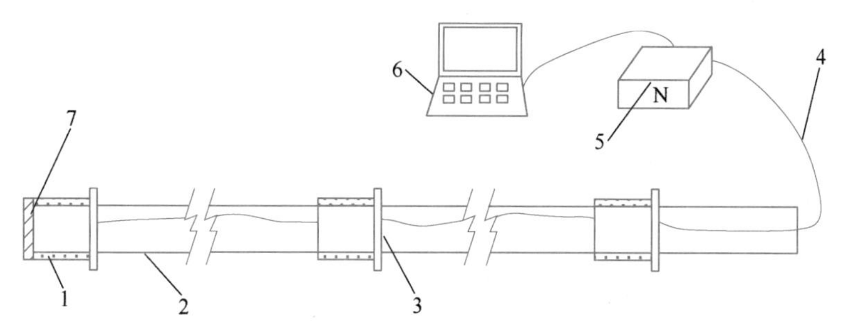

图 2-38　光纤光栅空心包体三维应力系统组成

1—单元光纤光栅圆柱空心包体应力计；2—刚性连接杆；3—对中支架；
4—光纤；5—波长解调仪；6—计算机；7—橡胶塞

定铠装的尾纤光缆；9 个光纤光栅按照特定的距离刻在一根光纤上，如图 2-39（a）所示。光纤光栅串沿着龙骨上的凹槽方向缠绕，恰当地设定光纤光栅的间隔，使得 9 个光纤光栅在传感器龙骨上形成三个互成 120°角的应变花，如图 2-39（b）所示。

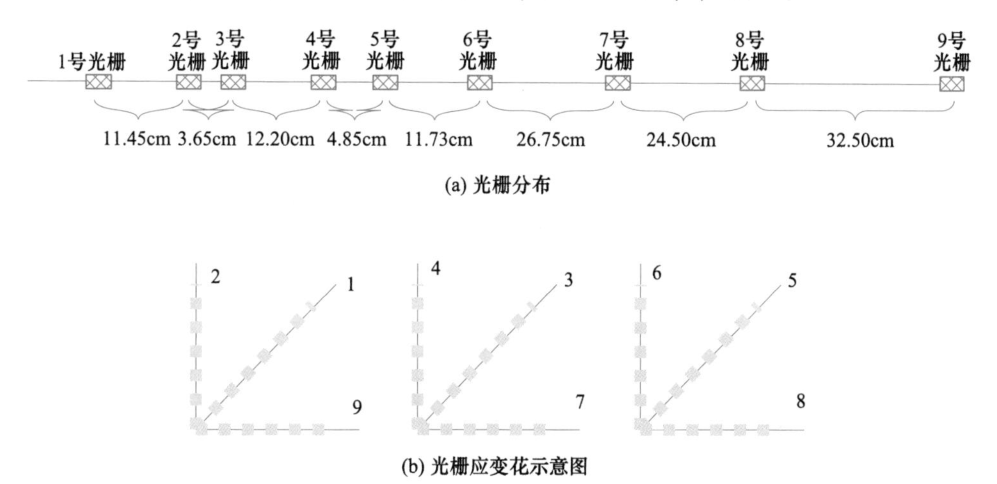

(a) 光栅分布

(b) 光栅应变花示意图

图 2-39　光纤光栅的排列间隔及其在龙骨上的分布位置

单孔多点光纤光栅空心包体三维应力测试装置（图 2-40）具有以下优点：

图 2-40　光纤光栅三维空心包体应力计

（1）由于采用了光纤光栅技术，圆柱空心包体应力计耐腐蚀、抗地下水和电磁干扰，不受信号强弱和衰减的影响，对岩体工程复杂地质和水文条件的适应性强，不仅能实现对工程建设期的岩体应力测试，更能应用于工程运行中的长期跟踪监测，稳定性好，可靠性高；

（2）采用的圆柱空心包体为基体结构形式，真实反映岩体中的三维应力状态和方向，大大增强了应力测试的灵敏度和精度；

（3）测试装置安装在注有水泥浆的测试钻孔内，有效解决了岩体破碎、裂隙等地质缺陷条件下应力计与岩体不能充分耦合的难题；

（4）基于多个单元光纤光栅圆柱空心包体应力计通过刚性连接杆串接的形式，不仅实现了对岩体中单点扰动应力的测试，还可实现对钻孔全长扰动应力空间分布及其演化过程的测试。

单元光纤光栅圆柱空心包体应力计仅由一根光纤缠绕，单根光纤的两个出线端固定在刚性连接端环的内壁，经由刚性连接杆内空间引出。为了实施岩体中三维应力的空间测量，首先，在环氧树脂空心包体的外表面刻出三种不同方向的凹槽（图 2-41）：（1）三条轴向凹槽；（2）第一径向凹槽、第二径向凹槽、第三径向凹槽、第四径向凹槽、第五径向凹槽；（3）顺时针螺旋凹槽、逆时针螺旋凹槽。其次，将光纤在上述三种不同方向凹槽内绕行，逆时针螺旋凹槽内的光纤将分别与第一径向凹槽、第三径向凹槽、第四径向凹槽的光纤形成三个交叉点 A、B、C，由于三条轴向凹槽互成 120°，因此三个交叉点 A、B、C 相应形成互成 120°的空间位置关系。再次，将光纤在该三个交叉点往出线端方向分别刻出轴向光栅、径向光栅和斜向光栅。因此，最终形成所述单元光纤光栅圆柱空心包体应力计上的光纤包含三组不同空间分布光栅，每组由三个光栅组成，根据应力测试基本原理，该空间分布的光纤光栅传感装置可有效实施岩体中的三维应力测试。

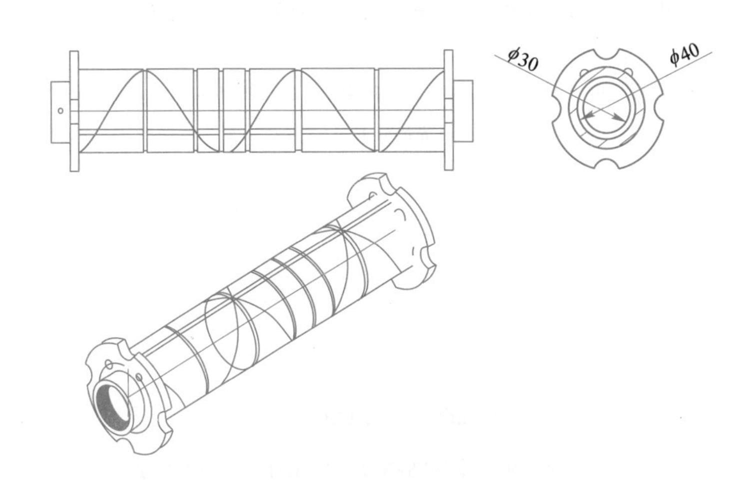

图 2-41 多项应力测量传感器结构示意图

B 光纤光栅空心包体三维应力计测试过程

（1）在测试对象所需的设计位置钻凿测试钻孔。对于地下隧洞工程，测试装置的埋设有两种方法：一种为直接法，在测试隧洞的设计剖面往岩体内开出任意方向的测试钻孔；另一种为预埋法，即通过测试隧洞附近已开挖隧洞向测试隧洞方向开出测试钻孔。测试钻孔的直径为 75mm，钻孔设备采用金刚石钻头回转钻机，确保钻孔平直、孔壁光滑。

（2）在测试钻孔的孔口顺序连接单元光纤光栅圆柱空心包体应力计、对中支架、刚性连接杆，安放注浆管，不断将测试装置推送进入孔内。

（3）检验测试装置的可靠性，在每个单元光纤光栅圆柱空心包体应力计安装推送进入孔内后，将光纤出线端接入解调仪，通过计算机测读各应力计的数据。

（4）封堵测试钻孔孔口后进行注浆。

（5）在岩体工程开挖运行过程中，按设计要求动态测试每个单元应力计上的光栅应变数据，通过圆形空心包体应力计测试基本原理计算三维应力大小和方向。

2.4.4 深部工程扰动应力测试

（1）深部工程注重施工全过程的岩体扰动应力变化规律。深部工程处于较高的原岩应力状态，施工过程对岩体的扰动强度和扰动范围显著增强，岩体内部应力的变化相较于浅部工程更为显著。深部工程施工前后岩体扰动应力变化信息是岩体灾害防控的重要基础数据。因此，在深部工程施工前，通过预埋应力计，获得施工全过程岩体内部扰动应力的变化规律是非常必要的。

（2）测点布置应考虑原岩应力状态和工程实际情况，并尽可能实现岩体扰动区域的全覆盖。深部原岩应力与工程主轴（例如隧洞中心线）往往成一定的夹角，施工过程对于同一断面岩体的扰动程度会呈现非对称性的特点。在这种情况下，深部工程的不同断面、同一断面不同位置、同一位置不同深度的扰动应力往往各不相同。因此，测点布置应考虑原岩应力状态和工程实际情况，对岩体内部扰动应力变化的区域范围进行预判，保证扰动应力测试范围的覆盖性。

（3）深部工程需加强三维扰动应力测试与计算。深部工程条件复杂，施工后岩体扰动应力除量值有变化，方向也可能发生改变，甚至出现主应力方向偏转的现象。研发三维扰动应力测试设备或采用三维测点布置方式，实现三维扰动应力测试与计算，有助于深部岩体工程应力状态的认知。

（4）深部工程需实现扰动应力的连续监测。深部工程岩体面临的扰动源众多，开挖、支护等均会对岩体内的应力产生影响，特别是 TBM 等连续开挖方式会造成应力的持续变化。另外，深部工程岩体内的应力改变往往存在一定的时效特征。在这种情况下，需要实现扰动应力的连续化监测，保证应力数据的完整性。

2.4.5 工程应用

2.4.5.1 刚体应力计的工程应用

振弦式刚体应力计在新疆阿舍勒铜矿开展了应用。针对阿舍勒铜矿大直径深孔采矿工艺特点及采场分布情况，采用 ZLGH 型振弦式钻孔测力计开展扰动应力原位测试，获取应力场原位测试数据。通过反演分析算法掌握采场应力分布特征，揭示深部开采过程中的应力场扰动演化规律。

钻孔应力计测点及方向布置情况如图 2-42 所示。在 0m 中段北 6 号采场顶部（50m 中段）下盘巷道布置 9 个钻孔应力计，测点深度为 3.0m，传感器埋设深度应避开巷道松动圈。

采用山东科技大学洛赛尔传感器技术有限公司研发的 ZLGH 型振弦式钻孔测力计，钻孔应力传感器如图 2-43 所示，应力传感器内部结构示意图如图 2-44 所示。

通过在 50m 中段安装应力监测传感器，监测了 50m 中段下盘应力变化，典型测试结果如图 2-45 所示。由图 2-45 可知，YL7～YL9 号传感器均布置在 50m 中段下盘区域，所测应力方向为最大主应力方向，从应力监测数据可知，YL7 传感器的应力值大于 YL8 号应力传感器数值，而 YL8 传感器的应力值大于 YL9 号应力传感器数值。从应力增量的变化情况来看，应力的变化同样与 0 号采场的爆破开采有关，在 2017 年 8 月 27 日和 9 月 30 日这两个时间段，应力增量较大，说明应力变化较大。

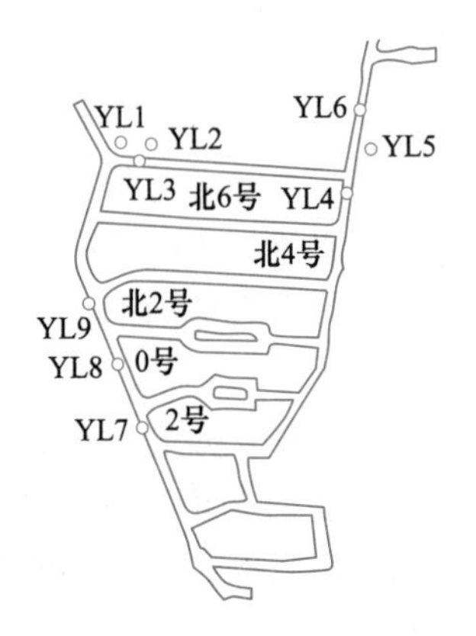

图 2-42　50m 中段钻孔应力计测点及方向布置

图 2-43　钻孔应力传感器

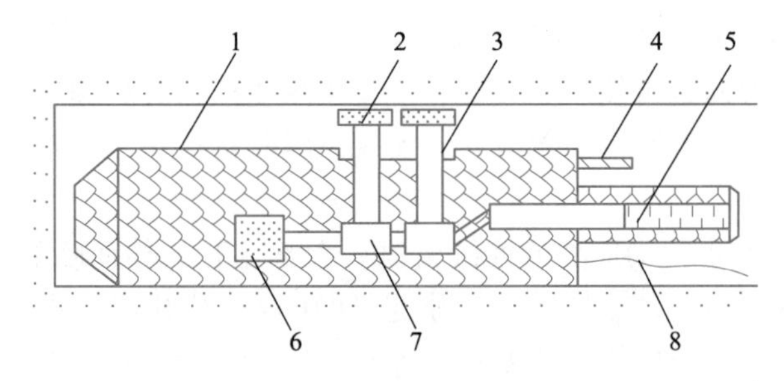

图 2-44　应力传感器内部结构示意图

1—传感器壳体；2—活块；3—活塞；4—定位柱；5—加压调整螺栓；
6—振弦传感器；7—液压油容腔；8—传感器数据线

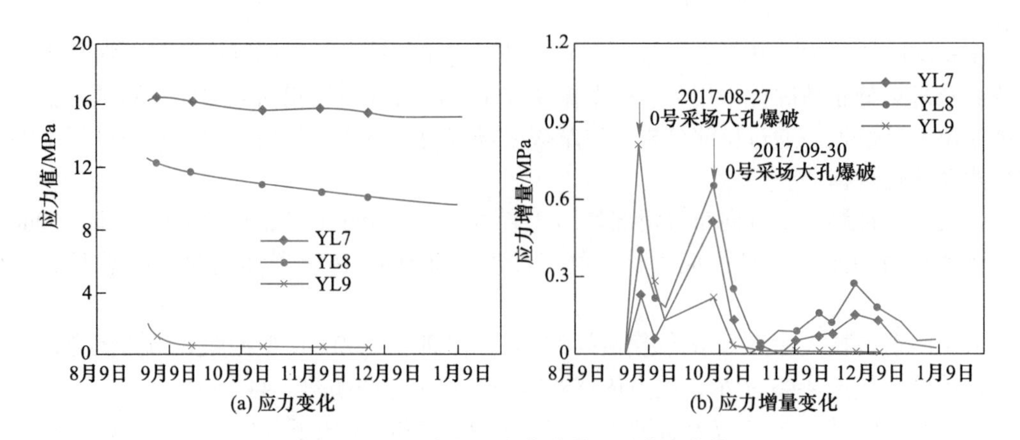

图 2-45　50m 中段下盘传感器监测应力变化

2.4.5.2　光纤光栅三维空心包体应力计的工程应用

为研究锦屏地下实验室二期地下工程开挖扰动对围岩内部应力的影响，了解围岩内部应力重分布情况，弄清围岩扰动应力场与岩体结构完整性、开挖损伤区的关系，建立光纤光栅的三维扰动应力测试装置及系统，在现场开展了原位综合监测。

4 号实验室扰动应力测试方案是通过已开挖的实验室向未开挖的 4 号实验室采用预埋方式在单孔布置 6 个深度不同的三维扰动应力传感器来实现对 4 号实验室扰动应力监测的。6 个传感器距离 4 号实验室边墙距离分别为 2.5m、4.5m、6.5m、8.5m、12.5m 和 16.5m，布置示意图如图 2-46 所示。

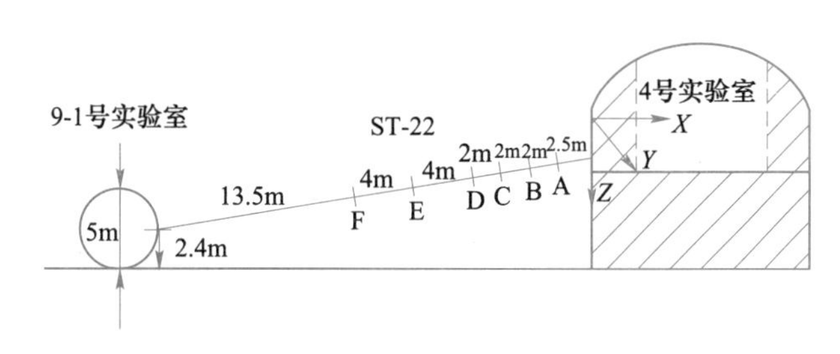

图 2-46　4 号实验室扰动应力监测布置方案

为便于分析，规定 4 号实验室扰动应力传感器 X 方向为洞室径向方向，Y 方向为洞室轴向方向，Z 方向为洞室切向方向，方向规定如图 2-46 所示。需要指出的是，图 2-46 中 X、Y 和 Z 的正负只是与原始地应力基础上该方向应力的比较，即负数表示扰动后的应力在该方向的量值比原始地应力小，正数表示扰动后的应力在该方向的量值比原始地应力大。因此，由正变负也仅表示扰动应力在该方向的量值比原始地应力先增加后减小，反之亦然。

4 号实验室距离边墙 2.5m 处、4.5m 处的扰动应力随工程开挖的变化情况，分别如图 2-47、图 2-48 所示。由图可知岩体内部 6 个不同深度的应力均随施工的进行发生了明显的变化，其中 Z 方向（洞室切向）的应力变化最大，Y 方向（洞室轴向）和 X 方向（洞室径向）应力变化较小。应力大体上呈现出随距边墙距离的增大而减小的趋势。其中，距离边墙 2.5m 和 4.5m 处应力变化最为明显，并且变化趋势高度一致，一定程度上反映了 4 号实验室扰动应力测试结果的可靠性。距离边墙 2.5m 和 4.5m 处应力呈现出先增高后明显下降的趋势。其中 2.5m 处传感器由于距离边墙最近，因此破坏失效最早。4.5m 处的传感器在中层开挖阶段，由于发生剧烈卸荷，所在位置的岩体应力发生突变，传感器也相继失效。

选取图中的 3 个典型时刻，作出 4 号实验室 Z 方向（洞室切向）扰动应力的空间分布情况，如图 2-49 所示。由图 2-49 4 号实验室 Z 方向（洞室切向）扰动应力的空间分布情况可知，在中导洞开挖阶段，距离边墙越近应力变化越大，但在中导洞开挖完成后，随着应力不断调整，距离边墙 4.5m 处应力变化最大，大于距边墙最近 2.5m 处应力变化。

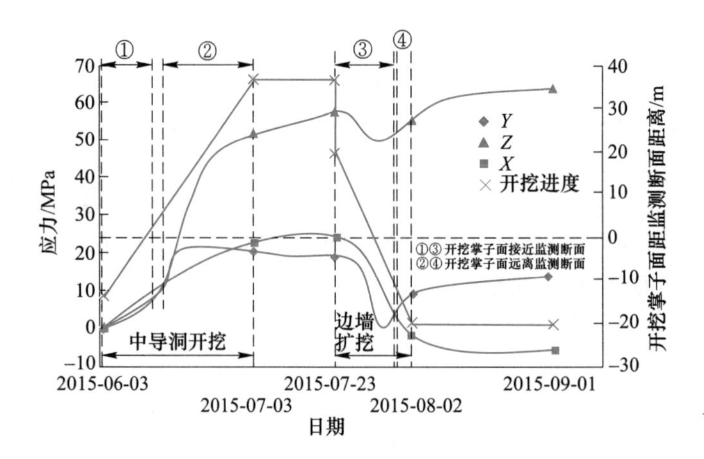

图 2-47　4 号实验室距离边墙 2.5m 处扰动应力随工程开挖的变化情况

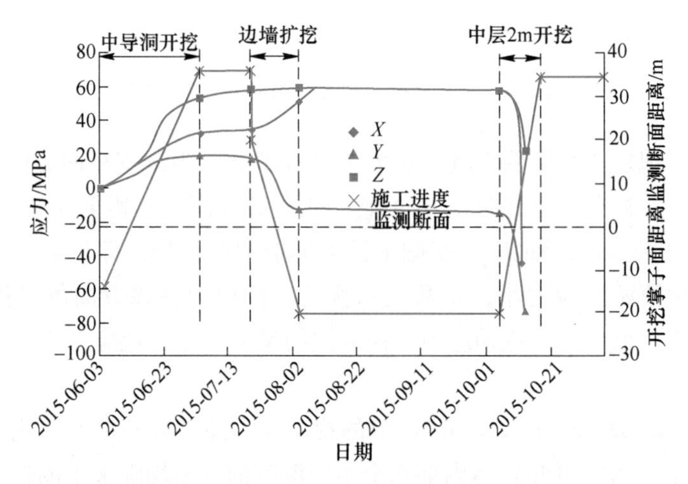

图 2-48　4 号实验室距离边墙 4.5m 处扰动应力随工程开挖的变化情况

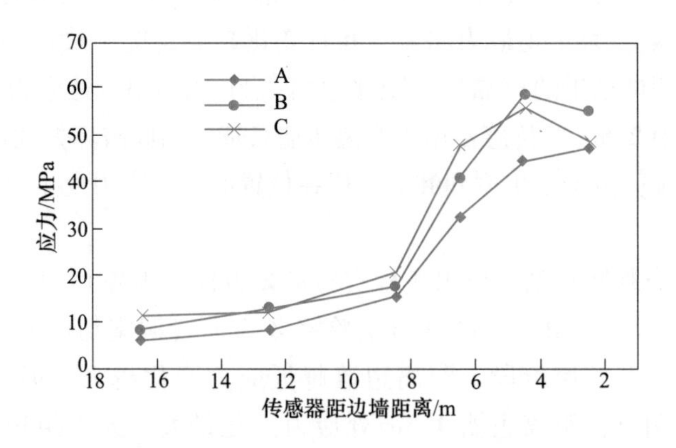

图 2-49　4 号实验室 Z 方向（洞室切向）扰动应力的空间分布情况

本章小结

岩体应力是影响地下工程岩体稳定性的重要因素。岩体应力测试方法较多，依据测量原理的不同可分为应力恢复法、应力解除法、水压致裂法、地球物理法和地质测绘法等。其中，应力恢复扁千斤顶法、水压致裂法和声发射法均属于直接测量法。套孔应力解除法和其他的应力或应变解除方法及部分地球物理方法等属于间接测量法。

应力解除法又称套芯法，是目前应用最广的一种应力测量方法。依据测量原理上基本可分为钻孔变形法和钻孔应变法两大类。钻孔变形法按传感器的刚度不同分为钻孔位移法和钻孔应力法。钻孔应变法可分为孔底应变法和孔壁应变法。深部应力解除法需要考虑高应力条件下钻孔过程中岩芯饼化现象的影响。

水压致裂法通过某一封闭段孔壁破裂压力、关泵压力和破裂方位获得岩体主应力大小和方向，在深部压力测量中表现突出。采用水压致裂法测试三维地应力时，需布置3个及以上的压裂钻孔。在深部开展水压致裂地应力测试时，应适当提高压裂孔密封压力，以满足地应力测试量程需求。

除常规的地应力测试方法外，刚性包体应力计、空心包体应力计常用于岩体扰动应力测试。一维振弦式刚性包体应力计、二维振弦式刚性包体应力计、液压振弦钻孔应力计是刚性包体应力计的常见代表。空心包体应力计主要有空心包体式钻孔三向应变计、数字式空心包体应力计和光纤光栅三维空心包体应力计。

思 考 题

1. 按测试原理的不同，地应力测试方法有哪几种分类方法？
2. 简述应力解除法的原理。
3. 应力解除法的分类有哪些？
4. 应力解除法中，哪种测试方法不适用于破碎岩层应力测量，为什么？
5. 水压致裂法的测试原理是什么？
6. 简述扰动应力测试的意义。
7. 列举常见的扰动应力测试仪器。
8. 扰动应力与初始应力的区别与联系是什么？
9. 刚性包体应力计与空心包体应力计的结构测试原理及区别是什么？

3 地下工程岩体变形监测

本章课件

本章提要

岩体变形是地下工程稳定性的直接体现。本章介绍：(1) 变形监测，包括监测目的和意义、特点与分类；(2) 岩体收敛变形监测，包括收敛尺与全站仪法；(3) 岩体内部变形监测，包括钻孔位移计法、滑动测微计法与测斜仪法。

3.1 概　　述

变形（deformation）是指物体在外来因素作用下产生的形状、大小和位置的改变。变形通常分为两类：自身的变形和相对于参照物的位置变化。物体自身的变形包括伸缩、剪切、裂缝、弯曲（平面上）和扭转（空间内）等。物体相对于参照物的位置变化主要包括水平位移、垂直位移、倾斜、旋转等。

变形监测又称变形观测，是对变形体进行测量以确定自身变形，或者通过测量确定其空间位置随时间的变化特征。工程岩体变形监测就是利用专用的仪器和方法对监测对象（也称变形体即岩体）的变形进行周期性重复观测，从而分析岩体的变形特征、预测变形体的变形态势。地下工程岩体变形监测的分类如表 3-1 所示。本书考虑地下岩体工程实际情况，将从地下巷（隧）道外部收敛变形和岩体内部变形两个方面介绍相关的测试技术和方法。

表 3-1　地下工程岩体变形监测分类

分类依据	分类名称	说　　明
按照变形体产生变形的时间和过程	静态变形监测	通常指在某一段时间内产生的变形，是时间的函数，一般通过周期观测得到
	动态变形监测	某个时刻的瞬时变形，是外力的函数，一般通过持续监测得到
按照变形监测目的	施工变形监测	在施工过程中对其变形的监测
	监视变形监测	在工程完工投入使用后的监测
	科研变形监测	为了研究变形规律和机理而进行的监测
按照变形监测相对于变形体的空间位置	外部变形监测	主要测量岩体在空间三维几何形态上的变化，能够体现岩体的整体变形信息
	内部变形监测	对岩体内部结构、应变、裂缝开合等进行观测，提供局部岩体变形信息

工程变形监测的主要任务是周期性地对观测目标进行观测，从观测点的位置变化中了解岩体变形的空间分布，通过对各次观测结果分析比较，了解其随时间的变化特征，从而

判断岩体的质量、变形过程及变形的趋势，对超出变形允许范围的岩体区域及时分析原因，采取加固措施，防止变形的发展，避免事故的发生。

工程变形监测的主要目的是要获得变形体的空间位置随时间变化的特征，科学、准确、及时地分析和预报地下工程的变形状况，同时还要正确地解释变形的原因和机理。目的大致可分为三类：第一类是安全监测，即希望通过重复观测，第一时间发现岩体的不正常变形，以便及时分析和采取措施，防止事故的发生；第二类是积累资料，是检验设计方法的有效措施，也是以后修改设计方法、制定设计规范的重要依据；第三类是为科学试验服务，实质上也是为了收集资料、验证设计方案，也可能是为了安全监测，只是它在一个较短时期内，采用人工干预的方式让岩体产生变形。

变形监测有实用上和科学上两方面的意义。实用上的意义是监测各种地下工程及其地质结构的稳定性，及时发现异常变化，对其稳定性和安全性做出判断，以便采取措施处理，防止发生安全事故。科学上的意义在于积累监测分析资料，以便能更好地解释变形的机理，验证变形的假说，建立有效的变形预测模型，研究灾害预报的理论和方法，验证有关工程设计的理论是否正确、设计方案是否合理。

3.2　岩体收敛变形监测

矿山地下开采过程中，巷道、洞室和采场开挖形成的地下空间，在次生应力作用下，随时间的推移，地下空间围岩表面具有向中间收敛的变形。地下开挖空间周边各点趋向中心的变形称为收敛。开挖空间内部净空尺寸的变化，称为收敛位移。

围岩收敛量测的主要任务是对开挖断面上所布置的测线进行实时量测，量测其长度随时间的变化（实质上是对距离的量测），以计算和分析围岩变形的大小和趋势，并做出围岩收敛变形预报。现有的主要量测方法如图 3-1 所示，相关测试技术的优缺点如表 3-2 所示。在本章岩体收敛变形测试部分，主要介绍收敛仪和全站仪两种观测技术，三维激光扫描技术和数字化近景摄影技术将在第 4 章详细介绍。

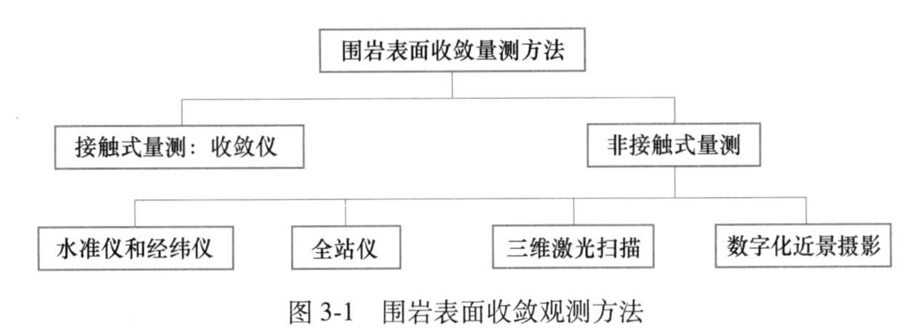

图 3-1　围岩表面收敛观测方法

表 3-2　围岩表面收敛变形主要观测方法的优缺点

主要量测方法	优　点	缺　点
水准仪和经纬仪	精度高、功能强、适用性强	（1）应用中仪器需要不断检查校正后才可使用； （2）标志点的安装和维护要求高； （3）需要大量人工的现场数据采集工作，而且测回多、工作量大

续表 3-2

主要量测方法	优 点	缺 点
收敛仪（尺）	只需定期量测断面上两点距离发生的变化，理论成熟、成本较低和操作简单等优点	(1) 常与施工相互干扰，监测费时费力； (2) 量测质量不稳定； (3) 量测的测点数目有限； (4) 观测周期长，数据提供滞后，不能实时反映工程动态； (5) 由于测点的形状一般为钩子状，施工过程中，机械的开挖难免会对测点造成破坏
激光测距仪	(1) 设备重量轻、精度高、携带操作方便； (2) 内配微型计算机，能高精度地对数据进行鉴别，可跟踪测距	(1) 抗施工干扰的能力差，当有机械设备或其他障碍物停留在测线上时量测工作就无法进行； (2) 需要量测人员到达危险区和高空作业，不利于量测人员和设备的安全
全站仪	(1) 主要优点是设站灵活，抗施工干扰的能力强，可以将仪器架设在避开施工干扰的地方，只要能看见所要观测的反射膜片的位置即可进行测量； (2) 拱顶下沉和水平收敛仪使用一台全站仪，无须其他辅助设备； (3) 拱顶下沉和水平收敛可同时观测，测量速度快，效率高，节约人力物力； (4) 操作安全，可将仪器架设在安全区进行量测，量测人员无须到达危险区； (5) 更适合于具有地面控制点，不受施工影响的三维测量	(1) 设备价格较昂贵； (2) 操作中需要对中、整平
数字化近景摄影测量技术	(1) 能够快速地获取开挖断面的整体信息； (2) 可实现非接触测量，对于特殊施工现场条件下的量测是非常有利的，此方法对施工干扰小，避免了在施工现场测量作业不安全等不足； (3) 拍摄的图像数据由计算机完成操作，自动化程度较高，操作简单	(1) 一般情况下，测量精度低； (2) 摄影测量的内、外业工作量较大； (3) 对操作人员的要求高，设备昂贵

3.2.1 收敛尺（仪）

3.2.1.1 收敛尺分类

收敛仪常用于现场收敛位移测量，适用于测量开挖空间围岩周边任意方向两点的距离的微小变化，借以评定工程围岩及支护的变形发展规律，确定合理支护参数。收敛计分两种：铟钢丝收敛计和卷尺式收敛计，铟钢丝收敛计又可分为铟钢丝弹簧式、铟钢丝扭矩平衡式。不同类型和厂家的收敛计相关技术指标如表 3-3 所示。图 3-2 为 QJ-81 型球铰连接弹簧式收敛计结构示意图。

表 3-3 收敛计技术性能

名称	型号	测距/m	量测方向	精度/mm	系统误差/mm	使用条件	研制单位
铟钢丝收敛计	YSJ-2	>50	任意方向	±0.01	<0.05	适于大测距，铟钢可以消除温度的影响	水电部成都勘测设计院科研所
	数字显示	<50	任意方向	±0.05	>0.1		法国 Telema 公司
卷尺式收敛计	SY-C_1	<20	任意方向	±0.05	>0.1	适用中等测距，当温度差变化大时，应进行温度校正	水电部第三工程局修造厂
	QJ-81	<50	水平方向	±0.02	>0.1		解放军 89002 部队
	手枪式	<50	水平方向	±1.0	>0.1		煤炭科学研究院
	SWJ78	<30	水平方向	±0.02	>0.1		铁道科学院西南研究所
	SLJ-1	<30	任意方向	±0.05	>0.1		长春材料试验机厂
	SLJ-80	<15	任意方向				冶金部马鞍山矿山研究院
	MCH	<10	任意方向	±0.01			瑞典（金川矿引进）
	MKII	<50	任意方向	±0.05	>0.1		英国

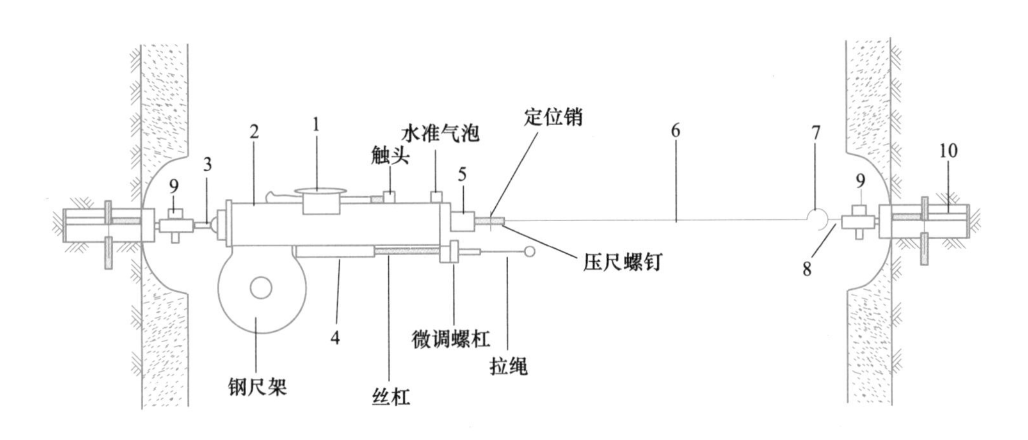

图 3-2 QJ-81 型球铰连接弹簧式收敛计

1—百分表；2—收敛计架；3—钢球；4—弹簧秤；5—内滑管；6—带孔钢尺；
7—连接挂钩；8—羊眼螺栓；9—连接销；10—预埋件

3.2.1.2 工作原理

以 JSS30A 型数显收敛仪进行说明，如图 3-3 所示。

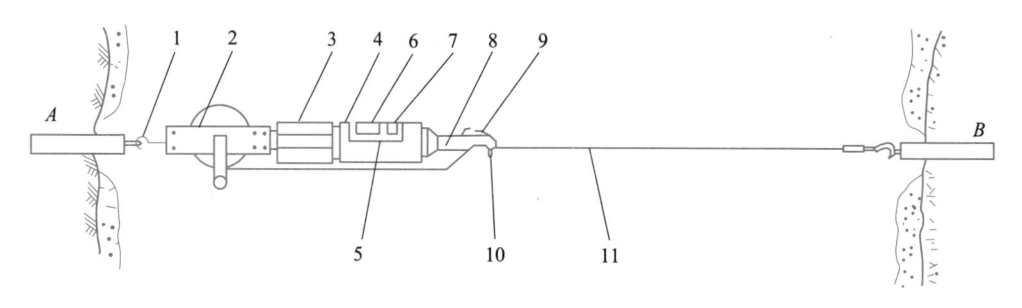

图 3-3 JSS30A 型数显收敛仪结构示意图

1—钩；2—尺架；3—调节螺母；4—外壳；5—塑料盖；6—显示窗口；7—张力窗口；8—联尺架；9—尺卡；10—尺孔销；11—带孔钢尺等部件

A 主要技术参数

（1）使用环境条件：环境温度 0~40℃；相对湿度不大于 93%±3%。

（2）基本参数：量测范围 0.5~10m 及 0.5~15m；分辨率 0.01mm；测量精度 0.06mm；数显值稳定度 24h 内不大于 0.01mm；电源 1.55V 氧化银纽扣电池 SR44W 1 节；外形尺寸 410mm×100mm×35mm。

B 基本工作原理

收敛仪是利用机械传递位移方法，将两个基准点间的相对位移转变为数显位移计的两次读数差。如图 3-3 所示，当用挂钩连接两基准点 *A*、*B* 预埋件时，通过调整调节螺母，改变收敛仪机体长度可产生对钢尺的恒定张力，从而保证量测的准确性及可比性，机体长度的改变量，由数显电路测出。当 *A*、*B* 两点间随时间发生相对位移时，在不同时间内所测读数的不同，其差值就是 *A*、*B* 两点间的相对位移值。当两点间的相对位移值超过数显位移计有效量程时，可调整尺孔销所插尺孔，仍能继续用数显位移计读数。

C 测点埋设

通常情况下，用水泥砂浆将测点牢固地固定在选定的位置上，如埋设点周围矿岩破碎松软，应适当增加测点固定端长度。如果需要尽早测取，可使用快凝水泥、树脂药卷或树脂胶泥等速凝材料固定测点。

D 使用前准备

在使用之前，要先进行“对零”。可按以下方法顺序操作：

（1）打开塑料盖，将 SR44W 型氧化银纽扣电池装入电池盒内。

（2）顺时针方向旋转调节螺母，至转不动为止（不要用力过大）。

（3）用小型工具向下按动清零开关，使之与电路板触点接触，此时显示屏数字全部清零。

（4）为保证对零的准确性，可重复对零 2~3 次。其方法是，对零后将调节螺母反方向回转几圈，再按以上（2）、（3）进行，当几次对零，显示均为零后将塑料盖装好。

注：每次更换电池后都要重新对零。

E 使用方法

（1）检查预埋测点有无损坏、松动并将测点灰尘擦净。

（2）打开收敛计钢尺摇把，拉出尺头挂钩放入测点孔内，将收敛计拉至另一端测点，并把尺架挂钩挂入测点孔内，选择合适的尺孔，将尺孔销插入，用尺卡将尺与联尺架固定。

（3）调整调节螺母，仔细观察，使塑料窗口上的刻线对在张力窗口内标尺上的两条白线之间（每次都要一致）。

（4）记下钢尺在联尺架端部时的基线长度和数显读数。为提高量测精度，每条基线应重复测三次取平均值。当三次读数极差大于0.05mm时，应重新测试。

（5）测试过程中，若数显读数已超过25mm，则应将钢尺收拢（换尺孔）25mm重新测试，两组平均值相减，即为两尺孔的实际间距，以消除钢尺冲孔距离不精确造成的测量误差。

（6）一条基线测完后，应及时逆时针转动调节螺母，摘下收敛计，打开尺卡收拢钢带尺，为下一次使用作好准备。

F 收敛值及收敛速度计算

基线两点间收敛值（S）：

$$S = (D_0 + L_0) - (D_n + L_n) \tag{3-1}$$

式中 D_0——首次数显读数，mm；

L_0——首次钢尺长度，mm；

D_n——第 n 次数显读数，mm；

L_n——第 n 次钢尺长度，mm。

如第 n 次测量与首次测量的环境温度相差较大时，要进行温度修正，即：

$$L_n' = L_n - a(T_n - T_0)L_n \tag{3-2}$$

式中 L_n'——温度修正后钢尺长度，mm；

a——钢尺线膨胀系数，取 $a=12\times10^{-6}$/℃；

T_n——第 n 次测量环境温度，℃；

T_0——首次测量环境温度，℃。

钢尺温度修正后收敛值（S'）按下式计算：

$$S' = (D_0 + L_0) - (D_n + L_n') \tag{3-3}$$

基线缩短，S 或 S' 为正值，反之为负。

收敛速度：

$$n = S/\Delta T \tag{3-4}$$

式中，$\Delta T = T_n - T_0$，为第 n 次测量和首次测量的时间间隔。考虑环境温度影响时，用 S' 替换 S。

G 设备维护及注意事项

（1）注意调节螺母逆时针转动最大范围，不得露出螺纹；

（2）收敛计使用一段时间后应进行对零校正，检验数显读数是否为零，如有偏差可打开塑料盖，需要修正；

（3）收敛计量测完成后，应用棉纱擦除灰尘并应定期对钢尺擦涂机油，以防生锈；

（4）使用过程中，应尽量避免泥水浸入收敛计及钢尺，并正确使用收敛计各转动部件，保证钢尺平直，不得扭曲；

（5）测环境温度用的水银温度计应使用分度值为 0.1℃的，不得用分度值大于该值的其他温度计；

（6）当发现显示字符暗淡、不稳定或无显示时，应及时更换电池。收敛计长期不用时，应将电池取出；

（7）更换钢尺时，先将钢尺摇把和尺心轴连接螺丝拧下，卸下尺心轴，再将新钢尺套入尺心轴，并拧上螺丝。

H 测线布置

巷（隧）道测试断面上测点的布置，主要是依据断面形状、围岩条件、开挖方式、支护类型等因素进行布置。在量测中，可根据具体情况决定布设数量，进行适当的调整，典型的巷（隧）道收敛变形测线布置如图 3-4 所示。

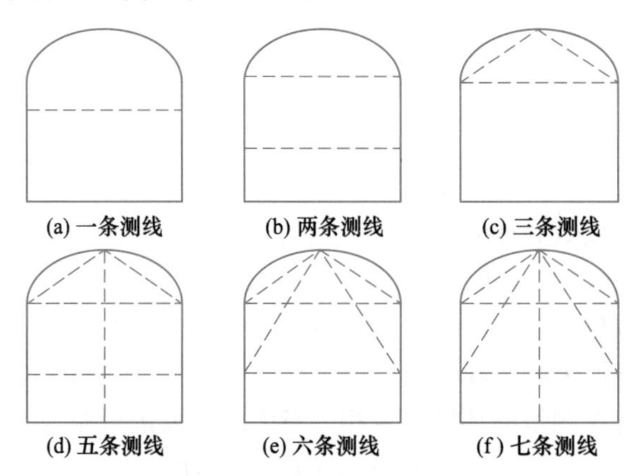

图 3-4 收敛位移测线布置示意图

3.2.2 全站仪

全站仪以光学方式远距离确定测点的三维坐标，是用于巷（隧）道围岩表面变形监测的良好非接触监测技术。与传统接触式量测方法相比，该方法能获取测点更全面的三维位移数据，有利于结合现行的数值计算方法进行监测信息的反馈工作，同时具有快速省力、数据处理自动化程度高和无须接近测点等特点。

采用全站仪量测时，每个测点处的标志埋设为一张反射膜片，水平收敛量测时，在中线附近能够观测到基线两端的反射膜片的位置上架设全站仪，无须对中，只需整平仪器，分别照准基线两端反射膜片的十字丝，启动全站仪对边测量功能即可测出基线长度，两期测量长度之差就是该段时期的水平收敛值；拱顶下沉量测时，将拱顶下沉基准点设在仰拱已经封闭成环的稳定段，基准点可设为反射膜片或者架设反光棱镜，分别照准拱顶监测点和基准点两膜片十字丝，同样利用对边测量功能可测出拱顶监测点反射膜片至基准点反射膜片之间的高差，两期观测高差就是拱顶下沉量。

采用全站仪观测收敛变形的主要优点：（1）设站灵活，抗施工干扰的能力强，可以将仪器架设在避开施工干扰的地方，只要能看见所要观测的反射膜片的位置即可进行测量；（2）拱顶下沉和水平收敛仪使用一台全站仪，无须其他辅助设备；（3）无须高空作业，测量速度快，只需几秒钟就能测量出一条基线的观测值，效率高；（4）拱顶下沉和水平收敛可同时观测，节约人力物力；（5）操作安全，可将仪器架设在安全区进行量测，量测人员无须到达危险区。缺点是设备价格较昂贵。但是，目前全站仪在施工中的应用已非常普遍，一般单位都配备了Ⅱ级或Ⅱ级以上精度的全站仪，无须再为量测工作专门购买，只需购买一定数量的反射膜片做测量标志。典型全站仪的技术参数如表 3-4 所示。

表 3-4　徕卡 TS30 高精度全站仪技术参数

名　称	技　术　参　数
测角精度	0.5s
角度测量方法	绝对编码，连续、四重角度探测，比对径测量精度提高 30%
测距精度	0.6mm+1ppm
无棱镜测距	测程 1000m、精度 2mm+2ppm、测量时间 3s
ATR 作业距离	最大 1000m，一般天气及环境达 700m，恶劣天气及环境仅可测 100~300m 左右
ATR 精度	基本精度 1mm，1000m 精度 2mm
小视场技术	9.6′，100m 分辨棱镜最小 0.3m，1000m 分辨距离 3m
马达驱动技术	压电陶瓷驱动技术，无噪声
马达转动速度	最大速度 180°/s，加速度可达 360°/s
马达无故障周期	可连续转动 8000h
旋转 180°定位	仅用 2.3s
数字影像功能	有，但必须单独购买
监测软件配置	无，尤其全自动远程控制不具备相应控制软件及系统
超级搜索功能	300m 范围自动搜索棱镜
操作界面	彩色触摸屏、全中文界面操作、无线蓝牙
电源功耗	功耗低，锂电池，可测距 4000 次

作为一种现代大地测量仪器，全站仪同时具有电子经纬仪和测距仪的功能。直接获得仪器中心到测点的斜距 S、水平方向 HZ、天顶距 V。变形监测的基本思想是通过对比测点在不同时刻的三维坐标（x，y，z），得到该测点在该时段内的位移（相对某一初始状态）。

巷（隧）道内施工干扰多，难以建立稳固的墩台做固定测站，比较适合的方法是采用自由测站（为了消除反射片倾斜对测距的影响，同一站每次应该大致设置在同一位置，观测同一组测点）。三维坐标的计算原理如下（如图 3-5 所示）。

O 为全站仪的三轴交点，x 轴平行 A、B 连线的水平投影。在测站上若分别测定 A，B 两点的水平方向 HZ_A、HZ_B和天顶距 V_A、V_B和斜距 S_A、S_B则可算出 A，B 点在上述坐标系中的坐标为：

$$
\left.\begin{aligned}
x_A &= S_A \sin V_A \sin\beta \\
y_A &= S_A \sin V_A \cos\beta \\
z_A &= S_A \cos V_A
\end{aligned}\right\} \tag{3-5}
$$

$$
\left.\begin{aligned}
x_B &= S_B \sin V_B \sin(\beta + H) \\
y_B &= S_B \sin V_B \cos(\beta + H) \\
z_B &= S_B \cos V_B
\end{aligned}\right\} \tag{3-6}
$$

式（3-6）中，$H=HZ_B-HZ_A$，β 为 OA 水平投影与 Y 轴间的夹角。

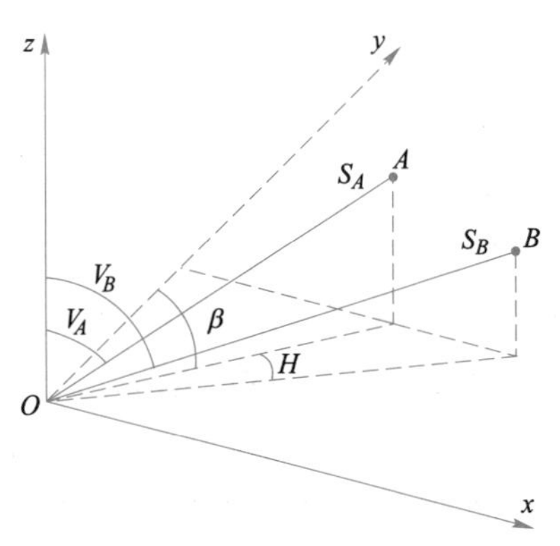

图 3-5　测点坐标系

由以上二式可知，若 A，B 为已知点，在任意设置测站的情况下，都可建立以 AB 平行线为坐标轴的坐标系。这时，只要求出 OA 水平投影与 y 轴的夹角 β 即可。

在上述坐标系中，考虑到 $y_A=y_B$，则：

$$
S_A \sin V_A \cos\beta = S_B \sin V_B \cos(\beta + H) \tag{3-7}
$$

由此可得：

$$
\tan\beta = \cot H - \frac{S_A \sin V_A}{S_B \sin V_B \sin H} \tag{3-8}
$$

式（3-8）中，β 可以根据观测数据 S、V、H 等求出，求 β 的实质在于测站坐标系的定向。于是，空间任意点 P，在上述坐标系中的坐标为：

$$
\left.\begin{aligned}
x_P &= S_P \sin V_P \sin(\beta + H_P) \\
y_P &= S_P \sin V_P \cos(\beta + H_P) \\
z_P &= S_P \cos V_P
\end{aligned}\right\} \tag{3-9}
$$

式中，$H_P=HZ_P-HZ_A$。通过坐标变换可将上述坐标系中的坐标归化到任一已知的工程坐标系上。

变形测量关心的点位位移是不同时刻点位坐标的差值，所以无须将整个监测网附到隧道施工坐标系内，一般是建立起符合工程习惯、以隧道轴线指向开挖方向为 x 轴正方向、横断面为 y 方向的左手直角坐标系。图 3-5 中 A、B 两个点称为基准点，可以埋设在洞口附近相对稳定的边墙上。基准点坐标即坐标系的定向坐标，其稳定性应该有所保证，最好用外部的稳定点经常对其进行校核。

在实际测量中，当进尺比较大，已开挖的隧道已经基本稳定时，可以向前设两个转换点，另建一个局部坐标系进行坐标计算，也可以将这些局部坐标统一变换到基准点所在的坐标系。对于转换点的坐标，联测基准点或更稳定的转换点进行校核，此为坐标推算路径。强调指出，对同一组点，计算时应该遵循同一条坐标推算路径。

关于全站仪监测数据的处理，可以采用相关的程序软件进行二次开发。图 3-6 为基于全站仪隧道断面收敛测量及数据分析处理流程图。首先在隧道断面布设扫描控制点，结合 ATR 免棱镜全站仪，利用全站仪自动采集系统的等角模式或者等弧长模式，进行坐标自动采集。为了保证数据处理的便利性，采集后的坐标统一表示在平面采集坐标系内。其次，在平面采集坐标系内，利用采集的坐标系统，采用椭圆拟合和分段拟合方式，对采集的坐标进行数据拟合，并将拟合的模型通过平面坐标转换，统一到椭圆坐标系下。最后，在椭圆坐标系下，求取椭圆的向径，提取收敛特征值，并生成报表。利用隧道断面收敛报表，结合对收敛数据的分析，即可得到最终的隧道收敛测量报告。

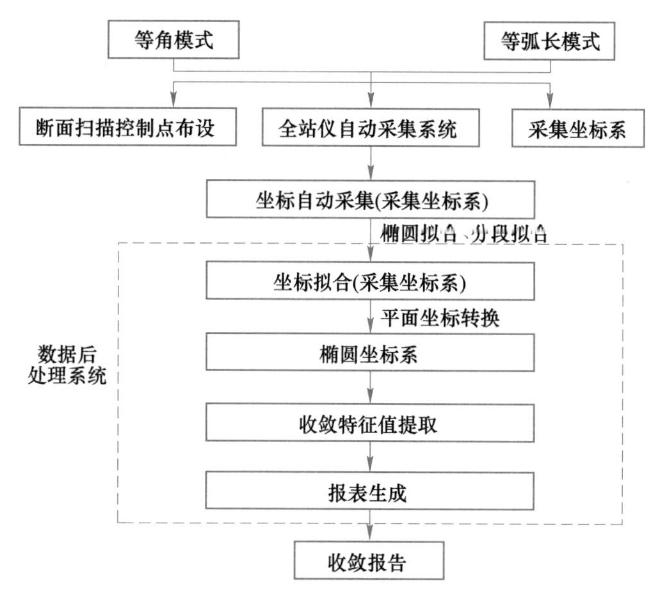

图 3-6　断面收敛测量及数据处理流程图

3.2.3　深部工程岩体收敛变形监测

（1）深部工程岩体收敛变形监测需要考虑应力条件所造成的变形破坏非对称性。对于浅部工程而言，除垂向应力外，另外两个主应力方向多以水平为主，由此造成的工程岩体收敛变形多呈现对称状态，例如巷道两帮收敛变形的大小、位置和形态往往较为对称，常规的测试也多采用对称布设测点的方式进行。对于深部工程而言，地质构造运动对于地应力的形成具有控制作用。大多数情况下，构造应力是深部工程岩体所处的最大主应力。鉴于构造运动的复杂性，深部工程岩体的应力状态往往呈现非对称性，最大主应力往往与水平呈一定的夹角，由此造成的深部工程岩体往往也呈现非对称性的变形破坏，例如深部巷道破坏容易出现在单侧拱肩。因此，深部工程收敛变形测点布置要考虑主应力方向和大小，在易发生变形破坏的区域增设测点，监测过程中定期观察测点的运行状态，保证监测结果的准确性。

（2）监测过程中应关注岩体和支护体的破坏情况。深部工程岩体灾害频发，岩体和支护体破坏后工程的形态轮廓往往发生显著改变，而破坏位置的形状、深度、范围等对于解读工程岩体灾害孕育发生机制非常重要。因此在深部工程收敛变形监测过程中，除获取岩体变形信息以外，还应关注岩体和支护体破坏后工程形态轮廓的改变，进而对岩体变形破坏过程的解读提供更为丰富的数据。

（3）设备参数应与监测目标相匹配。深部工程岩体条件复杂，岩体的变形破坏与岩性条件密切相关。例如，在高应力条件下，深部软岩极易发生较大尺度的变形破坏，这就要求监测设备能够满足大变形监测的需要，同时在量程满足监测需要的前提下，尽可能采用高精度的监测设备；对于深部工程岩爆等动力灾害来说，其导致的岩体变形发展速度快，需要动态响应快的监测技术。因此，深部收敛变形的监测精度要与岩体变形的大小、速率相匹配。

（4）数据分析应注重变形的动态变化特征。在浅部工程中，收敛变形监测往往只考虑变形量的大小，且多采用非实时监测的方式。对于深部工程岩体，变形的动态变化特征（例如变形速率）对于灾害防控至关重要。因此深部工程收敛变形监测既要考虑变形量，还要考虑变形速率。连续性监测已成为当前深部工程岩体收敛变形监测的重要发展趋势，可保证监测数据的完整性和实时性，为后期的数据分析提供岩体变形的动态变化信息。

3.2.4　工程应用

3.2.4.1　收敛尺（仪）的工程应用

A　工程应用案例一

某铁矿矿体赋存条件复杂，矿体下盘围岩受构造和蚀变作用，结构破碎，岩质松软稳定性差，其下盘围岩具有抗压强度低、变形大、来压快、遇水极易破碎、膨胀产生变形破坏等特点。矿山沿脉运输巷道的稳定性问题十分突出，巷道施工完毕后不久即产生开裂变形，进而产生片帮、冒落和沉降变形，严重影响了矿山的开采和运输。为了解开采过程中巷道围岩变形规律和诱因，进而获得地压分布特征，为巷道支护参数设计和优化提供依据，该矿开展了巷道围岩收敛变形测试工作。监测巷道位于该矿+20m 开采水平，布置 S-1～S-11 共 11 个观测断面，如图 3-7 所示。

如图 3-8 所示，在 S-1～S-8 断面之间巷道两帮收敛变形相差不大，在一个位移范围附近波动。S-9 断面处的变形明显大于其他监测点。此断面位置正好处于矿岩交界面附近，该区域岩体比较破碎，在水平应力的作用下呈现较大的两帮收敛变形。另一方面，开采过程造成水平方向的应力逐步升高，因此伴随着开采的进行两帮收敛位移随时间逐渐增加，变形的速率也在增大。不过，在整个监测过程中，+20m 水平巷道的整体变形值不大，除了 S-9 断面处以外，其他断面两帮收敛变形值均在 3mm 以下，主要两方面原因：一是该处矿石结构完整，整体强度高；二是该处巷道早在监测面安装完成之前就已掘进完成，很大一部分变形能都已释放完毕，且在此处的锚杆支护已能起到很好的支护作用。

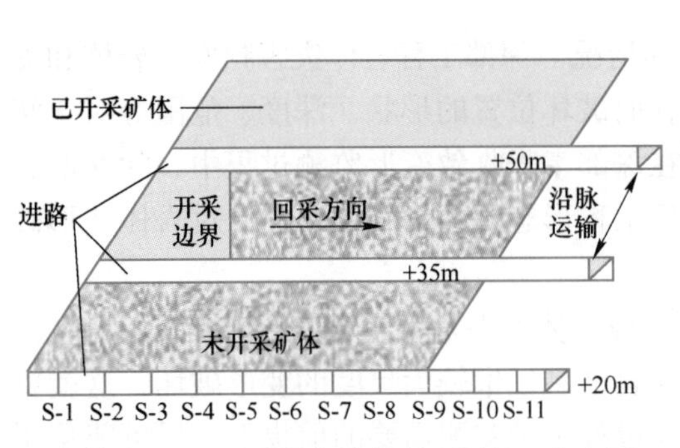

图 3-7　某铁矿巷道收敛变形观测断面分布图

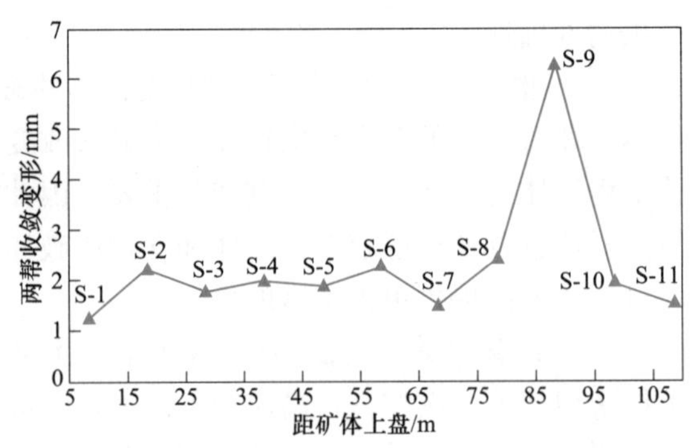

图 3-8　巷道不同位置两帮收敛变形曲线图

B 工程应用案例二

某金矿采用中深孔爆破开采，在开采过程中发现开挖卸荷及频繁的爆破扰动不仅会对周围岩体产生损伤，甚至可能会直接诱发周围岩体的变形破坏。因此通过对中深孔采场回采过程中相邻巷道收敛变形的监测，分析开挖卸荷、爆破扰动及支护方式等对围岩稳定性的影响。

所监测的中深孔试验采场结构及采准工程布置如图 3-9 所示。采场高 20m，沿走向长 20m，呈近似菱形分布，最宽处为 15m。在采场底部设置平底出矿结构。主要采准工程为采场底部的沿脉凿岩巷道、沿脉运输巷道、出矿巷道及采场顶部的充填巷。

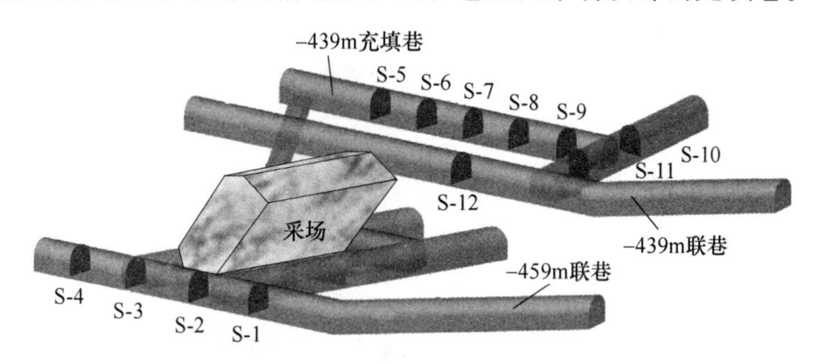

图 3-9 某金矿巷道收敛变形监测断面分布图

为了全面地反映中深孔开采过程中围岩的力学响应，在采准巷道开挖之后，采场回采之前，分别在-459m 联巷、-439m 充填巷中布置相应的连续监测收敛设备，实时监测围岩收敛变形规律，为巷道围岩的支护、中深孔回采过程爆破参数的调节提供理论支撑。收敛变形观测断面布置：在-459m 中段联巷中布置 S-1~S-4 共四个收敛监测断面，在-439m 中段的充填巷及联巷中布置 S-5~S-12 共八个收敛监测断面。

图 3-10 为不同断面收敛变形曲线图。以断面 S-5 为例，受到爆破开采的影响，巷道围岩变形整体呈台阶式增长。在首次回采爆破之前，围岩变形呈直线式增长，其两帮收缩量达到 14.78mm，顶板下沉量达到 3.24mm。首次爆破后，围岩变形量急剧增大，两帮收缩量达到 29.39mm，顶板下沉量达到 6.431mm。自第 2 次爆破开始围岩变形量显著降低，特别是第 3 次回采后围岩变形量仅有轻微增长，到采场回采结束后（第 6 次爆破）两帮收缩

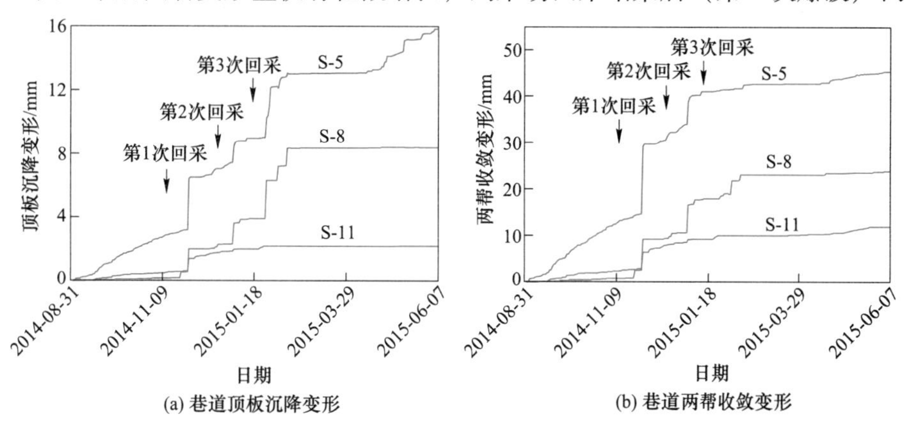

图 3-10 开采扰动过程中巷道收敛变形曲线图

量达到41.77mm，顶板下沉量达到12.84mm。爆破结束后围岩变形轻微增长，但整体保持稳定，监测截止时，两帮收缩量达到45.433mm，顶板下沉量达到15.87mm。同时由图可知，两帮的收缩量要远大于顶板的下沉量。

综合分析S-5~S-9收敛监测断面的围岩变形量（图3-11），可将采场下盘区域依次划分为卸压区、承压区和弱影响区，其中将卸压区中靠近采场下盘的围岩划分为软岩大变形区。卸压区为距离采场下盘0~27m范围，承压区为距离采场下盘27~35m范围，弱影响区为距离采场下盘大于35m范围。依据收敛变形的监测和分析结果，应在卸压区和承压区加强支护以保证回采过程中巷道围岩的稳定性。

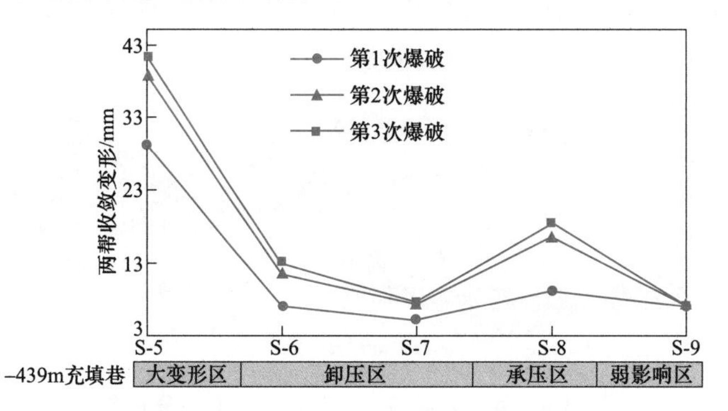

图3-11 回采爆破影响下不同收敛监测断面顶板变形量及承压分区划分

3.2.4.2 全站仪的工程应用

某公路隧道，主体工程全长50.25 km，开挖跨度10m的隧洞，拱顶最大高度为8.5m。隧洞施工方法采用以掘进机为主，钻爆为辅的联合方法。在实际施工中，工程地质较为复杂，起伏粗糙、张开、泥屑填充、断层多、呈扭性、以中小型为主，断层物质主要为断层角砾岩、构造片岩、碎裂岩夹少量断层泥，胶结程度较差，岩体破碎。

监测仪器采用拓普康330全站仪，测点基座由5cm角钢及长20cm、ϕ22mm的钢筋焊接而成。5个观测断面设在不良地质段，每个断面布设测点三个，位于隧道拱顶与两侧拱腰，如图3-12测点布置示意图。每天以此对布置在洞内的5个断面进行变形量测，测线布设图见图3-13，主要结果如表3-5和图3-14所示。从变形监测结果可得围岩在开挖到趋于稳定的时间为6天，由此可指导隧道支护时机的选择，保证隧道施工的安全和质量。

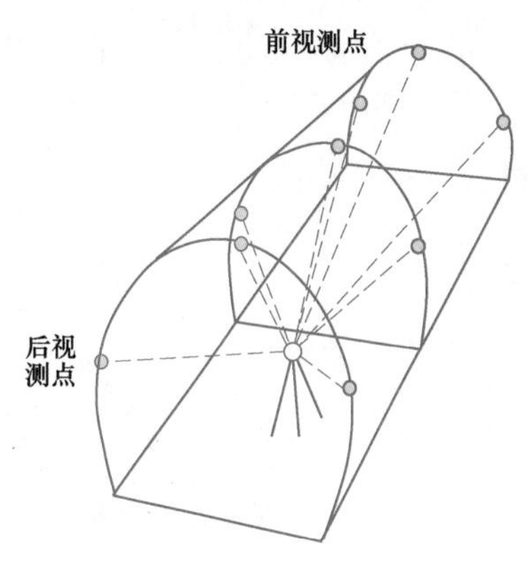

图3-12 测点布置示意图

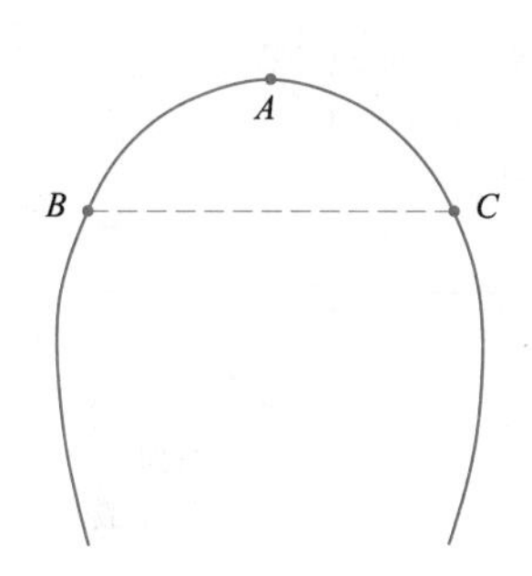

图3-13 测线布设图

表 3-5 变形监测数据整理表

时间/天	围岩变形值/mm									
	断面-1		断面-2		断面-3		断面-4		断面-5	
	L_{BC}	Δh	L_{BC}	Δh	L_{BC}	Δh	L_{BC}	Δh	L_{BC}	Δh
1	5.66	2.90	5.11	3.26	2.12	2.24	2.35	1.42	1.89	1.47
2	10.89	4.92	9.21	5.53	4.00	4.00	4.15	2.42	3.42	2.53
3	15.12	6.59	12.09	7.13	5.53	5.25	4.46	3.45	4.55	3.14
4	18.14	7.58	14.10	8.16	6.55	6.18	5.30	3.97	5.30	3.40
5	20.24	8.60	15.75	8.99	7.41	6.89	5.82	4.26	5.82	3.53
6	21.47	9.33	16.78	9.52	7.96	7.35	6.13	4.43	6.12	3.72
7	22.35	9.69	17.38	9.78	8.37	7.61	6.32	4.51	6.30	3.78
8	22.96	9.89	17.80	9.94			6.44	4.57	6.42	3.81
9	23.38	10.02	18.12	10.07			6.52	4.61	6.51	3.82
10	23.61	10.15	18.32	10.17			6.58	4.63		
11	23.73	10.23	18.43	10.24						
12	23.80	10.30								

注：L_{BC}为 BC 测线；Δh 为拱顶变形。

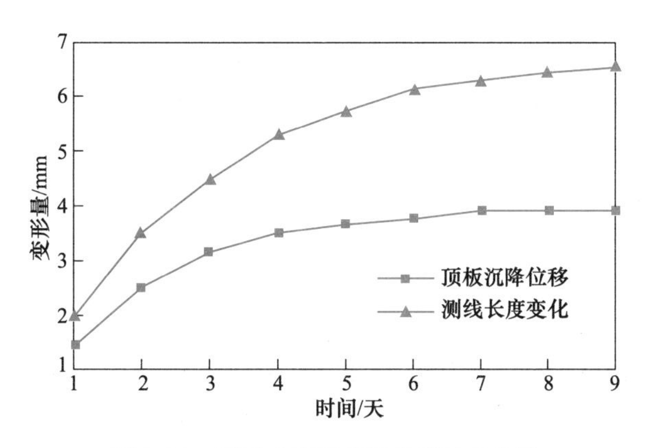

图 3-14 断面-5 拱顶变形位移时态曲线

3.3 岩体内部变形监测

为了深入研究深部岩体灾害，不仅要了解围岩表面位移和变形规律，而且还必须在较大范围内了解围岩内部的变化情况，测定围岩深部不同位置的位移及其随时间的变化过程，将结果作为理论研究、动态设计、稳定性评价、支护效果评价的重要参考。为此，需要在围岩内布置观测钻孔，在孔内布设若干测点（固定点），利用测试仪器和机具在孔内测定不同深度测点的位移情况。依据测试结果可以获取如下用以判断围岩状态的信息：

（1）断面内围岩位移分布情况。

（2）位移量、位移变化速度、位移稳定时间等物理量。

1）位移量大小是选择支护型式的重要依据之一；

2）位移变化速度反映了围岩动态变化；

3）位移稳定时间则表明围岩所具有的自稳能力。

围岩内部位移测量常用方法主要有钻孔位移计、滑动测微计、测斜仪等。此外，还有光纤光栅、分布式光纤等新型测量方法，但其目前使用相对较少。无论常规方法或是新型方法，均需要布置监测钻孔。依据位移测量目的，钻孔的布置方法有两种。第一种是直接布置：直接钻穿地下硐室的边墙、顶板或底板，在围岩内形成钻孔（图 3-15（a））。第二种是预装法：从一个或多个预先存在的相邻硐室钻孔，从而可以了解地下硐室开挖前后岩体位移的整个演化过程（图 3-15（b））。测量结果要确保良好，钻孔长度很重要。如果需要识别损伤区，则确定钻孔长度时应考虑损伤区的发展和固定的参考点，该参考点应建立在离扰动区域足够远的稳定位置。在某些情况下，为了获得可靠的损伤区识别结果，测量钻孔的长度应至少为地下硐室直径的两倍，以避免开挖损伤效应的影响。

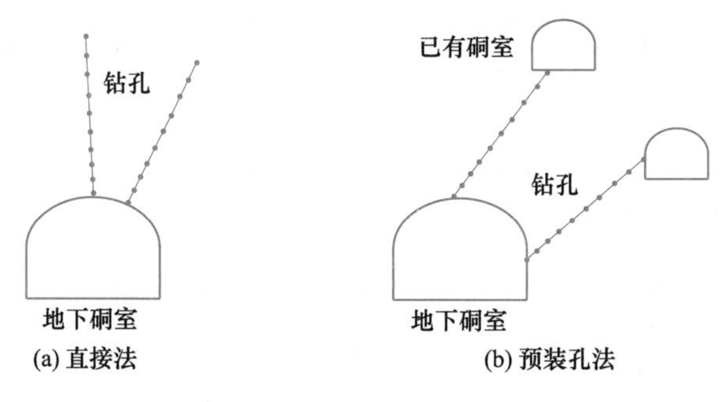

图 3-15　测量岩体位移的钻孔布置

3.3.1　钻孔位移计

钻孔位移计又称为钻孔引伸计，是一种测定岩体沿钻孔轴向移动的装置，主要用于测量岩体内部某一点的相对位移。位移计分为单点位移计和多点位移计两类：钻孔内只安装一个测点位移计称为单点位移计，安装两个测点的双点位移计和安装三个以上测点的位移计都称为多点位移计。

3.3.1.1　原理及系统组成

钻孔位移计是用砂浆和楔子将锚固端与所测岩土体牢固连成一体，当岩土体沿钻孔轴线方向发生位移时，锚栓带动传递杆延伸到钻孔基准端，与此同时位于基准端的位移测量仪表随着该位移产生相应变化，如图 3-16 所示。随着锚点的移动，岩土体相对于基准端的伸长量即可测出。在同一钻孔内沿长度方向将多个测点设置在不同深度处，便可测得多测点沿长度方向的位移。

在进行钻孔位移监测时，一般都以钻孔底的最深测点为基准点，测定其他各测点（包括孔口表面点）与孔底点的相对位移。如果钻孔有相当的深度，使孔底基准点处于采动圈以外，则可认为它是不动点。相对于此不动点所测得位移就是绝对位移。若钻孔深度不够，所测得的位移是相对位移。测量时，通常量测各测点对应于钻孔口附近固定点间的径向相对位移。经过计算，获得各测点的位移。

一般情况下，一个位移计有四个主要组成部分：位移传感器、锚固器、连接件和基座，另外还有连接件保护管、读数或自动采集设备。

(1) 连接件。连接件为岩体位移的传递元件，将位移正确地传递到孔口测量头处，以便进行测量。连接件主要有两种形式：

1) 钢丝连接件（也称导丝）用钢丝作为连接件的也称为钢丝钻孔位移计。常用的有铟钢丝和镍铬合金钢丝，丝径为0.5~1mm。

2) 杆式连接件（也称导杆）用杆作为连接件的也称杆式钻孔位移计。一般用直径 ϕ8~12mm 的圆钢或小钢管制作。

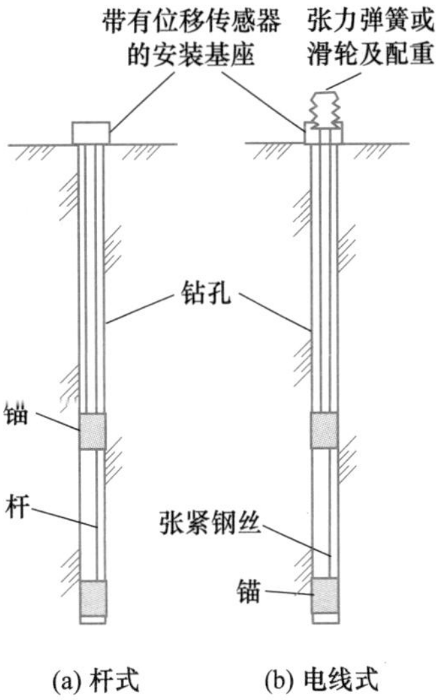

图 3-16 钻孔位移计原理示意图

(2) 测点锚固器。钻孔位移观测中常用的锚固器有下列几种类型：

1) 木锚固器，常用的是压缩木式锚固器；

2) 注浆式锚固器，注入水泥砂浆或混凝土以固定测点；

3) 机械式锚固器，如弹簧式、楔胀式、支撑式等；

4) 混合式锚固器，由1) 与3) 合理组合而成。

(3) 位移传感器。位移传感器是在孔口监测钻孔内各个测点位移的装置。量测变形的传感器有使用百分表测量的机械式、电位器式、振弦式和差动电阻式、光纤式。

(4) 安装基座。安装基座是用于将位移传感器固定钻孔孔口位置的装置。位移的测量是通过固定在安装基座上的位移传感器来实现的，测得各点的位移量是钻孔口至各测点的相对位移。由于相对位移是以孔口安装基座的固定板为基准的，所以安装基座必须牢固可靠地固定在孔口处。这样，测出各测点对于孔口的相对位移后，可换算出各点对于孔底固定点的相对位移或绝对位移。

3.3.1.2 测试方案

钻孔位移计测试方案制定，应遵循以下原则：

(1) 应根据工程特点和岩体条件，确定每套位移计的安装位置、长度和锚点数。

(2) 需要考虑岩体预计位移的方向和大小、安装条件，以及安装之前、期间和安装后施工活动的程序和时间。

(3) 如果使用锚杆支护，则最深的位移计锚点应位于锚杆末端之外。

(4) 位移计的长度还应考虑受开挖影响的岩体尺寸，例如用隧道直径等表示。

(5) 有条件情况下，应该在工程开挖前预埋位移计，以便可以获得开挖前、开挖中及开挖后整个过程的围岩位移特征。

钻孔位移计的安装埋设包括以下步骤：造孔、仪器组装、安装、读数和资料分析与计算五个步骤，各过程应注意以下内容：

(1) 钻孔。

1) 钻孔直径：取决于锚点的类型、特征和数量，通常为 ϕ40~120mm。

2）钻孔方法：建议采用地质钻机进行钻孔，这样可以获取钻孔内部地质信息，能够更好地确定测点的位置；采用冲击钻进行钻孔时，可以采用钻孔摄像等方法获取钻孔内地质信息优化测点布置。

3）在钻孔之前，应验证钻孔装置的位置和方向。

4）在安装锚固装置之前，应将钻孔冲洗干净，并检查钻孔的通畅情况。

（2）设备组装（如图 3-17 所示）。

1）连接件、锚头和护管的组装：按照设计要求长度将连接件与锚杆牢固连接，当需要注浆时，连接件外部应安装护管，且护管连接处均应加胶，避免注浆过程中浆液进入护管内。

2）排气管和注浆管的安装：根据钻孔倾角确定排气管和注浆管的长度，并做好标记。

3）安装基座、位移传感器与连接杆组装：将位移计固定在安装基座上，同时将位移计与连接件固定。

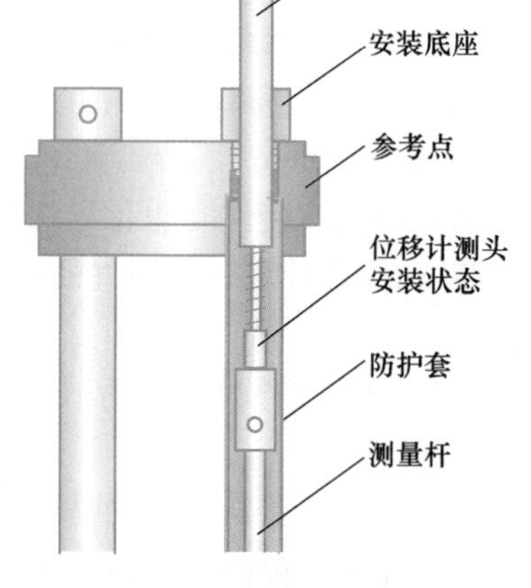

图 3-17　设备组装示意图

（3）位移计安装。

1）将组装好的位移计由多人协作搬运送入安装钻孔内，要防止搬运过程中连接件和护管的脱落或折断。

2）对于灌浆锚固组件，在安装位移计之前，应留出足够的时间对灌浆进行设置和硬化。在这段时间内，在仪器附近进行爆破或其他施工活动时，应做好记录。

3）如果仪器没有固有的坚固保护盖，或者没有凹陷在井眼内，则应安装保护盖。

（4）读数。

1）用于读取位移计的机械或电气装置应在每天使用前和使用后进行现场检查。

2）人工读数时，每次应测试三次以上。

3）在读数后，应将数据记录包含在以前读数记录的记录本或数据表中。当读取时，应立即用上一个读数进行检查，以确定自上次读取以来是否发生了任何显著位移，或确定读数是否错误。

（5）位移计算（如图 3-18 所示）。

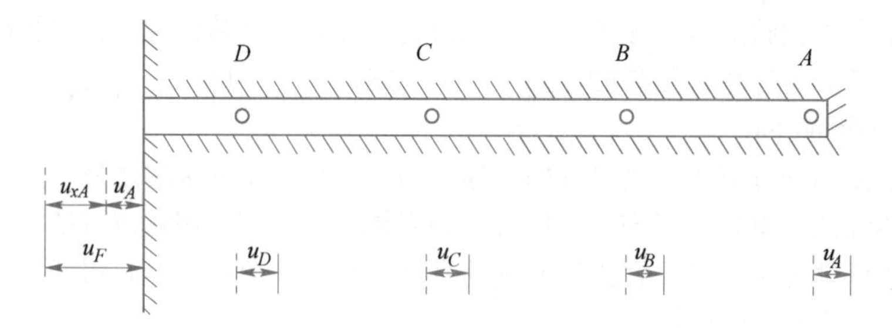

图 3-18　测量结果示意图

由孔口测得各测点的数据，是各点与孔口之间的相对位移，孔内 A 点的绝对位移为 u_A，孔口位移 u_F，A 点位移（即 A 点读数）为 u_{xA}，即：

$$u_{xA} = u_F - u_A \tag{3-10}$$

1）当孔口位于待监测工程边墙（即采用开挖后埋设方案），钻孔足够深且超出应力影响范围以外时，认为 $u_A=0$，则可计算各测点的绝对位移。

表面位移为：

$$u_F = u_{xA} \tag{3-11}$$

B、C、D 点位移为：

$$u_B = u_{xA} - u_{xB}, u_C = u_{xA} - u_{xC}, u_D = u_{xA} - u_{xD} \tag{3-12}$$

2）当孔口位于已开挖工程边墙（即采用预埋安装），已开挖工程无明显施工扰动及变形时，可认为此时孔口为不动点，认为 $u_F=0$，各测点实际测量值即为测点的位移，A、B、C、D 点位移为：

$$u_A = u_{xA}, u_B = u_{xB}, u_C = u_{xC}, u_D = u_{xD} \tag{3-13}$$

为方便统计，规定向巷道内位移为正，向围岩方向位移为负。

（6）测试数据整理。绘制测点位移的特征曲线，一般可以绘制各测点位移随时间变化曲线、不同测点位移随孔深变化曲线、同一断面上不同测点位移分布图等。

3.3.2 滑动测微计

滑动测微计是 20 世纪 70 年代末至 80 年代初最早研制成功的一台高精度的应变测量仪器，测试精度可达±0.002mm/m，用于确定在岩体中沿某一测线的应变和轴向位移的分布情况。最初思想来源于瑞士联邦苏黎世科技大学 K. Kovari 等教授在 80 年代初提出的线法监测，区别于以应变计为代表的点法监测。后者只能测定元件埋设处的应变信息，前者则是连续地测量相邻两点间的信息，这样就可以导出整条测线上轴向和横向变形分布。

3.3.2.1 原理及系统组成

滑动测微计沿测线以线法测量位移量，探头采用球锥定位原理来测量测管上的标记，而且传感器精度很高，在每次测量前后进行定期校准，可实现非常高的测量精度和长期稳定性。球锥定位原理：探头的球状顶端和环形锥状的测量标记对齐，确保测量时探头的长度为 1m（图 3-19）。

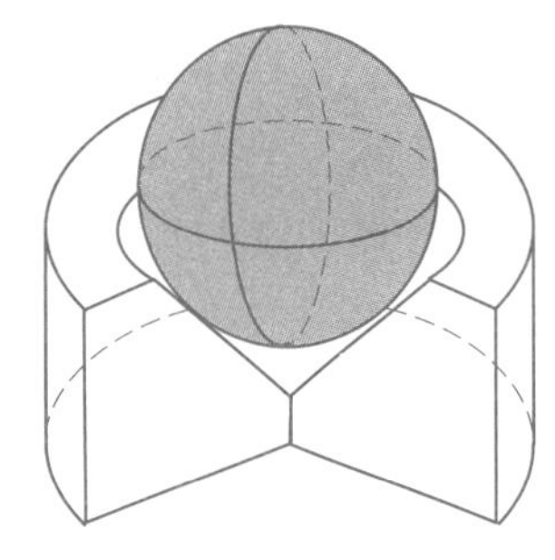

图 3-19 球锥定位原理

在对相关岩体的轴向位移剖面进行现场测量之前，将塑性管引入干净的预钻孔（预钻孔直径应大于 110mm）中，并在适当位置进行浇筑（图 3-20（a））。测管每隔 1.0m 安装一个测标。由于测标与被测介质牢固地浇筑在一起，当被测介质发生变形时，将带动测标与之同步变形。每次可将一个 1.0m 标距的探头放置在同一位置，以便进行可重复的测量。实际测量在初始零点测量后开始，接着通过沿管道滑动探头（图 3-20（b））进行测量，并以 1.0m 的间隔将其逐步插入测量位置，直到所有测标的截面均已测量完毕，如图 3-20（c）所示。如果在不同时间（如不同的测量日期或开挖阶段）读取的两个读数存在差异，就需要测量相邻参考点在彼此恒定距离处的相对位移。最后，从零位测量值和连续测量值中得到不同的位移，再通过将这些值和可能的测量误差相加来计算位移量。

一套滑动测微计主要包含：探头、探头导杆、测杆、测管、测标、电缆、数据处理仪和校准装置等。

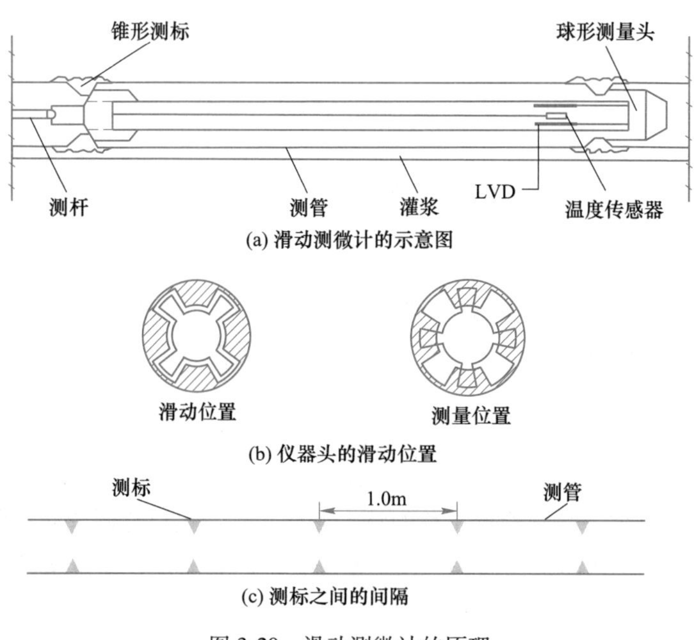

图 3-20 滑动测微计的原理

（1）探头。探头采用球锥定位原理来测量测管上的标记。探头两侧的球形头和圆锥形测标，保证了测量时探头的精确定位。通过高精度传感器和每次测量前后的定期校准，实现了高精度的测量和长期稳定。

目前，滑动测微计的最大测量精度为±0.002mm/m，最大测量范围为25mm/m，但实际测量精度可能会受到安装和测试程序的影响。

（2）探头导杆。探头导杆用于在测管内旋转探头。它通常由柔性聚酰胺杆制成，底座长度为1.0m，带有45°旋转接头，可将探头从滑动位置旋转到测量位置。探头导杆作为第一根导杆插入探头上方。

（3）测管和测标。滑动测微计的测量线由钻孔（最小直径为110mm）中的测管给出。每个单独的测管由1.0m长的连接管（铝或硬聚氯乙烯）和带有锥形精密测量块的测标组成。环形式的测标是伸缩接头，通过浇筑固定在管中，间距为1.0m。探头在与岩石牢固连接的测标处测量位移。

（4）线性可变差动变压器（LVDT）。线性可变差动变压器（LVDT）是一种电动装置，能产生与可动磁芯位移成比例的电压。它通常由绕制线圈、圆柱形外壳和棒状磁芯组成。当探头通过手动连接杆在两个紧密的测标之间拉紧时，LVDT就会启动，并将测量数据传送到数据处理仪。

（5）数据处理仪。数据处理仪通过电缆连接到探头顶部的测量头。在测量过程中，各测量单元的温度和位移数据组成的连续测量信息直接传递给数据处理仪，然后数据将显示在LED屏幕上，可以手动记录数据或通过接口将数据传输到个人电脑。

（6）校准装置。滑动测微计有一个校准装置，用于校准零点读数和检查探头轴方向上的校准系数。伸缩杆和独立测温装置是该校准装置的两个重要附件。探头的校准应在每次测量前后进行，这样才能保证良好的测量连续性，测量精度也稳定在±0.002mm/m。

3.3.2.2 测试方案

（1）调查准备。应详细考虑场地、工程规模和类型、岩石特性和可能的开挖方法，从而确定测量设备的性能要求。应先对地质工程和施工条件（如岩体结构、岩石性质和开挖方法）进行全面审查，在此基础上，再考虑钻孔的位置、长度和数量，并通过数值模拟和工程类比考虑潜在岩石运动的预期方向和大小。

（2）钻孔。根据位移测量的目的，选择采用直接布置还是预埋布置。伸缩接头的外径通常达到75mm，灌浆管的直径为20~30mm，表明钻孔的直径应大于110mm。钻孔可以使用冲击钻井设备，但地质钻机钻孔是首选。因为在许多情况下，岩芯对于提供地质信息和更可靠的位移测量至关重要。应特别注意保持孔壁平直和光滑，并记录钻孔的位置和方向。在安装测管之前，应立即彻底清洁整个钻孔。

（3）安装。在用滑动测微仪测量岩体位移中，安装起着关键的作用。如果安装错误，超出下列说明，将导致测标旋转和错位，探头难以进出钻孔。在某些情况下，如果测标不能与围岩牢固连接，则相关测量点将不可用，可能导致整个测量钻孔报废。

1）必须检查测管和伸缩接头，不得有任何破损。

2）用棉纱清洁管子和伸缩接头的内表面，如果伸缩接头表面有油，可使用丙酮清洁。

3）用能使塑料和钢牢固黏合的黏合材料连接每个编号管、伸缩接头。注意管子和伸缩接头表面的线迹应严格对准，安装在孔底的特殊底管应有堵头。所有带有测标的位置都应密封，以防止水泥浆进入。

4）下料管和排气/排水管是必须有的。它们固定在测管上并一起插入钻孔。下料管出口与井底的距离宜为1.0~1.5m，排气/排水管可固定在孔口附近或孔中，使整个灌浆过程中空气或水排出。

5）所有连接牢固的管子和测标插入要小心，并尽量保持管子笔直，不要转动。黏合材料固化24h后，需要进行试测量，以检查管道连接状态和插入状态。如果探头和探头导杆能穿过所有测标，则应使用水泥堵塞钻孔开口。

6）灌浆管插入后，从测管与孔壁之间的环形空间底部开始灌浆。灌浆泵的最大压力应至少为1.0MPa。在钻孔内的整个环形空间完全灌浆之前，不得中断灌浆。环形空间灌浆的状态可以通过排气/排水管道中的水泥和水泥体积来推断。

7）灌浆后，用清水冲洗管道内部。灌浆凝固后，可将水留在原位或将管道泵干。

8）应在测管的外露端安装一个封闭法兰或盖。

（4）测试。

1）测试应由经过培训、熟悉设备的人员进行，以识别关键测量与特定工程的相关性。

2）机械及电气设备应在每天测试前后进行现场检查。

3）测量前，应打开数据处理仪并预热20min。每次测量前后应对探头进行校准，测试时每5个测量位置要记录一次现场测试温度。

4）探头、探头导杆、测杆和电缆连接后，进入钻孔测量。探头被插入测管中，并被推入钻孔底部。当探头位于间隔为1.0m的测标处时，可将探头旋转45°至测量位置（如图3-20（b）所示），并由测杆拉至固定夹紧位置，同时立即记录深度读数和试验数据。必须在该测量位置重复试验至少三次，直到多次数据的差异可接受为止。如果测试数据总是混乱的，那么很可能是测量位置有问题，这时，应记录这些数据并再次仔细测量，以确定位置是否正确。

5）当探头导杆到达钻孔底部时，建议在探头回拖期间，使用上述相同的测试方法，在相同的测标处进行“井口”（即从钻孔中出来）测量。

3.3.3 测斜仪

国外自 20 世纪 50 年代就开始用简单型的测斜仪来观测岩土体内部的水平位移，60 年代初开始研制伺服加速度计式高精度测斜仪，并很快进行工程试用取得成功。随着我国经济的高速发展，地质灾害变形监测的重要性越来越突出，监测精度要求越来越高。我国在 20 世纪 80 年代也开始引入此类装置，并在相关领域开展了广泛的应用取得了良好的结果。国内的监测仪器厂家，也自行研发并制作了各类不同测量原理的测斜仪。近年来，测斜仪已广泛应用于水利水电、交通、采矿等领域，在灾害预警、工程治理效果评价领域得到了广泛的应用。

3.3.3.1 基本原理

钻孔倾斜仪（Inclinometer）是监测岩土变形体地下水平位移的一种比较行之有效的监测方法。测斜仪通过测量测斜仪轴线与铅垂线方向的夹角变化量来监测岩石的水平位移，通过对钻孔内测斜管的逐段测量可以获得变形体整个钻孔范围内水平位移的变化情况及整体水平位移，从而可以比较准确地确定其变形的大小、方向和深度。当测斜仪埋设得足够深时，则可认为管底是位移不动点，管口的水平位移值为各分段位移增量的总和。

如图 3-21 所示，变形后的测试导管与垂直线成倾角，倾斜仪测量出此倾角大小，按下式计算出该段的水平位移：$X_i = L\sin\theta$。其中 L 是倾斜仪两个导轮之间的距离。水平位移的量值由倾角的正弦值反映出来。整个测试导管的弯曲变化量是由测斜仪对测试导管分段测量的，然后由各段的变化量累加计算求出。设某段测得的倾角为 θ_i，对应的水平位移为：

$$X_i = L\sin\theta_i \tag{3-14}$$

那么，孔口的总的水平位移为：

$$\sum X_i = \sum_{i=1}^{n} L\sin\theta_i \tag{3-15}$$

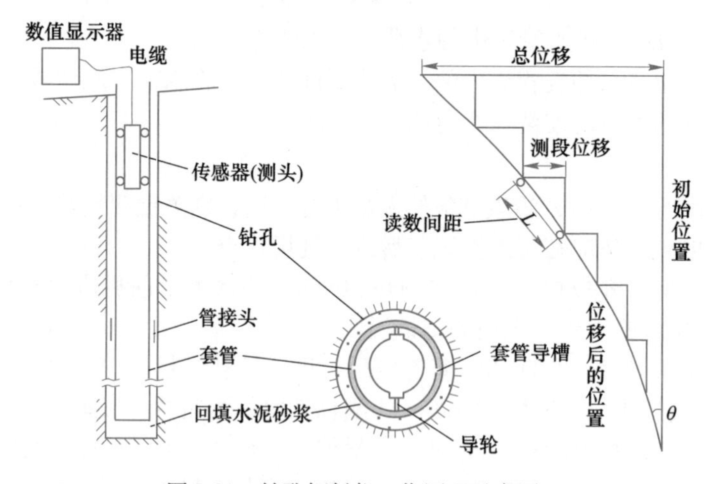

图 3-21 钻孔倾斜仪工作原理示意图

测斜仪的位移计算有孔口法和孔底法两种，如图 3-22 所示。孔口法用于孔底存在位移的情况，一般假定孔口为不动点，测出其余各测点相对于孔口的位移；若孔口存在位移，则可以通过采用全站仪等设备测出孔口的位移，并将其作为修正值调整各测点的结果。孔底法是孔底设为不动点，各测点是相对于孔底的位移。

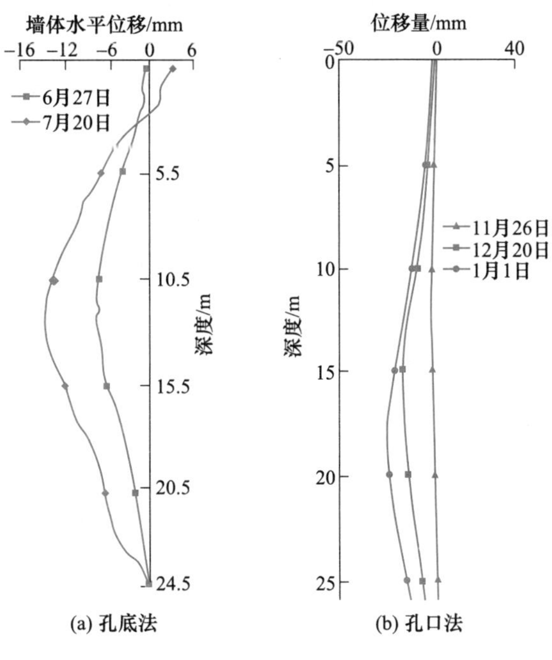

图 3-22　常用测斜仪数据图

3.3.3.2　测斜仪类型及测试

测斜仪一般可以分为滑动式测斜仪与固定式测斜仪，目前还有柔性测斜仪等新型围岩变形测量设备。

A　滑动式测斜仪

带有滑动导向轮的测斜仪可以在测斜管内部逐段测出发生位移后测斜管管轴线和铅垂线之间的夹角，进而分段求其水平位移。滑动式测斜仪监测系统分为两个部分：一部分是以倾角传感探头、电缆、数据采集器、提升装置等组成的测试系统；另一部分是以测斜管和钻孔组成的固定系统。

倾角传感测头：测斜仪内置传感器种类较多，有伺服加速度计式、电阻应变片式（美国、中国）、电位器式、振弦式、弹性摆式等。目前，多采用伺服加速度计式，多使用微电子系统（Micro-Electro-Mechanical-System，MEMS）加速度传感器进行倾角测量，典型的测量测头如图 3-23 所示。

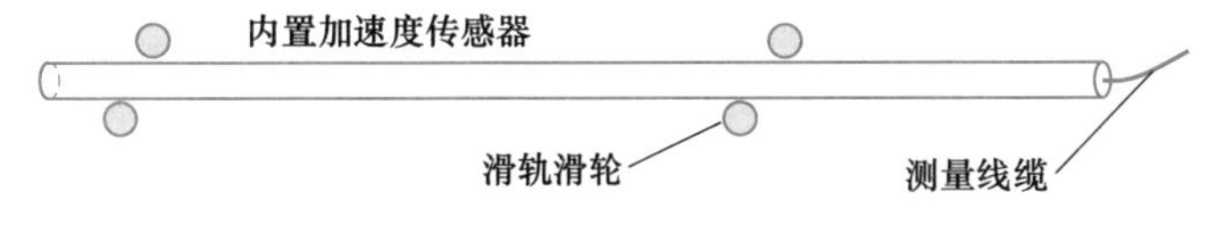

图 3-23　传感器测头结构示意图

电缆：电缆把测斜仪和数据采集器连接起来，它除向测斜仪供电、给数据采集器传递信息外，同时也是测点的深度尺和测斜仪升降的绳索。为使电缆在负重时不会有明显的长度变化及损坏导线，电缆芯线中有一根钢丝绳，电缆上每隔 0.5m 设一深度标志。

数据采集器：数据采集器由显示器、蓄电池、电源变换线路和转换开关等装置组成。新兴测斜仪的采集器多使用智能手持终端，使用无线方式进行连接，极大提高了操作的便利性。

测斜管：测斜管是测斜仪进行量测及控制的导管，其断面呈圆形，管内壁有两组相互正交的导槽（凹槽），如图 3-24 所示。

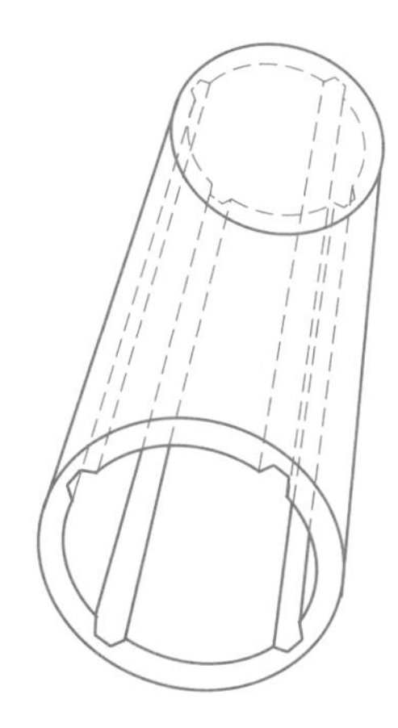
图 3-24　测斜管

测试过程：

（1）测斜仪上同一组滑轮有两个单轮分处在仪器的两侧，自由状态下一高一低。将测斜仪竖立起来，接电缆端向上，滑轮组所在平面为 A 方向，其中稍高的滑轮称为高轮，高轮指向“A+”或“A0”方向，稍低的称为低轮，低轮指向“A−”方向或“A180”方向。

（2）将测斜仪 A0 方向对准测斜管的“A+”方向，先把下面一组滑轮纳入测斜管的导槽中，然后放下测斜仪，将上面的滑轮组亦纳入同一组导槽内，紧握电缆不能松手。

（3）将电缆微微松开，使测斜仪顺利地顺导槽下滑，逐渐到达孔底。这时看电缆外的标记可知孔深度，让测头在孔内静置 15min，以适应孔内的温度，此时记录仪上应有读数显示。整个下放过程必须在人工控制下缓慢进行，严禁利用测头自重自由下滑，突然的震动会严重损坏测头。下放过程中应控制好电缆的尾部，防止电缆全部滑入孔内。

（4）将测头按电缆外的标记提升到对应孔底的测量高度，在记录仪液晶屏中的读数稳定后，按钮记录下此深度的 A0 读数。

（5）按 0.5m 或 1m 的间隔依次上提电缆，采集各深度的数据，直至孔口。也可以在 15min 静置后，将测头提升到管口起测点，逐次向下读取各深度层的读数。

（6）将测头取出，反转 180°，按测头低轮（A180 方向）指向测斜管“A+”方向将测头送入测斜管，重复上述（4）、（5）的步骤。此时若没有“测头重复误差”和“测头与导槽的定位误差”，在同样深度上，理论上前（A0）后（A180）两次所得同深度位置的读数应是绝对值相同但符号相反的两组数据，这是检验单次测量是否发生太大误差的方法。如果 0°和 180°两次绝对值相差太多，超过制造厂设定的值，记录仪会有提示，此时或 A180，或 A0 应重测。实际上以后计算时是取 A0 和 A180 的绝对值平均数按 A0 的符号参加计算的。

（7）有些型号的记录仪还有将每孔的数据按一定的统计方法加以检验的计算（方差计算），并当场在液晶屏上显示检验是否通过，以帮助观测人员的判断。

（8）记录仪在现场依次采集记录下设定好的测孔的数据后，送回室内处理。

B　固定式测斜仪

滑动式测斜仪因需要人工操作仪器进行测量，使其测量频率、测量速度都受到极大限制，在此基础上逐渐发展出固定式测斜仪。固定测斜仪是将测斜传感器固定在测斜管的多个位置上，同时配备数据采集和传输模块，进行自动、连续、遥控监测对应部位倾斜夹角的变化量（也可以进行人工测量，其监测原理和设备与滑动式测斜仪均相同）。

固定式测斜仪由测斜管和链式分布测斜传感串构成，测斜管事先埋于垂直钻孔内，测斜传感串联成链置于测斜管内。当地下产生位移，测斜管随之移动，引起传感器倾斜。传感器就可测出与铅垂线所夹倾斜角，并可换算出相应段的侧向水平位移。传感器与测读仪表相接，能连续、自动测出水平位移量。

固定式测斜仪虽可以进行自动监测，却无法测出沿着孔深方向整体倾角的变化情况。此外，固定测斜仪的成本相当高，因此应用较少。实际应用过程中常结合活动测斜仪共同使用，即先布设活动测斜仪进行监测，只有在检测到滑动面（带）且大致确定其位置后，才利用固定测斜仪进行同步监测，以避免不必要的浪费。

固定式测斜仪一般有两种安装方法：

（1）钻孔安装方式。将一组传感器测头水平放置于一固定水平面上，使每支仪器的轴线在同一条直线上，按设计要求调整好标距 L（一般 3~10m），并调整每支传感器的测角方向处于相同平面内。注意传感器同一组颜色接线所对应的测量线处于同一侧向，固定好传感器使其不可扭动，用配备的正反牙螺母连接各组传感测头，连接过程中，各组传感测头仅沿轴线方向平移，不得有圆周向移动，移动时旋紧正反牙螺母。连接时，螺纹上可适量涂以 AB 胶或厌氧胶，用钢尺准确测量各测点的深度，按顺序编号做好记录，待胶凝固后即可安装。若安装不需更换和回收，水平或上倾孔安装时可采用注浆方式固定，垂直孔安装时采用回填膨润土球回填，回填过程每填至 3~5m 进行一次注水，目的是为使膨润土遇水后能与管壁紧密配合，使传感测头得到可靠定位。

（2）测斜管内安装方法。固定测斜仪一般都采用测斜管内安装的方法。在装有测斜管的测孔内先用活动测斜仪试放一遍，确认与设计一致方可。如图 3-25（a）所示，每支测斜仪的传感器与安装附件（硬杆或柔性连接杆）在地面连接完好。传感器的两端各配有一只严格处于同一平面内的导向定位器件。多只传感器串联使用时，需按图 3-25（a）、（b）所示将单只传感器分别用连接配件在安装现场连接固定可靠，此时每只测斜仪的导向轮处于同一平面内。把不同深度的连接杆和测头按顺序连接放入时，注意滚轮的方向和电缆编号，做好记录，逐一确认后方可向管内安装。

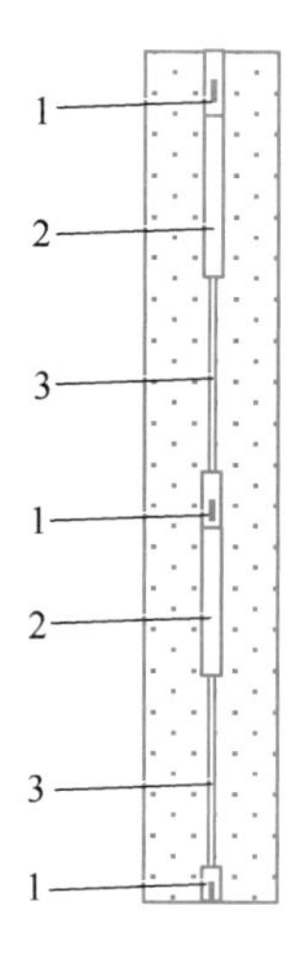

(a) 钻孔内安装

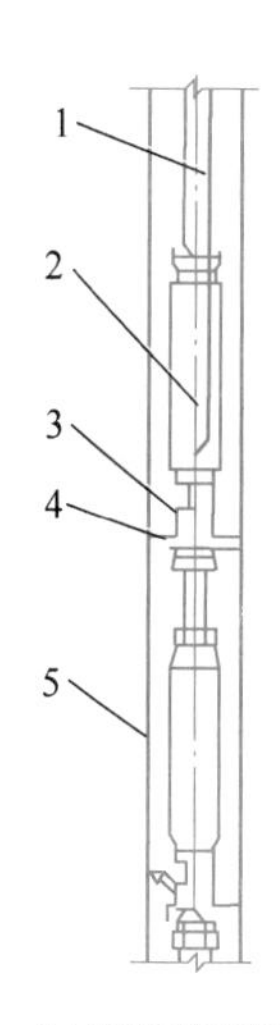

(b) 测斜管内安装

图 3-25 固定式测斜仪安装示意图
（a）1—导轮；2—倾斜仪；3—连接杆；
（b）1—4 芯屏蔽电缆；2—倾斜仪；
3—导轮及支架；4—铰接头；5—测斜管

C 柔性测斜仪

柔性测斜仪（又称阵列式位移计、三维变形监测阵列）是一款多节串联型柔性三维智能测斜仪，测量单元节节相连，主要用于在三维空间内进行变形测量，包括连续深孔变形监测、沉降监测、隧道变形监测、桥梁变形监测等。柔性测斜仪（图 3-26）由多节等长的测量单元节点组成，并通过总线式结构内部并行连接，每个单元节点相互独立采集、运算，通过总线将采集数据汇总到首节的控制器单元，控制器单元与外部进行数据通信。

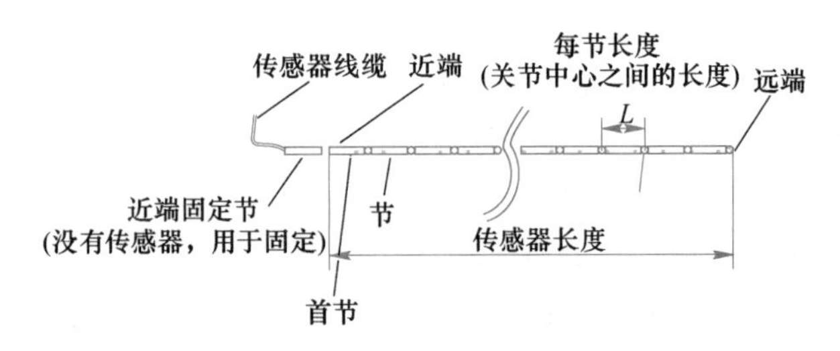

图 3-26　柔性测斜仪结构示意图

柔性测斜仪是 MEMS 加速度计的静态应用，利用被测物体静止时受到重力加速度在 MEMS 加速度传感器三个轴向的分量，计算每节传感器与竖直、水平方向的夹角，并通过夹角与每节传感器的长度计算自身与竖直、水平方向的位移，进而计算出各个节点相对于参考点（坐标原点）的坐标（x，y，z），即各个节点的位移，如图 3-27 所示。

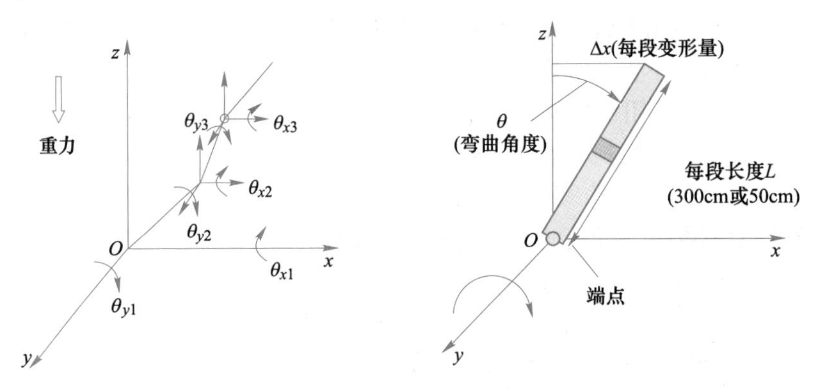

图 3-27　柔性测斜仪原理

柔性测斜仪的使用一般包括如下流程：

（1）穿管。将柔性测斜仪从转盘上卸下并平铺于地面，并将柔性测斜仪套入变形协调套筒中，套管接头处使用专用胶黏结牢固并静置一段时间。

（2）设备投放。向钻孔内投放位移计直至设计深度，同时记录柔性测斜仪的顶端卡扣标示的方向。该过程要确保位移计不会发生大的弯折导致设备损坏。

（3）固定。向钻孔内注浆或是填入砂土，使得设备和钻孔间能协调变形，以确保监测数据能够准确反映围岩的变形。

（4）设备连接及读数。设备固定后，将线缆与采集仪相连接，采集仪距离较远时应对线缆进行测试，确保传输至设备的电力供应不出现太大的压降。

3.3.4　深部工程岩体内部变形监测

（1）应考虑深部工程岩体内部非对称变形特征。深部工程地应力和地质条件的复杂性往往会造成岩体内部变形非对称分布。因此，应事先对岩体可能的变形破坏区域和破坏程度进行评估，进而布置合理的岩体内部变形测点位置，避免测点布置的盲目性。

（2）应注重施工全过程的岩体内部变形变化规律。深部高应力环境下，岩体在开挖卸荷瞬间的变形量较大，该阶段的变形量占整体变形量的比重较高，对于岩体变形特征研究和岩体稳定性评价具有重要的影响。通过在岩体内部预埋测点，获取完整的岩体内部变形数据，可避免重要变形数据的缺失。

（3）测点位置和数量应考虑监测目的。深部工程岩体变形特征与地应力状态、工程规模、工程形状、施工方法密切相关，并且受测点附近局部地质条件和岩性条件影响显著。因此，测点数量及位置要根据监测目的进行设计，确保测点位置的代表性和可靠性。

（4）监测设备量程和精度应考虑岩体条件和灾害类型。深部硬岩工程在开挖过程中以片帮、岩爆等应力型破坏为主，岩体内部变形较小，监测设备需要具有较高的精度。深部软岩及破碎硬岩工程在开挖过程中以塌方、大变形等结构型破坏为主，岩体内部变形较大，监测设备需要具有较大的量程。

（5）应具备连续化智能化监测和预警功能。岩体内部位移变化特征是深部工程岩体稳定性评估和灾害预警的重要指标，这就要求监测设备和技术具有连续化监测能力，同时具备一定的智能化处理及分析能力，并在变形量值或变形速率达到一定阈值时对岩体灾害进行预警。

3.3.5 工程应用

3.3.5.1 钻孔位移计的工程应用

为监测某深埋隧洞开挖过程中围岩内部位移，在隧洞开挖前，通过已开挖的辅助洞采用地质钻机布设 1 个长 60m 的钻孔，预埋一套 5 点式多点位移计，其安装位置如图 3-28 所示。选用 BKG-4450 型位移传感器，量程为 100mm，分辨率为 0.025%FS；采用自动采集仪每 5min 采集一次数据，获得开挖整个过程中不同测点处的位移如图 3-29 所示。

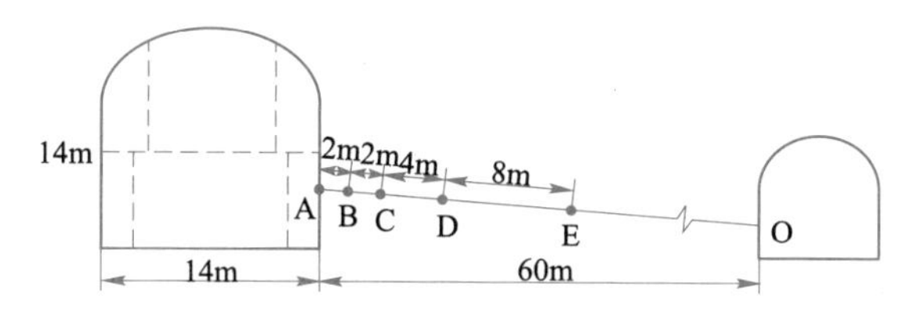

图 3-28 多点位移计断面布置图

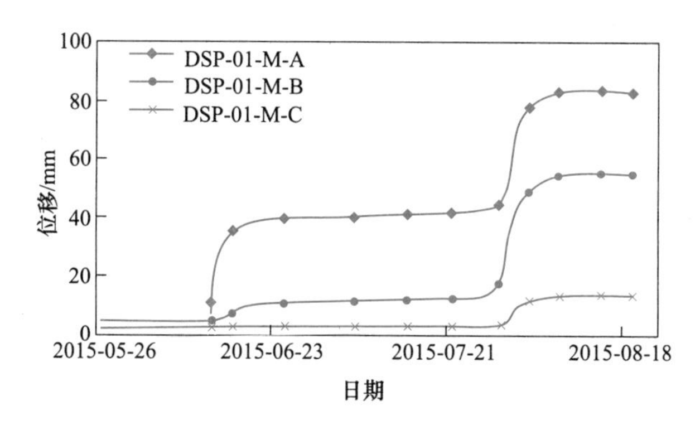

图 3-29 隧洞边墙位移过程线

从图 3-29 中可以看出，从空间分布上，越靠近边墙的测点其位移越大，位移主要发生在距边墙 4m 以内的范围中，4m 之外的测点位移量很小；从时间演化上看，随着隧洞掌子面的开挖，位移逐渐增加，当隧洞掌子 A 面开挖至监测断面附近时，位移增长迅速，但当掌子面远离监测断面时，位移量逐渐趋于稳定。

3.3.5.2 滑动测微计的工程应用

在某隧洞开挖过程中，为有效评估测量硐室隧洞开挖过程中围岩的变形，利用已存在的硐室布置变形监测孔，在钻孔全长埋设测斜管并每隔 1.0m 间距安装金属测环监测钻孔轴向的变形（如图 3-30 所示）。以距离孔口 4.0m 处不动点为钻孔全长各测点的位移参照点，测试获得的不同时间钻孔全长变形曲线如图 3-31 所示。

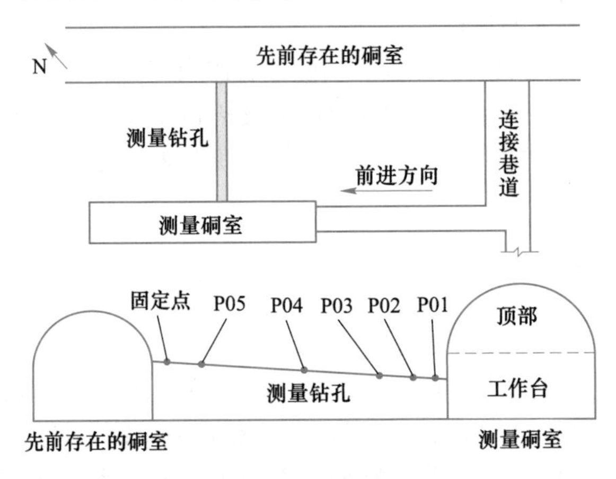

图 3-30 现场布置示意图

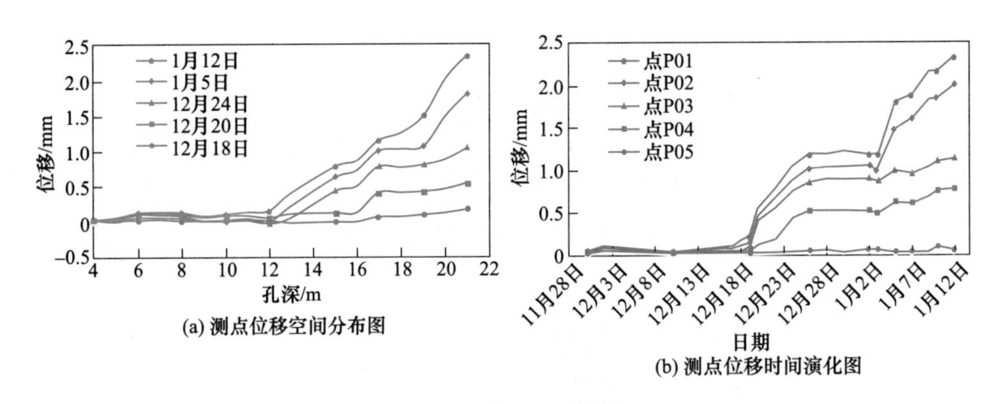

图 3-31 典型测试结果

从图 3-31 可以看出：（1）硐室开挖后整体位移量较小，最大位移仅 2.3mm；（2）孔深在 12~21m 范围内的测点位移量较大，4~12m 范围内测点的位移均较小，可以看出测量硐室开挖后围岩位移的影响范围为 9m；（3）位移变化拐点距离孔口约 12.0m（距离试验洞南侧边墙 10.75m）；（4）越靠近边墙处的位移量越大；（5）随着掌子面靠近监测断面，位移量开始增加。

3.3.5.3 测斜仪的工程应用

红透山铜矿-707m 中段 27 采场，设计矿量 16.7 万吨，开采深度 1137m，采用分层充填法回采，分层回采高度 3m，采场暴露面积 2400～3000m²，是深部采区具有代表性的典型采场。监测时已经开采五个分层，正在进行第六分层回采准备工作。为获得有关采场顶板深层岩体侧向位移，即顶板下沉量，从五平台布设 1 个 20.96m 深的水平钻孔，安装 NJX1-H 型水平串联固定式测斜仪。测斜仪安装了 8 个测点，由孔底往外每间隔 2m 安装一个测点，布置如图 3-32 所示。通过每日对监测点的跟踪观测，获得了有关采场顶板深层岩体侧向位移的大量监测数据。据此整理出各监测点的深度-位移曲线及孔深各测点随时间变形曲线，如图 3-33 所示。

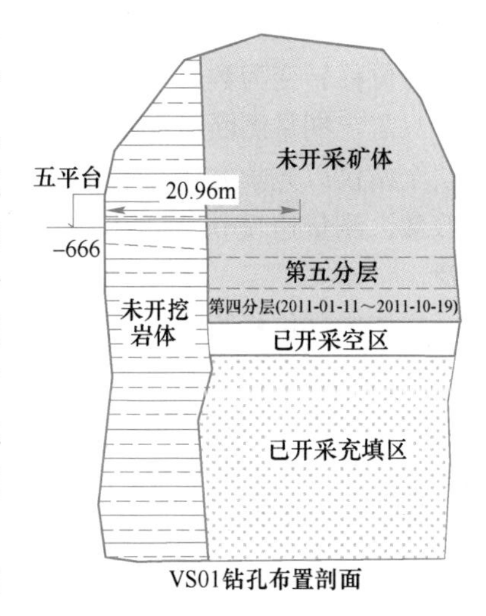

图 3-32　测斜仪钻孔布置示意图

采场从 2011 年 1 月 19 日爆破回采后，随着时间的推移，十天左右顶板下沉量增加到 0.1mm，变形量较小，充分说明采场岩质坚硬，不易弯曲。沿孔深方向，越往孔底变形量相对越大，位于边墙岩柱中心 9～7m 处的测点基本上没有变化。由图 3-33 可得，孔 21～15m 处变形在 2011 年 2 月 3～6 日、2011 年 2 月 12 日以及 2011 年 2 月 14～25 日等日期内出现回弹现象，但持续时间都不太长，很快又恢复已变形数值。15m 处位于矿柱与边墙的中点附近，其岩体内部损伤也较大，在其下作业时，需注意安全，尽量避免长时间停留。13～9m 这段区间有向上的变形，主要原因是 13m 处为空区边墙，根据支点梁的力学原理，顶板在此形成一支点，支点一边向下受力，另一侧向上翘起。孔 9～7m 测点处于边墙岩体内，相当于简支梁的固定端，受力对称，变形量小，由此可得采场开挖过程空区损伤至 4m 左右，即开采扰动至 4m。

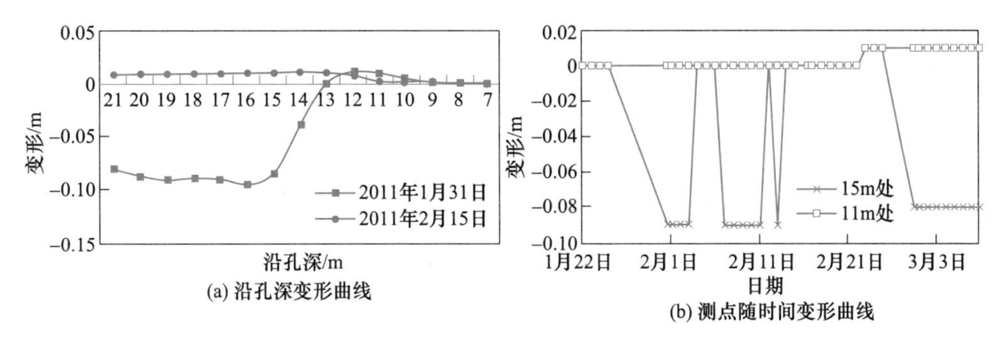

图 3-33　测斜仪测试结果

本 章 小 结

变形监测是地下工程中最常见的监测项目之一，监测结果可以对各种地下工程及其地质结构的稳定性和安全性做出判断，以便采取措施处理，防止发生安全事故，也可以为地下工程的设计、施工和支护和灾害机理的研究等提供依据。

岩体收敛变形监测是监测地下工程开挖断面上所布置的测线长度随时间变化，以计算和分析围岩表表面变形的大小和趋势。收敛仪是利用机械传递位移方法，将两个基准点间的相对位移转变为数显位移计的两次读数差。收敛仪观测法理论成熟、成本较低和操作简单，只需定期量测断面上两点距离发生的变化；但是量测质量不稳定、量测的测点数目有限。全站仪以光学方式远距离确定测点的三维坐标，全站仪法可以同时观测拱顶下沉和水平收敛，测量速度快，效率高，设站灵活，抗施工干扰的能力强，目前在工程中应用广泛。

岩体内部位移监测是通过在围岩内布置观测钻孔，在孔内布设若干测点（固定点），利用测试仪器和机具监测不同深度测点的位移，常用方法主要有钻孔位移计、滑动测微计、测斜仪等。钻孔位移计又称为钻孔引伸计，主要用于测量岩体内部某一点沿钻孔轴向的相对孔口或孔底的位移，一个钻孔内可以安装单个或多个测点，量程相对较大且可以自动化连续采集数据。滑动测微计沿测线以线法测量位移量，探头采用球锥定位原理来测量测管上的标记，获测标之间的长度变化，是一种高精度的应变测量仪器，但是自动化程度低，量程较小。测斜仪通过测量测斜仪轴线与铅垂线方向的夹角变化量来监测岩石的位移，根据安装和使用方式可以分为滑动式测斜仪、固定式测斜仪和柔性测斜仪，其中柔性测斜仪可以进行三维位移测量。

思 考 题

1. 简述变形和位移的区别与联系。
2. 简述变形观测的实用意义和科学意义。
3. 简述岩体收敛位移的定义及测试技术。
4. 试说明收敛尺的测试原理及误差来源。
5. 试说明采用全站仪观测收敛变形的主要优点。
6. 岩体内部变形测试的目的及意义，常用的测试方法有哪些？
7. 多点位移计的布置方式有几种，数据处理的区别是什么？
8. 如何确定多点位移计的测点位置？
9. 多点位移计、滑动测微计和测斜仪的优缺点是什么？
10. 测斜仪有几种类型，基本原理是什么？

4 地下工程岩体结构及损伤探测

本章课件

本章提要

地下工程岩体结构及损伤探测是开展岩体稳定性评价的重要手段。本章介绍（1）岩体结构面信息采集，包括三维激光扫描与数字近景摄影测量；（2）岩体内部结构及损伤探测，包括超前探孔、岩体声波探测、钻孔摄像法、地质雷达、地震发射波法地质超前预报技术及其他测试方法。

4.1 概　　述

岩体与岩块相比具有显著的差别，岩体比岩块易于变形，其强度显著低于岩块的强度。岩体在自然环境中存在不同类型、不同规模的结构面，表现出典型的非均质、非连续、各向异性和非弹性特征。同时在工程开挖等扰动下岩体内部也会产生不同程度和不同范围的损伤，进而产生新的裂隙。岩体结构面的发育程度、规模大小、组合形式等是控制岩体稳定性的重要因素。

地下工程岩体结构与损伤探测采用相关的仪器和方法获得岩体原生结构面、构造结构面和次生节理特征信息，进而为工程岩体的稳定性评估提供数据支撑。结构面的特征信息包括结构面的种类、贯通情况、组数、间距、产状、形态、延展尺度等。对于岩体内部的结构面和损伤特征，除钻孔方式直观观测外，还可以通过结构面和损伤所造成的声波、电测等物理学参数的变化进行反演分析获得。

准确、快速、全面地进行结构面信息数据采集及探测岩体内部损伤裂隙的发展规律是至关重要的，对于勘探、工程设计、地质工程评价和施工都有重要的现实意义，具体如下：

（1）工程岩体质量评价的重要依据。工程岩体质量是复杂岩体工程地质特性的综合反映。它不仅客观地反映了岩体结构固有的物理力学特性，而且为工程稳定性分析、岩体的合理利用及正确选择各类岩体力学参数等提供了可靠的依据。国内外典型岩体质量评价分级体系（例如Q系统、RMR分类方法等）中均考虑岩体结构面的特征信息。因此，地下工程岩体结构及损伤探测为工程岩体质量评价提供了必要的数据支撑。

（2）施工设计的依据。在地下工程施工设计中，应充分考虑岩体结构的赋存状态，保证施工安全、施工进度和工程质量。例如，在不同组的结构面相交时，可能出现楔形体的结构特征进而引发冒落风险。再如，在断层和大的结构面附近施工时，应考虑结构面的产状特征，特别是当穿越断层和大尺度结构面时，应加强预支护，避免岩体沿弱面发生滑移破坏。对于巷（隧）道来说，在开挖后巷道围岩松动圈的深度是支护设计需要考虑的重要参数，会直接影响支护质量和支护效果。

（3）岩体稳定性评估和工程灾害防控的重要手段。地下工程在开采（挖）后，岩体中形成一个自由变形空间，使原来处于挤压状态的围岩失去了支撑而发生向洞内松胀变形。如果这种变形超过了围岩本身所能承受的能力，则围岩就要发生破坏。除了开采卸荷效应所引起的岩体变形破坏，爆破破岩强烈的动力扰动也极易加剧岩体内部损伤。岩体内部节理裂隙和损伤探测能够揭示原有节理裂隙的赋存状态和新生损伤的发展演化规律，可用于岩体稳定性评估，并对工程岩体灾害的预警提供必要的数据支撑。

4.2 岩体结构面信息采集

随着工程地质技术和其他相关科学技术的发展，获取结构面信息的方式也在发生变化，归结起来主要有两个方面：接触式岩体结构面信息采集与非接触式岩体结构面信息采集。接触式岩体结构面信息采集包括钻探方法和罗盘量测法；非接触式岩体结构面信息采集包括三维激光扫描法和摄影测量法。

接触式岩体结构面信息采集法的两种方法是获取岩体结构面信息的常用方法，准确度也较高。钻探法通常用于深部岩体结构面信息采集，它简单、方便、直观、实用。罗盘量测法仍是目前地质人员获取岩体结构面信息的常用方法，该方法简单、准确，但获取大量测量数据费时费力；在高边坡或恶劣环境下，测量人员无法靠近岩石表面，危险性大；由于测量人员对罗盘的操作水平及工作态度不同，可能造成测量结果的不准确和过度主观。

非接触式岩体结构面信息采集法的两种方法获取结构面信息快速、全面、无需接触岩体结构面。这两种方法是未来地质人员采集岩体结构面信息的发展趋势。

4.2.1 三维激光扫描

随着现代科学技术的发展，数字化、信息化、智能化技术在矿山生产技术管理中发挥越来越重要的作用。目前，我国数字化矿山建设数据采集，主要是利用传统测绘技术（如经纬仪、水准仪、全站仪、陀螺仪等）量测矿山数据信息，导致其主要采用离散、不连续的导线坐标数据进行建模，进而难以得到真实、完整、全面、连续并且相互关联的三维空间坐标数据，所建立的矿山三维模型不能够全面反映出矿山工程的“实景”，无法满足矿山安全生产技术需求。因此，如何运用现代数字化、信息化技术对矿山的采准工程、开采设计、采场验收、损失贫化计算、空区探测、岩体稳定性分析、变形监测等进行精确空间量测，是广大采矿工程技术人员急需解决的问题。

4.2.1.1 三维激光扫描

三维激光数字测量技术（三维激光扫描技术、激光雷达）能够全方位、精确地获取空间数据信息，又称“实景复制技术”，是一种新型全自动高精度空间数据测量技术，通过高速三维激光数字测量的方法，以点云的形式大面积、高分辨率地快速量测被测对象表面的三维坐标、颜色、反射率等信息（图 4-1）。与传统测量方法相比，三维激光数字测量技术采集数据不需要合作目标，能快速、准确地获取被测目标体的空间三维数据，具有高采样率、高精度、非接触性等特点，可以对复杂环境空间进行量测，并直接将各种复杂空间的三维空间数据完整的采集到计算机中，进行数据存储，进而重构出被测目标的三维空间模型，以及点、线、面、体等各种制图数据。三维激光扫描法的特点如下：

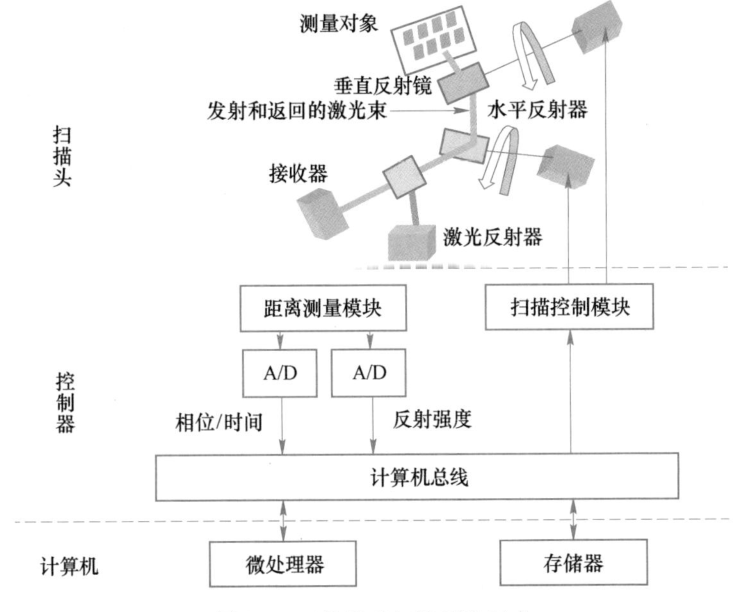

图 4-1 三维激光扫描系统组成

(1) 采集信息为三维信息。传统测量概念里，所测的数据最终输出的都是二维结果（如 CAD 出图），在现在测量仪器里全站仪、GPS 比重居多，但测量的数据都是二维形式的。在逐步数字化的今天，三维已经逐渐地代替二维，因为其直观是二维无法表示的。现在的三维激光扫描仪每次测量的数据不仅仅包含 XYZ 点的信息，还包括 RGB 颜色信息，同时还有物体反色率的信息，这样全面的信息能给人一种物体在电脑里真实再现的感觉，是一般测量手段无法做到的。

(2) 作业速度快。快速扫描是扫描仪产生的概念，在常规测量手段里，每一点的测量耗时都在 2~5s 不等，更甚者，要花几分钟的时间对一点的坐标进行测量，在数字化的今天，这样的测量速度已经不能满足测量的需求，三维激光扫描仪的诞生改变了这一现状，最初每秒 1000 点的测量速度已经让测量界大为惊叹，而现在脉冲扫描仪（ScanStation2）最大速度已经达到 50000 点/s，相位式扫描仪（HDS6000）最高速度已经达到500000 点/s，这是三维激光扫描仪对物体详细描述的基本保证，古文物、工厂管道、隧道、地形等复杂的领域无法测量已经成为过去时。

(3) 应用领域广泛。目前，三维激光扫描技术在文物保护、城市建筑测量、地形测绘、采矿业、变形监测、工厂、大型结构、管道设计、飞机船舶制造、公路铁路建设、隧道工程、桥梁改建等领域里进行了试验性应用，取得了较好的效果。三维激光扫描仪，其扫描结果直接显示为点云（point cloud，意思为无数的点以测量的规则在计算机里呈现物体的结果），依据点云能够提取任何想得到的研究对象的信息。将三维激光扫描技术应用到地质和岩土工程领域，开展岩体地表出露结构面的地质几何参数调查和开挖工作面的快速地质编录等工作，加深这些方面的研究工作，势必为大型工程建设提供有效解决问题的新手段。

目前对三维激光扫描技术的应用还存在一些不足之处，主要表现在如下几个方面：

（1）受到安全激光功率的局限，扫描距离和范围有限；

（2）特定材料对激光光源反射不够敏感，造成扫描范围内出现盲区，如潮湿的地表和绿色植被对扫描结果都有较大的影响；

（3）坐标系统校正方法不够成熟，坐标转换容易产生误差并难以避免；

（4）扫描激光光斑随距离的增加而变大，造成扫描结果中物体边缘细节难以识别；

（5）价格昂贵使得该方法的应用在有些领域及其工程中受到限制。

上述几个方面的原因，使得该技术的应用目前还没有普及，但随着科技的进步及该方法的进一步完善，三维激光扫描技术在快速采集数据信息方面将会以极大的优势取代其他方法，具有一定的应用前景。

4.2.1.2 工作原理

三维激光测量仪是由目标激光测距仪和角度测量仪组合而成的自动化快速测量系统。激光测距仪通过激光脉冲发射体向被测目标体发射窄束激光脉冲，根据测量激光脉冲从发出经目标体表面反射返回仪器所经过的时间得到仪器与测点的距离 L。同时，激光测距仪在两个互相垂直的步进电机的驱动下，分别在垂直和水平方向上转动，由一台步进电机驱动测距仪在铅直方向上完成一列测量后，另一台步进电机驱动测距仪在水平方向上转动一步，再进行下一列的测量，两台步进电机交替工作，如此依次量测过被测区域，通过步进电机的步数、步距角和起始角度得出测量目标体上各点的垂直方向角 θ 和水平方向角 α。同时结合数码相机使用，可得到测量点颜色信息。此外，三维激光数字测量仪还可以由目标的反射率得到目标的灰度值。三维激光数字测量原理如图 4-2 所示。

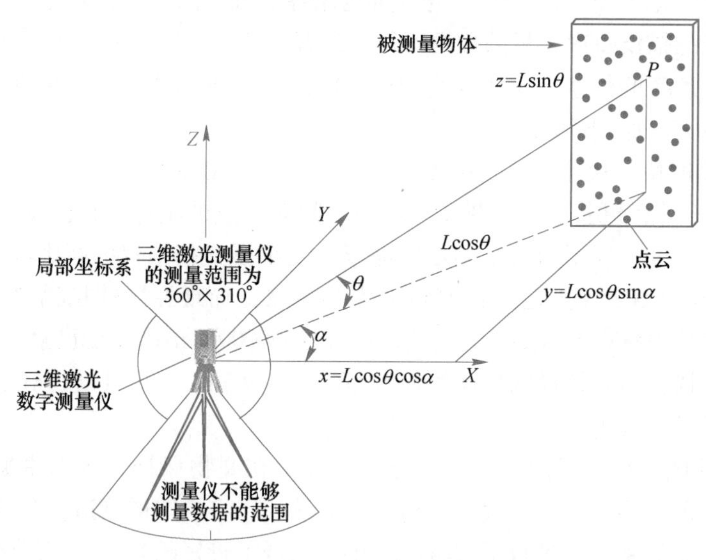

图 4-2 三维激光扫描技术工作原理

从三维激光数字测量仪的系统组成，可知原始观测数据主要包括：

（1）通过两台步进电机连续转动，用来量测测距传感器及精密时钟控制编码器同步，测量每个激光脉冲水平向量测角度观测值 α 和垂直向量测角度观测值 θ。

（2）通过激光脉冲传播的时间（或相位差）计算得到的仪器到被测点的距离值 L。

（3）量测点的反射强度 I。

三维激光测距过程中，激光脉冲传感器是绕垂直轴和水平轴进行旋转。垂直轴和水平轴的交点构成仪器局部坐标系的原点 O，水平轴构成了三维激光测量仪局部坐标系的 Y 轴；垂直轴构成了激光测量仪坐标系的 Z 轴，依据右手坐标系的构建原则，与三维激光测量仪 Y 轴及 Z 轴垂直的轴为 X 轴（见图 4-2）。在三维激光测量仪的实测数据中，仪器只能测量出坐标原点 O 至被测物体反射面 P 之间的距离 L、垂直角 θ、水平角 α 及返回信号的强度 I，并转换成三维激光测量仪局部坐标系中的坐标，即：

$$\left.\begin{aligned} x &= L\cos\theta\cos\alpha \\ y &= L\cos\theta\sin\alpha \\ z &= L\sin\theta \end{aligned}\right\} \tag{4-1}$$

从式（4-1）可以看出，要测量被测物体的空间坐标（x，y，z），需要首先测量距离 L、垂直角 θ 和水平角 α。由于三维激光测量仪的距离测量依靠被测物体反射回来的测距信号。因此，从测量工作原理上，三维激光测量仪与传统的免棱镜全站仪是一样的。

4.2.1.3 扫描流程

跟传统的测绘技术类似，三维激光扫描仪扫描被监测目标的时候，必须按照一定的步骤来进行测量工作，获取三维激光扫描仪外业数据通常由制定现场踏勘和方案、布设控制点和数据的获取组成。以下是具体的测量步骤：

（1）制定现场踏勘和方案。所有的测量任务必须事先对测量区域进行踏勘，3D 激光扫描测量也需要，因此要熟悉地下工程特别是巷（隧）道工程的扫描范围，因为了解后可以挑选对应的扫描测量仪器，以确认扫描站点，并合理设置控制点。有时扫描的范围很大，如果还有其他遮挡或者其他因素，此时一个测站将无法读取整个场景的 3D 信息。这时候通常借助于多个测站的扫描，来获得多个具有独立坐标的 3D 点云数据，多站点云数据的拼接要使用公共标靶点。而在测量的过程中，也要根据情况用最合理的测量距离和相对较少的测站数量去扫描目标（相对较少的测站数量是为了实现降低不同测站数据拼接误差），从而获取较高精度目标的全部信息。最后一步即根据现场画出草图，并对核心目标进行拍照。

（2）布设控制点。3D 激光扫描得到的点云数据是基于仪器自身默认设置的坐标系，真正的工程应用里，通常把它转换成大地坐标系或者地区的局地坐标系，因此需借助于传统的测绘仪器进行观测或者借助于现有的控制点资料进行解算，所以，点云数据拼接后就可以利用公共点把全部激光扫描数据转换至统一坐标系下。在挑选控制点的时候，一定要确保所有的控制点跟两个以上别的控制点通视，还有控制点通视范围应该包括所有预扫描区域。控制点有四个（其中三个是为了拼接，一个是为了校正），以保证数据拼接的精度，控制点若低于三个，那么将没办法实现不同测站点云数据的拼接，如果控制点个数太多的话，又会大大增加测量时间，降低工作效率。

（3）数据的获取。按照方案里的计划完成采集数据的任务。单个测站数据采集步骤如图 4-3 所示。如果采集完某一测站点云数据后，把仪器转移至另一测站，接着采集点云数据，直到将全部场景的外业数据采集完毕，然后把扫描对象的点云数据与标靶点数据借助于数据处理软件，完成最后的处理。现场扫描的步骤非常重要，采集的数据质量可以直接体现数据处理的精度，测站数、测站位置与控制点标靶点的个数与位置，均需要考虑实际目标情况。3D 激光扫描仪的放置：要将 3D 激光扫描仪的方向与倾角调好。激光扫描仪在工作的时候是借助于控制软件，提前将扫描参数比如行数、列数与扫描分辨率设置好，根据顺序完成各站的扫描工作。内业处理：完成扫描后，每一站的 3D 点云数据将实时显示，并保存在计算机里，借助于仪器对应的软件各测站测得的点云数据拼接成一个完整的测量目标的点云模型。

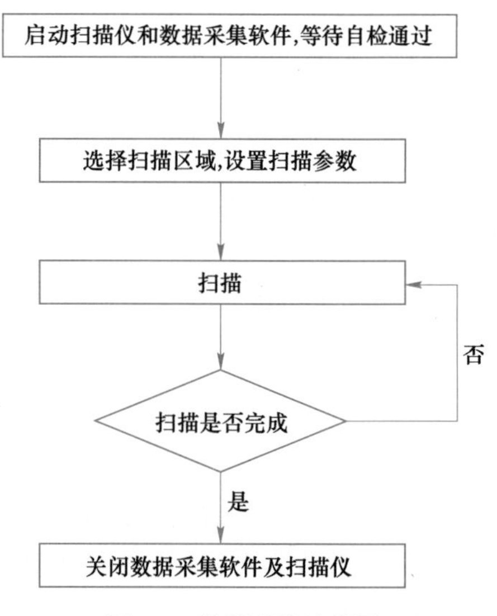

图 4-3 数据采集流程图

4.2.2 数字近景摄影测量

摄影测量（Photogrammetry）是一门利用光学摄影机拍摄相片，根据相片影像来确定被测物体的位置、大小、形状和相互关系的科学技术。近景摄影测量（Close-range photogrammetry）指的是测量距离在一定范围内，拍摄地点处在物体周边的摄影测量。其中以数字相机为图像采集传感器，并对所摄图像进行数字处理的近景摄影测量称为数字近景摄影测量。数字近景摄影测量具有以下特点：

（1）在测量手段方面，数字近景摄影测量有不伤及被测物体、信息量高、信息可重复使用、精度高、速度快、非接触测量等优点，并且它能够在瞬间记录物体的空间位置和运动姿态，及时对动态物体进行定量分析。

（2）在摄影测量技术方面，数字近景摄影测量采用各类摄像设备，不但获取的原始数据是数字形式的，其记录的中间数据及其最终成果也均是数字形式的，而且它能够快速甚至实时地处理数据。

（3）在应用领域方面，数字近景摄影测量技术因具有测量复杂形态目标和动态目标的能力，又有间接式测量及可摄即可测的特点，从而使数字摄影测量技术有广阔的应用领域。

4.2.2.1 测试原理

以 CAE Sirovision 节理岩体遥测系统为例进行介绍，该设备由澳大利亚联邦科学与工业组织（CSIRO）开发，是专门用于岩体结构面调查与分析的三维不接触测量系统（图 4-4）。该系统包含 2 个部分：（1）CAE 立体图像采集仪，集成 2 台高分辨率工业相机，通过单杆脚架，实现 0°～360° 范围内岩面二维图像的快速获取，可获得 2 张高清晰度二维图像；（2）三维图像处理与分析软件，融合了岩体三维模型重构、结构面绘制、结构面统计分析以及岩体稳定性分析功能，不仅能够快速统计岩体结构面的空间方位产状数据，而且能够对岩体的稳定性给出准确的评价结果。

Sirovision 系统优点在于：（1）测量设备采用单支架半固定式支撑可实现水平及垂直方向 360°旋转；（2）自带可调强度闪光灯，满足无光条件下的正常拍摄；（3）实现原始二维图像到三维图像的高效合成，大幅度缩短后处理所需时间。

图 4-4 Sirovision 系统
1—闪光灯；2—激光发射器；3—辅助光源；4—工业相机

Sirovision 系统依据双目立体测图的基本原理获取目标岩体的左右 2 幅图像，基于所获取的图像，完成图像的内方位元素定位后，通过图像合成，重建目标岩体的几何模型；根据目标岩体中的控制点坐标，进行外方位元素定位，完成几何模型的坐标转换；在转换后的模型中，提取节理岩体信息。

图像内方位元素定向是用于确定 2 幅图像之间的相对位置，直接服务于图像合成和模型建立。Sirovision 系统工作时设备平行于水平面，换言之 2 台相机的连线平行于水平面，属于“单独像对相对定向”（见图 4-5），通过 ϕ_1，k_1，ϕ_2，ω，k_2 共 5 个定向元素，完成像对的相对定向。

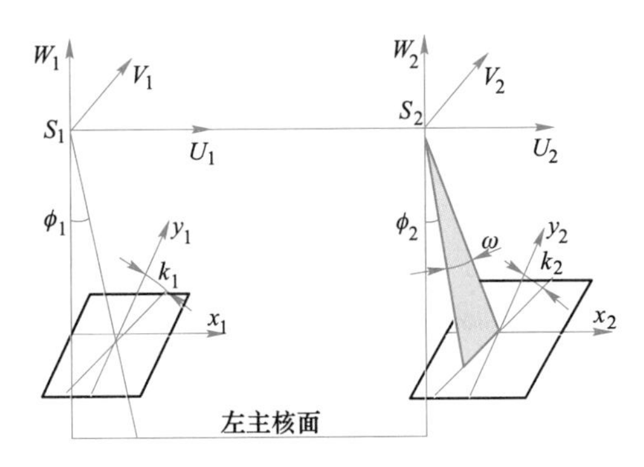

图 4-5 单独像对相对定向元素

立体像对通过相对定向后，利用图形合成形成与实物相似的几何模型，但该模型的大小与空间方位均是任意的，因而有必要借助被测对象中已知的地面控制点，对定向后的模型进行平移、旋转与缩放，转化为摄影测量坐标系中的模型。需要确定相对定向所建立的模型空间方位的 7 个参数（X_s，Y_s，Z_s，λ，ϕ，ω，k），借助目标对象中 3 个地面控制点，计算该 7 个参数，公式如下：

$$\begin{bmatrix} X \\ Y \\ Z \end{bmatrix} = \lambda \begin{bmatrix} a_1 & a_2 & a_3 \\ b_1 & b_2 & b_3 \\ c_1 & c_2 & c_3 \end{bmatrix} \begin{bmatrix} U \\ V \\ W \end{bmatrix} + \begin{bmatrix} X_s \\ Y_s \\ Z_s \end{bmatrix} \tag{4-2}$$

式中 （X，Y，Z）——地面控制点在摄影测量坐标系中的坐标；

λ ——缩放因子；

$(a_1,b_1,c_1),(a_2,b_2,c_2),(a_3,b_3,c_3)$——2 个坐标轴系的 3 个转角；
$\phi,\ \omega,\ k$——计算出的方向余弦值；
$(U,\ V,\ W)$——地面控制点在像空间辅助坐标系中的坐标；
$(X_s,\ Y_s,\ Z_s)$——坐标原点的平移量。

像点坐标与地面控制点在摄影测量坐标系中的坐标可通过线性交换法进行求解：

$$\left.\begin{aligned} x &= -\frac{I_1X + I_2Y + I_3Z + I_4}{I_9X + I_{10}Y + I_{11}Z + I} \\ y &= -\frac{I_5X + I_6Y + I_7Z + I_8}{I_9X + I_{10}Y + I_{11}Z + I} \end{aligned}\right\} \tag{4-3}$$

式中 $(x,\ y)$——像点坐标；
$I_1,\ I_2,\ I_3,\ \cdots,\ I_{11}$——直接线性变换系数。

Sirovision 系统工作时，2 台相机位置固定，其镜头间距不变，相机参数固定，仅需要通过被测物体上的 3 个控制点构建解算方程组即可进行求解。该系统误差来源：

(1) 目标岩面图像的合成效果。岩面图像的合成效果直接决定数据处理结果的准确性，而图像获取时合理的拍摄距离及最佳的拍摄角度对于提高三维图像的合成效果具有较大影响。

(2) 控制点坐标位置选取与目标岩面定位。Sirovision 系统工作时，至少需要 3 个不在同一直线上的控制点的真实坐标实现岩体结构由相对坐标到真实坐标的转换。因此，需要利用矿山已有的测量网络，采用全站仪测量控制点坐标，控制点坐标测量的方法与精度决定了三维合成图像坐标转换的精度。

(3) 节理岩体信息的提取操作。Sirovision 系统提取岩体结构面信息是以三维合成模型为对象，采用人工绘制的方式进行。在统计节理的长度、尺度、分布特征等信息过程中，由于缺乏统一标准，基本依赖于操作人员对节理信息的理解，不同的操作人员所提取的信息有所差异。因此，人为因素成为影响结构面产状数据统计结果一致和准确性的重要因素。

4.2.2.2 测试及数据分析流程

A 岩体结构面信息采集流程

采集岩体结构面信息的前提是根据岩体稳定性分析的要求确定图像采集区域，为了确保统计分析结果具有一定的代表性，图像采集区域选择应需具备以下条件：(1) 调查应以岩体失稳破坏区域为中心向四周均匀展开；(2) 应尽可能选取岩体结构面出露较明显的区域；(3) 对于节理较发育的区域应重点调查。在图像采集区域确定的情况下，根据成像系统的技术要求，在地下矿山巷道中采集图像时，通常所能获得的岩面实际控制范围为 4m×4m。因此，在进行现场图像采集时，首先按照 4m 间隔布置测点，在任意一个测点范围内布置 3~4 个控制点定位岩面空间方位，然后按照后方交会的测量方法获取控制点的空间坐标数据。根据以上思路，建立了岩体结构面信息采集流程，如图 4-6 所示。

B 数据处理流程

根据外业测量所得到岩面情况的数据特点，首先按照循环成组（需要进行拼接的三维图片放在 1 个循环内完成拍摄）的方式将测量数据进行分类整理；然后通过 Sirovision 三

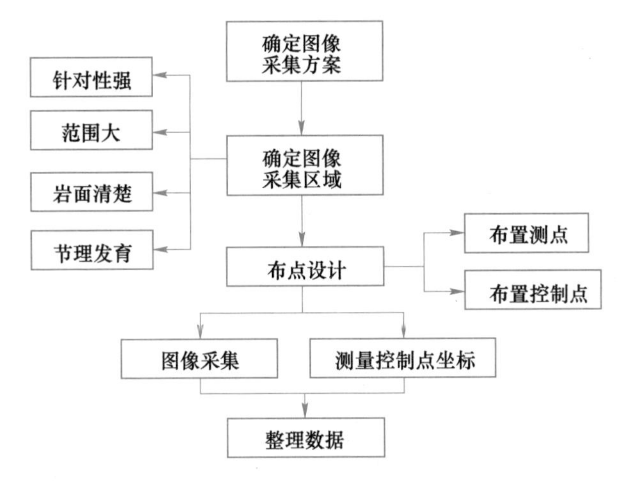

图 4-6　岩体结构面信息采集流程

维软件系统将同一拍摄区域内的左右 2 张图片按照扫描、识别、匹配的过程合成为单张三维图片；最后导入现场实测的控制点坐标数据并与岩面上标识的控制点进行匹配，将相对定位的三维图片转化为与现场一致的岩面空间位置图像。

为了获得更加完整的巷道拱三维实体模型，首先选择同一循环内的侧帮单幅三维图片进行拼接，然后逐一将侧帮与顶板的部分拼接得到完整的巷道拼接图，最后完成岩体结构面信息的数字识别，得到调查区域内岩体结构面的空间方位分布数据。按照结构面空间几何参数的不同，划分不同的节理组，结合工业试验获得的岩石力学参数，分析不同节理组间的相互作用关系，从而得到岩体的稳定性分析结果。结合以上分析，建立了岩体结构面数据处理流程，如图 4-7 所示。

4.2.3　深部工程岩体结构面信息采集

（1）智能化无人化测试是深部工程岩体结构面信息采集技术的重要发展趋势。深部工程岩体灾害频发，当前岩体结构面信息采集往往需要人工参与，这个过程中存在潜在较为突出的安全风险。目前，科技的进步催生无人机、智能机器人的快速发展。搭载岩体结构面信息采集设备的智能无人移动装备可以代替测试人员开展工作，有效保护测试人员的安全，将会在未来的测试中发挥越来越重要的作用。

（2）深部工程岩体结构面信息采集测点位置相对于浅部工程显著增加。深部岩体的应力条件复杂，垂向应力和构造应力均较大，且伴随着开采（挖）扰动应力会出现较为显著的重新调整，由此造成不同区域位置的岩体结构面和内部损伤的发育程度可能存在较大差异性。因此需要增加测点位置，保证深部工程岩体结构和损伤测试数据的完整性和覆盖性。

（3）深部工程岩体结构面信息采集频率相对于浅部工程显著增加。浅部工程的施工条件较为简单，岩体结构面信息在较长时间内变化并不显著。对于深部工程岩体来说，在高应力、复杂地质条件、灾害频发和频繁扰动作用下，深部工程岩体结构面信息将随着施工过程动态改变，只有及时捕捉这些动态变化信息，才能在工程岩体灾害防控中充分发挥作用。因此，需要提高测试频率，保证结构面信息采集的及时性和数据的完整性。

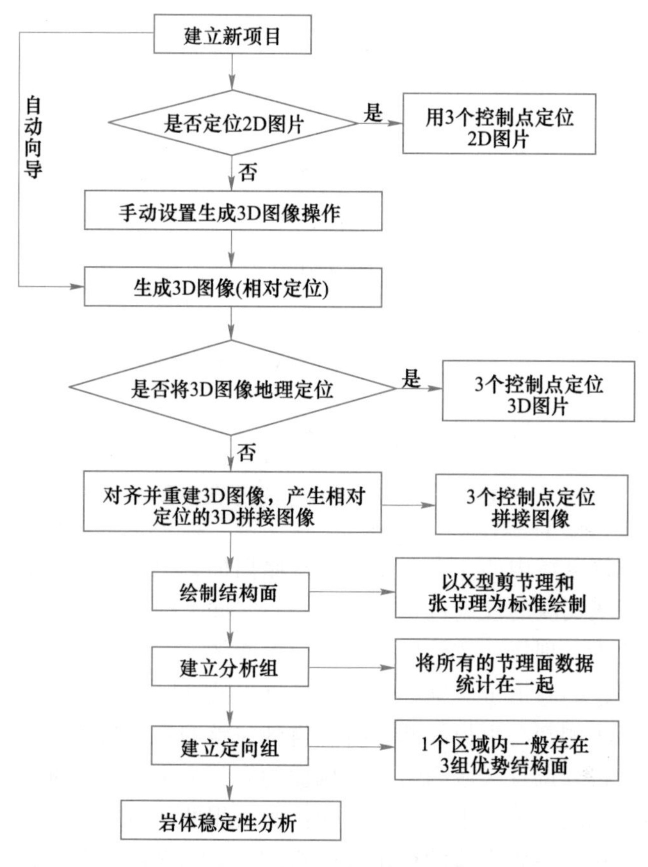

图 4-7　数据处理流程

4.2.4　工程应用

4.2.4.1　三维激光扫描的工程应用

某地下铜矿在研究巷道围岩稳定性过程中，需要掌握围岩的节理裂隙发育程度，因此可通过对巷道进行三维激光扫描，获得所测区域岩体节理裂隙的点云数据。之后对点云数据进行坐标系变换，在标准坐标系的基础上对各测点测得的数据进行点云数据拼接，在标准坐标系下的点云模型中识别出节理裂隙并对其几何参数进行统计，最终获得了该矿巷道围岩的节理信息。

A　三维激光扫描设备

三维激光扫描设备为由德国 Z+F 公司生产的 Z+F5010 型激光扫描仪（如图 4-8 所示），该设备集成了全新的内置控制面板、强劲的机载计算机、内置硬盘、可拔插 USB 闪存、水准气泡、电子对中器和电池等组成，具有以下几大特点：

（1）拥有 360°×320°的全方位视角，视角范围较广，能够扫描到全部的巷道顶板、巷道壁。

（2）精度高，点云密度大，其最大测程为 187. 3m，最小测程为 0. 3m，分辨率（即最小点间距）小于 0. 1mm，50m 处的线性误差小于等于 1mm。

(3) 模型表面的精度±2mm。在单点测量精度方面，与有些扫描仪不同，Z+F5010 三维激光扫描仪并不是通过“多次测量取平均”的方法达到测量级的精度，其自身测量的单点精度也能达到测量级的精度。在远距离扫描时，Z+F5010 三维激光扫描仪的高精度扫描保证了标靶扫描的精度以及点云数据的拼接精度，从而使得测量数据满足精度要求。

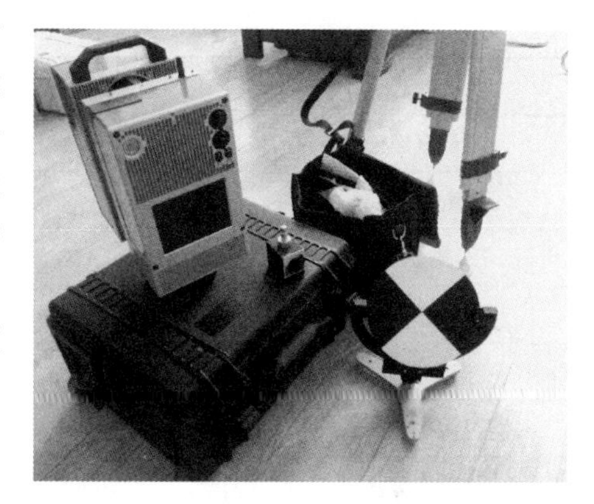

图 4-8 Z+F5010 三维激光扫描仪

(4) 有效的测距范围 300m（90%反射率的物体）和 134m（18%发射率的物体），这一测程几乎能够满足所有无反射棱镜测量仪器的测量领域。而 Z+F5010 三维激光扫描仪的高精度、窄光束和精细扫描的性能则为达到测量级的成果提供了有效的测距范围。

B 数据分析

通过现场实测，可获得巷道 360°全景环形透镜扫描图、现场目标巷道壁的数码照片和三维点云对比图。数据分析处理过程主要包括三部分：

(1) 点云数据预处理。包括点云滤噪、精简等。测量所得的点云数据中，大约有 0.1%~5%的噪声点需要剔除，所以在对点云数据进行处理前，必须进行精简滤波去除噪声，提高点云数据的信噪比，为结构面识别提供高质量的点云数据。

(2) 点云数据三维可视化及曲面重构。从点云数据中提取有代表意义的特征点，生成特征线和特征面，同时将从各个视角得到的点集合并到一个统一的坐标系下形成一个完整的数据点云，并借助现有软件或通过程序开发实现点云可视化。

(3) 岩体结构面识别。采用人工或者软件程序处理点云数据，筛选出代表结构面的点，获得结构面的走向、倾向、倾角三要素，并对观测区域内的节理间距、密度等参数进行统计计算。

岩体体积节理数 J_v 的统计方法最早是由 Arild Palmstrom 于 1974 年提出来的，其定义为 $1m^3$ 体积内节理的数目。在得出每个测量点的 J_v 后，通过求均值的方法得到该矿岩体的 J_v 值为 2.8~4.2，其中黑云母斜长片麻岩及角闪斜长片麻岩 J_v 值为 3.3，矿石的 J_v 值为 3.8。

C 与人工测量的比较分析

由表 4-1 可以看出，通过 Z+F 测量得到的数据要比人工现场测量的多很多，而且如果对 Z+F 测得的某些数据有疑问，还可以很快调出三维模型检验并可以随时对数据进行增减。但是现场人工测量如果发现某些数据有问题，基本上也只能够对有疑问的数据进行删除处理，想要重新去现场测量不仅费时费力，而且现场也不一定还能够保持原状。

应用 Z+F 三维激光扫描设备扫描岩体节理倾向倾角与传统人工测量的差距很小（见图 4-9、表 4-2），而且能够获得更多的数据量，尤其是在进一步完善了数据处理程序后，三维扫描技术测量就显得更加的便捷。现场数据测量、处理软件的开发和后期数据的处理充分验证了采用三维激光扫描技术获取节理裂隙方案的可行性、先进性与准确性。

表 4-1　人工测量与三维激光扫描节理信息的比较

内容	常规人工测量	三维激光扫描
测量区域面积	55m×2.5m	55m×16.28m
测量时间	5h	33min
数据量	120 条节理	10^2 点
采样间隔	受地势影响间隔大且不均匀	不受地势影响，全方位采集间隔小且均匀
安全性评估	危险	安全
能否获取表面影响	否	是
操作方法	不间断人工测量	挪动三脚架

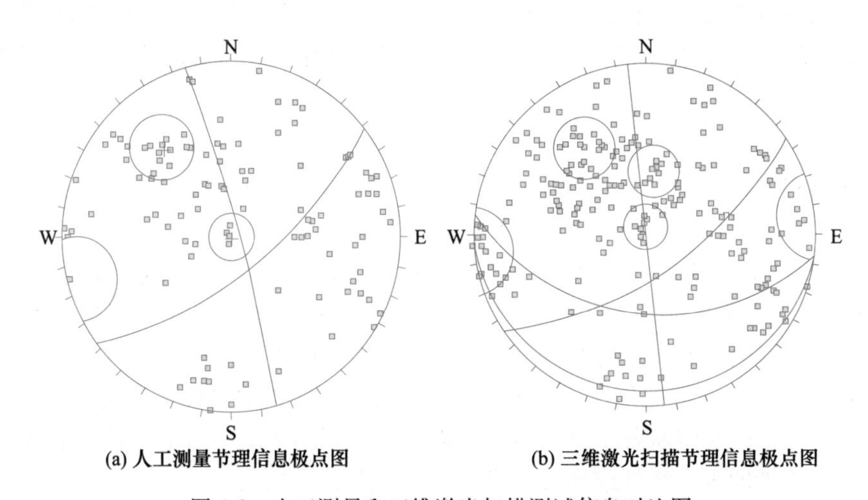

(a) 人工测量节理信息极点图　(b) 三维激光扫描节理信息极点图

图 4-9　人工测量和三维激光扫描测试信息对比图

表 4-2　人工测量和三维激光扫描巷道主节理面倾向倾角对比

主节理	Z+F 测量	手工测量
第一组	264°∠89°	255°∠84°
第二组	328°∠63°	322°∠65°
第三组	325°∠3°	330°∠0°

4.2.4.2　数字近景摄影测量的工程应用

（1）铁蛋山铁矿在研究巷道围岩稳定性过程中，采用 Sirovision 系统对回采进路及联通进路的切割巷道裸露岩面进行了调查，在合成的三维图上，根据主要节理裂隙的发育特征及结构面的延伸趋势，基于 Sirovision 后处理软件对节理裂隙进行了数字化识别，获得了如图 4-10 所示的节理面分布图。

对节理岩体结构面几何参数进行统计，结果如表 4-3 所示。从中可以看出，在该区域存在 3 组优势结构面，分别为 29°∠48°、66°∠80°、170°∠46°；节理面间距均值小于 0.5m，迹线长度均值均相对较小，表明在该区域内节理面高度发育，岩体比较破碎。

彩色原图

图 4-10　巷道三维图及节理分布

表 4-3　节理岩体结构面几何参数

参数	倾向/(°)	倾角/(°)	间距均值/m	迹长均值/m
第一组	29	48	0.4128	0.4567
第二组	66	80	0.3261	0.3456
第三组	170	46	0.2250	0.5476

(2) 焦家金矿-450m 中段，矿体赋存条件复杂，节理裂隙高度发育，矿岩破碎，稳定性差，给矿山安全生产带来了威胁。通过开展破碎岩体的节理调查分析研究，查明该区节理方位、节理面的组数进而推测岩体中危险块体的位置。Sirovision 系统获得的岩体结构面参数与实测值如表 4-4 所示，从中可以看出 Sirovision 系统测量值与罗盘量测值十分接近，测试结果表明该调查区内同样存在 3 组优势结构面，即 355°∠61°、100°∠82°、275°∠78°。

表 4-4　Sirovision 系统获得的岩体结构面参数与实测值对比

项目	倾向/(°)	倾角/(°)	误差			
			倾向		倾角	
			绝对/(°)	相对/(°)	绝对/(°)	相对/(°)
实测值 Sirovision 系统	353.0 355.4	59.0 61.0	2.4	0.7	2.0	3.4
实测值 Sirovision 系统	99.0 100.2	81.0 82.0	1.2	1.2	1.0	1.2
实测值 Sirovision 系统	276.0 275.3	77.0 78.0	0.7	0.3	1.0	1.3

依据节理分布信息，可以判断巷道围岩中是否存在楔形体。结合广义楔形体理论，如果该 3 组结构面同时出现在某个测区内且两两相交，则任何 2 组结构面均可构成“V”形结构，一旦该结构出现在巷道顶板中便具备了狭义楔形体的结构特征，此时巷道顶板极有可能出现冒落危险（如图 4-11 所示）。因此，楔形体的识别有助于判断岩体发生失稳的可能性和发生区域，也可指导矿山进行重点区域的支护，从而从整体上降低岩体垮冒风险，降低生产成本。

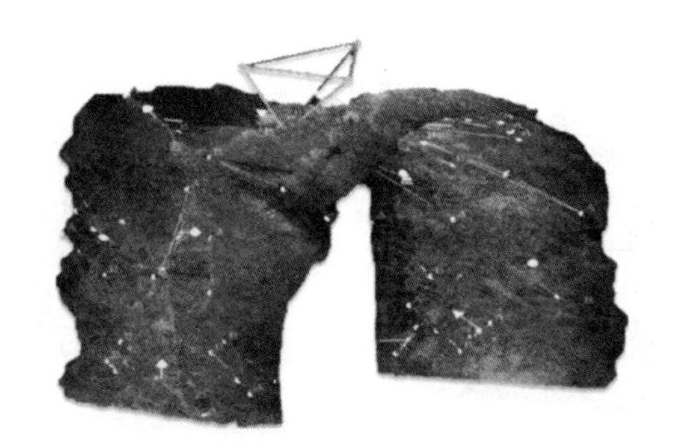

彩色原图

图 4-11 典型楔形体形态

4.3 岩体内部结构及损伤探测

岩体在形成过程中及地质运动的影响下会产生不同类型、不同规模的结构面，同时在工程开挖等扰动下也会产生不同程度、不同范围的损伤，岩体损伤会产生新的结构面。因此，岩体内部结构和损伤探测，都是探测岩体内部的不连续面的位置及分布范围，其测试方法均一致，只是需要区分是工程开挖前已经存在的，还是由于工程开挖引起的。

岩体内部结构及损伤的测试方法有：钻孔取芯、超声波法、钻孔摄像法、地质雷达、红外探测、瞬变电磁、高密度电阻率法等方法，重点介绍前面四种最常用的方法。

4.3.1 超前探孔

超前探孔是地质综合分析最直接的手段，它通过钻取岩芯，对探孔揭露出的地层岩性、构造、含水性、岩溶洞穴等的位置、规模做出较准确的判断。

4.3.1.1 钻孔设备

用于地质勘探，包括煤田、石油、冶金、矿产、地质、水文、有色、核工业勘探的钻探机械设备称为钻机。钻机按照钻进方式可以分为回转式钻机、冲击式钻机、振动钻机和复合钻机，超前探孔一般采用回转式钻机中的地质岩芯钻机。钻机一般由以下基本组成部分：

（1）回转机构：回转钻具带动钻头在孔底工作；

（2）给进机构：调整钻头在孔底工作所需要的钻压和控制给进速度；

（3）升降机构：用以完成钻具、套管和附属工作的升降，有的钻机还利用升降机构控制给进速度和给进压力；

（4）机架：根据钻机整体布局的特点，将上述各部件组装成一至两个整体，达到结构紧凑、便于安装、拆卸的要求。

4.3.1.2 定向钻进

一般情况下，钻探工程多为向下方钻进，对于隧道掌子面，可以采用超前探孔法，在特殊情况下可以采用定向钻进。在钻探施工中，利用自然造斜规律，采取人工造斜手段，或者两者并用，使钻孔按照预定轨迹延伸，达到预定目标的钻进方法，称为定向钻进。定向钻进节省钻探进尺，较好地保证钻探质量，减少防斜和纠斜的额外费用。

定向钻进一般使用于以下几种情况：

（1）由于地面情况限制而使用定向钻进，如图 4-12 所示。

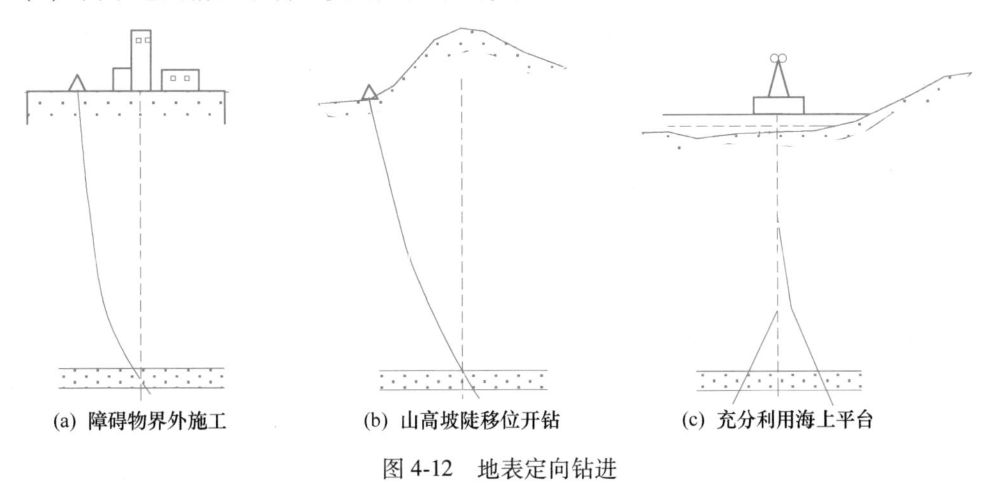

(a) 障碍物界外施工　(b) 山高坡陡移位开钻　(c) 充分利用海上平台

图 4-12　地表定向钻进

（2）由于地质条件要求而使用定向钻进，如图 4-13 所示。

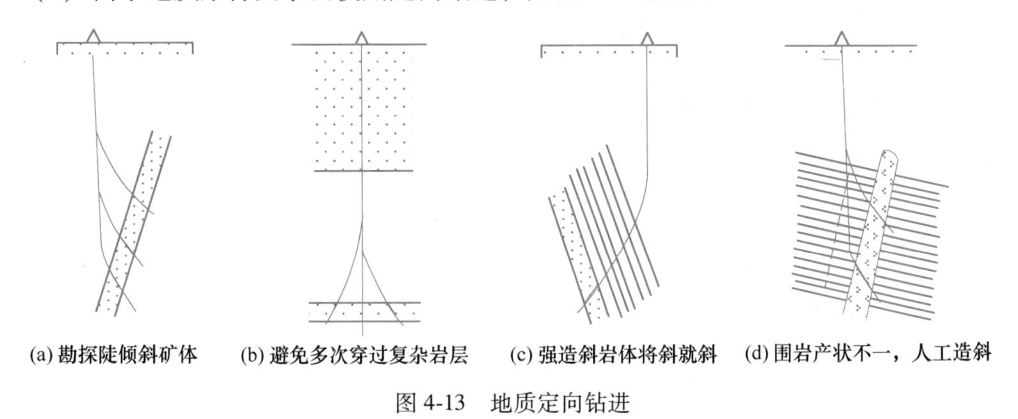

(a) 勘探陡倾斜矿体　(b) 避免多次穿过复杂岩层　(c) 强造斜岩体将斜就斜　(d) 围岩产状不一，人工造斜

图 4-13　地质定向钻进

（3）由于工程技术需要而使用定向钻进。

1）补取岩矿芯；

2）绕过孔内事故段或地下坑道及老窿；

3）打多孔，增加矿芯量、地下爆破装药量；

4）用定向孔开采地下固体矿产，或排出瓦斯；

5）敷设地下电缆或管道；

6）打有特殊要求的灌浆孔或冻结孔；

7）用定向孔查明要开凿竖井处的岩层等。

4.3.1.3　岩石质量指标 RQD

取出岩芯后，需要对岩芯进行描述。岩石质量指标 RQD（Rock Quality Designation）是表示岩石完整性的一种指标，是利用直径 75mm 的金刚石钻头和双层岩芯管在岩石中钻进，连续取芯，回次钻进所取岩芯中，长度大于 10cm 的岩芯段长度之和与该回次进尺的比值，以百分比表示。RQD 的定义为钻孔时获得大于 10cm 的岩芯断裂块总长度与钻探进尺总长度之比，用式（4-4）表示：

$$\mathrm{RQD} = \frac{\sum L_i}{L} \times 100\% \tag{4-4}$$

式中　$\sum L_i$——钻孔时获得大于10cm完整岩芯长度之和，m；

L——钻探进尺总长度，m。

岩芯是通过钻井取芯获得的最直观、最可靠地反映地层地质特征的第一手资料。岩芯图像扫描技术的应用，使岩芯研究管理工作开始向信息化、数字化技术迈进。这里以Core Profiler岩芯快速成像与编录分析系统为例介绍岩芯的快速成像与编录。

Core Profiler岩芯快速成像与编录分析系统（如图4-14所示）由澳大利亚联邦科学与工业研究组织（CSIRO）研发完成，该系统使用单反相机对岩芯进行拍摄后，在计算机中由软件自动拼接完整岩芯样品（总回次进尺），进而在岩芯上进行可视化编录数据处理，可测量或计算例如α角、β角、结构面倾角倾向、RQD等数据，同时可对孔口测斜、岩性、含水量、硬度、初见水位、返水率等数据进行编录。

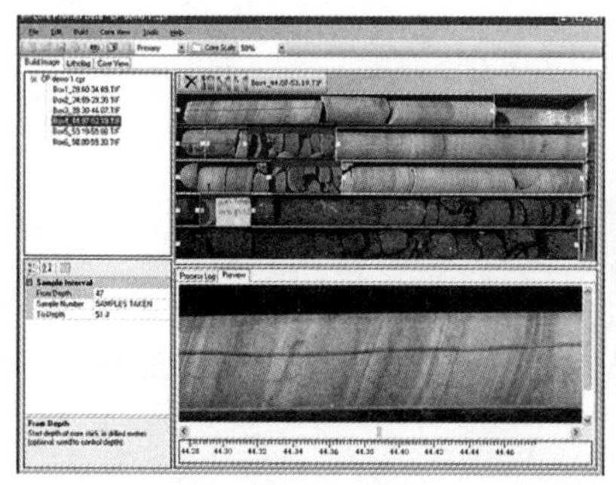

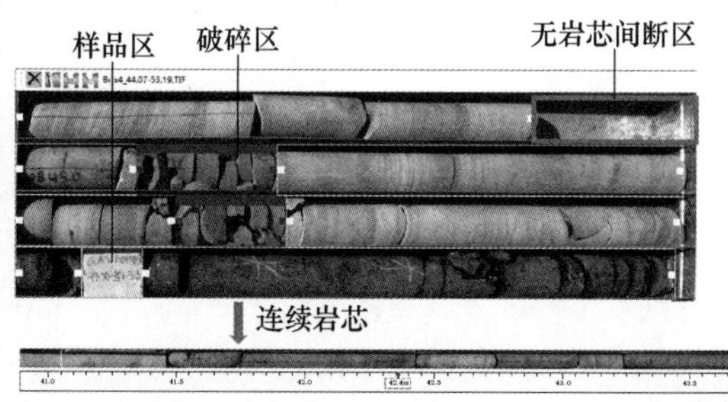

图4-14　Core Profiler岩芯快速成像与编录分析系统

彩色原图

设定岩芯起始深度，标注出岩芯破碎段、间隔段、样品等参数，软件自动拼接完整岩芯图片。可导入岩芯局部细节图片和地质数据，并将所有数据赋值到系统中进行识别和编录。在岩芯上进行可视化数据测量与计算，建立岩芯原始数据库，便于管理、审核、复查等工作。值得注意的是由于在深部地下工程中会出现岩芯饼化现象，RQD值不能完全适用（如图4-15所示）。

彩色原图

图4-15　钻孔岩芯饼化现象

钻孔布孔位置带有一些偶然性，不能保证每孔都能达到预测目的，同时钻孔成本高、对施工干扰大，不宜广泛采用。但是，在特殊复杂地质洞段，特别是物探揭示掌子面前方某一深度内存在重大异常时必须进行超前探孔，并合理纳入预报措施及施工组织中。

4.3.2 岩体声波探测

岩体声波探测是指以人工的方法，向介质辐射声波，并观测声波在介质中传播的特性，利用介质的物理性质与声波传播速度等参数之间的关系，探测岩体的地质构造、物理和力学性质。声波技术应用于岩体测试约是20世纪60年代开始，包括声波测量、声波衰减和声发射测量，是一种介于地球物理勘探和工程震动之间的测试技术。目前，岩体声波测试已发展成为应用声学的一个独立分支，研究岩石或岩体中声波产生、传播、接受及各种效应，它是声学技术和岩石力学与工程相互渗透的结果。

声波具有机械波的特性，通常所说的声波是指在空气中传播人耳所能感觉到的，频率在20Hz~20kHz的弹性波，而频率低于20Hz的次声波和频率高于20kHz的超声波是人耳不能听到的。在声波探测技术中，习惯上把声波和超声波合在一起，泛称为声波。

以弹性动力学为基础，声波引起的介质质点运动与介质的力学特性关系比较密切，对于解决工程地质评价，尤其是岩体稳定性评价问题，能给出定量指标。具有简便、快速、经济、便于重复测试、对测试的岩体（岩石）无破坏作用等优点；测试成果易得到推广应用，为工程设计和施工得到全面而可靠的数据和资料。其主要作用有：

（1）对工程岩体进行分类、分级。

（2）评价工程围岩的稳定性。包括围岩松弛带范围的测定和围岩稳定性的定期观测。

（3）确定地质剖面、风化层厚度。配合进行工程地质勘探钻孔。

（4）岩石和岩体的物理力学性质的测定和估算，如动弹性模量、泊松比等。

（5）岩体中存在缺陷，如构造断裂、岩溶洞穴的位置、规模，张开裂隙的延伸方向和长度的探测。

（6）工程施工及加固措施效果的检查，如爆破、喷锚支护、补强灌浆的质检。

4.3.2.1 基本原理

声波探测是通过探测声波在岩体内的传播特征，研究岩体性质和完整性的一种物探方法。具体来说，就是用人工的方法在岩土介质中激发一定频率的弹性波，这种弹性波以各种波形在岩体内部传播并由接收仪器接收。对于同一种激发弹性波，穿过不同的岩层后，发生的改变各不相同，这主要是由于岩体的物理力学性质各不相同所致。

当岩体完整、均一时，声波有正常的波速、波形等特征；当传播路径上遇到裂缝、夹泥、空洞等异常时，声波的波速、波形将发生变化；特别是当遇到空洞时，岩体与空气界面要产生反射和散射，使波的振幅减小。总之，岩体中缺陷的存在破坏岩体的连续性，使波的传播路径复杂化，引起波形畸变，所以声波在有缺陷的地质体中传播时，振幅减小，波速降低，波形发生畸变（有波形，但波形模糊或晃动或有锯齿），同时可能引起信号主频的变化。因此，弹性波在岩体中的传播特征就反映了岩体的物理力学性质，如动弹性模量、岩体强度、完整性或破碎程度、密实度等。据此可以判别围岩的工程性质，如稳定性，并对围岩进行工程分类。其原理如图4-16所示。

对岩石来讲，岩石的组分和结构决定着弹性波的传播速度和能量。对于岩体，波的传播速度则取决于组成岩体的不同性质的岩石和结构面。在各向同性无限大介质中，必须有且仅有两种弹性波存在，即纵波和横波。但在有界固体介质中的声波，在边界附近（不同介质界面）将产生表面波（图4-17），如瑞利波和勒夫波等。

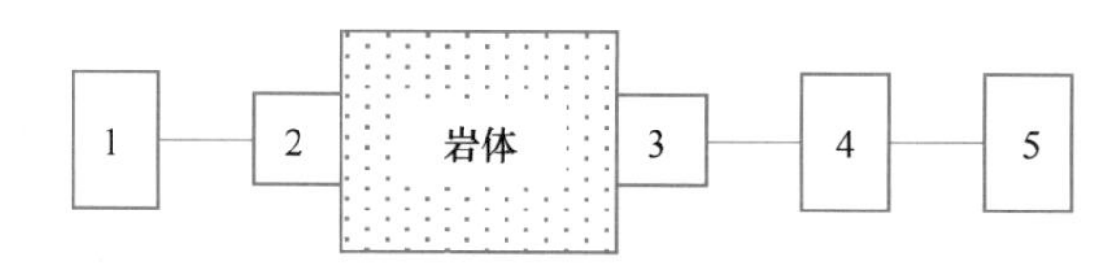

图 4-16　声波测试原理示意图

1—振荡器；2—发射换能器；3—接收换能器；4—放大器；5—显示器

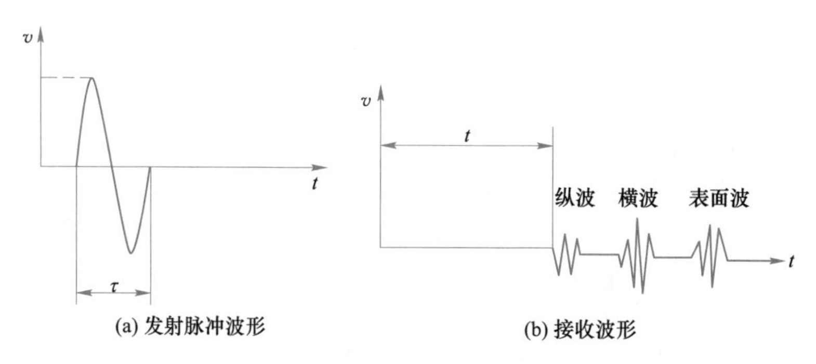

图 4-17　声波发生和接收波形

由现场和试验室研究表明，弹性波在岩体中的传播速度与岩体的种类、弹性参数、结构面、物理力学参数、应力状态、风化程度和含水量等有关，具有如下规律：

（1）弹性模量降低时，岩体声波速度也相应地下降，这与波速理论公式相符。

（2）岩石越致密，岩体声速越高。波速公式中，波速与密度成反比，但密度增高，弹性模量将有大幅度的增高，因而波速也将越高。

（3）结构面的存在，使得声速降低，并使声波在岩体中传播时存在各向异性。垂直于结构面方向声速低，平行于结构面方向声速高。

（4）岩体风化程度大则声速低。

（5）压应力方向上声波速度高。

（6）孔隙率 n 大，则波速低，密度高、单轴抗压强度大的岩体波速高。

（7）声波振幅同样与岩体特性有关，当岩体较破碎、节理裂隙发育时，声波振幅小，反之，声波振幅较大。垂直于结构面方向传播的声波振幅较平行方向的小。

（8）岩体不均匀和各向异性，则其波速与频谱也相应表现出不均一和各向异性。

声波测试一般以测纵波速度（v_p）为主，同时记录波幅，进行频谱分析。声波探测用于地质结果探测和损伤区测试，常见的有反射波法和透射波法两种，对应的声波测试方法为单孔声波测试和跨孔声波测试。其中，单孔声波测试是采用发射波的方法，采用一发双收井下换能器，在钻孔沿井壁发射、接收声波信息；跨孔声波测试是采用声波透射波法，利用两个钻孔进行跨孔声波探测。通过测试获取岩体的 v_p-L 曲线，探测岩体中的软弱夹层、裂隙和断层的范围或损伤区范围。单孔和跨孔声波的测试原理如图 4-18 和图 4-19 所示。

声波测试设备应包括换能器、采集仪及其他辅助装置。

（1）换能器。岩体声波测试常用的换能器有两种。

1）增压式换能器。其结构是将多个圆片形晶片平行等间隔排列并垂直于增压管内壁

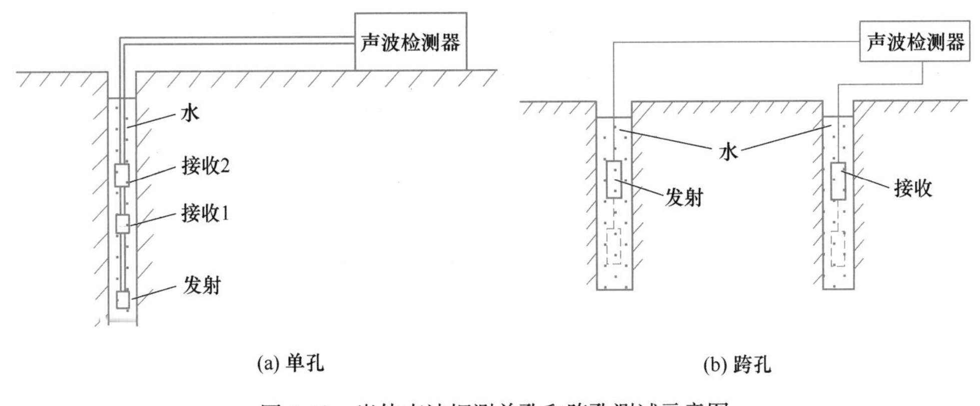

图 4-18 岩体声波探测单孔和跨孔测试示意图

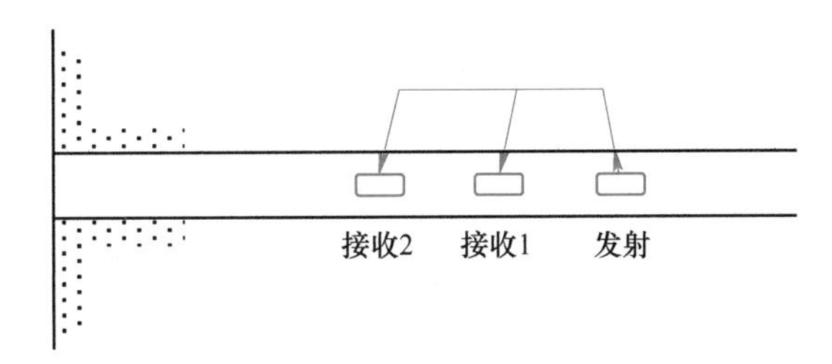

图 4-19 单孔声波测试原理示意图

粘牢，增压管是由两个半圆管对接而成的，中间留有缝隙，各晶片的电极并联连接，如图 4-20 所示。工作原理是晶片两边加交变电压时晶片厚度方向胀缩的同时，径向发生伸缩变形，带动增压管发生径向振动。它比单片时的发射、接收效率高若干倍。低频换能器的体积不大，频带较宽，常用于双孔间透视。

2）测井换能器。测井换能器为一种圆柱状换能器，内装一个用于发射的压电晶体和两个用于接收的压电晶体，3 个压电晶体间用传声速度较慢的隔声管连接起来，组成一个发射、两个接收的测井换能器，如图 4-21 所示。由发射换能器发出的声波进入孔壁岩石，其中的滑行波沿孔壁滑行先后到达接收换能器并被接收下来，适用于在单个钻孔中测量孔壁的声波速度。

如果弹性波以临界角 φ 入射到分层介质 A 和 B（对应波速 v_1 和 v_2）时，如图 4-22 所示，在孔壁能检测到三种传播路径不同纵波：由声源直接传播来的直达波；声波传播到交界层面时沿交界面行走一段的滑行波，再折射回上面岩层的折射波；声波传到下面孔壁上直接反射回来的反射波。

为了保证收到的波形为岩体中的滑行波，避免收到发射探头与接收探头之间在水中的直达波，应采取以下主要措施：利用岩体波速大于水的波速，选择发射与接收探头之间的合适距离；在两探头之间加上滤波器，把直达波吸收掉；在两探头之间加上低波速材料并在材料上打孔，尽量延长直达波的到达时间。单孔声波检测换能器的结构一般为：发射至接收 1 距离为 20cm，接收 1 至接收 2 距离为 20cm。

换能器都有不同的谐振频率可供选用，频率较高者，分辨能力较好，但穿透能力小；频率较低者，分辨能力低些，但穿透能力大。换能器与被测岩体耦合尺寸越大、岩体越破

(a) 实物图

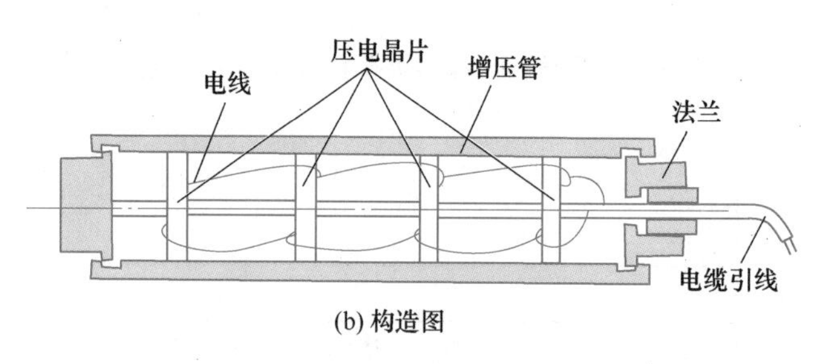

(b) 构造图

图 4-20 增压式换能器

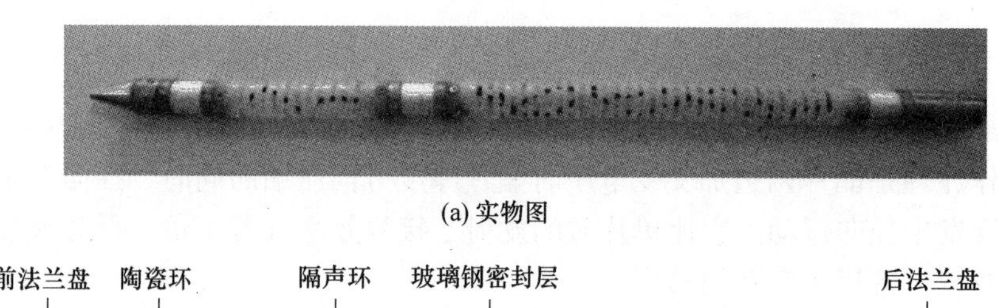

(a) 实物图

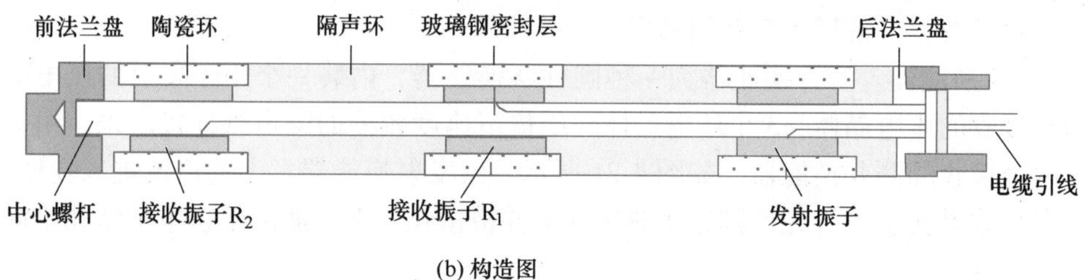

(b) 构造图

图 4-21 测井换能器

碎和测距越远时，发射传感器的频率应选越低。

（2）采集仪。声波探测仪的显示系统有两种：数字显示和波形显示，声波仪主要由发射系统和接收系统两部分组成。其工作原理是，逻辑控制器启动发射机，同时开始计时；发射机向发射换能器发射电脉冲，激励晶片振动，产生声波，向岩石发射；在岩石中传播的声波被接收换能器接收，把声能转换成微弱的电讯号送至接收机，经放大、模数转换、存贮，同时停止计时；在屏幕上显示出波形图或直接读数声波的传播时间 t、振幅、频率等波形参数，根据已知的探测距离 L，便可计算出声波的速度，如图 4-23 所示。

（3）测岩体（石）的耦合。由于换能器与被测岩面接触时，有一层空气隙。声波在两个界面上将产生反射而损耗能量，反射能量大小与界面两边波阻抗有关，波阻抗差别越

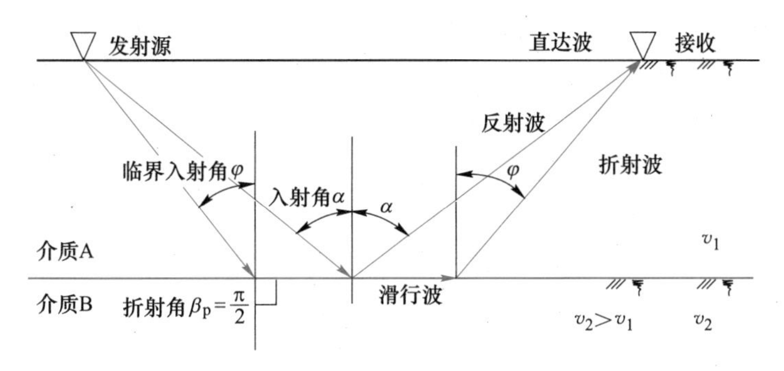

图 4-22　折射法声波测试原理图

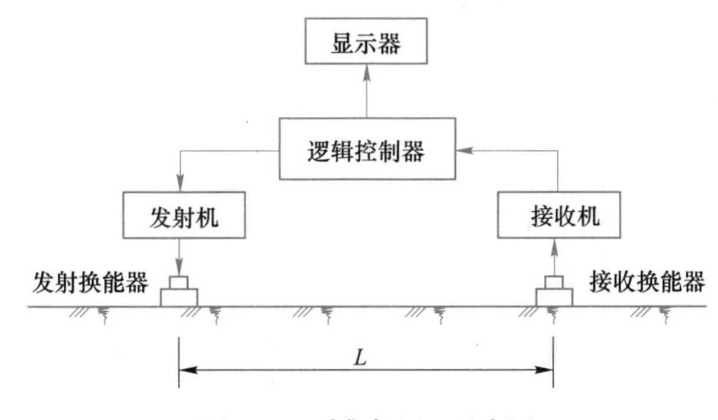

图 4-23　采集仪原理示意图

大，反射能量越大，与换能器、岩石波阻抗相比，空气波阻抗很小，波阻抗差别很大，因而声波从换能器进入空气隙，又从空气隙进入岩体经过两道反射较强的界面，能量损耗很大，因此测试岩体与换能器之间需要耦合。耦合方法是将空气隙填满某种波阻抗与岩石和换能器差别不大的介质，使声波从换能器耦合到岩体中去。耦合剂是实现耦合的介质，常用的耦合剂是黄油和水，一般试件测试和平面测试，常用黄油；孔中测试则灌满水。

（4）辅助装置。岩体声波测试的辅助装置包括耦合介质输送装置、推拉杆及封堵装置等。

4.3.2.2　现场测试及数据分析

测试方案制定应包括测前地质描述、测试断面与钻孔布置、测试准备工作。

地质描述应包括下列内容：

（1）测区岩石名称、结构及主要矿物成分。

（2）结构面产状、宽度、充填物性状、延伸方向及其与测线的相互关系。

（3）测区地质展示图及剖面图。

测试断面与钻孔布置应符合下列要求：

（1）应根据工程规模、地质条件、围岩应力大小、爆破施工方法、支护形式及围岩的时间和空间效应等因素，选择有代表性的断面进行观测。

（2）测点、测线、测孔的布置要有明确的目的性，要根据实际工程地质情况、岩体力学特性及建筑形式等进行布设。

（3）还要考虑到围岩层理、节理的方向与测孔方向的关系。

（4）可采用单孔、双孔两种测试方法，或在同一部位呈直角相交布置三个测孔，以便充分掌握围岩结构对声波测试结果的影响。

（5）单孔声波测试钻孔应布置在同一横断面处。

（6）跨孔声波测试宜沿洞轴方向平行布置两个断面，两断面间距可根据岩体完整性确定，间距不宜大于2.0m。

（7）每个断面上的钻孔数量应根据洞室的形状和尺寸确定，一个断面上的钻孔数量宜不少于6个。

（8）钻孔宜分别布置在边墙、洞腰、洞顶和起拱处。

（9）观测孔的深度，应超出应力扰动区2倍范围，观测孔的方向应垂直洞室壁面。

围岩松弛深度测试准备工作应符合下列要求：

（1）测试钻孔应进行编号。

（2）钻孔应冲洗干净，不得留有残渣。

（3）孔间穿透声波测试时，应测量两孔口中心点距离、钻孔倾角和方位角。距离测量应准确至0.01m，角度测量应准确至0.1°，计算不同深度处两测点的间距。

（4）对上倾或不能储水测孔，应采取有效的供水、止水措施。

（5）对遇水膨胀等软岩应采用干孔换能器。

（6）测试前可利用浅水池模拟现场测试，将换能器按间距从小至大平行移动，逐点测记初至波到达时间，绘制时距曲线，确定仪器与换能器系统零延时。

（7）测试前应对测试仪器设备性能进行检查，检查内容应包括仪器触发灵敏度、换能器性能等。

单孔声波测试步骤：

（1）将钻孔冲洗干净，孔内注满清水。若孔为上倾孔，应采取有效堵水和补水的措施。

（2）连接非金属声波参数测试仪和换能器。

（3）连接推拉杆与换能器，并将其整体放置于钻孔内，推送到钻孔底部。

（4）设置仪器参数，包括钻孔名称、测试日期、测试人员、钻孔深度、换能器连接方式、换能器移距等。

（5）使声波仪处于正常工作状态，将换能器用刻度撑杆准确地推至每一测点，观察波形变化情况，并调整增益、时间延迟等采样参数，使初至波位于屏幕内和初至波波形不能削波，待波形稳定后且初至波起跳明显时停止采样，保存波形数据。

（6）换能器移动至下一测点，测点距离一般为0.2m，待接收到的波形稳定后保存波形。

（7）重复以上（5）和（6）过程，直到整个钻孔测试结束。

（8）每个钻孔每次宜测试两遍，应随机选取总测点数的5%进行对比，时间允许相对误差应小于3%，误差较大时，应重新测试。

（9）对进行长期观测的孔，应按一定时间间隔进行测读，记录各测点的深度及其传播时间。

单孔声波测试波速计算公式：

$$v_p = \frac{L_1}{t_2 - t_1} \times 10^{-3} \tag{4-5}$$

式中 L_1——两接收换能器之间的距离，mm；

t_1——近发射换能器的接收换能器所接收到的首波初至时间，μs；

t_2——远发射换能器的接收换能器所接收到的首波初至时间，μs。

跨孔声波测试步骤与单孔测试基本相同，需要注意的是：

(1) 需要量测两孔口中心点的距离。当两孔轴线不平行时，应量测钻孔的倾角和方位角，计算不同深度处两测点间的距离。

(2) 跨孔声波采用两个换能器，两个换能器分别与采集仪的发射端口和采集端口连接即可。

(3) 需要设置延时，延时需要根据钻孔间距及预估的岩体波速范围确定，保证首达波能够完整显示在视窗范围内。

(4) 跨孔声波常采用同步测试方式，因此推送换能器时应保证两个换能器在相同深度，测试过程中同步提升。

跨孔声波测试波速计算公式：

$$v_p = \frac{L_2}{t_p} \times 10^{-3} \tag{4-6}$$

式中 L_2——声波发射点与接收点之间的距离，mm；

t_p——从发射点经岩体传播到接收点的首波初至时间，μs。

根据测试结果整理出每个测孔的 v_p-L 曲线。常见的曲线形式可以归纳为以下四种类型（图 4-24）："一" 形，无明显分带，表示围岩较完整；"L" 形，无松弛带，有应力升

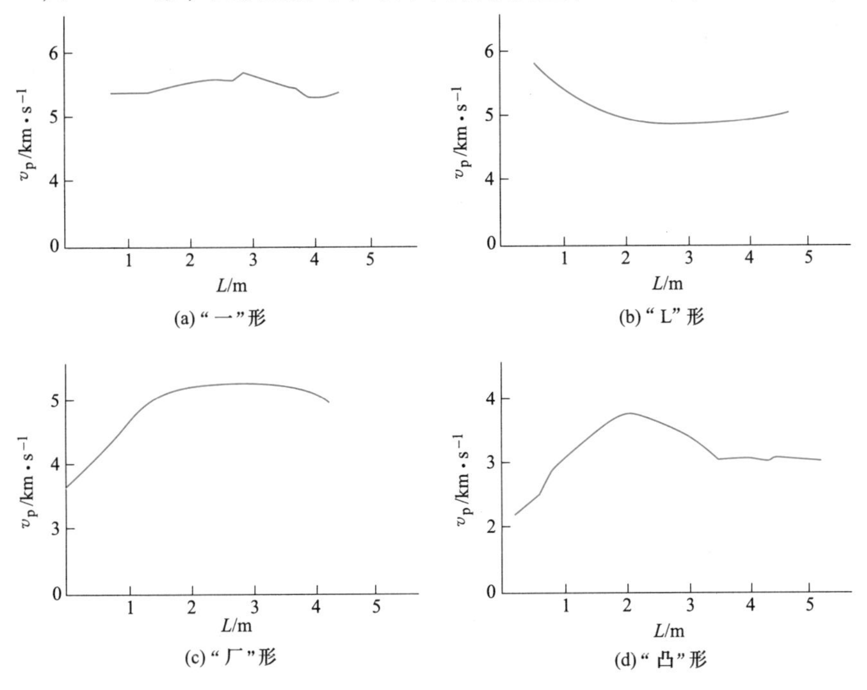

图 4-24 波速与孔深关系曲线（v_p-L）

高带，表示围岩较坚硬；“厂”形，有松弛带，应分析区别是由于爆破引起的松动还是由于围岩进入塑性后的松动；“凸”形，松弛带、应力升高带均有。

以上所述只是一般情形。但有时波速高并不反映岩体完整性好，如有些破碎硬岩的波速就高于完整性较好的软岩。

还采用了完整性系数 K_v 和裂隙系数 L_s 来描述岩体的结构特征。K_v 越接近 1，表示岩体越完整。在软岩与极其破碎的岩体中，有时无法取出原状岩块，不能测出其纵波速度，这时可用相对完整系数 K_s 代替 K_v。

$$K_v = \left(\frac{v_{mp}}{v_{rp}}\right)^2 \tag{4-7}$$

$$L_s = \frac{v_{mp}^2 - v_{rp}^2}{v_{rp}^2} \tag{4-8}$$

式中 v_{mp}——岩体的纵波速度；

v_{rp}——岩块的纵波速度。

v_{mp} 要在被测岩体附近小范围内，选择节理不发育的完整岩体中测定，以保证 v_{mp} 与 v_{rp} 是在同样应力条件下测得的。岩体完整程度的分级如表 4-5 所示。

表 4-5 岩体完整程度的分级

岩体完整度的描述	完整性系数	裂隙系数
极完整	>0.9	<0.1
完整	0.75~0.9	0.1~0.25
中等完整	0.5~0.75	0.25~0.5
完整性差	0.2~0.5	0.5~0.8
破碎	<0.2	>0.8

4.3.3 钻孔摄像法

钻孔摄像技术（BCT）自 20 世纪 50 年代诞生以来经历了钻孔照相（BVC）、钻孔摄像（BVC）和数字光学成像（DBOT）3 个发展阶段，是目前应用和发展较快的一种技术。现阶段的数字光学前景钻孔电视（OPTV 及 OBI-40）与数字式全景钻孔摄像系统（DPBCS）则是国际上最具代表性的两种数字光学成像系统。

数字钻孔电视改变了传统观测方法，可以对钻孔进行探测和提供直观的全景孔壁图像，并以全景、快速探测及造价低廉的特点弥补了其他钻孔摄像技术的不足。

4.3.3.1 基本原理

数字钻孔摄像测试过程，本质上是将探头沿钻孔壁拍摄记录后通过处理重新形成孔壁柱面的过程，利用探头内部的 CCD 摄像头，通过某种反射装置透过探头观测窗和孔壁环状间隙的空气或者井液（如清水或轻度的浑水）将探头侧方被光源照亮的一小段孔壁，连续拍摄并通过综合电缆传输到地面后叠加深度记录存储，该段孔壁图像经室内或现场数字化成图，形成完整的测井结果图像，并开展综合分析获得测井结果。

在数字光学成像设备中，采用了一种特定的光学变换，即截头的锥面反射镜，实现了将360°钻孔孔壁图像反射成为平面图像。这种平面图像称为全景图像，由于钻孔呈圆柱状，这种全景图像则不失其三维信息。全景图像可以被位于该反射镜上部的摄像机拍摄，如图4-25所示。

经过这种光学变换，形成的全景图像呈环形状，发生了扭曲变化，不易被直接观测。因此，一种将全景图像还原成原钻孔形状的逆变换是必要的，这种逆变换可以通过计算机算法来实现。为此，首先需要数字化全景图像，建立原钻孔与全景图像的变换关系，然后开发相应的软件，通过该软件，实现全景图像到平面展开图或虚拟钻孔岩芯图的同步显示。平面展开图是一幅包含一段完整（360°）钻孔孔壁的二维图像，就像孔壁沿北极垂直劈开，然后展开成平面。虚拟钻孔岩芯图为一幅三维图像，是通过回卷平面展开图而成的一个柱状体，当观测点位于该柱状体的外部时，所观测到的就是虚拟钻孔岩芯图。与平面展开图相比，虚拟钻孔岩芯图提供了关于空间形状和位置的更逼真的信息。另外，虚拟钻孔岩芯图也可以通过软件进行旋转以观测其他不能同时看到的部分。

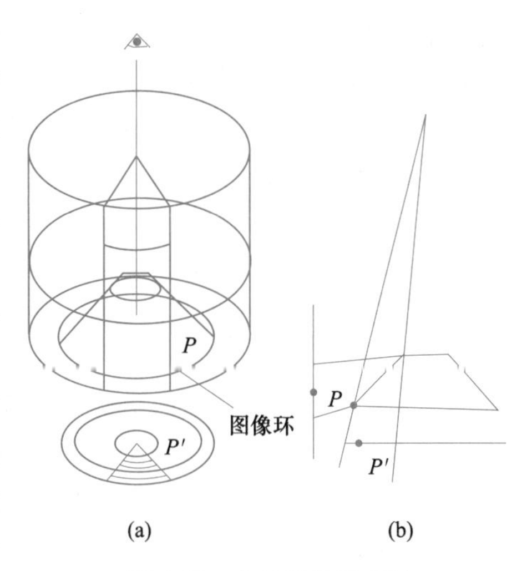

图4-25　全景图像示意图

数字全景钻孔摄像主要由探头、深度测量器、集成控制箱、数据记录器（便携式媒体播放器或计算机）、电缆、用于水平或倾斜钻孔的测杆组成。图4-26显示了数字钻孔摄像系统所有组件的安装和连接图。

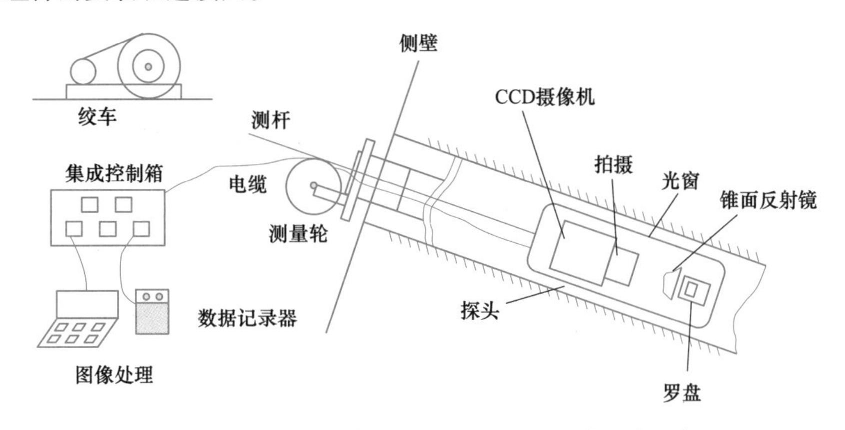

图4-26　数字钻孔摄像机原位测试系统的安装连接示意图

（1）探头。探头是采集井壁图像的核心部件，可选择的直径尺寸在40~72mm范围内。钻孔直径应在42~180mm范围内，特别是当小于110mm时，可以获得更好的孔壁图像质量，从而可以更有效地识别裂隙和损伤区。

数字钻孔摄像机的关键部件是安装在探头内的锥面反射镜。锥面反射镜的功能如下：

1）反射探头光源发出的光，从而照亮井壁。

2）将井壁图像反射到探头中，供摄像机记录。

3）锥面反射镜顶底面的半径决定了全景图像的半径。此外，锥面反射镜的变形模式决定了全景图像中井壁图像的变化方式。

全景图中明显的裂隙是锥面反射镜上裂隙的投影。全景图中用一个圆环表示井壁，圆环的内圆为井壁的上端，外圆为井壁的下端。环上显示的井壁上某一点的位置与该点的方位有关。在全景图中，水平裂隙和垂直裂隙分别呈同心圆和径向线，而倾斜裂隙则呈圆锥曲线。图 4-27（a）~（e）显示了全景图中向东延伸裂隙的变化性质。如图 4-27 所示，*A*、*C* 和 *M* 点位于裂隙上，*B* 点和 *D* 点分别位于西和东方向。如图 4-27（a）所示，锥面镜的下侧在裂隙的最高点 *A* 之上；尖点 *A* 和它周围的部分裂隙在外圆，看起来像一条圆锥曲线。如图 4-27（b）所示，*B* 点与 *A* 点位于同一位置。如图 4-27（c）所示，锥面镜位于裂隙的中间，*C* 点位于裂隙的南部，方位为 180°。图 4-27（d）表示锥面镜的上部将位于井壁中的 *D* 点上方。如全景图所示，点 *D* 从外圈移动到内圈的边缘，准备离开圆环。此外，如图 4-27（e）所示，锥面镜的下侧在裂隙的最低点之上。尖点 *M* 处于 90° 的方位，其周围的裂隙显示为圆锥形。

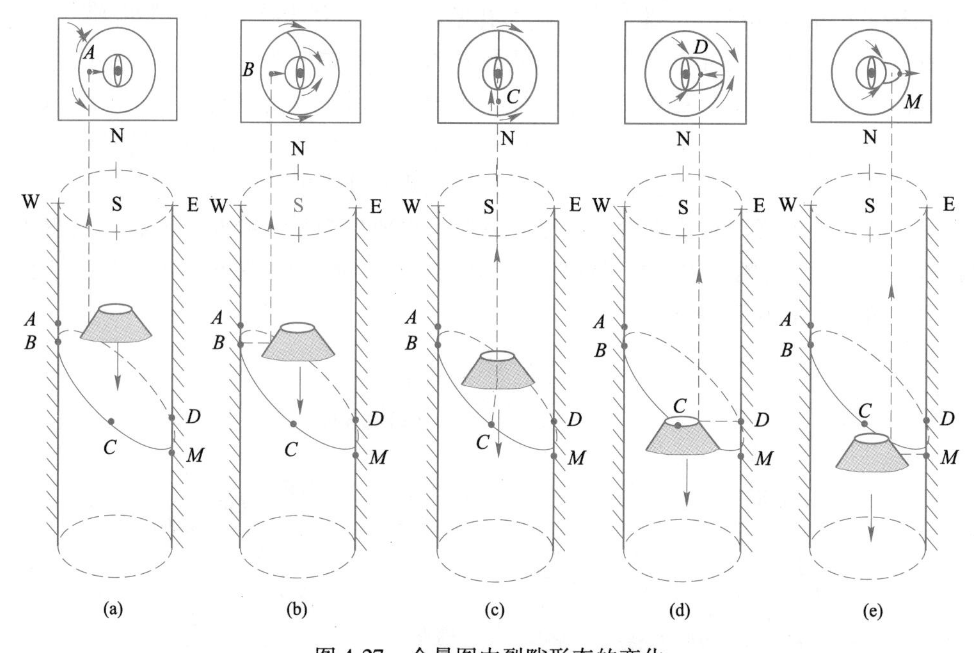

图 4-27　全景图中裂隙形态的变化

（2）深度测量器。有两种方法可以测量探头在钻孔中的深度。一种方法是手工记录每个测杆的长度，另一种方法是使用安装在钻孔出口的深度测量器来测量深度。深度测量器测量的深度数据可以实时显示在井壁全景图像上，并与图像文件一起存储。深度测量器主要由测量轮、光电转角编码器和采集板组成。其中，测量轮通过杆或电缆与轮之间的摩擦旋转，光电转角编码器以电子脉冲计数方式记录深度。采集板将杆或电缆穿过测量轮的距离转换成电子信号，然后根据测量轮的旋转角度和电子脉冲数来计算深度。最后，信息将被传送到集成控制箱中的接口板，并叠加在全景图像上。

（3）集成控制箱和数据记录器。集成控制箱是整个测试系统的电源，控制视频信号和深度脉冲信号的采集、输入和输出。它还用于连接数据记录器和实时图像采集接口。数据记录器以两种不同的方式存储井壁图像和深度信息。一种方法是利用视频采集设备获取

AVI 格式的视频文件，并将其传输到个人计算机进行图像处理。在这种情况下，便携式媒体播放器可以作数据记录器，也可以作视频监视器。另一种方法是通过集成控制箱中的接口连接个人计算机，并在专门的软件平台上直接获取平整的井壁图像。

（4）电缆和测杆。钻孔可分为垂直、水平和倾斜三种类型。当现场测量的钻孔为垂直或亚垂直（包括倾角 75°~90°）时，需要一些特殊的承载电缆来承担深钻孔中探头的重量和地下水压力。对于倾斜角度为 0°~75°的水平和倾斜钻孔，应采用测杆。

4.3.3.2 测试过程

A 钻孔布置

钻孔的布置取决于所确定的试验目的，通常有两种布孔方法。

（1）当试验目的是了解岩体结构时，可以在岩体任何位置、任何角度直接钻孔，如图 4-28（a）所示。

（2）当试验目的是研究岩体的损伤区及断裂演化时，应在地下工程开挖前预先钻孔（图 4-28（b）），以便区分原始裂隙及新生裂隙，同时可以观察围岩在施工前、施工中和施工后裂隙萌生、扩展和闭合的全过程。

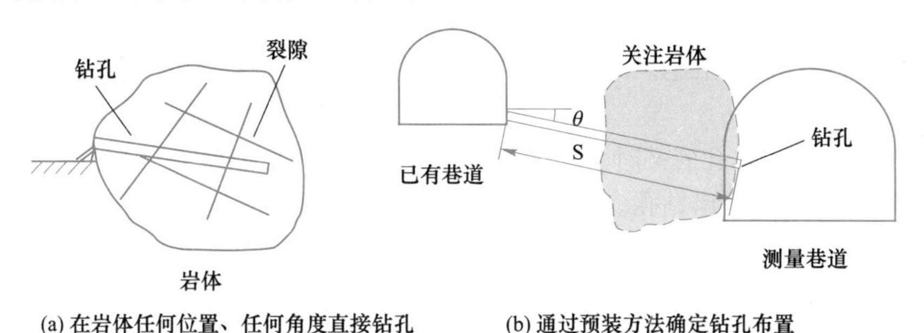

图 4-28 测量岩体裂隙的钻孔布置示例

图 4-28（b）所示的是在地下工程中，钻孔从预挖的地下巷道钻至试验对象的例子。为了充分揭示裂隙的特征及其演化过程，同时考虑到 CCD 摄像机的性能和钻孔图像的可获得性，建议钻孔直径在 42~110mm 之间。钻孔的长度和倾角由试验场地和被观测对象之间的距离、空间位置决定。但是很重要的一点是，钻孔必须穿过试件周围的岩体，例如钻孔需要穿过待开挖试验巷道的侧壁。

B 钻孔和检查

如上所述，冲击钻孔和旋转钻孔这两种方法都是可以的，但更建议在旋转钻进中取芯，同时采用金刚石钻头钻进。岩芯与井壁图像的综合对比，有助于更好地了解地质条件和岩体裂隙。钻孔长度和方向的选择要考虑被测物体的位置。

所有要观察的钻孔应在钻完后使用清水冲洗钻孔，以清除碎屑或破碎岩石。但当地层松软或破碎时，应采用膨润土或套管防止塌孔。当光学相机不能有效地观察井壁时，应使用清水冲洗试验主要涉及的部分，同时拉出套管。如果在钻孔严重坍塌的情况下，探头无法通过，可以使用钻杆来处理碎片或破碎的岩石。如果所有补救措施都不起作用，则必须报废钻孔，并在该位置附近钻一个新的钻孔。

C 岩体裂隙观测

(1) 分析钻孔记录和相关直方图。如果采用旋转钻进法，并有岩芯，可初步分析地层、地质缺陷和地下水的特征。

(2) 平整试验场地以安置所有监测设施和相关附属设备，同时连接水泵和水管，清理试验钻孔，清除灰尘、泥浆和钻孔废渣。

(3) 连接测试设备，在钻孔附近安装并固定深度测量器，通过深度测量轮安装推杆，并将推杆调整到钻孔的中心。

(4) 选择直径合适的探头（根据孔径大小），将探头放入孔口，并与推杆紧密连接。

(5) 依次连接电源线、全景摄像探头信号线、深度脉冲信号线、视频信号线和计算机接口。

(6) 接通电源，按下灯光开关和零深度开关。

(7) 打开数据记录器开始记录。

(8) 通过使用测杆（每根杆的长度为 1.0m 或 1.5m）或电缆，使探头自上而下缓慢地在钻孔中运行，注意探头的前进速度应小于 1.5m/min 且保持不变，以获得清晰的图像。

(9) 根据摄像机对钻孔的观察，每隔 1.0m 或 1.5m 手动记录钻孔中探头前进的深度，同时在数据记录监控屏幕上记录深度。实时描述监控视频中的地下水、岩体完整性和裂隙等因素。

(10) 当探头到达钻孔底部时，测试完成。关闭摄像机和控制箱电源，保存视频文件。拆卸推杆并将探头缓慢拉出钻孔。

(11) 检查探头状态，清洗并装入专用盒内，检查深度测量器、集成控制箱、计算机、泵等设备后离开试验现场。

D 数据分析

以视频文件格式存储的数字图像，将在专门开发的软件中进行数字图像处理，从而可以获得平面展开图和虚拟钻孔图的制作图像，如图 4-29 所示。

(a) 平面展开图

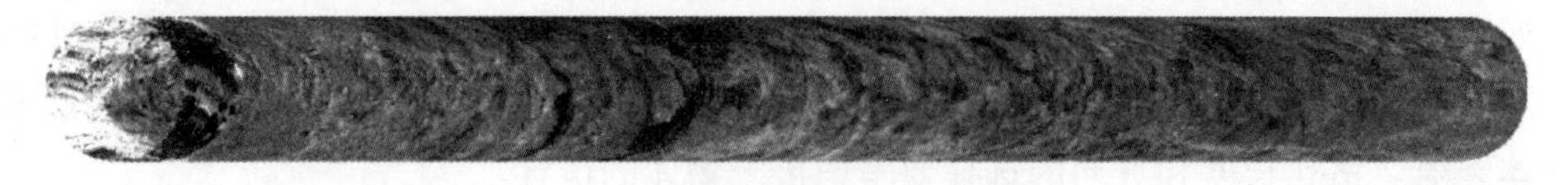

(b) 虚拟钻孔图

图 4-29 钻孔摄像结果图

彩色原图

进一步的分析包括岩石岩性、裂隙分布、位置、产状、宽度、演化特征。

为识别损伤区，需要利用钻孔数字光学相机对不同时间观测的井壁进行一系列的展平成像，然后分析新裂隙和既有裂隙的宽度特征、长度特征和产状的演化特征，并通过比较不同时间观测到的这些平面图像，检测到新裂隙的区域即可确定为损伤区。如图 4-30 所示。

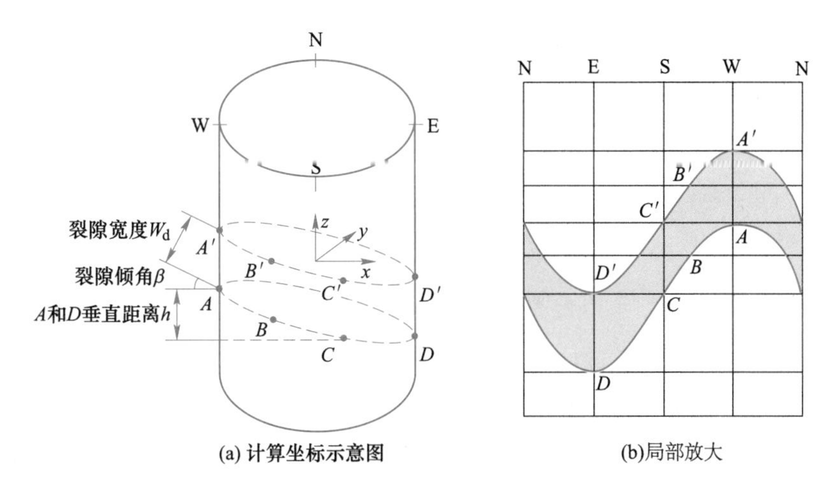

图 4-30　断裂产状计算坐标示意图

4.3.4　地质雷达

地质雷达（Ground Penetrating Radar，GPR）方法是一种用于探测地下介质分布的广谱电磁技术。一套完整的探地雷达通常由雷达主机、超宽带收发天线、毫微秒脉冲源和接收机及信号显示、存贮和处理设备等组成。

经由发射天线耦合到地下的电磁波在地下介质传播过程中，当遇到存在电性差异的地下目标体后，产生反射波，接收机将接收到的回波信号送到信号显存设备，通过显示的波形或图像可以判断地下目标体的深度、大小和特性等。

地质雷达技术起源于德国科学家 Hulsmeyer 在研究埋地特性时的专利技术。直到 20 世纪 60 年代末、70 年代初，等效采样技术和亚纳秒脉冲产生技术的发展，从技术角度加速了地质雷达的发展。到 20 世纪 80 年代，地质雷达系统作为产品得以应用。自 20 世纪 90 年代中期起，学术界对地质雷达的研究产生了较大的兴趣，地质雷达目前已进入工程实用化阶段。近几年来，地质雷达在硬件方面的发展已趋于平稳，仪器开发商的重点放在如何提高数据采集速率和信噪比、数据处理算法和解释软件的智能化等方面。

地质雷达在地下工程中的应用：

（1）在地质工程和岩土工程勘察中的应用。主要用于地质结构灾害监测、地下水探测和地下环境监测等。

（2）在隧道工程中的应用。主要用于隧道衬砌质量检测，隧道底部岩溶、采空区探测。近年来随着隧道建设的发展和安全施工的要求，地质雷达在围岩松动圈探测和隧道地质超前预报方面也得到了广泛的应用。

（3）在采矿工程中的应用。主要用于探测采空区、陷落柱、渗水裂隙、断层破碎带、瓦斯突出、巷道围岩松动圈以及采场充填等方面。

4.3.4.1 基本原理

地质雷达利用主频为10^6~10^9Hz波段的电磁波，以宽频带短脉冲的形式，由介质表面通过发射机发送至介质中，经介质中的目的体或介质中的界面反射后返回介质表面，被接收机所接收（图4-31），通过对接收到的反射波进行分析就可推断地下地质情况。

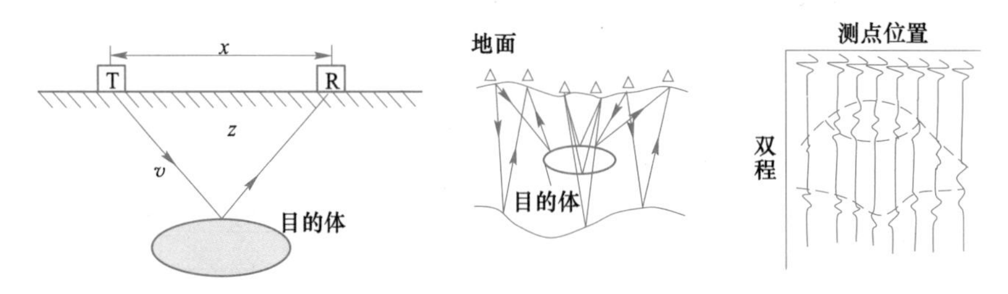

图4-31 地质雷达反射剖面示意图

地质雷达是研究超高频短脉冲电磁波在地下介质中传播规律的一门学科。根据波的合成原理，任何脉冲电磁波都可以分解成不同频率的正弦电磁波。因此，正弦电磁波的传播特征是地质雷达的工作基础。关于地质雷达反射波的合成记录、电磁波在岩土介质中传播的基本理论、地质雷达硬件结构等可参阅相关专业文献。

地质雷达系统主要由以下几部分组成（图4-32）：

（1）控制与处理单元：控制单元是整个雷达系统的管理器，执行计算机给出详细的指令。系统由控制单元控制着发射机和接收机，跟踪当前的位置和时间，并对接收机接收到的信号进行存贮和处理。

（2）发射接收单元：包括发射机和接收机两部分，发射机根据控制单元的指令，产生相应频率的电信号并由发射天线将一定频率的电信号转换为电磁波信号向地下发射，其中电磁信号主要能量集中于被研究的介质方向传播，接收机把接收天线接收到的电磁波信号转换成电信号。

（3）辅助元件：电源、光缆、通信电缆、触发盒、测量轮等辅助元件。

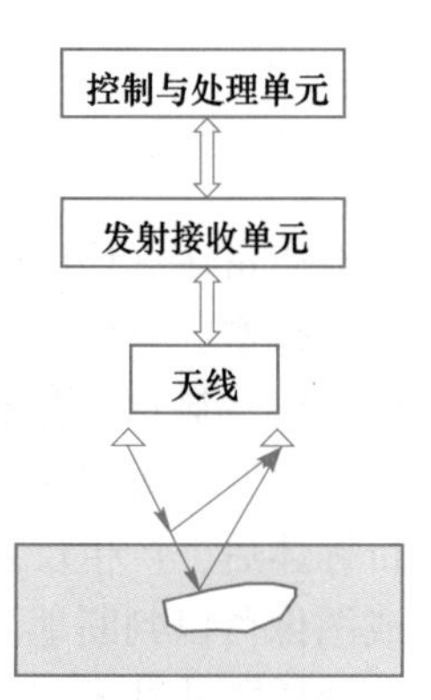

图4-32 雷达系统组成示意图

4.3.4.2 现场测试

A 雷达采集参数的设置

探测参数选择合适与否直接关系到测量结果的合适性和正确性，雷达参数的调试可通过在调试界面上修改参数设置或载入雷达参数文件来实现。主要参数有地质雷达天线主频、采样点数、扫描速度、借点常数、电磁波在介质中传播速度等。不同厂商的地质雷达参数设置方式可能不同，可上网查询相关资料或通过厂商实地培训进行学习。即使经验丰富的地质雷达专家，在短时间内正确设置所有的采集参数，也不是件容易的事情。为此，有些地质雷达采集系统提供了菜单文件中的装载雷达参数的功能，同时在相应目录下提供了对应不同天线的参数文件。可以针对具体的探测任务，利用菜单文件中的装载雷达参数载入系统提供的这些参数文件，以直接使用。使用者可以进一步将每一次满意的探测参数存到相应目录下，供以后使用方便。

B 探测方式的选择

采集参数正确设置后，可根据实际需要选择探测方式。雷达的采集系统通常都有3种采集方式：连续测量、人工点测和测量轮控制，下面分别予以简单介绍。

（1）连续测量方式。此种方式按照扫描速度的设定，连续记录雷达波形。即便处于静止状态，只要采集状态开关是开着的，天线就会不断进行采集。其数据记录量较大，具有较高的水平分辨率，主要用于不适合使用测量轮的场地下目标的探测。

（2）人工点测。主要用于事先已知的或通过普查圈定目标的大致范围后，可利用点测方式精确确定地下目标的空间位置。地形不平坦无法进行连续测量时，也可使用点测。人工点测扫描数是被单个收集的，可随着选择叠加次数进行叠加。

（3）测量轮控制方式。数据是基于测量轮的旋转而采集的，测量轮的旋转是根据设置的采样率而变化的，测量轮不旋转就不采集。此种方式一般用于公路施工质量检测、隧道衬砌厚度检测、铁路路基及道碴厚度检测等。

C 现场探测过程

参数设置完毕，并选定探测方式和显示方式后，便可点击采集按钮进入数据采集和显示界面，以下针对不同探测方式逐一进行说明。

（1）选择连续探测方式时的采集过程。选择连续探测方式后，只需拖动天线，系统将依据扫描速度的设定自动采集数据，此种方式过程简单，不用人工干预。探测时，进入图形显示和采集界面，将看到相应的伪彩色图或堆积波形的滚动显示。如果雷达剖面能够很好地反映要探测的地下目标的性质，说明仪器配置选择得当，参数设置正确，按下采集按钮，开始采集雷达探测数据。随着天线的移动，系统将显示雷达剖面、波形。完成该段探测任务后，点击存盘按钮，系统存储数据。若想继续下一段的数据采集和存储任务，只需重复上述步骤即可。

（2）人工点测。人工点测前，对探测范围进行测线布置。探测时，将天线放置在圈定范围的一个点不动，正确设置参数，选择此种采集方式，进入图形显示和采集界面，选择叠加次数。采集时按采集键将触发一次，系统将记录一道波形。此后逐点移动天线，直至所有测线完成。采集过程中的其他操作可参照连续探测方式的探测过程。

（3）选择测量轮控制方式时的采集过程。与连续探测方式过程有所不同，测量轮控制方式必须通过测量轮的不断转动进行触发并传送一个信号，系统才会进行数据采集。采集过程中的其他操作可参照连续探测方式的探测过程。

4.3.4.3 数据处理

（1）探地雷达剖面上识别各种波的标志。探地雷达剖面上识别各种波的4个标志是同向性、振幅显著增强、波形特征和时差变化规律。

1）同向性。只要在地下介质中存在电性差异，就可以在雷达图像剖面中找到相应的反射波与之对应。根据相邻道上反射波的对比，把不同道上同一反射波同相位连接起来的对比线称之为同向轴，同一波组的相位特征即波峰、波谷的位置在时间剖面上几乎没有变化。

2）振幅显著增强。一个反射波的振幅增强，还与界面的反射系数（界面两边的电性差异）和界面形状等因数有关。如果沿界面无构造或岩性突变，则波的振幅沿测线也应当是渐变的。

3）波形特征。这是反射波的主要力学特点，由于雷达主机发射的是同一雷达子波，同一界面反射波的传播路程相近，传播过程中所经过的地层吸收等因素的影响也相近，所以同一反射波在相邻道上的波形特征（包括主周期、相位数、振幅包络形状等）是相近的。

4）时差变化规律。由于探地雷达发射与接收距离非常相近，可以认为是自激自收方式，所以在探地雷达剖面上，反射波的同向轴是直线，绕射波的同向轴是曲线。这是探地雷达剖面识别波的类型的重要依据。

（2）探地雷达图像的物性解释依据。探地雷达图像的物性解释是把注意力放在单个反射层或一个小的反射层组上，利用各种雷达技术（加各种数据处理），提取探地雷达参数（主要是速度、振幅等），并紧密结合地质、工程资料研究目标体的物性。

影响探地雷达速度的因素有弹性常数、密度、空隙率以及含水量。因此，研究探地雷达速度可以确定目标体的含水量等。

影响探地雷达振幅的因素有波前扩散、介质吸收、界面的反射系数与界面反射形态等。因此，研究探地雷达波振幅的变化，可用来识别防空洞等特殊目标体。

知道上述探地雷达剖面上电磁波的标志以及雷达图像的物性解释后，再根据波速 v、波长 λ、频率 f 之间的关系 $\lambda = v/f$，可知当反射信号频率一定时，随地层介质波速增加，接收天线所接受到的反射波波长加大；反之，当地层介质的波速降低时，反射波的波长变小。一些特征反映在探地雷达记录的剖面图上表现为，波速低的介质层，雷达反射波形的脉宽小，呈细密齿状；当地层波速加大时，雷达反射波形的脉宽也相应加大。

4.3.5 地震反射波法地质超前预报技术

利用地下介质弹性和密度的差异，通过观测和分析大地对人工激发地震波的响应，推断地下岩层的性质和形态的地球物理勘探方法叫地震勘探。地震勘探始于19世纪中叶，1845年R.马利特曾用人工激发的地震波来观测弹性波在地壳中的传播速度，这可以说是地震勘探方法的萌芽。反射法地震勘探是地震勘探的一种方法，最早起源于1913年前后R.费森登的工作，但当时的技术尚未达到能够实际应用的水平。1921年，J.C.卡彻将反射法地震勘探投入实际应用，在美国俄克拉何马州首次记录到人工地震产生的清晰的反射波。1930年，通过反射法地震勘探工作，在该地区发现了3个油田。从此，反射法进入了工业应用的阶段。我国于1951年开始进行地震勘探，并将其应用于石油和天然气资源勘查、煤田勘查、工程地质勘查及某些金属矿的勘查。

隧道地震反射法在隧道地质超前预报中的广泛运用，推动了我国隧道地质超前预报水平。下面以安伯格公司的TSP产品为例说明地震反射波法地质预报技术。

4.3.5.1 基本原理

反射界面及不良地质体规模的确定，其原理（如图4-33所示）为：在点 A_1、A_2、A_3 等位置激发震源。α 为不良地质体的俯角，即真倾角；β 为不良地质体的走向与隧道前进方向的夹角；γ 为空间角即隧道轴线与不良地质体界面的夹角。产生的地震波遇到不良地质体界面（波阻抗面），发生反射而被 Q_1 位置的传感器接收。在计算时，利用波的可逆性，可以认为 Q_1 位置发出的地震波经过不良地质界面反射而传到 A_1、A_2、A_3 等点，即可认为波是从像点 IP(Q_1) 发出而直接传到 A_1、A_2、A_3 等点的。此时的 Q_1 和 IP(Q_1) 是关于不良地质界面（波阻抗面）对称的。因 Q_1、A_1、A_2、A_3 各点的空间坐标已知，由联立方程可得像点 IP(Q_1) 的空间坐标，再由 Q_1 和 IP(Q_1) 的空间坐标求出两点所在直线的空间方程。由于不良地质界面是线段 Q_1IP(Q_1) 的中垂面，所以可以求出该不良地质界面相对于坐标原点 Q_1 的空间方程，进一步可以求出不良地质界面与隧道轴线的交点和隧道轴线与不良地质界面的夹角。通过求出的不良地质体两个反射面在隧道中轴线上的坐标 S_1 和 S_2，从而求出不良地质体的规模：

$$S = |S_1 - S_2| \tag{4-9}$$

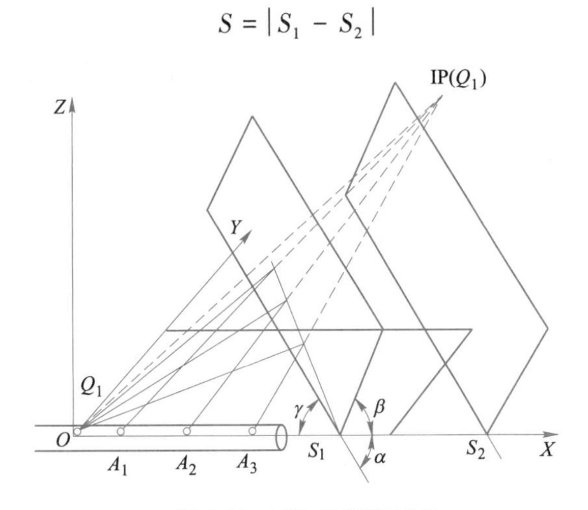

图 4-33　TSP 探索原理图

以 TSP203 超前预报系统为例进行说明：

（1）记录单元。记录单元的作用是对地震信号记录和信号质量控制。其基本组成为完成地震信号 A/D 转换的电子元件和一台便携式电脑，便携式电脑控制记录单元和地震数据记录、存储及评估。此设备可以有 12 个采样接收通道，用户可设置 4 个接收器。

（2）信号接收器（传感器）。信号接收器是用来接收地震信号的，它安置在一个特殊金属套管中，套管与岩石之间采用灌注水泥或者双组分环氧树脂牢固结合。接收单元由一个灵敏的三分量地震加速度检波器（X-Y-Z）组成，频带宽度为 10~5000Hz，包含了所需的动态范围，能够将地震信号转换成电信号。TSP203 的传感器总长为 2m，分三段组合而成，但传感器的安装仍然非常简单和快速。

（3）附件和引爆设备。起爆器、触发器、信号电缆、角度量测器、角度校正器，长度为 2m 的精密钢质套管和专用锚固剂等。接收单元安装后会通过接收电缆与记录单元相连。

4.3.5.2　测试过程

A　探测剖面的确定

通常情况下，通过地质分析，可掌握岩体中主要结构面的优势方位，在地质条件简单时，可在隧道的左侧或者右侧壁上布置一系列的微型震源，进行单壁探测。当主要结构面的优势方位不清楚时，可在隧道壁左、右两侧各安装一个接收器，这样可提供一些附加信息。

对于地质状况非常复杂的情况，建议使用两个接收器、两侧爆破剖面探测。上述布置的好处是将所获得的地震数据加以对比和相互印证。

B　接收孔和震源孔位置的确定

根据所测地质情况和隧道方位的关系确定探测布设图后，接收器和震源孔的位置必须明确。除了特殊情况外，标准探测剖面的布置应遵循以下操作步骤：

（1）估计进行 TSP 探测时隧道掌子面所在的位置。

（2）标定接收器孔的位置：接收器的位置离掌子面的距离大约为 55m，如果是两个接收器，则两个传感器应尽可能在垂直隧道轴的同一断面，否则应对其位置进行准确标定。

（3）标定震源孔的位置：对于第一接收器来说，第一个震源孔和接收器孔的距离应控制在 15~20m，在任何情况下都不允许小于 15m。出于实际操作方便的考虑，各炮眼间距大约为 1.5m，但如果所选择的探测剖面比较短，此距离可缩小，无论如何此距离都不允许超过 2m。探测时必须布置 TSP 探测所需的炮眼数，一般为 24 个，最少不得少于 20 个。

如果相对坐标系在隧道右侧壁，则主接收器和炮眼的位置就应布置在右壁，否则就应布置在左壁。值得说明的是，接收器和所有炮眼应在同一条直线上，且该直线平行于隧道轴线，即各个孔的位置在垂直方向不允许有较大的偏差。对于可控高差，必须进行测量并记录。

C　震源孔和接收器孔（图 4-34）参数

（1）震源孔要求如下：数量为 24 个，根据实际情况，可适当减少，但不可少于 20 个；直径为 38mm（便于放置震源即可）；孔深 1.5m；沿轴径向布置，向下倾斜 10°~20°（水封炮孔）；高度离地面标高约 1m；第一个震源孔距接收器 15~20m，炮孔间距 1.5m。

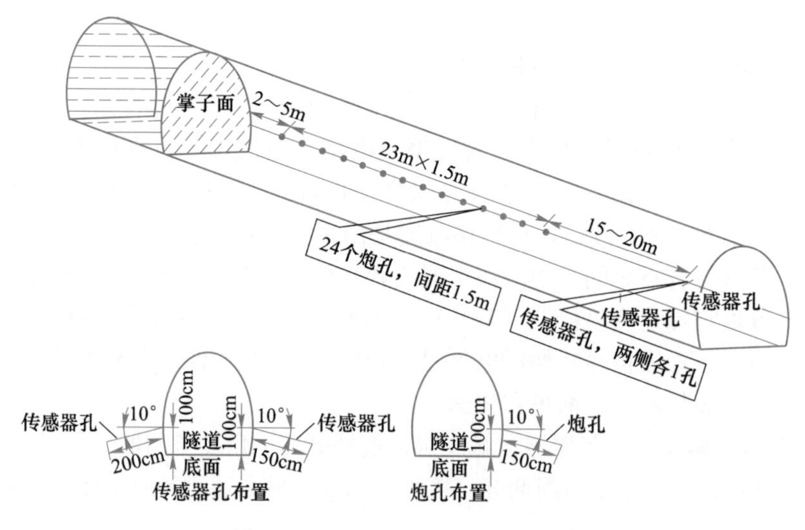

图 4-34　震源孔和接收器孔布置图

（2）传感器孔要求如下：数量 1 个或 2 个；直径为 43~45mm；孔深 2m；用环氧树脂固结时，垂直隧道轴，向上倾斜 5°~10°；用灰泥固结时，向下倾斜 10°；高度离地面标高约 1m；距离掌子面大约 55m。

当传感器孔和震源孔全部钻好后，由测量人员提供每个孔口的三维坐标，同时用水平角度尺和钢尺测量每个孔的角度和深度，并记录下来。

D 接收器套管的埋置

接收器套管的埋置关系到接收器所收集的地震波信息的准确性。有两种不同方法可以将接收器套管固定在岩体中。

（1）灌注灰泥：钻好接收器孔以后，应尽可能快地安装接收器套管。钻孔必须用一种特殊的双组分非收缩灰泥进行填充，灰泥由颗粒很细的砂浆组成。经过 12~16h 的硬化，岩石与套管就可以牢固地结合。

（2）灌注环氧树脂：接收器套管使用的固结材料是环氧树脂，钻好接收器钻孔以后，应马上安装接收器套管。必须保证将足够多的环氧树脂药卷塞入到钻孔内。

以上两种方法，在套管进位、锚固剂硬化之前，立即将套管旋转正向，同时，测量人员进行隧道几何参数的测量和记录。

E 现场数据采集

所有的准备工作完成后，即可进行现场探测。具体步骤如下：

（1）探测人员进洞后，主管探测人员选择仪器安置地点，并对周围环境进行检查，确保探测人员和探测仪器的安全。

（2）主管探测人员利用专用的清洁杆对套管内壁进行清洗，然后在其他人员的协助下进行传感器的安装。同时，工作人员展开电缆线，进行系统连线工作。

（3）连接接收器与主机，并将计算机与主机单元连接，并进行复查。

（4）系统连接完毕后，主管探测人员打开测控电脑，打开 TSP 专用软件，输入相关几何参数后，打开存储单元开关，进入数据采集模式，检查噪声情况。如一切正常，可进行数据采集。

（5）仪器操作人员测试仪器的同时，爆破人员在距传感器最近的炮眼内装药，炮眼装药后用水封堵，封堵时要慢速倒水，防止将雷管和炸药冲开。

（6）起爆线连接好后，确认所有人员撤离到安全位置，起爆人员放炮采集数据，观察波形和信号最大值（信号最大值在 5000mV 内尽可能大），根据信号最大值对药量进行调整。

（7）传感器所有工作通道数据全部上传后，可显示出地震数据的轨迹特性，数据控制是通过检验显示的地震轨迹的特性来完成。

（8）完成所有的记录后，在探测现场进行仪器组件整理。

4.3.5.3 数据处理及解译过程

在现场数据采集完成后，在室内对地震数据进行处理。对于地震波数据的处理和计算共有 11 个主要步骤，并且是依次进行的。

（1）建立数据。设置数据长度，在时间上把地震波数据控制在一个合适的长度，以便在满足探测目的的情况下减少计算时间和存储空间；然后进行部分数据充零，以清除一些系统干扰和其他噪声；最后计算平均振幅谱，它反映了地震波的主频特征，利用它可设置适当的带通滤波器参数。

（2）带通滤波。带通滤波的作用是删除有效频率范围以外的噪声信号，其主要以上一步确定的平均振幅波谱作为依据，运用巴特夭滋带通滤波器进行滤波，从而确定有效频率范围。

（3）初至拾取。目的是利用每道地震数据的纵波初至时间来确定地震波的纵波波速值。

（4）拾取处理。主要是通过变换和校直处理，确定横波的初至时间，从而确定横波的波速值，该值是个经验值。

（5）爆破能量平衡。作用是补偿每次爆破中弹性能量的损失。

（6）Q 估算。以直达波决定衰减指数。

（7）反射波提取。通过拉冬变换和 Q 滤波提取出反射波。前者是为了倾斜过滤以提取反射波。后者是由信号带通内的高频率衰减而引起能量丢失，从而减弱了地震波的分辨率。在已知岩石质量因子 Q 时，丢失振幅逆向 Q 滤波可以部分恢复。

（8）P 波和 S 波的分离。系统通过旋转坐标系统将记录的反射波分离成 P、SH、SV 波。

（9）速度分析。首先产生一种速度模式，然后计算通过该模式时的传递时间，再将地震波数据限制在解释的距离内，最后再从这些实验偏移中得到新模式。

（10）深度偏移。利用地震波从震源孔出发到潜在反射层再到接收器的传递时间，以最终两种位移-速度模式计算最终 P、S 波速值。

（11）射层提取。设置反射层的提取条件，分别提取出 P、SH、SV 波的反射界面，供技术人员进行地质解译。

TNP 地震数据解译过程是 TSP 超前预报系统有效工作的关键，也是地质超前预报过程中需要重点研究和掌握的核心部分。对 TSP 数据的准确解译，一方面要求解译人员深刻掌握地震勘探的原理，参照 TSP203 工作手册中有关原则进行解译，在实践中积累解释经验。另一方面，要求解译人员具有丰富的地质工作经验，掌握各类地质现象的特征以及这些地质现象在 TSP 图像中的表现形式。总之，对 TSP 图像的地质解释要以地质存在为基础，不能脱离地质实际。

在对 TSP 探测结果进行数据解译处理时，应该遵循以下几方面原则：

（1）正反射振幅表明硬岩层，负反射振幅表明软岩层。

（2）若 S 波反射较 P 波强，则表明岩层饱含水。

（3）v_p/v_s 增加或泊松比突然增大，常常由于流体的存在而引起。

（4）若 v_p 下降，则表明裂隙或孔隙度增加。

（5）反射振幅越高，反射系数和波阻抗的差别越大。

4.3.6 其他测试方法

4.3.6.1 红外探测地质超前预报技术

红外探测地质超前预报技术是一种广泛用于煤矿生产的成熟技术，它主要是利用地质体的不同红外辐射特征来判定煤矿井下是否存在突水、瓦斯突出构造等。从 2001 年圆梁山隧道运用红外探测进行地质超前预报以来，红外探测技术广泛运用于我国隧道工程施工地质超前预报当中。

红外探测是利用一种辐射能转换器，将接收到的红外辐射能转换为便于观察的电能、热能等其他形式的能量，利用红外辐射特征与某些地质体特征的相关性，进而判定探测目标地质特征的一种方法。自然界中任何介质都因其分子的振动和转动每时每刻都在向外辐射红外电磁波，从而形成红外辐射场，而地质体向外辐射的红外电磁场必然会把地质体内的地质信息以场的变化形式表现出来。

当隧道外围介质正常时，沿隧道走向，按一定间距分别对四壁逐点进行探测时，此时所获得的探测曲线是略有起伏且平行于坐标横轴的曲线，此探测曲线称为红外正常场。其物理意义是表示隧道外围没有灾害源。

当隧道外围某一空间存在灾害源时（含水裂隙、含水构造和含水体），灾害源自身的红外辐射场就要叠加在正常场上，使获得的探测曲线上某一段发生畸变，其畸变段称为红外异常场，由于到场源的距离不同，畸变后的场强亦不同。其物理意义是隧道外围存在灾害源。值得说明的是：由于地下水的来源不同，异常场可高于正常场也可低于正常场。

4.3.6.2　地下全空间瞬变电磁地质超前预报技术

瞬变电磁法是利用不接地回线向地下发射一次脉冲电磁场，当发射回线中的电流突然断开后，地球介质中将激励起二次涡流场以维持在断开电流以前产生的磁场。二次涡流场的大小及衰减特性与周围介质的电性分布有关，在一次场的间歇观测二次场随时间的变化特征，经过处理后可以了解地下介质的电性、规模和产状等，从而达到探测目标体的目的。瞬变电磁法探测地质体性质的关键技术一是采用合适的观测方式，二是丰富的解译经验。

当地下观测在隧道中进行时，因空间很小，不可能采用大线框或大定源方式，只能采用小线框，而且只能采用偶极方式。具体在隧道中工作时，偶极方式可分为两种，具体如下：

（1）共面偶极方式。当观测沿隧道底板或侧帮进行时，应该用共面方式，即发射框和接收线圈处于同一个平面内，如图 4-35 所示。这种方式与地面的偶极方式类似，不同的是地下巷道观测必须采用特制专用发射电缆。

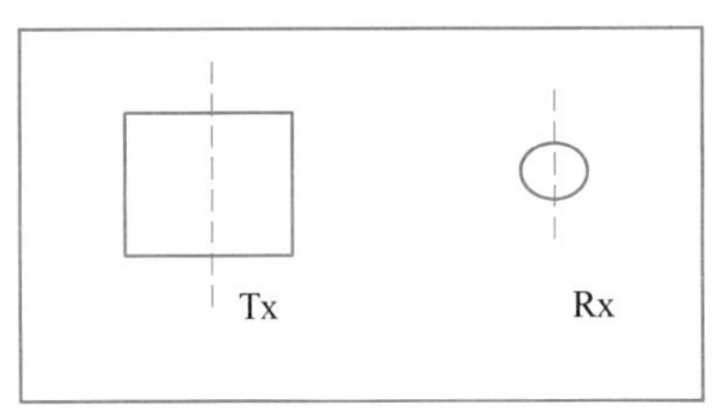

图 4-35　隧道侧壁 TEM 探测装置方式

（2）共轴偶极方式。因为隧道掌子面范围小，既无法采用共面偶极方式，也无法采用中心方式。因此，一般采用一种不共面同轴偶极方式。如图 4-36 所示，发射线圈（Tx）和接收线圈（Rx）分别位于前后平行的两个平面内，二者相距一定的距离（要求大于 5m，实际中常采用 10m）并处于同一轴线上。观测时，接收线圈贴近掌子面，轴线指向探测方向。对于隧道工作面来说，探测时分别对准隧道正前方，正前偏左、偏右等不同方向，这样可获得前方一个扇形空间的信息。

4.3.6.3　高密度电阻率法

高密度电阻率法是集电测深和电剖面法于一体的一种多装置、多极距的组合方法，它具有一次布极即可进行多种装置数据采集以及通过求取比值参数而能突出异常信息的地球物理方法，具有信息量大、观测精度高、速度快及探测深度灵活等特点。具体来说，高密度电阻

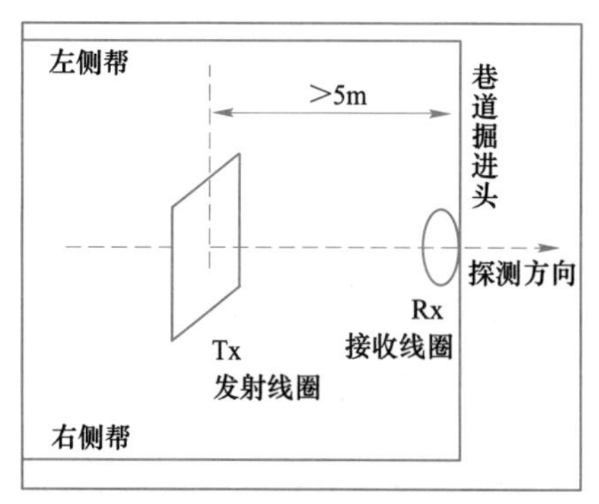

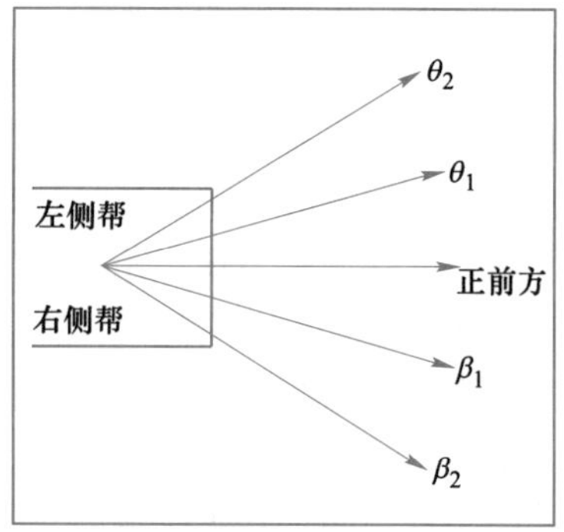

图 4-36 掌子面 TEM 超前探测装置方式、探测方式及探测范围

率法是一种阵列式电法勘探方法，野外测量时只需将全部电极（几十至上百根）置于测点上，然后利用程控电极转换开关和微机工程电测仪便可实现对数据的快速和自动采集。

电法勘探的物理基础是地下不同介质之间存在电性（电阻率）差异。在人工电场激励下，不同电性的介质会产生不同的电场响应。从地表可以测量到这些响应（电位差），通过计算出地下介质的视电阻率分布，推测地下的地质情况。喀斯特地区的空洞或空隙，根据其内部充填物的性质，可表现出与围岩明显的电性差异。

4.3.7 深部工程岩体内部结构及损伤探测

（1）深部岩体工程内部结构损伤探测精度要求高。深部工程地质灾害的发生与地质结构密切相关，例如硬性结构面对岩爆、应力型塌方等灾害具有显著的控制作用。在高应力环境下，部分地质结构往往处于压密阶段，常规方法难以探测，这就对深部工程岩体内部结构损伤的探测精度提出了更高的要求。

（2）满足深部工程岩体质量评价的需要。高应力条件下岩体会出现岩芯饼化现象，导致用于评价岩体完整性的指标 RQD 无法适用，需要借助钻孔摄像等手段进行评价。另外，深部工程岩体在高应力压密作用下的声波波速往往大于岩块的声波波速，造成基于声波测试获得的岩体完整性系数不准确。以上这些问题会导致浅部工程的岩体质量评价方法在深部工程中无法适用。因此，深部岩体工程内部结构损伤探测技术需要满足深部工程岩体质量评价方法建立的需要。

（3）采用多种测试技术实现全过程区域性岩体内部结构损伤探测。深部工程岩体内部结构损伤探测既要满足勘察设计阶段对于区域性地质条件信息的需求，也要满足施工过程中的局部区域灾害防控需求。目前，超前地质预报技术、钻孔摄像、声波测试、探地雷达等技术逐步成熟，基于多源数据综合判断区域地质情况，实现施工全过程区域性岩体内部结构损伤探测已成为发展趋势。

4.3.8 工程应用

4.3.8.1 岩体声波探测的工程应用

在 4 号导流洞上层断面开挖 1 个多月后，在 K1+080 的上断面布置了 T1-E3～T1-E9 共 7 个钻孔，如图 4-37 所示。

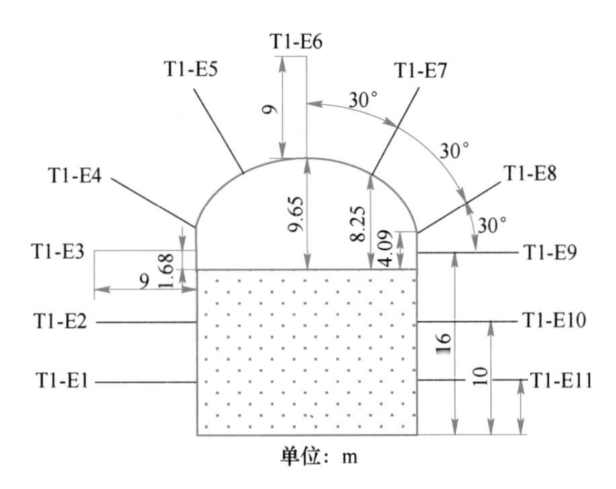

图 4-37 声波测试钻孔布置示意图

通过声波测试，获得单个钻孔波速随孔深变化曲线如图 4-38 所示，通过该曲线可以判断此钻孔的松弛深度。通过对同一钻孔多次测试可获得此钻孔位置附近松弛深度随时间变化曲线如图 4-39 所示。某一时间节点断面上各位置松弛深度分布特征如表 4-6 和图 4-40 所示。

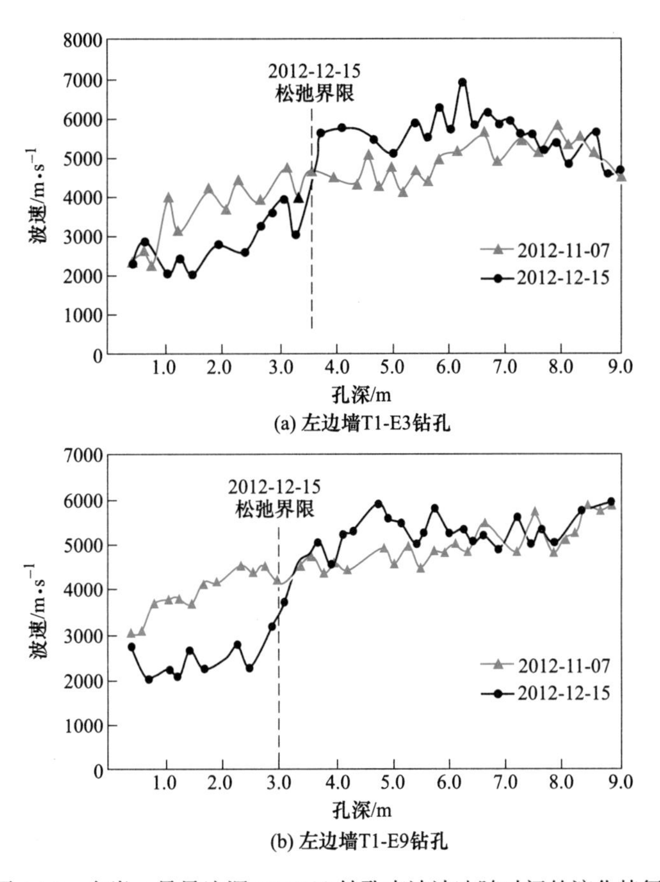

图 4-38 右岸 4 号导流洞 K1+080 钻孔声波波速随时间的演化特征

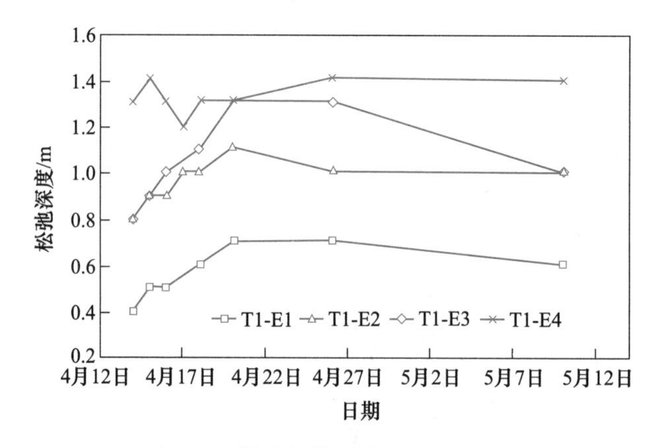

图 4-39 钻孔损伤区随时间变化曲线

表 4-6 右岸 4 号导流洞 K1+080 断面上层开挖松弛深度汇总（2012 年 12 月 15 日）

钻孔编号	孔深/m	最大松弛深度/m	备 注
T1-E3	9.0	3.59	左边墙
T1-E4	9.0	3.85	左拱肩
T1-E5	9.0	2.98	左拱肩
T1-E6	9.0	2.3	拱顶
T1-E7	9.0	2.5	右拱肩
T1-E8	9.0	3.19	右拱肩
T1-E9	9.0	3.16	右边墙

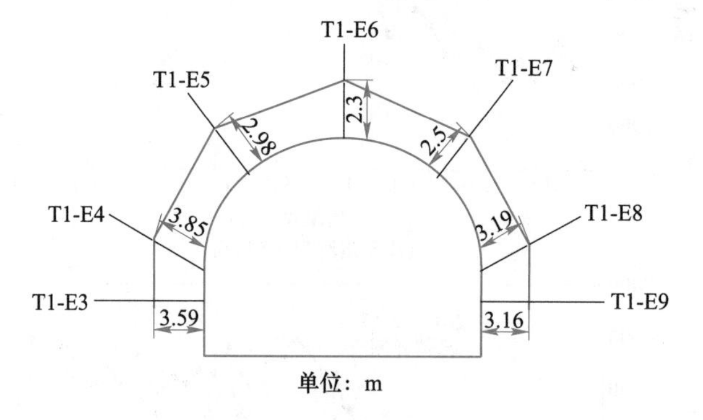

图 4-40 右岸 4 号导流洞 K1+080 断面上层松弛深度示意图

4.3.8.2 钻孔摄像法的工程应用

中国锦屏地下实验室埋深约 2400m，是目前世界上最深的地下实验室。为获得实验室开挖后围岩的破裂情况，实验室开挖前通过已开挖的辅引洞向实验室布置钻孔，如图 4-41 所示。在实验室开挖前后分别进行钻孔摄像测试，采用 JL-IDOI（B）智能钻孔电视成像仪，可实现钻孔 360°全景环形成像，探头直径 67mm，裂隙分辨率 0.1mm，角度分辨率 0.1°，自带电子罗盘。开挖前后典型钻孔摄像结果如图 4-42 所示。

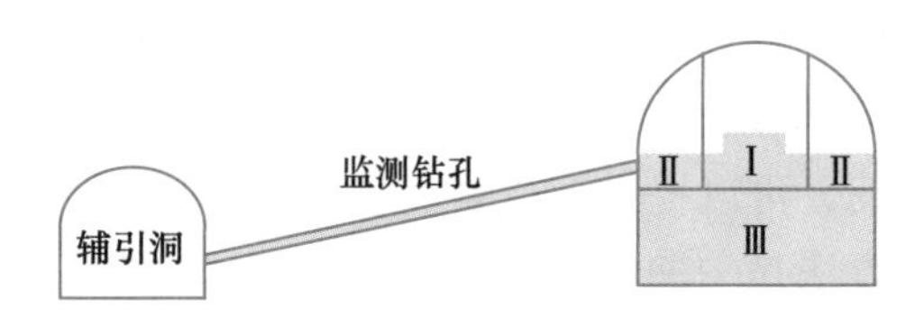

图 4-41　钻孔摄像布置示意图

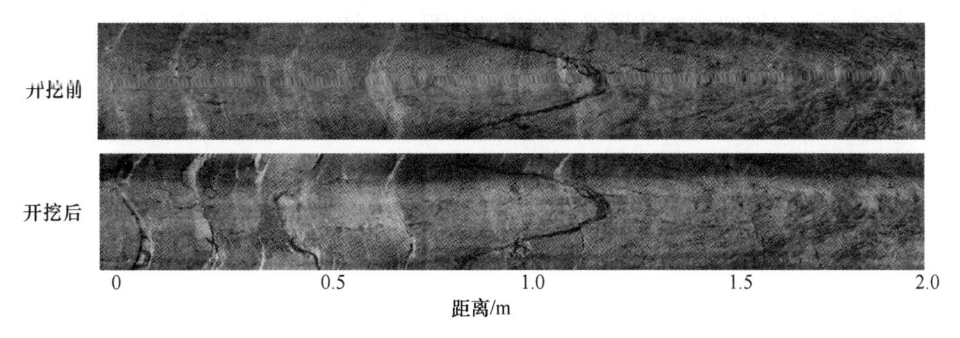

图 4-42　钻孔摄像结果

从图 4-42 可以看出，实验室开挖前，距离边墙 0～0.7m 范围内有几条闭合的结构面，1m 处有一条张开的结构面；实验室开挖后，距离边墙 0～0.7m 范围内原有结构面张开，并产生新的裂隙，同时局部有孔壁剥落现象，1m 处的原有张开结构面进一步张开，1.6m 处也有新的裂隙产生。

彩色原图

本 章 小 结

地下工程岩体结构与损伤探测是采用相关的仪器和方法获得岩体原生结构面、构造结构面和次生节理特征信息开展工程岩体质量评价、施工设计、岩体稳定性评估和工程灾害防控的重要手段。

接触式岩体结构面信息采集包括钻探法和罗盘量测法。钻探法通常用于深部岩体结构面信息采集，它简单、方便、直观、实用；罗盘量测法简单、准确，但获取大量测量数据费时费力，在高边坡或恶劣环境下，测量人员无法靠近岩石表面，危险性大。非接触式岩体结构面信息采集包括三维激光扫描法和摄影测量法，三维激光扫描是通过高速三维激光数字测量的方法，以点云的形式大面积、高分辨率地快速量测被测对象表面的三维坐标、颜色、反射率等信息，采集信息为三维信息、作业速度快。数字近景摄影测量是以数字相机为图像采集传感器，并对所摄图像进行数字处理的近景摄影测量，具有精度高、速度快、非接触测量等优点。

岩体内部结构和损伤探测都是探测岩体内部的不连续面的位置及分布范围，其测试方法相同，岩体结构是工程开挖前已经存在的，岩体损伤是由于工程开挖引起的。超前探孔是地质综合分析最直接的手段，通过钻取岩芯获取地层岩性、构造等信息，可以采用 RQD 对岩石完整性进行描述。岩体声波探测是指以人工的方法向介质辐射声波，并观测声波在介质中传播的特性，利用介质的物理性质与声波传播速度等参数之间的关系，探测岩体的地质构造、物理和力学性质，具有简便、快速、经济、便于重复测试、对测试的岩体（岩石）无破坏作用等优点，目前在工程中广泛应用。钻孔摄像法将探头沿钻孔壁拍摄记录后通过处理重新形成孔壁柱面，可以提供直观的全景孔壁图像，并具有全景、快速探测及造价低廉的特点。地质雷达方法是一种用于探测地下介质分布的广谱电磁技术，主要用于地质结构灾害监测、地下水探测、地下环境监测、衬砌质量检测、松动圈探测和隧道地质超前预报等方面。地震反射波法地质超前预报技术是通过观测和分析大地对人工激发地震波的响应，推断地下岩层的性质和形态的地球物理勘探方法。此外，还有红外探测地质超前预报技术、地下全空间瞬变电磁地质超前预报技术和高密度电阻率法等新的技术和方式不断应用于岩体结构和损伤的探测。

思 考 题

1. 简述岩体结构面信息获取方法的分类。
2. 简述三维激光扫描技术的优缺点。
3. 数字近景摄影测量技术测试原理是什么？
4. 如何区分岩体内部结构与损伤？
5. 单孔声波测试与跨孔声波测试的区别？
6. 钻孔摄像测试技术在地下工程中的作用有哪些？
7. 岩体损伤探测的意义？
8. 地质雷达与地质超前预报的优缺点是什么？

5　微震监测

本章课件

本章提要

微震监测技术是研究岩体内部破裂活动应用最广泛的监测手段。本章介绍：(1) 微震监测系统，包括传感器、数据采集单元、数据传输网络、服务器和处理软件；(2) 微震监测的构建，包括现场调研、传感器布置方式、传感器安装、监测系统构建与监测过程质量控制；(3) 微震数据分析方法，包括岩体破裂信号识别、微震源定位、微震统计学参数；(4) 工程应用，包括深埋隧道与金属矿山。

5.1　概　　述

岩体受开采（开挖）扰动发生弹性变形和非弹性变形，其内部积蓄的弹性势能在非弹性变形过程中以振动波的形式沿周围的介质向外部逐步或者突然释放出去。微震（Microseism，MS）监测技术是利用岩体受力变形和破坏过程中释放出的弹性波来监测工程岩体稳定性的技术方法。微震事件发生后，其产生的振动波沿周围的介质向外传播，放置于岩体内或者岩体表面的传感器接收到微震信号并将其转变为电信号，随后经数据采集仪器进行数字化转换，之后经数据传输线路将数字信号传送至分析计算机。通过分析处理软件可以对微震数据进行多方面的处理和分析，获得微震事件发生时间、空间位置、能量释放和震级强度等参数，并对定位事件在三维空间和时间上进行实时演示，其原始数据和处理文件均可实时显示（如图 5-1 所示）。

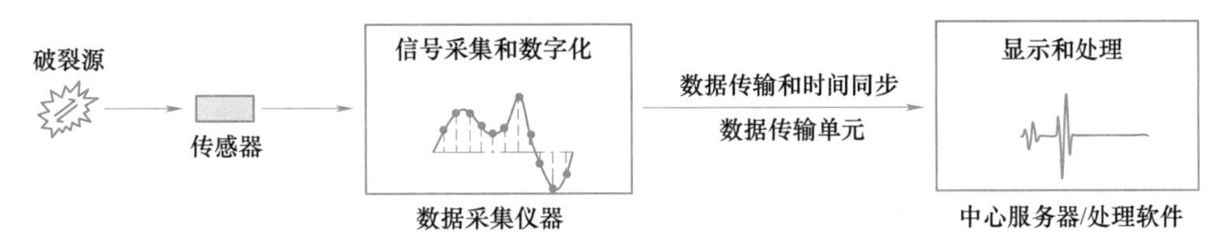

图 5-1　微震监测的基本原理

由于微震信号的产生与岩体内部微破裂的萌生和扩展密切相关，因此每一个微震信号都包含着岩体内部状态变化的丰富信息。利用微震的这一特点，对接收到的信号进行处理、分析，可以为岩体塌方、冒顶、片帮、滑坡和岩爆等地质或地压灾害风险评估和预警提供重要的数据支撑。另外，由于微震信号的传播距离较远（几十米至上百米），所以微震监测技术可以实现远距离、大范围的监测，如果传感器数量足够多的情况下可以实现全矿范围岩体破裂信息的监测。

南非、加拿大、澳大利亚等国的金属矿山进入深部开采阶段的时间较早。自 20 世纪 70~80 年代开始，国外开始开展微震监测技术的研发及应用研究，并应用于矿山安全生产辅助管理。近年来，随着我国岩体工程建设的快速发展，微震监测技术在我国矿山工程、隧道工程、水利工程、边坡工程、石油及页岩气开采领域等方面得到广泛应用。例如矿山领域，2010 年国家安全生产总局（现应急管理部）要求金属非金属地下矿山建立安全避险“六大系统”，第一项就是监测监控系统。目前，微震监测技术已经成为我国深部工程岩体灾害监测和预警的重要技术手段，在岩爆灾害预警、地下采空区风险评估、断层滑移破坏、矿山救援等方面发挥越来越重要的作用。

5.2　微震监测系统

加拿大 ESG、南非 IMS、波兰 SOS 等公司生产的微震监测设备因其可靠性好、监测精度高、数据分析后处理软件功能性强等优点，在微震设备国际市场占据主导地位。近年来我国部分科研单位已经开始了微震设备相关研制工作，并逐步在我国的岩体工程领域应用国产设备，例如中国科学院武汉岩土力学研究所和东北大学联合研制的 SSS 微震监测系统，在信号识别精度、信号滤波和后处理智能分析软件等方面已经达到国际领先水平。

在选择微震监测系统时，应考虑监测对象和监测目标。例如专门为水力压裂研发的微震设备并不适用于岩爆或岩体边坡稳定性监测。另外，微震监测系统的参数必须满足若干技术要求（采样率，联防方式、防爆功能等），以满足不同岩体工程监测的需要，例如坚硬岩体开采（开挖）所诱发的较小尺度的破裂所产生的微震信号频率较高，需要采用较高采样率和传感器响应频率的微震监测系统以防止微震波形的失真。

微震监测系统由四个主要部分组成：传感器、数据采集单元、数据传输单元和带有处理软件的计算机服务器，如图 5-2 所示。应当注意，数据传输单元可以是电缆、光纤或无线传输方式。

传感器

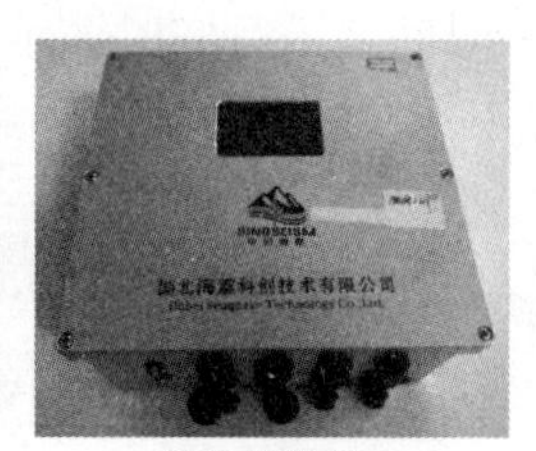
数据采集仪

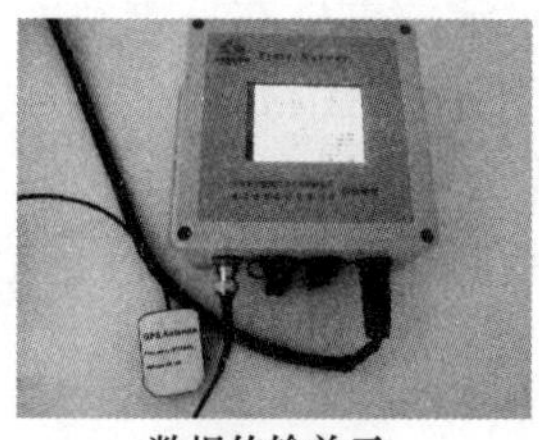
数据传输单元

中心服务器

图 5-2　微震监测系统的组成

5.2.1　传感器

微震传感器（图 5-3）是可以检测由岩体破裂引起的弹性波并将弹性波转换为模拟信号的元件。传感器的类型分为两大类：地震检波器（速度型）和加速度型。另外，根据检测通道的数量分为单向传感器和三向传感器；根据安装方式不同分为岩体表面和钻孔安装两种类型。应该注意的是，当传感器安装在岩体表面时，需要清除松动的岩体表面覆盖物，直至暴露出坚实的基岩，且表面传感器通常应完全水平或垂直放置。钻孔型传感器通常更适合于现场微震监测。但是在某些情况下，如当钻孔处于高温、高压和化学腐蚀条件下，表面型传感器是更好的选择。

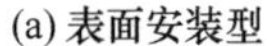

(a) 表面安装型

(b) 钻孔安装型单轴地震检波器

(c) 钻孔安装型三轴加速度传感器

图 5-3　微震传感器

传感器类型主要取决于监测项目类型、尺寸、岩性条件和监测目的等。表 5-1 给出了典型岩体工程微震监测过程中传感器的数量、频率响应范围、监测震级范围等。

表 5-1　典型岩体工程微震传感器的选择及应用

项目类型	项目名称	传感器数量	一般距离/m	传感器带宽/Hz	震级
巷（隧）道	加拿大 URL 实验室	17 个三轴加速度计	100	0.1~10000	-4.5~-1.5
	中国锦屏二级水电站深埋隧洞	每个工作面配备 6 个单轴和 2 个三轴地震检波器	70~150	7~2000	-2~2.5
	中国鹤河滩水电站引水隧洞	6 个单轴和 2 个三轴加速度计	50	0.1~8000	-3~0
边坡	纳米比亚 Navachab 矿边坡	8 个三轴检波器	200	7~2000	-2~0
	智利 Chuquicamata 矿边坡	9 个单轴和 9 个三轴检波器	1000	15~2000	-0.7~1.4
	中国锦屏一级水电站左岸斜坡	28 个单轴加速度计	400	0.1~10000	-2.5~0.2
地下矿山	加拿大萨德伯里 Strathcona 矿	49 个单轴和 5 个三轴加速度计	200	0.1~10000	0.5
	美国 Sunshine 矿	三轴检波器	1000	~500	0.5~2.5
	中国红透山铜矿	9 个单轴和 3 个三轴地震检波器	50~300	7~2000	-2~0.2

岩体工程微震监测大致可分为大范围区域监测和工作面监测两个方面。对于大范围岩体监测，其监测半径可达数百米至上千米，监测信号频率范围从几赫兹到几百赫兹（例如 5~200Hz）不等，因此地震检波器较为适合。对于岩体施工工作面（例如巷道）来说，其监测范围较小，监测信号频率范围为几百赫兹到几千赫兹（例如 500~3000Hz）。如果信号主频在 500Hz 以上，则加速度传感器是更好选择。岩体工程监测一般包含上述两种监测范围，因此监测工作一般会同时选择不同类型传感器。需要注意的是，传感器布设间距应考虑传感器的灵敏度和接收范围。在安装传感器之前，应进行传感器测试保证其性能良好。之后，根据传感器的响应频率、灵敏度确定传感器的布设间距。一般情况下，地震检波器灵敏度不应小于 80V/(m/s)，加速度传感器的灵敏度不小于 1V/g(g 表示重力加速度，$1g \approx 9.8\text{m/s}^2$)。

至于应该选择单向传感器还是三向传感器，需要考虑监测目的、监测范围和微震监测系统的通道总数等多个因素。与单向传感器相比，三轴传感器理论上可以对岩体破裂进行更全面的评估。例如三向传感器所记录的微震信号极化特征可以更为精确的确定S波的到达时间，有利于事件位置的估计和震源参数计算。如果需要详细研究岩体破裂及滑移方向，应尽可能采用三向传感器。但是，在某些岩土工程中，与微震事件定位精度和震源参数准确性相比，大范围岩体内的微震事件时空分布趋势更为重要。特别是监测成本及微震监测系统通道数有限的情况下，单向传感器可以扩大监测范围，例如，由12个单向传感器组成的传感器阵列监视范围比四个三向传感器的监视范围大得多。

5.2.2 数据采集单元

数据采集仪器是负责将放大的模拟信号转换为数字信号的设备，为微震监测系统的核心组件。数据采集仪器可分为三部分：前置放大器、模数转换器（A/D转换器）和嵌入式数据采集计算机（DAC）。前置放大器用于放大传感器采集的模拟电信号；A/D转换器将连续的模拟信号转换为离散的数字信号。DAC基于指定的采集模式为记录的信号提供时间标记。便携式数据采集仪器通常具有3~24个甚至48个通道。单向和三向传感器分别需要一个和三个通道。

对于微震监测系统，A/D转换器设置适当的采样率十分重要。首先，设置高采样频率收集岩体破裂事件信号。然后，基于离散傅里叶变换（DFT）获得微震波形的频谱特征。岩体破裂信号波形的主频带［f_1，f_2］对应于振幅分布中0.707倍最大振幅的两个频率点之间的频率宽度，如图5-4所示。因此，可以分析典型岩体破裂波形主频带分布来获得岩体破裂信号的主频率范围。为了避免频率混叠，一般情况下微震系统的采样率应为岩体破裂信号主频率范围内最大值的5~10倍。例如，如果岩体破裂信号的主频范围最大值约为1000Hz，则微震监测系统的采样频率设置为6000Hz比较适宜。

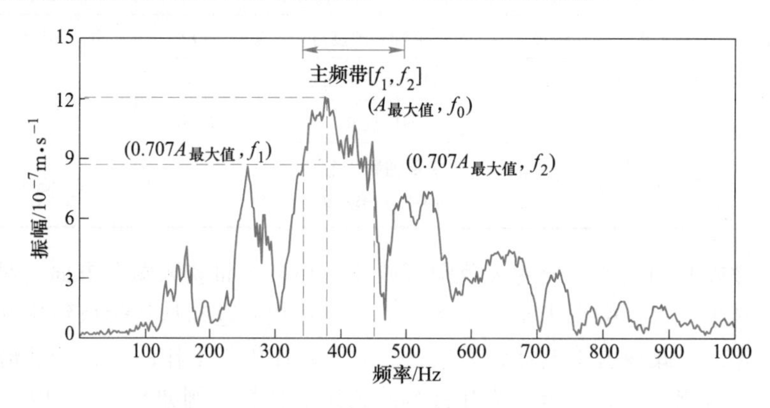

图5-4 岩体破裂事件的频谱分析示意图

5.2.3 数据传输网络

数据传输网络将微震数据传输到服务器进行存储和处理，并保证每个数据采集仪器达到定位所需的时间同步。数据传输单元可以分为三个部分：传感器到数据采集仪器，数据采集仪器到服务器，以及服务器到决策和数据处理部门。典型的数据传输单元如图5-5所示。

在选择数据通信方式时，应考虑具体的工况条件和应用环境。微震信号在传输过程的

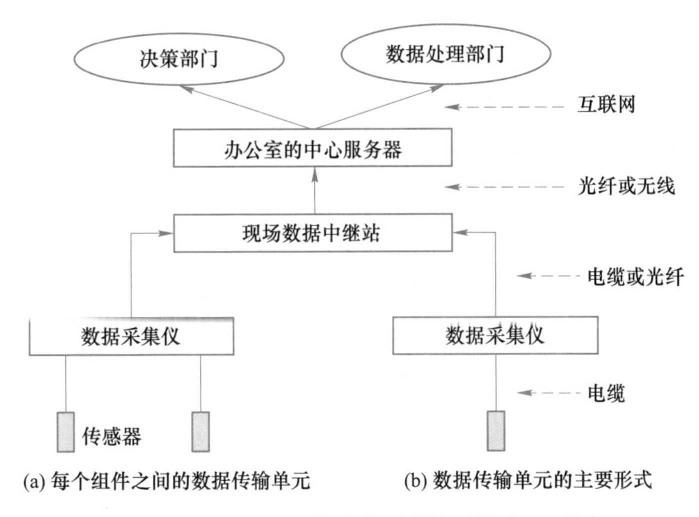

图 5-5 微震监测系统中典型数据传输单元示例

衰减程度取决于传输距离和传播介质。随着传输距离的增加，信号衰减势必增加。因此，微震数据传输网络的长度应保证最终微震数据的质量。因此，数据采集单元和传感器的信号传输距离应尽可能小（例如，小于 300m）。信号传输一般采用铝线圈屏蔽的铜芯双绞线电缆。

在实际监测过程中，在数据采集单元和服务器建立一个数据中继站（如图 5-5 所示），可以有效降低因传输线路损坏造成的微震数据丢失，有利于数据传输网络的维护工作。当数据采集单元和数据中继站之间为多种工程车辆和机械工作区域时，电缆通信方式较为适宜。如果该区域存在大量电气设备，且容易遭受雷暴袭击产生高压脉冲时，则光纤通信方式是更好的选择。数据中继站与中心服务器之间的距离往往达到数千米，因此光纤通信方式应作为首选。如果微震数据传输路线附近电磁干扰较少且存在无线网络时，则无线通信方式更为高效且易维护。

无线通信和远程传输是目前微震监测数据传输技术的发展趋势，可以大大节省监测成本，提高数据传输效率。基于 Web 网络通信可以实现服务器和用户之间的实时监控数据共享，管理人员可以通过远程控制来掌握微震监测系统不同位置的实时工作状态。

另外，微震监测系统的各个数据采集单元之间必须实现高精度时间同步，否则不同数据采集单元的微震数据将无法协同分析，不能满足高精度微震事件定位和震源参数精确计算的需要。因此，应以固定的较短间隔（例如几分钟）对各个数据采集单元之间的时间进行校正。一般情况下，微震监测系统的时间同步系统与数据传输系统是相互独立的，且其同步方式取决于微震系统制造商。

5.2.4 服务器和处理软件

微震数据服务器用来设置监测参数和记录微震信号原始数据。微震数据服务器一般采用工控机，具备防尘、防潮等功能，满足几年甚至更长时间的稳定工作需求。一般情况下，微震数据服务器需要放置在干燥、通风且安全环境中，配备有持续电力供应。此外，服务器应具有双网卡配置，一是通过 Internet 网络将微震数据共享至用户端，二是监控系统的通信接口。

微震系统监视软件用来实时显示系统内各个子系统或组件的工作状态，确保管理人员及时发现设备故障、通信故障等并及时解决，保证微震监测系统的正常工作。数据处理软件用于显示和处理微震数据，可以快速计算出岩体破裂的震源参数。一般情况下，微震监测系统还需要微震事件及相关震源参数的可视化分析软件，来动态显示微震事件的时空演化规律。

微震监测的数据格式类型取决于设备制造商，不同生产厂家为用户提供的定位算法、数据分析方法不同。但是几乎所有的微震处理软件均可导出每个微震信号的数据文件，其中包括用于信号分析的必要信息，例如传感器的触发时间、每个采样点的数值等。

5.3 微震监测的构建

5.3.1 现场调研

微震监测系统的建立首先要考虑具体岩体工程的监测需求。因此，开展现场调研工作十分必要。通过现场工程地质、工程岩体特性调查，采用数值模拟和工程类比法评估岩体发生不同类型和等级灾害的潜在风险区域，作为微震监测系统的监测精度和灵敏度等监测技术指标确定的依据。例如，对于岩体发生失稳破坏高风险区域，微震监测应具有更高的灵敏度，并实现岩体内部破裂的高精度定位。

传感器类型和监测系统通道的确定可参照 5.2.1 节。通过现场踏勘，需要确定工程现场安装微震传感器位置的可行性和施工的可行性、通信线路布置环境、微震数据采集单元安放的位置等。

此外，应建立包含目标监测区域的岩体工程和地质信息的三维模型，以便为后期微震事件的空间演化特征研究提供显示平台。需要注意的是，三维工程及地质模型的坐标系应与传感器的三维坐标、后期微震定位坐标系相一致。

5.3.2 传感器布置方式

传感器的布置方式应考虑监测目标岩体内的微破裂可能出现的位置区域。图 5-6 显示了微震源与传感器阵列之间的三种类型空间关系。一般情况下，传感器阵列内部微震源的定位精度较高，如图 5-6（a）所示。如果微震源位于传感器阵列边缘或者外部（如图 5-6（b）和（c）所示），则可能导致微震源定位误差较大。

传感器的布局将取决于目标监测区域岩体和工程的安装施工条件。岩体工程传感器一般布置原则如下：

（1）传感器阵列应尽可能覆盖目标监测岩体，并与定位算法相匹配，满足微震源定位精度的需求，如图 5-6（a）所示。

（2）传感器布设位置应通过现场调查确认安装的可行性。

（3）传感器间距取决于传感器性能和微震源定位精度要求。

（4）对于潜在发生灾害的关键岩体区域，应增加传感器数量，减小传感器间距。

（5）数据传输单元布置位置取决于传感器的布局，在设计传感器布局时应考虑数据传

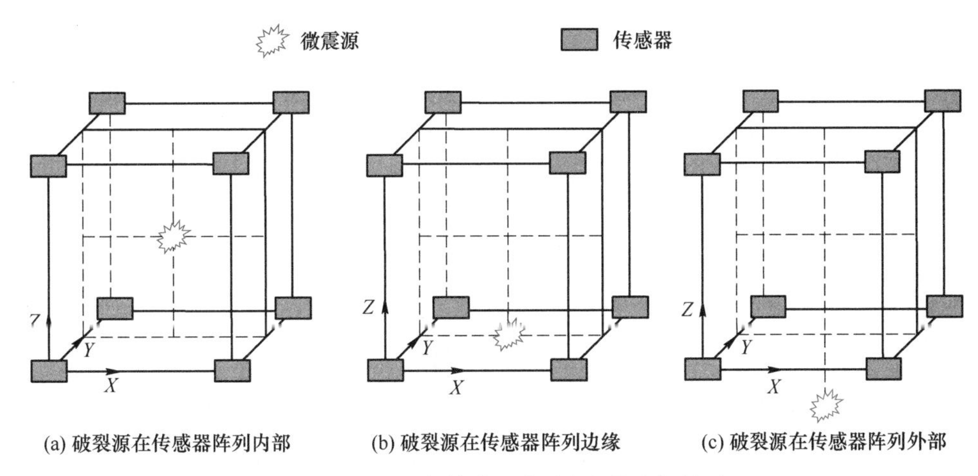

图 5-6 微震源与传感器阵列之间的空间关系

输单元布置的便利性和安全性，确保数据监测的连续性。

（6）在整个监测过程中，应随着不良地质条件区域的揭露和潜在灾害发生区域的增加补充传感器。

（7）应尽量减少噪声（如爆破、电气、机械振动等）对有效微震信号的影响。

（8）传感器布设网络和布设数量应具备一定的余量，即当某个区域的传感器工作失效且维修解决前，临近区域的传感器应能保证对该区域监测的基本需求。

传感器布设网络的确定有两种方法：一是半经验方法，首先根据以往经验和所需监测的工程分布来设计一系列传感器布设方案，然后在不考虑相关参数（波速、到时等）不准确对微震源定位精度影响的前提下，通过对比分析几种传感器布置方案条件下的不同岩体区域微震源综合定位精度，确定最优的传感器布置方案。另一种方法是智能优化方法，该方法以微震源定位精度要求作为目标函数，通过智能算法连续搜索最终确定最优传感器布设方案。一般而言，半经验方法适用于较小岩体区域监测，在该区域内适合安装传感器的位置较少；而智能优化方法适合大范围岩体监测，因为工程岩体范围内可以安装传感器的位置较多。

受现场工况条件的限制，传感器的布置方式通常达不到最理想状态。因此在面对实际岩体工程时，进行传感器布设时应综合考虑工况条件、传感器布设距离、监测对象及目的等多种因素，典型岩体工程传感器布置方式如下：

（1）巷（隧）道工程。对于巷道工程，传感器以 2~3 排的形式布置在距离工作面一定距离处，并随着工作面掘进过程交替向前移动，每排传感器数量以 3~5 个为宜。为降低监测成本，传感器安装宜采用“可回收”安装方式。对于盾构机（TBM）和钻爆法（D&B）两种巷道施工方式，典型的传感器布置方式如图 5-7 所示。当采用 D&B 施工时，传感器应布置在爆破允许安全距离以外；当采用 TBM 开挖时，传感器的安装和移动应考虑盾构机的尺寸和工作流程。

（2）边坡工程。对于边坡工程，传感器可以直接安装在边坡表面及内部岩体中（如图 5-8（a）所示），如果边坡内部存在井巷工程，则可以通过这些井巷工程将传感器布置岩体内部（如图 5-8（b）所示）。需要注意的是，不管是哪种布置方式，传感器尽量不要布置在一个平面内，以免造成微震定位误差。

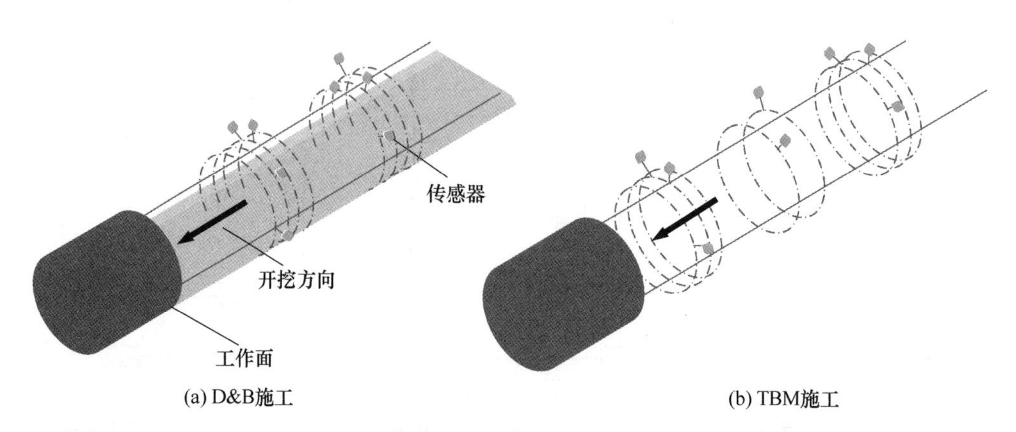

(a) D&B施工　(b) TBM施工

图 5-7　两种典型巷（隧）道施工方式微震传感器布设

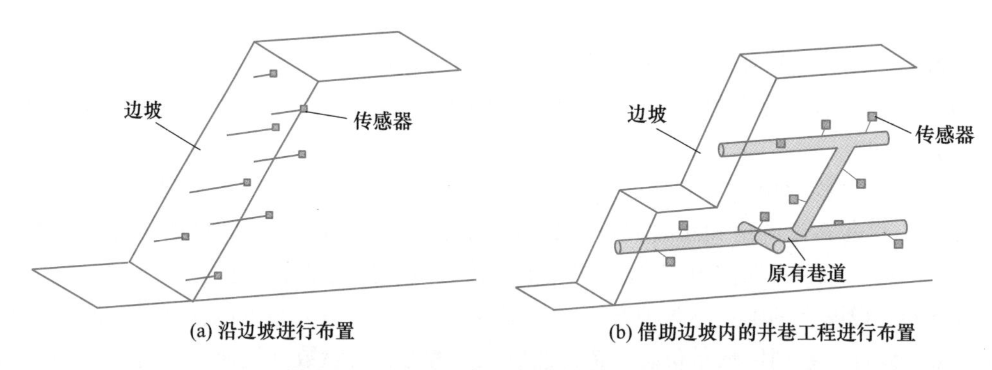

(a) 沿边坡进行布置　(b) 借助边坡内的井巷工程进行布置

图 5-8　边坡工程典型微震传感器布设方式

（3）大型硐室工程。在硐室开挖前，多数传感器借助原有巷道进行布置。伴随着开挖过程揭露新传感器可安装位置，可适当增加传感器以达到更好的监测效果（如图 5-9 所示）。

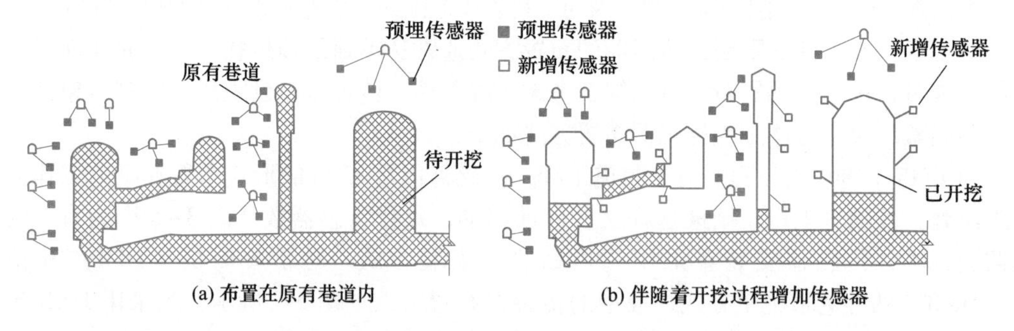

(a) 布置在原有巷道内　(b) 伴随着开挖过程增加传感器

图 5-9　典型大型地下硐室群传感器布设示意图

（4）采矿工程。由于矿山的开采范围一般较大，所以微震传感器的布置可分为大范围监测和局部区域监测两种方式。对于矿山大范围乃至全矿范围的宏观监测，微震传感器采用每个开采中段已有井巷工程布置为宜，传感器阵列尽可能覆盖整个矿区（如图 5-10（a）所示）。需要注意的是，由于开采过程会形成许多采空区，当微震信号穿过这些采空区时，微震事件的定位精度会受到影响。因此，在采空区附近可适当增加传感器数量，满足微震定位精度的需要。对于局部区域或重点采场进行监测时，可以参考大型硐室群微震监测传感器布设方式，在已有井巷工程中预埋传感器，并伴随着井巷工程的延伸逐步增加传感器（如图 5-10（b）所示）。对于露天矿边坡来说，传感器可直接布置在边坡表面或采用钻孔安装方式布置在岩体内部（如图 5-10（c）所示）。

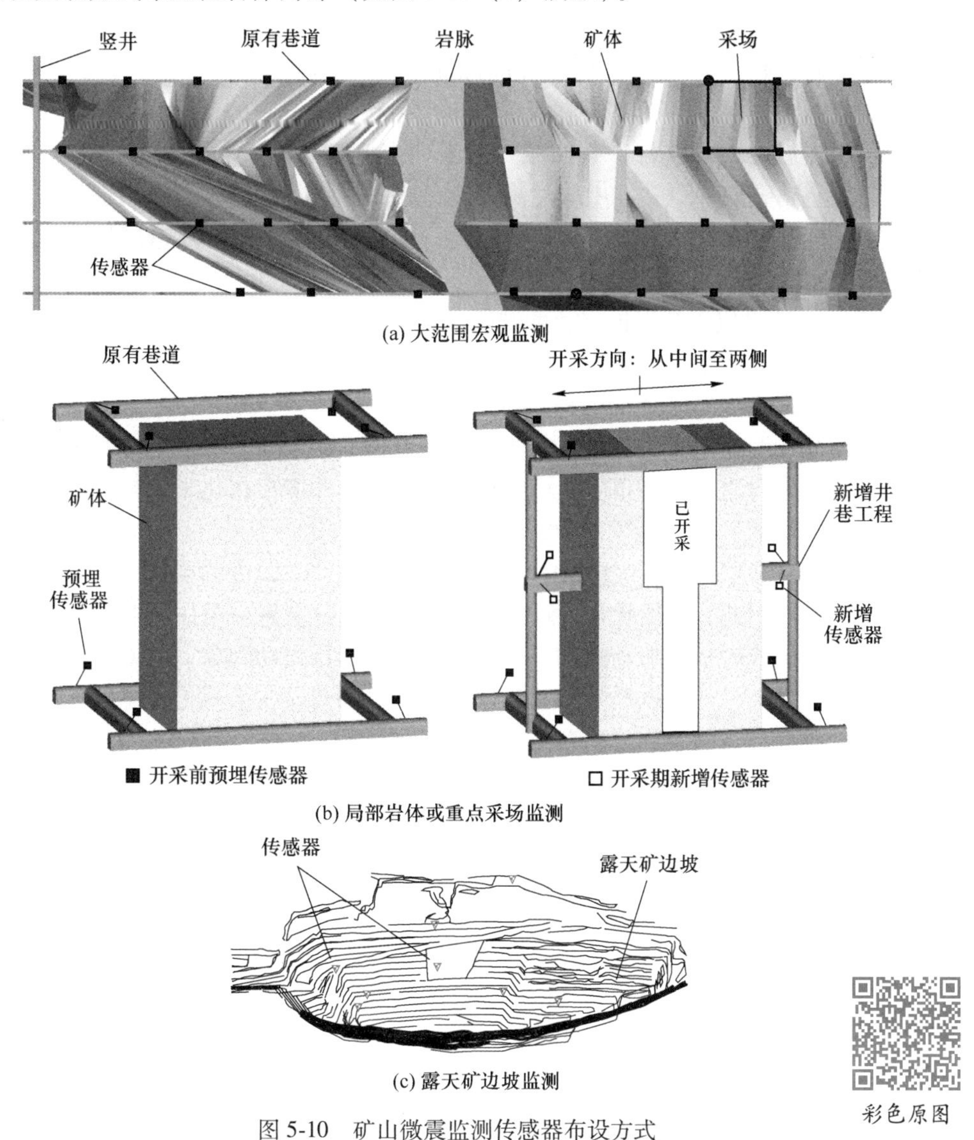

图 5-10　矿山微震监测传感器布设方式

5.3.3 传感器安装

微震监测系统的组件（如传感器、数据采集仪器和服务器）的安装和安置可以同时进行。传感器的安装质量对于微震监测数据质量起着关键作用，安装效果不好会导致微震源定位精度低、微震信号质量差、微震源参数计算不准确等。表面安装类型的传感器可以根据安装角度的要求紧紧固定在基岩上。钻孔式传感器安装方式的钻孔角度可以向上倾斜、水平或向下倾斜。典型向上倾斜钻孔灌浆安装传感器过程如下。

（1）钻孔。钻孔直径过小会导致传感器无法顺利安装。在实际过程中，为方便传感器的安装，钻孔直径通常为传感器直径的1.3~1.5倍。如果钻孔附近的岩体比较破裂，则微震信号的衰减较为严重。因此，钻孔深度应达到岩体松动圈以外的原岩位置处，以保证微震信号质量。钻孔过程首选地质岩心钻，也可采用冲击钻。待钻孔结束后，应测量孔口三维坐标、孔深，计算获得传感器的三维坐标及方位。

（2）清洁。钻孔结束后用水清洗钻孔内部，保证钻孔内部干净，无岩粉等残留。对于水平或向下倾斜钻孔，可以采用高压风清洁钻孔。

（3）放置传感器、灌浆管和排气管。对于水平和向下倾斜的钻孔，可通过安装杆放置于钻孔底部，然后撤回安装杆进行注浆。对于向上倾斜钻孔，可将传感器固定在排气管上，并一起伸至钻孔底部。钻孔中应注满浆液，确保传感器与岩体之间的耦合质量。需要注意的是，传感器与孔底之间应有一定的距离，以免浆液硬化沉降所造成传感器与岩体的耦合质量下降。

（4）灌浆。灌浆应以缓慢恒定速度进行。对于向上倾斜钻孔，当浆液从孔口位置的排气管流出时，则表明注浆工作完成。为保证微震信号传输效果，硬化后的浆液应具有与岩石相近的波阻抗（密度与波速的乘积）。

对于各向异性明显的岩体（如层状岩体或柱状节理岩体），传感器的安装方位与岩体内波速最大值的方向之间的夹角应尽可能小。如果岩体环境存在化学腐蚀，则应为传感器增加保护套，并将信号传输电缆置于氯乙烯（PVC）管中。

多数情况下，在监测任务完成后，为降低监测成本，微震传感器往往需要回收并应用在其他区域监测。因此，需要提前设计制作传感器可回收装置。采用可回收方式安装传感器时，在周围爆破或者机械振动扰动下有可能出现传感器松动现象。因此，应定期检查微震信号质量，如果信号的数据质量和数量持续下降，或明显少于其他传感器，则意味着传感器与岩体的耦合出现问题，传感器需要重新安装。

5.3.4　监测系统构建

由于多数情况下岩体工程施工过程中存在电力供应不稳定的问题，因此需要在数据采集仪器和每个传感器之间添加电涌保护器（SPD）来防止电涌冲击。数据传输线路尽量远离施工区域和高压电区域，以减少施工和高电压脉冲造成线路损坏所导致的数据不连续性。在有可能造成数据传输线路损坏的区域，应设置警告标志。另外，所有的信号传输线路须接地良好。

对于微震监测系统，应配备不间断电源（UPS）以确保连续监测。如果设备安装区域的电源不稳定，则还应增加稳压器。同样微震监测系统必须具有良好的接地效果，以防电磁干扰。

待微震监测系统构建完毕后，应对整个系统进行标定校准。一般情况，可采用人工定点爆破等方式进行系统校准，校准的内容包括每个传感器的信号质量、通信线路有无故障、微震监测软件系统工作是否正常等。

5.3.5　监测过程质量控制

（1）确保实时连续监测是微震监测的首要目标。因此，需要建立整个监测过程的快速故障排除机制，定期检查各个监测子系统（传感器、数据采集单元、数据传输系统和服务器）的工作状态。在岩体灾害发生高风险区域和时期内，应缩短检查周期。

（2）定期开展现场调查。工程地质和岩体力学研究人员应定期到现场观察、记录可观测到的岩体变化情况，包括地质条件、施工过程及岩体的任何破坏。在岩体灾害发生后对于灾害特征信息详细记录。相关的记录文档、图片应分类归档保存。

（3）微震数据分析人员应保证数据分析的即时性，及时获得微震事件的时空演化规律和震源参数信息，结合地质条件和施工过程，对岩体状态做出及时的评估。

（4）建立各类数据信息存储数据库，包括微震监测系统工作状态信息、地质信息、施工过程、岩体破坏信息、微震数据信息及相关的分析结果。各类管理人员、数据分析人员需要按照规定时间定期更新数据库。

5.4 微震数据分析方法

一般情况下，微震监测系统所获得的所有数据应在 24 小时内分析处理完毕，以便能够对开采（开挖）所导致的任何岩体响应和状态做出及时判断。微震数据分析处理过程可以分为四个步骤：岩体破裂信号的识别、微震源定位、震源参数计算和微震信息的表达方式。

5.4.1 岩体破裂信号识别

开采（挖）等很多种人为活动都可能产生震动信号，会对微震监测产生波形干扰，有些情况（如爆破、机械工作等）还会引起微震事件的产生，由于这些情况都是以声波的形式对微震监测信号所形成的干扰，所以称之为噪声。如果不能很准确地将噪声所引起的干扰去除，将会严重影响微震监测的效果和准确性。因此，在对微震事件进行识别、分析处理时，过滤干扰信号，识别真正的微震信号，是微震监测的首要任务。岩石破裂有效微震信号识别过程如下：

（1）各种振动源典型信号的采集。在岩体工程微震监测过程中，首先需要对不同类型振动源所产生的振动信号进行调查和采集，记录所有振动信号的发生位置和类型，如岩体破裂、电噪声、爆破、钻孔和机械振动信号等，各种振动源典型信号如图 5-11 和表 5-2 所示。应该注意的是，不同岩体工程中的相同振动源信号的波形特征可能会有差异性。

（2）典型信号的特征分析。通过快速傅里叶变换（FFT）、小波变换（WT）等各种信号处理方法对典型信号进行时域和频域分析，获得信号的特征参数，如振幅、主频和持续时间。从微震监测系统正常运行开始，应建立记录各种信号及其特征参数的数据，并在整个监测过程中持续更新。

（3）岩体破裂信号识别方法。通常情况下，岩体破裂信号识别有三种方法。第一种方法是通过软件系统的波形显示窗口进行人工识别，这种方法的优点是易于掌握和操作。但是该方法的准确性很大程度上取决于数据分析人员的经验和波形的复杂性。因此，当干扰信号较少且复杂性较低时，可采用人工识别的方法处理微震信号数据。第二种方法是使用信号的某个参数来确定信号类型，例如能量、频率、振幅等。这种单指标信号识别方法可以快速处理信号，但是当不同振动源信号参数相近时，则易出现识别误差。第三种方法是

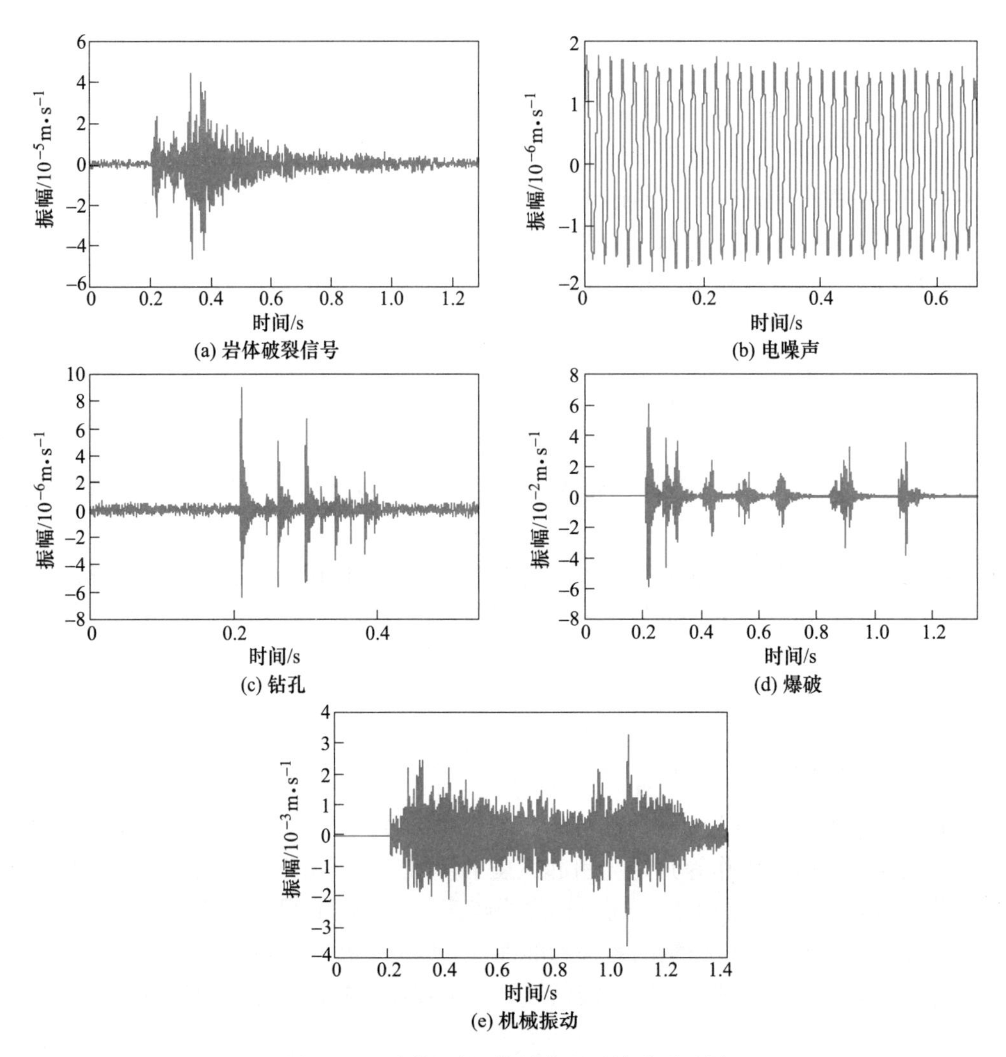

图 5-11 不同振动源信号典型时域波形示例

表 5-2 不同振动源信号分类及特征描述

信号类型	特 性 描 述
岩体破裂	岩体破裂信号的持续时间通常小于 1s，频率范围很广，主要集中在 10~3000Hz 范围内，幅度为 10^{-2}~10^{-7}m/s
电信号	电信号主要由各种电气组件和不良的接地效果所产生。由于电缆接地无效而产生的电信号具有与交流电信号非常相似的特性，具有相同的幅度、非常长的持续时间和 50Hz 的频率
钻孔	钻孔信号有显著的特征，即其多波特性。信号波形具有明显的周期性，频率主要集中在 100~2000 Hz 的范围内，幅度为 10^{-5}~10^{-6}m/s
爆破	爆炸信号的持续时间通常超过 1s，频率主要集中在 100~500Hz 的范围内，幅度为 10^{-2}~10^{-3}m/s
机械振动	机械振动信号主要是由各种工程设备运行所产生的，例如重型车辆等。该信号的幅度取决于振动强度
未知	另外，可能还有其他信号具有不同的波形特性，但是在现场并没有找到清晰的信号源，这可能是各种环境噪声叠加的结果，因此这些信号需要进一步分析

基于不同振动源信号多参数特征，建立多指标的数学函数或采用智能算法进行信号识别。该方法适用于识别复杂工况条件下的高复杂度信号。

（4）数字滤波器。数字滤波器可以分为两种类型：线性滤波器和非线性滤波器。线性滤波器包括低通滤波器、高通滤波器和带通滤波器，仅保留信号分量的特定频率范围。非线性滤波器通过信号的统计特性来识别信号。中值滤波、粒子滤波、卡尔曼滤波和小波滤波是典型的非线性滤波器。如果噪声和岩体破裂信号在频域中是分开的，可以使用线性滤波器。否则，非线性滤波器更合适。此外，滤波器的特性应满足噪声和岩体破裂信号特征的差异性，例如噪声的频率低而岩体破裂信号的频率高，则可以选择高通滤波器。

5.4.2　微震源定位

震源定位是微震监测技术的核心要素，且是一项受多种因素影响的十分复杂的工作，微震震源定位的准确性关系到微震技术的应用效果。微震源的空间坐标通常基于弹性波在岩体内的传播速度、到达传感器的时间和传感器的空间坐标计算所得。震源定位的误差一般包含以下五个因素：传感器阵列布置、传感器坐标的误差、P 波或者 S 波到时拾取的准确性、波速模型和定位算法。前面两个误差因素与传感器的安装布置有关，下面详细介绍其余三个震源定位误差影响因素以及定位微震事件的表示方法。

5.4.2.1　P 波和 S 波的到达时间的确定

微震信号波形分为 P 波（纵波）和 S 波（横波）。由于 P 波的速度高于 S 波，所以到达传感器的时间较早。如果环境噪声较少，则 P 波的到达时间很容易获得（图 5-12），并广泛应用于各类微震源定位算法中。S 波虽然传播速度慢，但携带的能量显著高于 P 波，通常可以将波形振幅显著增加的点视为 S 波的开始时间。在实际应用过程中，P 波和 S 波的到达时间的确定并不容易，特别是 S 波。目前，有很多 P 波和 S 波到达时间的确定方法，这里不做详细介绍。

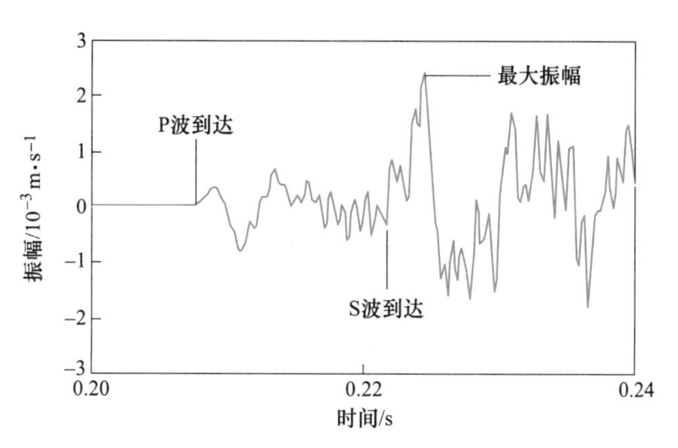

图 5-12　P 波和 S 波到达时间的确定

5.4.2.2　弹性波波速校准

弹性波的传播速度可采用相关的测试技术获得。由于声波测试技术一般并不能覆盖全部监测区域，因此需要进行校准。弹性波在岩体中的传播速度校准可以通过定点爆破来确定。首先选择爆破位置，并精确记录爆破位置的三维坐标。之后进行低药量（1~3kg）爆破，记录爆破时间。根据传感器与爆破点的距离及信号（P 波和 S 波）的到达时间可以估算出弹性波的传播速度。理论上定点爆破所激发的 P 波和 S 波到达不同传感器的时间与信号的传播距离呈线性关系（图 5-13）。需要说明的是，这里认为岩体是均匀介质，采用的是等速模型，即弹性波在传播过程中波速保持不变且波速在不同方向上也是一致的。

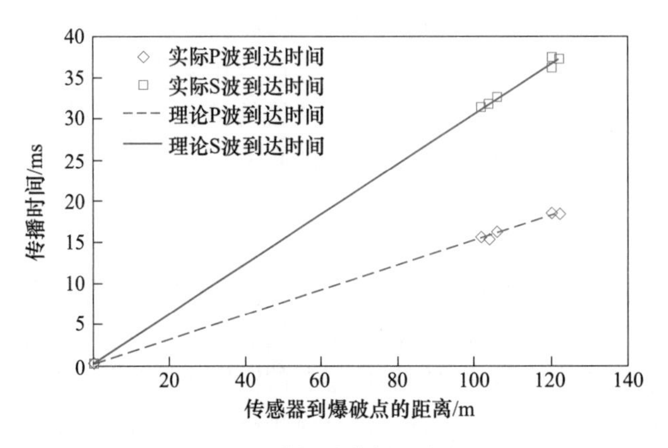

图 5-13 弹性波传播速度校准

5.4.2.3 定位算法

对微震源定位方法、准确性和提高定位精度的研究，一直是微震监测技术研究的重点。微震信号具有与自然地震信号类似的震源机制和信号特征，因此微震源定位方法多引自地震学。在实际工程监测中，多数震源离传感器比较近，检测到的大部分 S 波信号并不明显，此外，直达 S 波很容易被 P 波的随后尾波干扰，所以主要利用 P 波信号进行震源定位，定位原理如图 5-14 所示。微震定位方法很多，主要包括几何定位法、相对定位法、空间域定位法、线性定位法和非线性定位法等。下面介绍几种较简单的微震源定位算法。

A 最小二乘法

最小二乘法求解是基于由多个传感器获得的到达时间所建立的固定方程组（式（5-1）），然后求解方程组的解来得到震源位置坐标。

$$(x_i - x)^2 + (y_i - y)^2 + (z_i - z)^2 = v^2 (t_i - t)^2 \quad (i = 1, 2, \cdots, N) \tag{5-1}$$

式中 x，y，z——微震事件的位置坐标；

x_i，y_i，z_i——第 i 个微震传感器的位置坐标；

v——P 波波速；

t_i——第 i 个传感器接收到 P 波的时间；

t——微震发生的时间。

假设有 5 个传感器接收到有效信号：

$$\left.\begin{aligned}
(x_1 - x)^2 + (y_1 - y)^2 + (z_1 - z)^2 = v^2(t_1 - t)^2 \\
(x_2 - x)^2 + (y_2 - y)^2 + (z_2 - z)^2 = v^2(t_2 - t)^2 \\
(x_3 - x)^2 + (y_3 - y)^2 + (z_3 - z)^2 = v^2(t_3 - t)^2 \\
(x_4 - x)^2 + (y_4 - y)^2 + (z_4 - z)^2 = v^2(t_4 - t)^2 \\
(x_5 - x)^2 + (y_5 - y)^2 + (z_5 - z)^2 = v^2(t_5 - t)^2
\end{aligned}\right\}$$

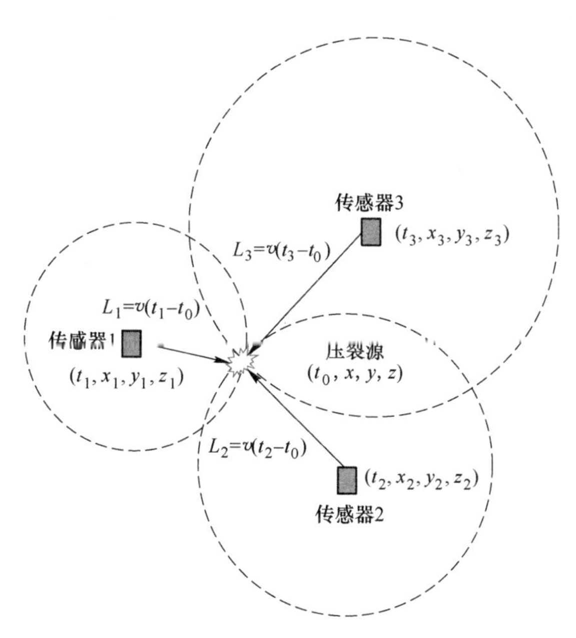

图 5-14 微震源定位原理

t_i—信号波到达第 i 个传感器的时刻；t_0—微震源产生时间；v—岩石介质中的弹性波传播速度；

x_i，y_i，z_i—第 i 个传感器的三维空间坐标；x，y，z—微震源的三维空间坐标

将各项对第一项求差，消去 x^2、y^2、z^2、t^2，从而得到线性超越方程组：

$$a_jx + b_jy + c_jz + d_jt = e_j \qquad (j = 1,\ 2,\ \cdots,\ N - 1) \tag{5-2}$$

式中 a_j, b_j, c_j, d_j, e_j——求差后各项系数。

令

$$A = \begin{bmatrix} a_1 & b_1 & c_1 & d_1 \\ a_2 & b_2 & c_2 & d_2 \\ a_3 & b_3 & c_3 & d_3 \\ a_4 & b_4 & c_4 & d_4 \end{bmatrix}, X = \begin{bmatrix} x \\ y \\ z \\ t \end{bmatrix}, B = \begin{bmatrix} e_1 \\ e_2 \\ e_3 \\ e_4 \end{bmatrix}$$

则式（5-2）可写成 $AX=B$，利用最小二乘法进行求解：

$$x^* = (A^{\mathrm{T}}A)^{-1}A^{\mathrm{T}}B \tag{5-3}$$

由上面分析可知，当 5 个传感器接收到有效信号时，能得到一个解（可能不是最优解），当 6 个传感器接收到有效信号时，方程通过排列组合，能得到 6 个解，对于 7 组以上方程有更多的解。暂定 6 组方程计算 6 个解，7 组方程计算 7 个解，以此类推。对所有的定位结果取其空间几何的中心值，作为定位结果。

这种方法通过多个传感器获得的到达时间所建立的固定方程组，然后求解方程组的解来得到震源位置坐标，计算中只有简单的矩阵运算，计算工程比较简单，计算量不大。但是该定位方法的解析解一般有很大误差，定位结果与实际有一定的差距。

B 单纯形算法

单纯形是一种多胞形，求解 n 维方程需要建立具有 $n+1$ 个不在同一超平面上的顶点的单纯形，如三角形是求解二维方程的单纯形，四面体是求解三维方程的单纯形。用单纯形算法计算震源位置的基本原理如下（如图 5-15、图 5-16 所示）：假设微震源中心坐标为

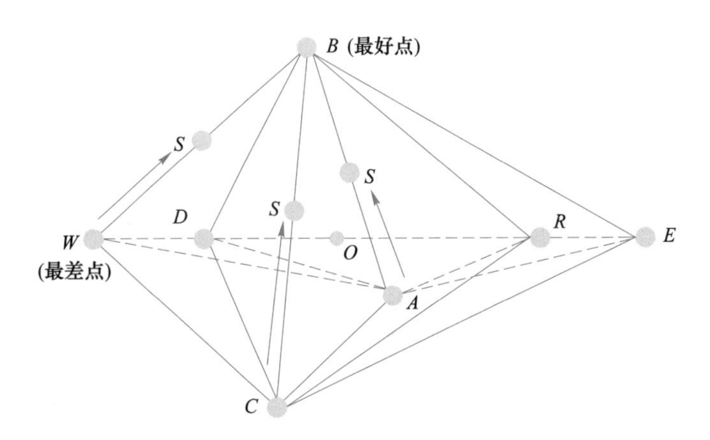

图 5-15 单纯形算法基本原理

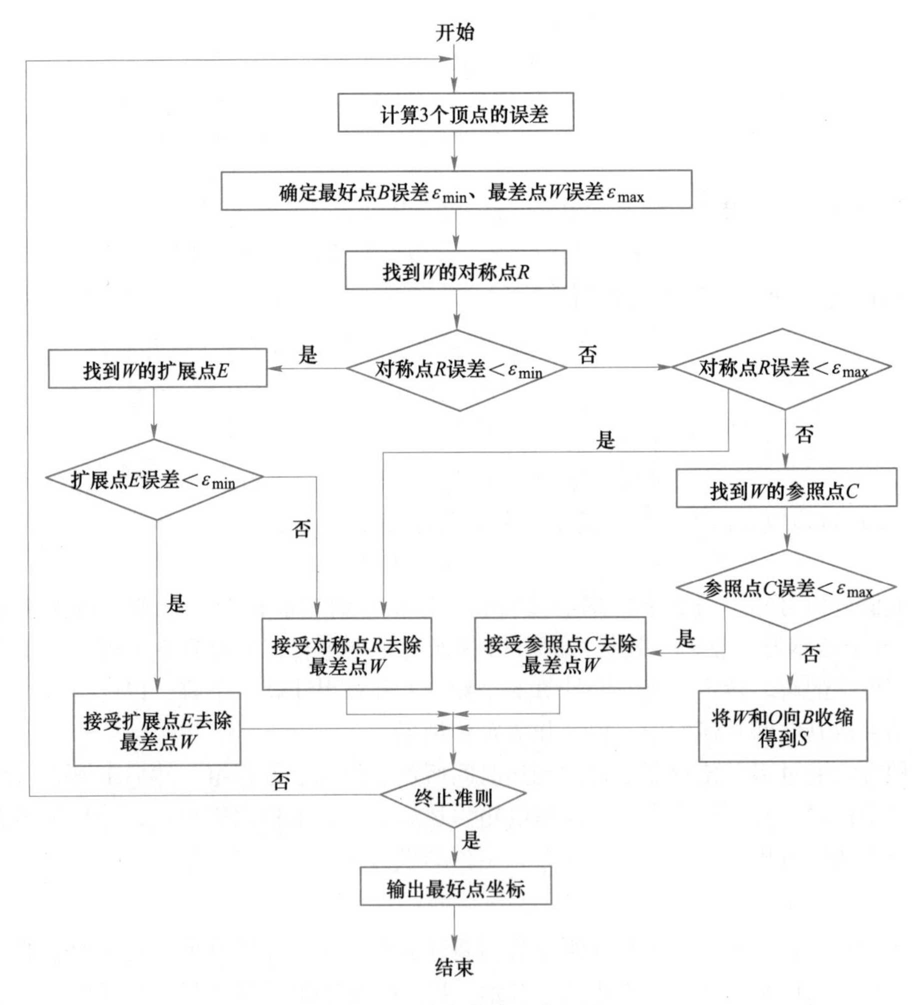

图 5-16 单纯形算法流程图

$Z(x_0, y_0, z_0)$，首先，给定4个初始迭代点A、B、C、W，构成三棱锥的4个顶点。对每个顶点进行误差计算，假设误差最小的点为点B(最好点)，误差最大的点为点W(最差点)，然后计算点W关于点A、B、C三点构成平面（或以三棱锥重心为对称中心）的对称点R、扩展点E和收缩点D，并计算W、R、E、D的误差进行比较判断，保留满足误差要求的点与点A、B、C构成新的三棱锥；当W、R、E、D的误差都不满足要求时，将点W、A、C以一定步长向点B收缩（点S），构成新的三棱锥。重复这个过程，单纯形能改变搜寻方向，并逐步缩小，最终“塌”向包含$Z(x_0,y_0,z_0)$的区域。当单纯形的尺寸达到预定最小值或误差小于一定值时，单纯形迭代停止。此算法根据微震源到达传感器的时间差来反推出微震源的具体位置，从而确定其破坏点，定位精度较高。但是此算法的迭代过程比较繁琐，对事件的定位条件要求比较严格。

C　Geiger 算法

Geiger定位算法在地震学领域广泛应用，它也是通过从一个给定的初始点（试验点）通过迭代而接近最终结果。每一次迭代，都基于最小二乘法计算一个修正向量$\Delta\theta(\Delta x, \Delta y, \Delta z, \Delta t)$，把向量$\Delta\theta$加到上次迭代的结果（试验点）上，就可以得到一个新的试验点，判断这个新试验点是否满足要求，如果满足要求此点坐标即所求震源位置，如果不满足则继续迭代。每次迭代的结果都由下面的时间距离方程（式（5-4））产生。（注意，式（5-4）与式（5-1）的区别在于，式（5-4）中的$\theta(x, y, z, t)$是由人为设定或迭代产生的已知数，而在式（5-1）中则是所要求的未知数。）

$$[(x_i - x)^2 + (y_i - y)^2 + (z_i - z)^2]^{\frac{1}{2}} = v_P(t_i - t) \tag{5-4}$$

式中　x，y，z——试验点坐标（初始值人为设定）；

t——事件发生时间（初始值人为设定）；

x_i，y_i，z_i——第i个传感器的位置；

t_i——P波到达第i个传感器的时间；

v_P——P波波速。

对于P波到达每个传感器的时间t_{oi}，可以用试验点坐标计算出的到达时间的一阶泰勒展开式表示：

$$\frac{\partial t_i}{\partial x}\Delta x + \frac{\partial t_i}{\partial y}\Delta y + \frac{\partial t_i}{\partial z}\Delta z + \frac{\partial t_i}{\partial t}\Delta t = t_{oi} - t_{ci} \tag{5-5}$$

式中　t_{oi}——第i个传感器检测的P波的到达时间；

t_{ci}——由实验点坐标计算出的P波到达第i个传感器时间。

在式（5-5）中：

$$\frac{\partial t_i}{\partial x} = \frac{x_i - x}{vR}$$

$$\frac{\partial t_i}{\partial y} = \frac{y_i - y}{vR}$$

$$\frac{\partial t_i}{\partial z} = \frac{z_i - z}{vR}$$

$$\frac{\partial t_i}{\partial t} = 1$$

$$R = [(x_i - x)^2 + (y_i - y)^2 + (z_i - z)^2]^{\frac{1}{2}}$$

对于 N 个传感器，就可以得到 N 个方程，写成矩阵的形式：

$$A\Delta\theta = B \tag{5-6}$$

其中：

$$A = \begin{bmatrix} \frac{\partial t_1}{\partial x} & \frac{\partial t_1}{\partial y} & \frac{\partial t_1}{\partial z} & 1 \\ \frac{\partial t_2}{\partial x} & \frac{\partial t_2}{\partial y} & \frac{\partial t_2}{\partial z} & 1 \\ \vdots & \vdots & \vdots & \vdots \\ \frac{\partial t_n}{\partial x} & \frac{\partial t_n}{\partial y} & \frac{\partial t_n}{\partial z} & 1 \end{bmatrix}, \Delta\theta = \begin{bmatrix} \Delta x \\ \Delta y \\ \Delta z \\ \Delta t \end{bmatrix}, B = \begin{bmatrix} t_{o1} - t_{c1} \\ t_{o2} - t_{c2} \\ \vdots \\ t_{on} - t_{cn} \end{bmatrix}$$

用高斯消元法求解式（5-6）就得到修正向量：

$$A^{T}A\Delta\theta = A^{T}B\Delta\theta = (A^{T}A)^{-1}A^{T}B \tag{5-7}$$

由式（5-7）求出修正向量后，以（$\theta+\Delta\theta$）为新的试验点时继续迭代，直到满足误差要求。

Geiger 定位算法在实际地震定位工作中被广泛使用，被证明是一种可靠的经典地震定位方法，定位精度较高，并且此算法对事件的定位条件要求相对较为宽松，合理定位事件也比较多。但其要求给定一个初始点通过迭代得到最终结果，而这个初始迭代点的给定对定位结果的影响较大。

D 定位误差

如前所述，微震事件的定位过程是使到时时差达到最小。最简单的方法是使传感器实际检测到的波到达时间与计算的到达时间的时差最小。为了达到此目的，对于每次计算的定位结果（试验点），都可以得到一组波到达每一个传感器的时间（计算时间），将每个计算时间与实际的检测时间比较，就会得到一个误差值，以此判断计算的定位结果是否满足要求。比较的方法有如下两种：绝对值偏差估计和最小二乘估计。

绝对值偏差估计：

$$E = \left[\frac{1}{N}\sum_{i=1}^{N} \| T_{oi} - T_{ci} \| \right] \tag{5-8}$$

最小二乘估计：

$$E = \left[\frac{1}{N}\sum_{i=1}^{N} (T_{oi} - T_{ci})^2\right]^{\frac{1}{2}} \tag{5-9}$$

式中 N——实际检测到的到达时间个数（小于等于传感器个数）；

T_{oi}——第 i 个传感器检测到的到达时间；

T_{ci}——由试验点计算出的到达第 i 个传感器时间。

以上两种误差方法的选择取决于事先给定的时差误差的最小值。第二种方法对于每个时差都要平方，任意一个较大的时差都对最后的计算结果有很大影响，因此此方法强调在计算过程中消除个体的较大误差；第一种方法则减轻了个体较大误差对最终结果的影响，使用范围更广。

5.4.2.4 微震源的表示方法

微震源的定位结果可以通过相关软件进行三维显示。通常以球形状态显示，球体的颜色和大小分别表示微震源的发生时间和尺度参数（例如能量、震级等），如图 5-17 所示。

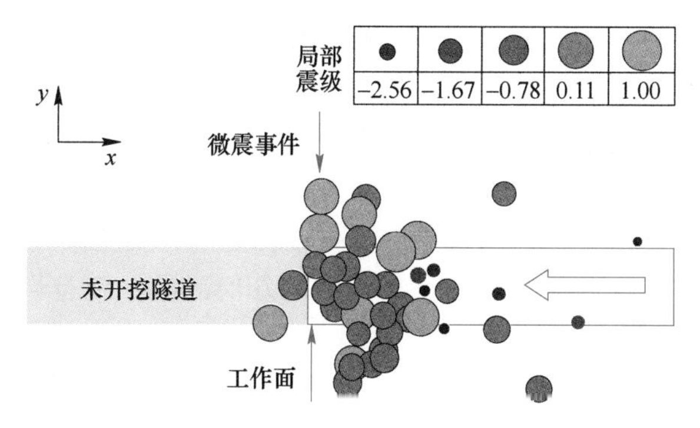

图 5-17　深埋隧道岩体压裂过程中微震事件源位置示例

5.4.3　微震统计学参数

（1）微震事件率：单位时间内的微震事件个数，反映了微震的频度和岩体的破坏过程。

（2）累积微震事件数：一定时间区域内微震事件个数的总和，可评价破裂源的活动性和破裂动态变化趋势。

（3）震级 M：矩震级、里氏震级等。

（4）地震矩 M_0：M_0为断裂驱动力，与震源非弹性变形成正比，可用来评估震源的变形程度。$M_0=\mu DS$，其中，μ 为岩体刚度（剪切模量）；D 为断层平均滑动量；S 为断层面积。

（5）事件密度：单位体积或单位面积微震事件数，反映微震事件的聚集程度。

（6）大能级事件：单位时间内能量超过一定值的微震事件，评价突出危险性的特征。

（7）微震活动性参数：震级和频次综合分析微震活动性定量参数，直接定量地反映地震活动的“增强”或“平静”。

（8）微震能量 E：在开裂或摩擦滑动过程中能量的释放是岩体由弹性变形向非弹性变形转化的结果。这个转化速率可以是很慢的蠕变事件，也可能是很快的动力微震事件，其在微震源处的平均变化速度可达每秒数米。相同大小的事件，慢速事件较快速动力事件发展时间要长。因此，慢速事件主要辐射出低频波。由于激发的微震能量是震源函数的时间导数，慢震过程产生较小的微震辐射。根据断裂力学的观点，开裂速度越慢，辐射能量就越少。

在时间域内，P 波和 S 波的辐射微震能量 $E_{P,S}$与经过远场辐射波形修正后的速度脉冲 $\dot{u}_{coor}(t)$ 的平方值在时段 t_s 上的积分成正比。

$$E_{P,S}=\frac{8}{5}\pi\rho v_{P,S}R^2\int_0^{t_s}\dot{u}_{coor}^2(t)\,dt \tag{5-10}$$

式中　ρ——岩石密度；

$v_{P,S}$——P 波或 S 波波速；

R——到震源的距离。

在远场监测中，P 波和 S 波对总辐射能量的贡献与 P 波和 S 波速度谱平方的积分成正比。要想获取主导角频率f_0两侧频带范围内合理的信噪比，就需要确定由微震观测网记录的波形的积分。如果要研究微震区的应力分布情况，微震系统应能记录到微震辐射的高频分量。

（9）微震能量释放率：单位时间内岩体微震辐射能量，是岩体破裂强度演化的重要标志。

（10）累计微震释放能量：区域内每个微震事件能量的总和，反映岩体微震强度和能量释放。

（11）微震能量密度：单位体积或单位面积微震能量，反映微震释放能量的聚集程度。

（12）分形维值 D：分形是指具有自相似性的几何对象。随着岩石的损伤破坏，出现降维现象。

（13）b 值：B. Gutenberg 和 C. F. Richter 所引入的震级频度关系中描述微震震级大小分布的一个参数，反映岩石承受平均应力和接近强度极限的程度。$\lg N(>M) = a-bM$，其中，N 为震级大于 M 的微震次数；a、b 为常数，其中 b 值是微震相对震级分布的函数。

（14）微震体变势 P：表示震源区内由微震伴生的非弹性变形区岩体体积的改变量，它与形状无关。微震体变势是一个标量，定义为震源非弹性区的体积 V 和体应变增量 $\Delta\varepsilon$ 的乘积：

$$P = \Delta\varepsilon V \tag{5-11}$$

对于一个平面剪切型震源，微震体变势定义为：

$$P = \bar{u}A \tag{5-12}$$

式中 A——震源面积，m^2；

$\bar{u}$——平均滑移量，m。

在震源位置，微震体变势是震源时间函数对整个震动期的积分。在监测点，微震体变势与经过远场辐射形态修正后的 P 波或 S 波位移脉冲 $u_{coor}(t)$ 的积分成正比。

$$P_{P,S} = 4\pi v_{P,S} R \int_0^{t_s} u_{coor}(t)\,dt \tag{5-13}$$

式中 $v_{P,S}$——P 波或 S 波波速；

R——到震源的距离；

t_s——震动时间，$u(0)=0$，$u(t_s)=0$。

微震体变势通常是由记录到的频率域内的低频位移谱的幅值 Ω_0 估计获得：

$$P_{P,S} = 4\pi v_{P,S} R \frac{\Omega_{0,P,S}}{\Lambda_{P,S}} \tag{5-14}$$

式中 $\Lambda_{P,S}$——远场幅值经震源焦球体上平均处理后的分布形式的平方根值；对 P 波，$\Lambda_P=0.516$；对 S 波，$\Lambda_S=0.632$。

（15）视体积 V_A：视体积 V_A 表示的是震源非弹性变形区岩体的体积，可以通过记录的波形参数计算得到，是一个较为稳健的震源参数，计算公式为：

$$V_A = \frac{\mu P^2}{E} \tag{5-15}$$

式中 μ——岩石的剪切模量。

（16）能量指数 EI：微震事件的能量指数 EI 是该事件所产生的实测微震释放能量 E 与区域内具有相同地震矩的所有事件的平均微震能 $\bar{E}(P)$ 之比：

$$EI = \frac{E}{\bar{E}(P)} = \frac{E}{10^{d\log P+c}} = 10^{-c}\frac{E}{P^d} \tag{5-16}$$

式中 d，c——常数。

由式（5-16）可得

$$\sigma_{\mathrm{A}} = P^{d-1}10^{c}EI \tag{5-17}$$

在 $d=1.0$ 的条件下，视应力和能量指数成正比。因此，可通过视体积与能量指数的变化，获取岩体灾害发生前的信息与规律。

（17）视应力 σ_{A}：视应力 σ_{A} 表示震源单位非弹性应变区岩体的辐射微震能，其定义为辐射微震能 E 与微震体变势 P 之比：

$$\sigma_{\mathrm{A}} = \frac{E}{P} \tag{5-18}$$

5.5 工程应用

微震监测技术在我国矿山工程、隧道工程、水利工程、边坡工程、石油及页岩气开采领域等方面得到广泛应用。限于篇幅，这里只介绍金属矿山和深埋隧洞典型工程微震应用案例，并简单介绍微震监测在矿山救援、民采盗采监控等方面的应用。

5.5.1 深埋隧洞

锦屏Ⅱ级水电站位于四川省凉山彝族自治州境内雅砻江干流上，利用雅砻江锦屏大河弯的天然落差裁弯取直凿洞引水，平行布置 7 条隧洞，长度约为 16.7km，最大埋深为 2525m（如图 5-18 所示）。锦屏Ⅱ级水电站隧洞群具有埋深大、隧洞长和工程难度大的特点，隧洞开挖过程中遇到了多种工程地质问题和围岩破坏现象，其中岩爆灾害尤为突出。因此，在引水隧洞施工过程中引入微震监测技术，全天候监测深埋隧洞开挖过程中围岩的活动状况和规律。

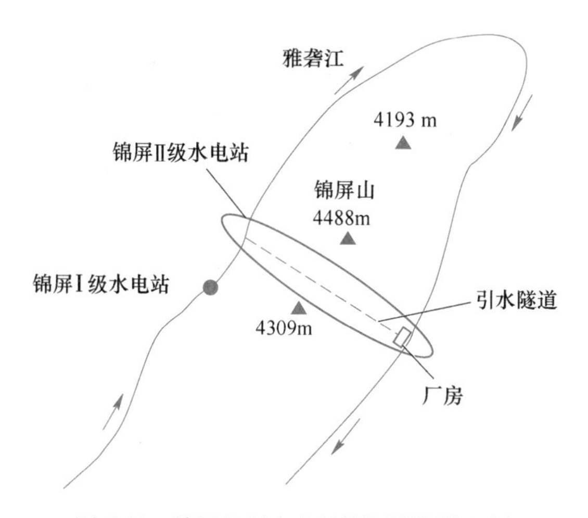

图 5-18 锦屏Ⅱ级水电站深埋隧洞位置图

5.5.1.1 微震监测系统

微震监测系统主体上由洞外系统控制中心、洞内数据采集仪（GS）及传感器三个部分组成，并通过互联网与决策部门形成信息互动，微震监测系统组成结构如图 5-19 所示。微震信号由传感器采集并传至数据采集仪，之后经光电转换后的数字信号通过光纤传输至系统控制中心，技术人员于中心内完成数据处理与分析，以及对监测系统的控制和管理；决策部门则可通过互联网实时观测当前洞内围岩的微震活动状况并审读技术人员提交的分析结果，以便做出相应的决定和采取适当的岩爆灾害控制措施。

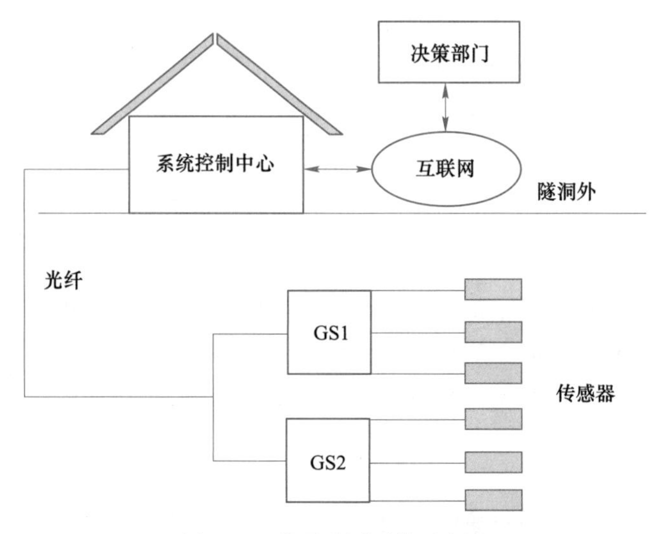

图 5-19 微震监测系统示意图

综合滤波方法主要步骤为：(1) 根据前期试验测试结果，设置采集仪滤波参数，进行硬件滤波；(2) 利用传感器对噪声信号的差异反映和敏感性进行协同滤波；(3) 考虑到主要有效信号位于掌子面附近，而传感器在掌子面后方的实际情况，根据信号到时与传感器位置进行滤波；(4) 根据试验阶段建立的噪声数据库，利用人工神经网络方法进行滤波；(5) 通过监测系统示波窗进行噪声滤除。该方法较好地滤除了锚杆钻机、TBM 碎岩、TBM 自身震动等环境噪声，大大提高了数据分析的效率与预测预报的准确性，滤波前后的结果如图 5-20 所示，图中引 1~4 号为引水隧洞编号，lg$E$ 为能量的对数，球体越大则能量越大。

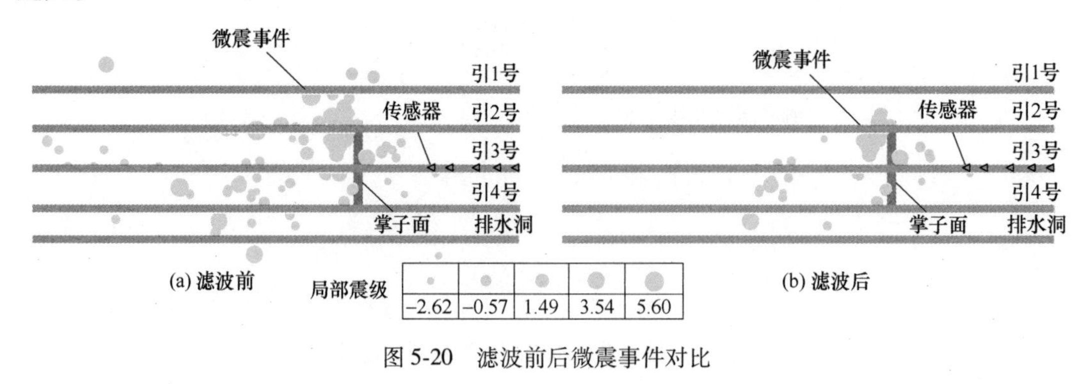

图 5-20 滤波前后微震事件对比

5.5.1.2 微震事件及能量释放和施工速度的关系

理论上，在相同地质条件下，施工速度越快，围岩能量释放越大，围岩稳定性越差，但实际上由于岩石材料的非均质性，再加上节理、裂隙各种地质不良体的存在，施工速度与围岩能量释放、微震活动并不成比例。

图5-21为施工进尺与微震事件的关系。由图5-21可知，总体上随着施工速度的增加，围岩体的微震活动呈现逐步增强的趋势，微震事件呈现逐步增加的趋势，日进尺小于9m时，微震事件基本上低于其平均值18.9个/天，在围岩完整性较好，区域地应力较低的情况下，发生强岩爆的可能性相对较小；日进尺小于5m时，微震事件基本低于10个/天，在地质条件较好的情况下，发生中等岩爆的可能性相对较小。

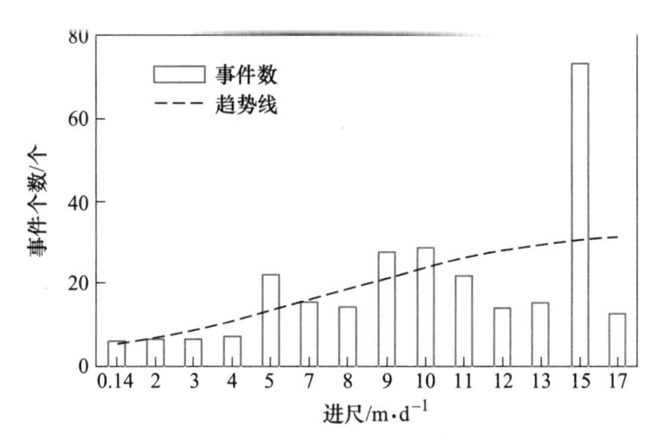

图5-21 TBM日进尺与微震事件的关系

2010年5月28日~8月21日每天不同时间段累计微震事件分布规律如图5-22所示。由图5-22可知，微震活动在每天10~14时处于平静期，这主要是因为每天8~14时为施工暂停时间，围岩没有开挖扰动，围岩处于一个平静期；而上午8~9时微震活动略高于10~14时，主要因为施工停止2h内，开挖卸载造成的不平衡应力仍有较大幅度的调整，致使围岩微破裂较为活跃；14时围岩微震活动开始逐渐进入活跃期，在18~20时微震活动最为活跃，这是因为在施工停止期间围岩应力进行了较为充分的调整，调整后应力集中区主要分布在掌子面前方4~10m范围内，因此在开挖初期的几个小时内，围岩破裂不是非常活跃，当开挖至应力集中区，即至18~20时期间，微震活动变得最为活跃，当开挖通过该区域后，围岩的破裂活动有所降低。

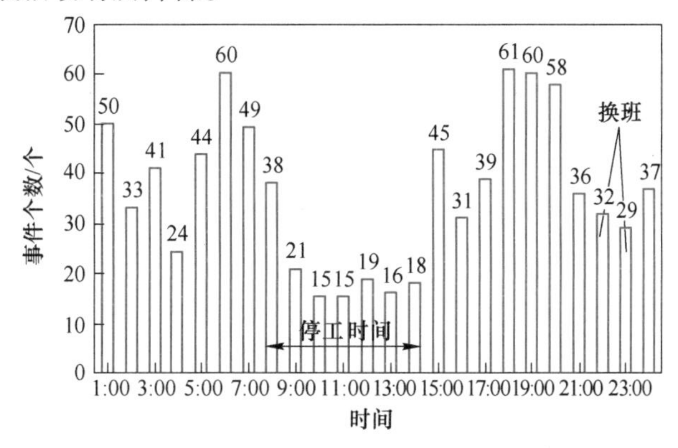

图5-22 每天不同时间段累计微震事件分布规律

图5-23为围岩释放的总能量与施工日进尺的关系。由图5-23可知，围岩破坏释放的能量随施工速率的增加略有增加，但关系不是很明显，这主要因为围岩破坏时能量释放大小主要取决于围岩破坏前原岩应力场和围岩的地质条件，虽然该段围岩主要为完整性较好的白山组大理岩，但由于结构面、节理面、溶洞等不良地质体的存在，不同洞段围岩的应力场、地质条件也有较大差别，因此，在开挖过程中能量释放具有一定的随机性，与开挖进尺无明显关系。

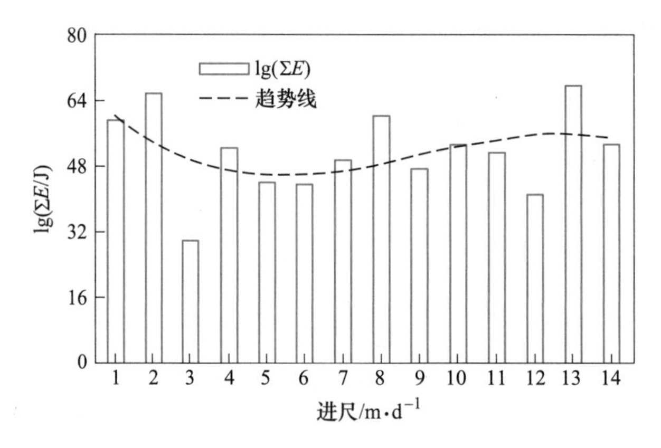

图5-23 围岩释放的总能量与TBM日进尺的关系

5.5.2 金属矿山

5.5.2.1 红透山铜矿开采扰动诱发微震活动性

中国有色集团抚顺红透山铜矿自1958年开采以来，已有六十余年的开采历史，平硐竖井联合开拓，现开拓深度1357m，开采1257m，是目前我国开采深度最大的金属矿山之一。随着开采深度的增加，红透山铜矿深部采场发生岩爆、顶板冒落等地压灾害的频度和烈度均逐步加剧，对作业人员的安全构成极大的威胁，已经严重干扰了矿山的正常生产，开采过程中造成了较大的经济损失。因此，采用微震技术对深部采场地压灾害进行监测及预测研究，是十分必要的。

−707m中段27采场设计矿量16.7万吨，开采深度1137m，采用水平上向分层充填法回采，分层回采高度3m，采场暴露面积2400~3000m^2，是深部采区具有代表性的典型采场。27采场周边的巷道工程包括上盘运输巷道、穿脉巷道，分段斜坡道及管路井。微震传感器布置依据这些已有的工程，尽量覆盖监测区域，以保证定位精度，传感器的布置方式如图5-24所示。

从图5-25可以看出，每日的微震事件的活动特征在集中爆破开采（2011年1月1日至2月25日）出现明显的差异性。由于本次采场开采前两个月采场一直在进行出矿和充填作业工作，对采场扰动较小，微震活动性较低，每天产生的微震事件在5个以下。当采场自1月11日开始集中爆破开挖落矿后，微震活动性显著增强，从1月11日至19日每天产生微震事件在20~30个之间，说明采场开挖活动对围岩扰动较大，加快了岩体内裂纹的产生和扩展。1月19日集中爆破开挖结束之后，微震活动性依然保持在较高的水平，这表明在采场集中爆破开挖后，围岩中原有的应力场平衡状态遭到破坏，应力重新分布，岩体

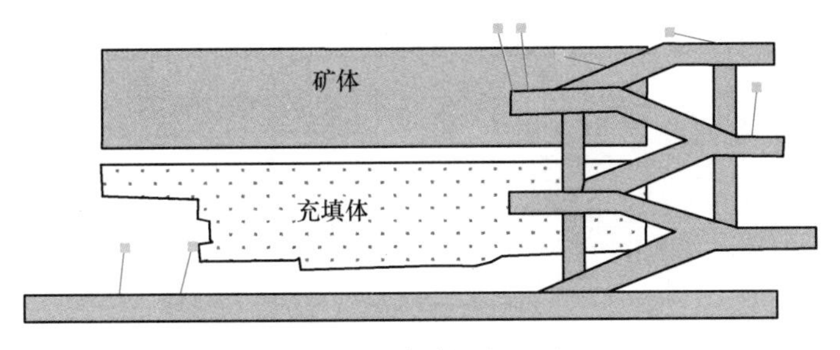

图 5-24 传感器布置图

内部裂纹在应力调整过程中继续产生和发育。微震活动性直至 1 月 26 日之后才出现明显的降低，也就是说在集中爆破开挖结束一周后围岩才逐步趋于较稳定状态，每天产生的事件数下降到 5~15 个。但是 1 月 26 日之后一个月时间内的微震活动性仍然强于 1 月 11 日开挖之前，说明围岩需要较长的时间才能恢复到开挖前的平衡状态。

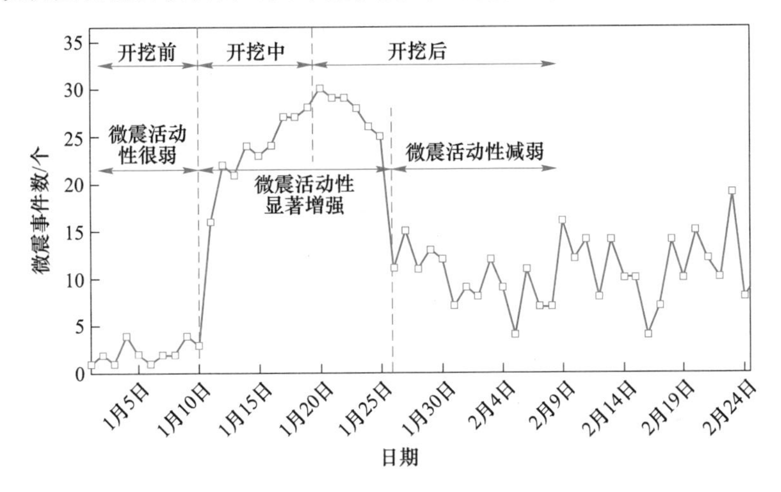

图 5-25 微震活动性随时间分布图（2011 年 1 月 1 日至 2 月 25 日）

对于深部矿山来说，井下工程布置比较复杂，对岩体在空间上的开挖很不规则，因此岩体在开挖过程中应力集中及重新分布的过程相对也比较复杂。由此所造成的岩体内部损伤和破裂在空间上存在较大不确定性。图 5-26 为 2011 年 1 月 1 日至 2 月 25 日微震事件空间分布特征。在这段时间内，微震事件在两个区域（27 采场与斜坡道之间岩体和 27 采场与其他已开挖充填完采场之间的间柱）出现相对集中现象，说明在采场开挖后在这两个区域的应力相对集中，岩体产生的损伤较大。但是从整体上来看，微震事件的空间分布相对比较分散。

-707m 中段 21 采场是典型的中深孔爆破采场，开采深度 1137m，采用阶段矿房嗣后充填采矿法，分段凿岩，阶段出矿。矿体宽度近 30m，厚度 18m，除顶柱和底部结构外高度约 35m。爆破采用中深孔扇形布置，采场在拉槽爆破后，分 5 次爆破进行回采，爆破时间及炸药使用量如表 5-3 所示，回采顺序如图 5-27 所示。21 采场顶部为-647m 中段，底部为-707m 中段，中部有三个分段的凿岩巷道。由于凿岩巷道内部空间狭小，传感器安装困难，且受爆破冲击作用较大，信号传输电缆极易破坏。因此，微震传感器集中布置在

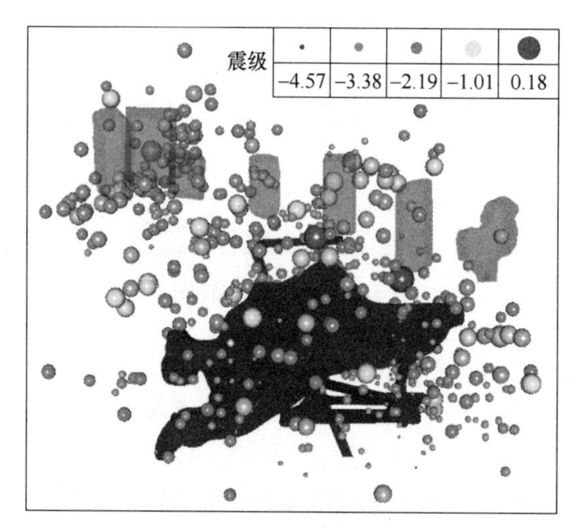

图 5-26 微震事件的空间分布特征（2011 年 1 月 1 日至 2 月 25 日）

-647m 中段和-707m 中段的运输巷道和穿脉巷道中。其中-647m 中段和-707m 中段各布置 12 个传感器。

表 5-3 21 采场回采爆破时间及炸药用量

日 期	爆破顺序	炸药/kg
2013-11-29	1	1780
2013-12-31	2	1900
2014-01-28	3	1880
2014-04-26	4	2520
2014-06-10	5	1820

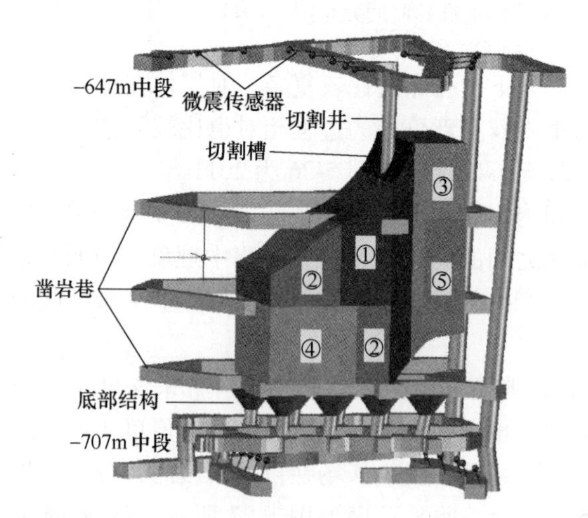

图 5-27 21 采场回采顺序及微震传感器布置（①②③④⑤代表回采顺序）

在 21 采场整个回采过程中，爆破会对围岩形成较大程度的扰动，每次爆破都会引起微震事件的大量产生（图 5-28、图 5-29）。从微震事件的空间分布可以看出，回采过程对围岩体造成的损伤集中在采空区附近，且主要分布在顶板和两侧。第 1 次爆破当天，产生的微震事件达到 20 个，爆破后的 20 天内微震活动也处于较高的水平，均在 10 个以上。之后的爆破对于岩体的扰动较弱，爆破当天产生的微震事件相对于第 1 次爆破明显减少。对于未开采的采场来说，整体的矿岩体处于一个较为稳定的应力平衡状态。当回采过程开始后，快速卸荷效应会对围岩应力造成强烈的扰动，应力重新调整。在这个阶段，整个采场应力调整的幅度最大、时间较长，因此每天产生的微震事件较多。之后的回采过程是在应力已经重新分布基础上的二次扰动或多次扰动，会逐步加大应力调整的幅度和范围。

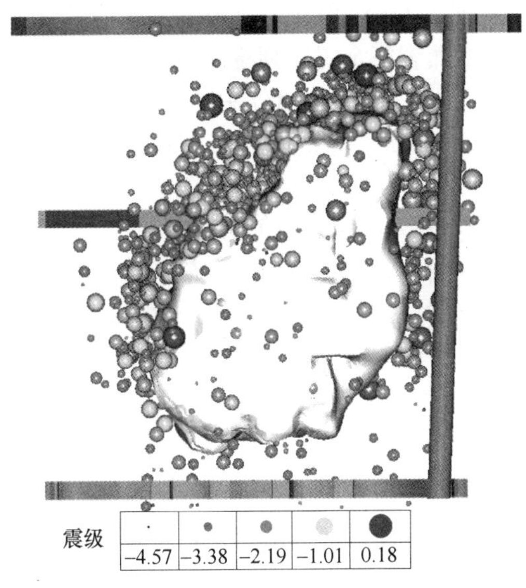

彩色原图

图 5-28　21 采场开采结束后微震空间分布图

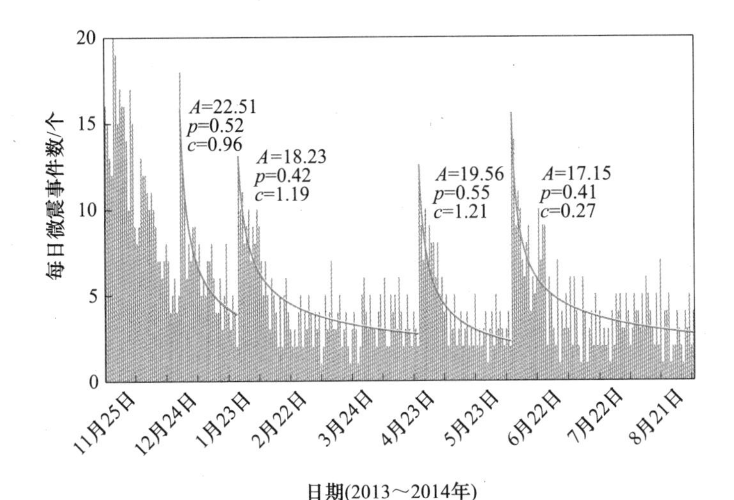

图 5-29　开采过程微震时空演化规律及其幂律衰减特征

值得注意的是，在爆破回采后，每天产生的微震事件会随着时间逐步衰减，直至岩体恢复到较为稳定的状态。矿山的岩体破坏、岩石受载破裂实验与地震活动的本质相同，是岩体内部缺陷逐步演化直至发生大规模破坏的过程，可以看作不同尺度岩石（体）的破坏现象。如果把回采爆破看作一次强烈的人工地震，那么回采后的岩体破坏可以认为是主震之后的余震。在地震学上，主震发生后，余震呈现出波动的缓慢衰减过程，最终混杂于背景地震之中。Omori 早在 1894 年就根据浓尾地震后有感地震的次数，对余震频度衰减规律进行了研究，提出了著名的大森公式：

$$N(t) = A(t + c)^{-1} \tag{5-19}$$

式中 $N(t)$——主震后 t 时间的余震数。

之后研究人员根据其发现的 $\ln t$ 对累计地震数的关系直线斜率逐渐减小的趋势，对大森公式进行了改进，提出了增加表征余震序列衰减快慢的参数 p。

$$N(t) = A(t + c)^{-p} \tag{5-20}$$

采用 $N=At^{-p}$ 拟合对 21 采场每天产生的微震事件数进行拟合发现，回采爆破后的微震活动性符合幂律衰减特征。每次回采爆破结束后，围岩内的应力均要经过一定时间的调整和重新分布才会达到较为稳定的平衡状态，如果以每天产生 5 个微震事件作为整个采场的背景微震活动性，爆破后采空区附近围岩需要 20 天左右可以恢复到较为稳定的状态。在余震衰减模型中，p 代表了微震活动性衰减的快慢，p 值越大，微震活动性衰减越快，p 值越小，微震活动性衰减越慢。如果能够掌握不同开采技术条件下的衰减规律，就能为回采后岩体恢复到稳定状态的时间进行判断，为矿山安全生产提供一定的理论支撑。

5.5.2.2 矿山救援

井下人员定位系统是国家要求地下矿山安装的“六大系统”之一。当事故发生时，救援人员可以根据系统及时掌握事故地点的人员和设备信息，也可以通过求救人员发出呼救信号，提高应急救援工作的效率。微震技术在井下人员定位方面也可以发挥辅助作用，为井下灾害救援工作提供一个有效的补充。

由于矿井重大灾害复杂性，对灾情了解的片面性及预测决策实施效果的模糊性，致使矿井救灾决策指挥往往面对着不明确的井下灾情。尤其是井下人员的准确定位问题始终困扰着救援队的施救行动，有时甚至向相反的方向进行抢险救灾，给救援行动带来了很多盲目性。国内某矿借助于微震监测系统的自动、实时以及三维可视化的定位功能，对井下被困人员的具体情况进行动态诊断，设计矿井灾害救援模拟测试方案，研究微震系统接收不同声音信号的最佳距离，积极探讨微震监测系统在矿山灾害救援中的应用。

模拟测试试验共分为三部分：多个传感器敲击试验、单个传感器敲击试验以及单个传感器喊话试验。测试试验环境与工具包括：在微震监测阵列内选取合适的巷道，选择一个长度约 1m 的钢钎、计时器及笔和纸。具体试验过程如下：首先，为了验证传感器的敲击效果，分别在不同传感器的安装孔口位置进行了敲击试验；其次，为了模拟被困人员发出的敲击信号，分别对距离传感器不同位置的岩体与金属体（管道、锚杆或锚索）进行敲击，并及时记录敲击的位置、时间及次数。在敲击的过程中，为了达到理想的模拟效果，敲击的次数可以随机选取，而敲击的强度则需要强弱结合。

同时，为了测试被困人员所发出的语言求救信号，也分别在距离传感器不同位置（0m、2m、5m、10m、20m、30m 及 50m）的巷道内进行了喊话试验，喊话的力度要尽量模拟出灾害发生时被困人员的具体状况。试验过程中，井下试验人员及时准确地记录试验数据，而地面试验人员也要及时观察微震系统的监测结果，通过二者的试验参数（敲击位置、时间及次数）的对比，就有可能对系统的灾害救援功能做出合理的评价，如图 5-30 所示。结果表明微震系统接收声音信号的清晰程度依次为：敲击锚杆（索）>敲击围岩>敲击管道>喊话，并且在系统接收清晰条件下，最终确定了这四种动作的最佳接收距离（图 5-31）。

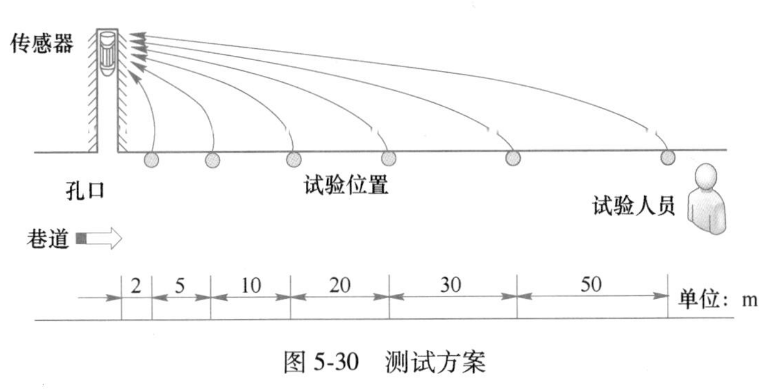

图 5-30　测试方案

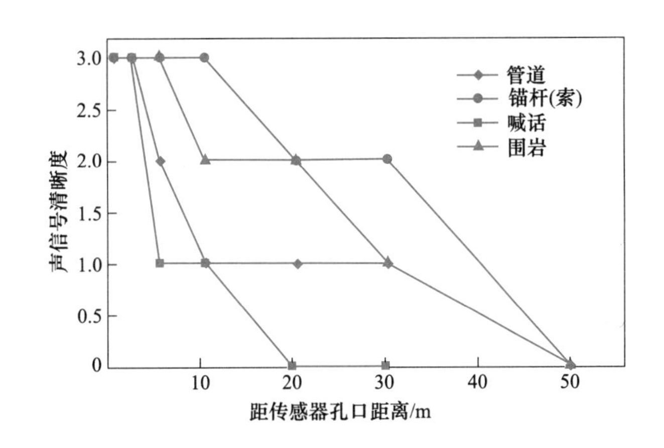

图 5-31　不同试验位置系统接收信号的清晰度

5.5.2.3　民采盗采监控

矿山民采活动带来大量的不明采空区，使生产作业人员生命安全受到威胁，国家矿产资源严重浪费。某金属矿山因产贵重金属，导致村民私自进行采掘活动，给矿山的安全生产带来很大的威胁。该矿采用竖井和多级盲竖井联合开拓的生产方式，采矿方法采用上向水平分层充填法，浅孔凿岩，铲运机出矿。民采也是通过竖井到达工作面，采用留矿法回采高品位矿石。充填方法存在充填排水凝固的阶段，因此留矿方法的回采效率较高，而且只是回采富矿，给矿山的回采工作留下了较多的空区，特别大的空区无法进行充填工作，从而放弃了回采，造成资源的浪费。不明的回采区域有可能与矿山的巷道掘进工作面贯通，可能产生的爆破冲击波会威胁到工人生命安全。该矿选择某月微震监测数据进行分析，根据该矿正常爆破时间，可以把爆破事件划分为矿山正常的生产爆破时间和民采爆破时间。矿山生产或掘进爆破作业时间段比较固定，分别为 05:00~07:00、16:00~18:59。民采爆破时间比较随意且不固定，因此通过剔除矿山生产爆破作业时间，确定民采爆破事件，并确定民采事件的空间分布（图 5-32）。

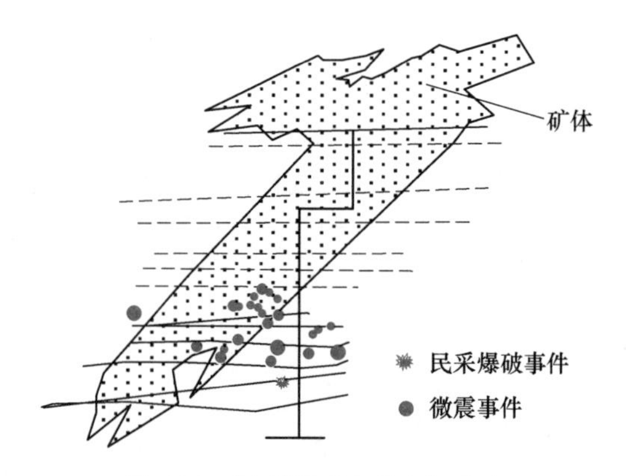

图 5-32 民采爆破事件空间分布

本章小结

微震监测技术利用岩体内部破裂释放的弹性波监测工程岩体稳定性，已广泛应用于矿山、隧道、水利、油气等领域，在岩爆灾害预警、地下采空区风险评估、断层滑移破坏、矿山救援等方面发挥越来越重要的作用。微震监测系统一般由传感器、数据采集单元、数据传输网络、服务器和处理软件组成。微震监测系统选择应考虑监测对象和监测目标，传感器主要取决于监测项目类型、尺寸、岩性条件和监测目的等。

微震系统构建主要包含现场调研、传感器布置、传感器安装、传输网络连接及系统调试等工作。传感器布置主要依据目标监测区域岩体和工程的安装施工条件，按照一定的原则进行设计。传感器的安装以获得高质量的微震信号为目标，同时以可回收式的安装方式兼顾经济性。

微震数据分析处理过程可以分为岩体破裂信号的识别、微震源定位、震源参数计算和微震信息的表达四个步骤。通过岩体破裂信号识别，消除电噪声、爆破、钻孔和机械振动等噪音信号影响。基于 P 波和 S 波的到达时间高精度拾取、弹性波波速校准、定位计算确定微震事件空间位置。借鉴地震学理论，分析震源破裂信息。

思考题

1. 简述微震监测的基本原理。
2. 微震传感器的分类及选择依据是什么？
3. 简述微震数据采集仪器的组成、A/D 转换器采样频率的设置依据。
4. 简述微震传感器的一般布置原则，钻孔式传感器安装过程。
5. 如何实现微震监测过程的质量控制？
6. 岩体工程现场的干扰信号源主要有哪些？
7. 微震源定位的主要误差来源有哪些？
8. 试说出微震能量、能量指数、视体积、b 值的含义。

6　爆破振动监测

本章课件

本章提要

爆破振动监测是降低爆破振动危害的前提。本章介绍：(1) 爆破振动波特征，包括分类、传播速度、传播特性、黏弹性介质的力学模型及爆破振动波与自然地震波的差异；(2) 爆破振动监测方法，包括监测方案、传感器安装与数据分析；(3) 爆破振动安全判据，包括安全判据指标与建议值；(4) 爆破振动预测，包括爆破振动影响因素、经验公式与其他预测方法；(5) 工程应用，包括现场监测方案布置与爆破振动传播规律。

6.1　概　　述

爆破作为一种经济、快速、有效的施工手段，广泛应用于军事、矿业及铁路、公路、港口、机场等交通行业，水利水电设施建设和移山填海工程，甚至医学等领域，在我国国民经济建设中发挥了重要的作用。随着我国对各类资源需求的日益增加，爆破理论与技术的快速发展，爆破技术仍将在地下岩体施工方法中发挥优势，并占据主导地位。爆破主要利用炸药爆炸时所释放的能量破坏岩石，达到工程开挖的目的。据统计，仅有少部分的炸药能量用于破碎岩石，其余均以振动波、热能、空气冲击波等形式作用到周围岩体，造成爆破区域周围岩体或结构的振动和损伤，易诱发巷道围岩冒顶、塌方等事故。爆破作业对周围环境和构筑物所带来的影响尤其是爆破振动的危害已成为人们关注的重点。因此，如何开展爆破振动的危害监测与控制，减少爆破作业对周围环境和构筑物的影响，一直是爆破安全技术研究的重要内容。

爆破振动效应是一个比较复杂的问题。因为爆破振动波及由其引起的爆破地面运动本身是一个复杂的现象，它受到各种因素的影响。如爆源的位置、炸药药量的大小、爆炸方式、传播途径中的不同介质和局部场地条件等。爆破振动波特性包括振幅、频率和持续时间三个重要因素。长期以来，国内外众多研究人员对爆破振动效应进行了大量的研究工作。主要研究的问题可归纳为两个方面：(1) 爆破振动波的特征及传播规律；(2) 爆破振动波对井下构筑物的影响。为解决这一问题，一方面是加强对各种爆破条件下爆破振动波的特性分析和对构筑物危害的现象和破坏特征的宏观调查；另一方面是加强对爆破危害响应的爆破振动波的特征参数、构筑物的动力响应和结构动力特性参数的测试。以大量的宏观调查资料以及爆破振动测试数据为依据，确定爆破振动波的特性、传播规律以及爆破振动波与构筑物动力响应的关系。因此，爆破振动监测是研究爆破振动效应的基本手段和方法。

爆破施工时，爆破振动对周边环境及工程岩体都有极大影响。通过爆区周边环境开展爆破振动监测，获取爆破振动数据，对施工安全管理、爆破振动控制都具有重要意义，具体如下：

（1）掌握爆破振动传播衰减规律的有力工具。根据实践分析可知，爆破产生的岩体破坏、振动效应是一个十分复杂的过程，不同岩体环境下的爆破振动均存在较大的差异，相关理论分析、数值模拟难以十分精确的分析其作用过程。因此，采取爆破振动现场监测方法，可直观、精确掌握开采过程中爆破方案下的振动波传播衰减规律。

（2）建（构）筑物爆破振动影响评估。在爆区一定范围内，当振动达到一定强度时，会引起建（构）筑物不同程度的破坏。很多爆破工程的纠纷都与爆破振动有关，如建筑物裂缝、门窗振响等。通过爆破振动监测，依据《爆破安全规程》，可进一步评估爆破振动对建（构）筑物的影响。

（3）爆破施工方案和爆破参数优化的重要依据。爆破振动效应居爆破公害之首，不仅影响周围环境和建（构）筑物，也对工程本身的安全性和耐久性产生不利影响。因此，需要依据爆破监测数据对爆破振动的有害效应进行分析，根据爆破施工要求、安全防护要求等合理调整爆破方案、优化爆破参数，将爆破振动影响控制在合理范围内，确保围岩稳定、周边建（构）筑物安全。

（4）为爆破振动理论研究和数值模拟提供数据支撑。爆破施工环境复杂，并且对爆破安全的要求越来越高，很难在实验室或施工现场对复杂的爆破现象进行详细观测和研究，利用数值模拟方法研究爆破地震波的传播机理以及振动特性是可行的方法之一。爆破振动监测可为数值模拟的检验提供有力的数据支撑，可以避免单纯理论研究的不确定性。

6.2 爆破振动波特征

当炸药在土岩介质中爆炸后，只有2%~20%能量转换为振动波。爆破地震波作为一种弹性波，其传播过程是一种行进的扰动，也是能量从岩石介质的一点传递给另一点的反映。

炸药在土岩介质中爆炸时，瞬间形成冲击波，冲击波向外传播的强度随距离的增加而衰减，波的性质和波形也产生相应的变化。根据波的性质、波形和对介质作用的不同，可将冲击波的传播过程分为三个作用区，如图6-1所示。在离爆源约3~7倍药包半径的近距离内，冲击波的强度极大，波峰压力一般超过岩石的动抗压强度，所以岩石产生塑性变形或粉碎。在这一范围内要消耗大部分的冲击能量，冲击波的强度也发生急剧的衰减，因而把这个区域叫作冲击波作用区。

冲击波通过该区域后，由于能量大量消耗，冲击波衰减成不具陡峭波峰的应力波，波阵面上的状态参数变化比较平缓，波速接近或等于岩石中的声速，岩石的状态变化所需时间远远小于恢复到静止状态所需时间。由于应力波的作用，岩石处于非弹性状态，在岩石中产生塑性变形，甚至导致破坏。该区域称为应力波作用区或压缩应力波作用区。其范围可达到8~150倍药包半径的距离。应力波传过该区后，波的强度进一步衰减，变为弹性波或称地震波。波的传播速度等于岩石中的声速，它的作用只能引起岩石质点弹性振动，而不能使岩石产生破坏，岩石质点离开静止状态的时间等于它恢复到静止状态的时间，故此区称为弹性振动区。炸药在无限岩体内爆炸作用的破坏分区如图6-1所示。

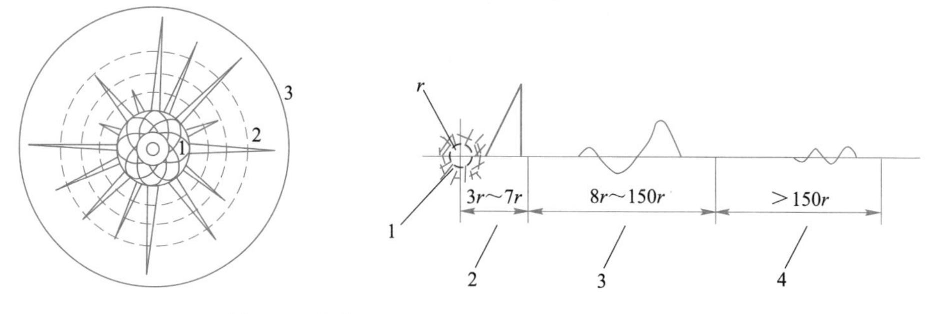

图 6-1 炸药在无限岩体内爆炸作用的破坏分区

r—药包半径；1—粉碎区；2—冲击破裂区；3—应力波；4—地震波

6.2.1 爆破振动波的分类

爆破振动波包括在地层内部传播的体波和在地层表面或介质体表面传播的面波。体波可分为纵波（P 波）和横波（S 波）；面波主要有 Rayleigh 波（R 波）和 Love 波（L 波）。

体波中的纵波指质点的振动方向与波的前进方向一致，使介质产生压缩和膨胀，因此又称为压缩波、疏密波、无旋转波或 P（premier）波。在无限介质中，P 波的波速 v_P 为：

$$v_P = \sqrt{\frac{\lambda + 2G}{\rho}} \tag{6-1}$$

体波中的横波指质点振动方向与波的前进方向垂直，使介质被剪切，故又称为剪切波、等体积波、旋转波或 S(second)波。在无限介质中，S 波的波速 v_S 为：

$$v_S = \sqrt{\frac{G}{\rho}} \tag{6-2}$$

P 波和 S 波的速度比值为：

$$\frac{v_P}{v_S} = \sqrt{\frac{2(1-\nu)}{1-2\nu}} \tag{6-3}$$

式中 ρ——岩石的体积密度；

G——岩石的剪切模量；

λ——波长；

ν——岩石的泊松比。

S 波又分为 SV 波与 SH 波，其中 SV 波是与射线垂直的入射面内的 S 波，SH 波是与射线和入射面内垂直（与分界面平行）的 S 波。与 S 波相比，P 波具有传播速度快、周期短、振幅小的特点。

面波是体波经地层界面的多次反射形成的次生波，是在地表或结构体表面以及结构层面传播的波，已发现存在 R 波和 L 波两种形式。

半无限介质表面附近的 R 波是 P、S 波由于边界作用产生的，其波速 v_R 通过 Rayleigh 方程可以确定，在工程上常用近似下列关系确定 v_R：

$$v_R = \frac{0.87 + 1.12\nu}{1 + \nu} v_S \tag{6-4}$$

R 波传播时，质点在波的传播方向和自由面法线组成的平面内做椭圆运动，而在与该平面垂直的水平方向没有振动，其振动随深度呈指数衰减。

半无限弹性介质中 P 波、S 波和 R 波的传播速度和泊松比 ν 的关系如图 6-2 所示。可知 $v_R<v_S<v_P$，其中 v_R 略小于 v_S，当 $\nu\to0.5$ 时，$v_R\to v_S$。当 $\nu=0.25$ 时，$v_P=\sqrt{3}v_S$，且与频率无关，即 R 波不存在频散现象。

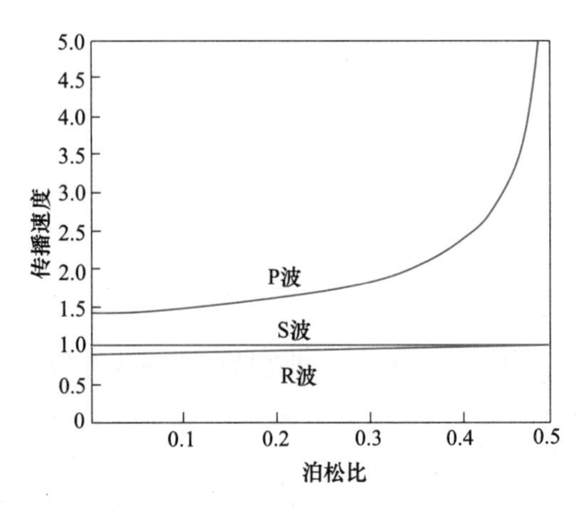

图 6-2 半无限介质中 P 波、S 波及 R 波的传播速度和泊松比 ν 的关系

只有在半无限空间上至少覆盖一低速地表层时，L 波才会出现。L 波传播时，质点做与波的传播方向垂直的水平横向剪切振动，而无垂直分量运动，其传播速度介于最上层横波速度与最下层横波速度之间。

体波具有周期短、振幅小、衰减快的特点；面波其特点是周期长、振幅大、传播速度慢、衰减慢和携带的能量大。体波特别是其中的 P 波能使岩石产生压缩和拉伸变形，它是爆破时造成岩石破裂的主要原因，体波在爆破近区起主要作用；面波特别是其中的 R 波，由于它的频率低、衰减慢、携带较多的能量，是造成振动破坏的主要原因，面波在爆破远区起主要作用。地基土泊松比在 1/4～1/2 范围之内，其纵波波速 $v_P\geqslant1.75V_S$，R 波波速 $v_R=(0.9194\sim0.9554)v_S$。所以从振源向外传播时，由于传播速度的差别，远区体波与面波在时空上相互分开，P 波最先到达接收点，S 波次之，R 波最后到达，如图 6-3 所示。在弹性波的总输入能量中，R 波约占 67%，S 波占 26%，P 波占 7%，即总能量的 2/3 是以 R 波的形式向外传播。因此，在研究波的特性和抗震时，R 波的研究具有重要意义。

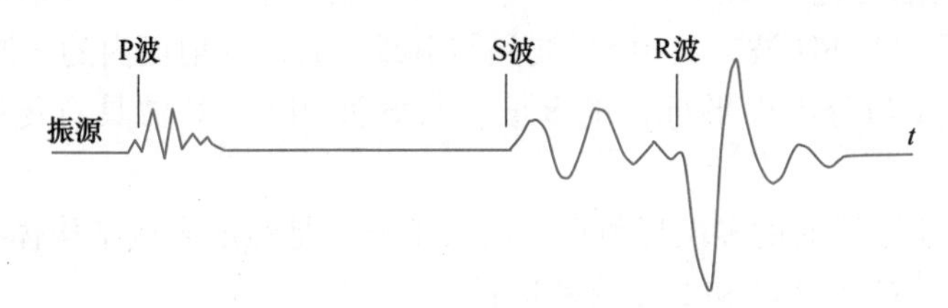

图 6-3 P 波、S 波、R 波的时序关系

6.2.2 振动波传播速度

振动波在传播过程中遇到不同的地质条件，这将影响振动波的传播速度。

波速指波在介质中的传播速度，是波在介质中的能量衰减过程。质点振动速度指在外力作用下质点相对平衡位置做反复微幅运动时的速度，是质点运动能量的衰减过程。波速通常是波作用下的质点振动速度的几个数量级。在爆破振动效应分析中，人们常关注质点振动速度而不太重视波的传播速度。

实际传播介质并非理想的弹性介质而是黏弹性介质，波速不但和介质的成分、弹性、密度有关，还和介质的孔隙度、孔隙中所含流体的种类、相态有关。此外，它还和介质的埋藏深度、地质年代、经受地质构造运动的历史等因素有关。表 6-1 为一些常见介质材料的纵波、横波的传播速度。

表 6-1　一些常见介质材料的纵波、横波的传播速度

介质材料	密度/g·cm^{-3}	P 波波速/m·s^{-1}	S 波波速/m·s^{-1}	波阻抗/10^{6}kg·m^{2}·s^{-1}
花岗岩	2.67	3960~6096	2133~3353	10.573~16.276
砂岩	2.45	2438~4267	914~3048	5.973~10.454
石灰岩	2.65	3048~6096	2743~3200	8.077~16.154
大理岩	2.65~2.75	4390~5890	3505	11.634~16.198
石英岩	2.85	6050	3765	17.242
页岩	2.35	1829~3962	1067~2286	4.298~9.311
混凝土	2.70~3.00	3566	2164	9.628~10.698
冲积层	1.54	503~1981	—	0.775~3.050
黏土	1.40	1128~2499	579	1.579~3.499
土壤	1.10~2.00	152~762	91~549	0.167~1.524
辉长岩	2.98	6553	3444	19.528
玄武岩	3.00	5608	3048	16.824
铁矿石	4.14	4100~5350	2360~3870	16.974~22.149
板岩	2.80	3658~4450	2865	10.242~12.460
砂	1.93	1402	457	2.706
水	1.00	1463	—	1.463
铝	2.70	6553	2987	17.693
钢	7.70	6096	3048	46.939
铁	7.85	5791	3200	45.459
橡胶	1.15	1036	27	1.191

6.2.3 爆破振动波传播的特性

6.2.3.1 振动波的特征

爆源的复杂性（炸药、装药结构、爆破参数的多样性），传播介质的物理力学特性和地形地貌的多变性，使得爆破振动波具有随机不可重复的特性。图 6-4 是某大孔爆破的爆破波形和频谱。从图中可看出，波形不但在振动幅值上大小不一，而且波的频率也变化复杂。

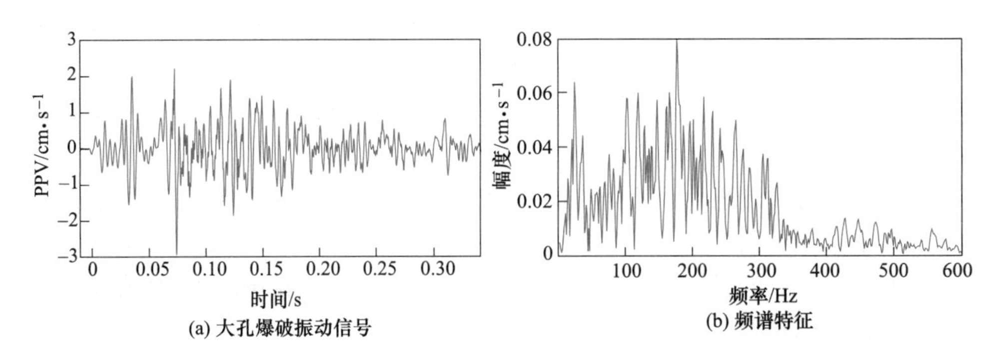

图 6-4　爆破振动及其频谱

爆破振动波含有各种频率成分，是一种宽频带波。在传播过程中，由于介质的滤波作用，爆破振动波在离爆源较近时高频成分较丰富，随着波向远处的传播，高频逐渐吸收，而低频能传播到较远的距离。爆破振动波包含一个或几个主要的频率成分，不同的频率成分对结构、设备及人员的影响也明显不同。大部分的爆破振动波频率主要集中在低频段，如果与结构的固有频率接近，就会产生共振现象，从而加大对结构体的破损影响，所以爆破振动波的频率特性不容忽视。

6.2.3.2　振动波传播的方式

振动波在传播过程中将发生反射、透射与绕射、衍射、波型转换、波导、层间波等复杂现象，使振动波传播方向与途径发生变化。振动波在各种界面处垂直入射时要发生多次反射、透射与绕射。斜入射条件下还要发生 P 波与 S 波的波型转换，如入射的 P 波或 SV 波常会产生反射与透射的 P 波和 SV 波，而 SH 波就只产生反射与透射的 SH 波。所以层面介质对振动波的传播速度和特性有重要影响。爆炸引起的地面振动是非常复杂的随机过程，测到的波型既有体波也有面波，它是不同幅值、不同频率与不同相位的各种波型叠加而成的复合波。

6.2.3.3　波的衰减与吸收

波按其波阵面的几何形状可以简单地分成球面波、柱面波和平面波。振动波在介质中传播时，通常以球面波或柱面波的形式传播，随着传播距离的增大，波阵面的几何形状将发生扩展，其波能在波阵面上均匀分布，从而使波能随传播距离 R 的增大而分别以 R^{-2} 和 R^{-1} 的速率减小，即发生几何衰减。若在理想弹性介质中，能量在波的传播过程中不会发生衰减（不考虑几何衰减），只在介质的分界面上产生透射和反射，仅使波能的传播方向发生改变，而不会出现能量形式的转换。而实际爆破振动波的传播介质是非理想的黏弹性介质，由于振动波在传播过程中要克服介质质点之间的内摩擦或黏滞作用，同时伴随波传播过程中的热传导及弛豫效应等现象，使波的能量在介质中传播时发生衰减，即能量被介质吸收，产生声能转换为热能的不可逆过程。即在黏弹性介质中波的衰减是几何衰减和传播介质吸收共同作用的结果，其中介质吸收又包括黏滞吸收和热传导吸收。

（1）黏滞吸收。介质的黏滞性是能量衰减的一个主要原因。在振动波传播时，相邻的体积元之间存在相对运动，并产生内摩擦或黏滞力，而振动波传播即介质形变（形状或体积的改变）的传播过程中，需要能量来克服内摩擦或黏滞力，使得这种形变在传播过程中逐渐减小，即能量在传播过程中逐渐衰减。

在只考虑切变黏滞应力引起的能量吸收时（忽略体应变引起的黏滞吸收），介质对波能的吸收系数 a_η 为：

$$a_\eta = \frac{2\eta\omega^2}{3c^3\rho} \tag{6-5}$$

式中 η——介质的黏滞性系数；

ω——振动波的圆频率；

c——声速；

ρ——介质的密度。

从上式看出，介质与波能的吸收系数和介质的黏滞性系数、振动波的圆频率平方成正比，和声速的三次方、介质的密度成反比。

（2）热传导吸收。热传导是导致介质中波能被吸收的另一主要原因。当波在介质中传播时，介质会产生体积压缩和膨胀的变化，压缩部分体积变小、温度升高，而膨胀部分体积变大、温度降低。在理想弹性介质中，温度的变化和体积的变化是同相的，即体积膨胀到极大值，温度为极小值；反之亦然，并且温度与体积间的变化是可逆的。而对于实际的非理想的黏弹介质，温度的变化和体积的变化总要滞后一段时间，另外在高温的压缩区和低温的膨胀区之间，不可避免地发生热能的转移，并且这种转移是不可逆的。最终使传播介质中产生热能从而导致介质温度升高。

通过理论计算，由介质的热传导产生的能量吸收系数为：

$$a_x = \frac{\omega^2 x}{2\rho c^3}\left(\frac{1}{C_v} - \frac{1}{C_p}\right) \tag{6-6}$$

式中 x——介质的热传导系数；

C_v，C_p——介质的定容、定压热容量。

（3）介质的品质因数。岩石既具黏滞性又具弹性，在应力波传播时既有能量损耗又有弹性动能与弹性位能的相互转换。岩石在一个周期性的波通过时其能量损耗可用下式描述：

$$\frac{1}{Q} = \frac{1}{2\pi}\frac{\Delta E}{E} = \frac{ca}{\pi f} \tag{6-7}$$

式中 Q——岩石（或介质）的品质因数，$1/Q$ 为岩石（或介质）对应力波能量损耗的量度；

ΔE，E——分别设为一个周期内损耗的能量和储存的弹性能；

a——吸收系数；

其他符号意义同上。

从式（6-7）可知，波能的损耗与 a 或 $\Delta E/E$（一个周期内岩石或介质能量的相对损耗）成正比，同时与频率 f 也成正比。实际工程上常用品质因数 Q 作为评价岩体完善及风化程度、裂隙发育情况的指标。

（4）频率的选择性吸收。波在介质中传播时，除高频比低频衰减更大外，介质还会对频率进行有选择性地吸收，例如实际振动记录上观察到的频率显著低于高能爆炸短促冲击可望产生的频率，还有军事上挖掘坑道而产生的噪声传播经过地层后听起来均属低频，接近听觉的下限，这些都说明地层对频率的吸收是有选择性的。描述这种类型的吸收频带最简单的方式是透射因子：

$$\exp\left[-\left(\frac{f}{f_1}\right)^q\frac{x}{x_1}\right] \tag{6-8}$$

式中 f——频率；

f_1——恒定参考频率；

x_1——常数；

x——波在介质中的传播距离；

q——决定吸收频带边缘陡度的参量。

如果确定 x_1，则 f_1 就表示振幅在 $x=x_1$ 的距离上衰减至原振幅 1/e 时的频率，其中 e 为自然对数的底。

在图 6-5 中描出了以函数 $\exp\left[-\left(\frac{f}{f_1}\right)^q\right]$ 为代表的各种 q 值的一簇曲线。q 可取任何实整数值，对于任意 q 值，都形成高频在其中受到抑制而低频则透过的一种吸收谱。这些曲线表示可能被吸收的谱的频带。当 q 增大时，吸收频带边缘陡度增加；而当 q 无限增大时，则所有低于 f_1 的频率均自由透过，而所有高于 f_1 的频率均完全被吸收掉。当然这里假设不存在频散，即所有频率成分的波均以相同速度传播通过大地。

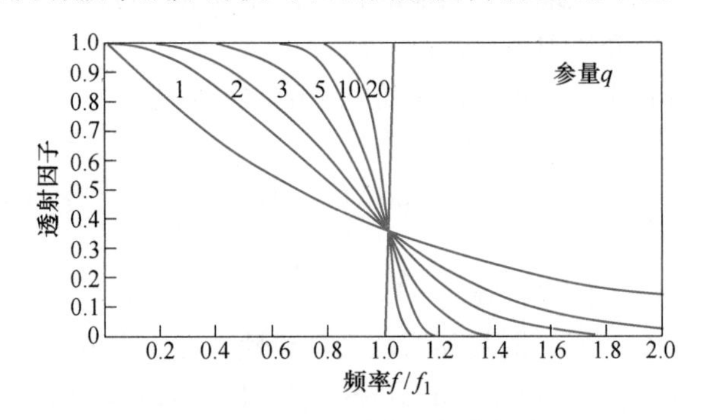

图 6-5 被选择吸收的频谱曲线

6.2.4 黏弹性介质的力学模型

若简单地将振动波传播的介质视为弹性介质，而忽略介质之间的内摩擦所导致的能量耗散是不恰当的，实际上爆破振动波的传播随着时间的增加而衰减，由于能量的耗散，振动最终将会消失。能量耗散主要来自散射和吸收。这是因为传播介质都具有黏弹性特性。而传统的经典弹性固体理论却没有考虑介质的黏弹性特征。1845 年，Stokes 首先建立了 Stokes 方程，从而使内摩擦作用在波动中有所反映。以黏弹性介质为力学模型主要有三种：Maxwell 模型、Kelvin 模型和标准线性固体模型。

Maxwell 模型同时具有固体及黏性流体性质，其变形速率随时间增长而趋于某一常数，它属于黏性流体的范畴，其本构方程为：

$$\sigma+\frac{\eta\mathrm{d}\sigma}{E\mathrm{d}t}=\eta\frac{\mathrm{d}\varepsilon}{\mathrm{d}t} \tag{6-9}$$

Kelvin 模型同时具有弹性固体及黏性流体性质，它属于弹性固体的范畴，其本构方程为：

$$\sigma = E\varepsilon + \eta \frac{\mathrm{d}\varepsilon}{\mathrm{d}t} \tag{6-10}$$

Kelvin 模型不能考虑应力作用下应变的突然变化，也不能表示应力消失后的剩余应变。而 Maxwell 模型不具备蠕变特征，这两者都不能充分描述大多数黏弹性介质的特性。为此，考虑同时具备应变突然变化和剩余应变及蠕变特征的标准线性固体模型。它由 Kelvin 模型再串联一个弹簧组成的三元固体，如图 6-6 所示。此模型中固体既有瞬时弹性也有逼近弹性，其本构方程的标准形式为：

$$\sigma + p_1 \frac{\mathrm{d}\sigma}{\mathrm{d}t} = q_0\varepsilon + q_1 \frac{\mathrm{d}\varepsilon}{\mathrm{d}t} \tag{6-11}$$

其中：

$$p_1 = \frac{\eta}{E_1 + E_2}, q_0 = \frac{E_1E_2}{E_1 + E_2}, q_1 = \frac{E_1\eta}{E_1 + E_2}$$

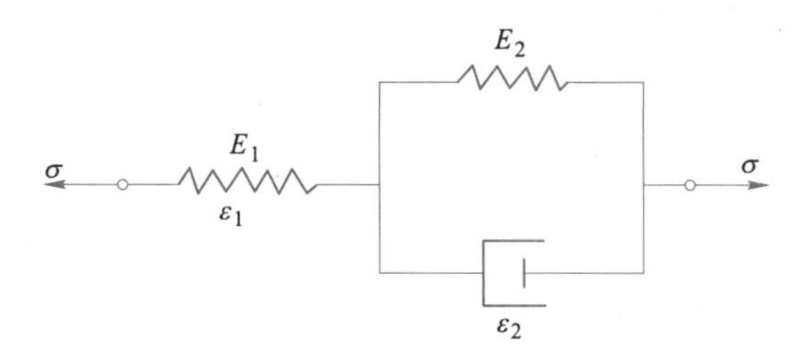

图 6-6　标准线性固体模型

对于黏弹性介质中的平面简谐波，经过推导可得到黏弹性纵波 v_P和横波 v_S的速度为：

$$v_\mathrm{P} = \mathrm{Re}\sqrt{\frac{\lambda^*(\mathrm{i}\omega) + 2G^*(\mathrm{i}\omega)}{\rho}} \tag{6-12}$$

$$v_\mathrm{S} = \mathrm{Re}\sqrt{\frac{G^*(\mathrm{i}\omega)}{\rho}} \tag{6-13}$$

式中　Re——复数的实部；

λ^*，G^*——黏弹性介质与弹性介质中 λ、G 所对应的量。

在黏弹性介质中，波动能量的耗散不同于完全弹性介质中能量的耗散，它主要与介质的特性和振动频率等因素相关。

若设 $\boldsymbol{P}$ 是传播向量，$\boldsymbol{A}$ 是衰减向量，那么 $\boldsymbol{P}$ 和 $\boldsymbol{A}$ 与物质参数的关系为：

$$\boldsymbol{P} \cdot \boldsymbol{P} - \boldsymbol{A} \cdot \boldsymbol{A} = \mathrm{Re}(k^2) \tag{6-14}$$

$$\boldsymbol{P} \cdot \boldsymbol{A} = |\boldsymbol{P}||\boldsymbol{A}|\cos\gamma = -\frac{\mathrm{Im}(k^2)}{2} \tag{6-15}$$

由于广义平面波的恒相位面传播速度为：

$$v = \omega\boldsymbol{P}/|\boldsymbol{P}|^2T \tag{6-16}$$

式中　γ——$\boldsymbol{P}$ 和 $\boldsymbol{A}$ 之间的夹角；

Im——复数的虚部；

k——波数，$k=\omega/v$，v 是波速，ω 是角度变化量。

若将黏弹性纵波和横波的衰减系数分别记为 a_P、a_S，经过推导则有：

$$a_P = -\omega \mathrm{Im}\sqrt{\frac{\rho}{\lambda^*(\mathrm{i}\omega) + 2G^*(\mathrm{i}\omega)}} \tag{6-17}$$

$$a_S = -\omega \mathrm{Im}\sqrt{\frac{\rho}{G^*(\mathrm{i}\omega)}} \tag{6-18}$$

由此看出，黏弹性介质中波的衰减与频率有关，频率越高其衰减程度越大。

6.2.5　爆破振动波与自然地震波

爆破振动和自然地震都属于能量释放引起地表振动的现象，它们所引起的振动有如下相似之处：

（1）两者突然释放的能量均以波的形式通过介质从振源向外传播，并引起强烈的地表或建（构）筑物的振动；

（2）两者的质点振动强度与振源能量和振源距离紧密相关；

（3）质点的振动参数都明显地受地质、地形等因素的影响；

（4）两者对结构体的破坏机制是相同的。

由于两者多方面的相似性，人们常常将自然地震领域相对完善的分析理论和方法应用于爆破领域，如信号分析技术和反应谱理论等。与自然地震相比，爆破振动具有以下特点。

（1）振动频率高。自然地震频率都很低，一般低于 5Hz。爆破振动频率复杂且较高，常在 0~200Hz 的范围内。与建（构）筑物结构的固有频率相比，前者与之接近，而后者却高得多。

（2）幅值高、衰减快。目前世界上测到的地震最大加速度约为 1.3g（g 为重力加速度），而在大爆破附近测得的地表振动加速度高达 25.3g。尽管爆破振动波振动幅值高，但由于频率高和能量小，其衰减很快。中深孔多段爆破波形如图 6-7 所示。而自然地震波衰减缓慢得多。

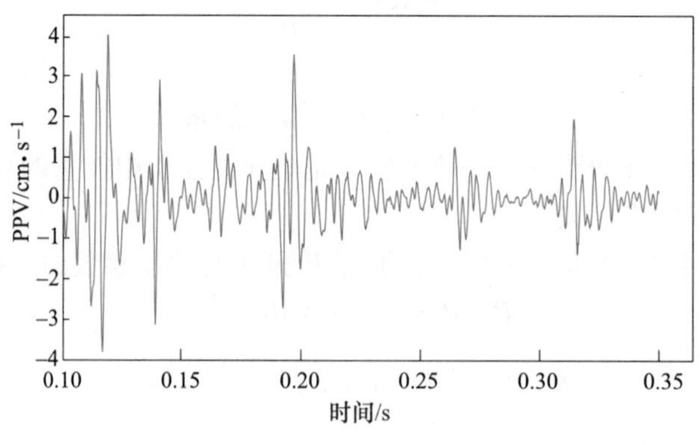

图 6-7　中深孔多段爆破波形

（3）振动的持续时间短。爆破振动持续时间一般不超过 0.5s，如果是雷管段数增加和接力，也不会超过数秒。而自然地震常持续达数分钟甚至更久。

（4）破坏能力小。由于自然地震频率低、衰减慢、持续时间长和携带能量巨大，其所造成的损失远远超过爆破振动所带来的危害。从表6-2中可以看出，由于地震引起的加速度只是爆破的2.8倍，但最大的动能却是450倍。爆破振动在一定条件下不损坏任何东西，但地震却会造成巨大的破坏。

表6-2 几种波源运动要素比较

波源	频率 f/Hz	衰减向量 A/cm	加速度 a/cm · s^{-2}	a 的比值	能量/W	能量的比值
步行	22	0.00914	175.26	1.9	0.000326	0.8
爆炸	10	0.02286	91.44	1	0.000410	1
地震	1.3	3.6068	256.54	2.8	0.185000	450

（5）可以控制爆破振源大小及作用方向。通过改变爆破技术可以调节振动强度。爆破振源的大小和位置以及作用方向可以控制，爆破振动的延续时间可以知道，爆破振动对结构的效应可以进行控制。

6.3 爆破振动监测方法

通过对爆破振动进行监测，一是可以了解和掌握爆破振动波的特征，传播规律及对构筑物的影响、破坏机理等；二是根据测试结果可及时调整爆破参数和施工方法，制定降振措施，指导爆破安全作业，避免或减少爆破振动的危害作用。

6.3.1 爆破振动监测方案

在爆破振动测试工作中，测点布置占有极其重要的地位，直接影响爆破振动测试的效果及观测数据的应用价值，测点数目过少，观测数据不足以说明问题，或使描述的现象精度很低；测点数目过多，所需仪器数量及测试工作量较大。如果测点布置不当，即使测点数目很多，但那些布置不合理的测点的观测数据也无应用价值。确定测点数目及测点位置主要根据测试的目的和现场条件等因素。一般应该遵循以下几点。

（1）选取监测点位置时，一般尽量将监测点布置在坚硬的岩石上，保证爆破振动监测设备采集到高质量的岩体振动信号。岩石表面不具备传感器安装条件时，可用混凝土在测点位置浇筑放置传感器的平台。

（2）监测点以爆心为中心沿射线布置，同时尽量使标高一致，监测点之间的距离在近爆区密，远爆区稀，使测试数据在分析图上等间隔分布，并确保拾振器固连在相近类型地层上。

（3）选取监测点位置时，尽量避免爆源与监测点连线穿过采空区、底部结构、巷道等，爆破振动波在爆破中心至测点之间的直线传播路径为岩体介质。

（4）最近原则（图6-8）。在新浇混凝土、喷锚支护（临时喷锚支护除外）以及其他特殊部位附近进行爆破作业时，应在离爆源最近的构筑物附近布置爆破振动监测点，保证该构筑物爆破振动质点峰值振动速度不超过安全规程建议的安全标准。

（5）最弱、重点原则。爆源附近存在多个需要保护的构筑物时，应选取抗震能力最差或最重要的构筑物为监测对象（图 6-9），可参考《爆破安全规程》规定的不同构筑物最大允许的爆破振动质点峰值振动速度。

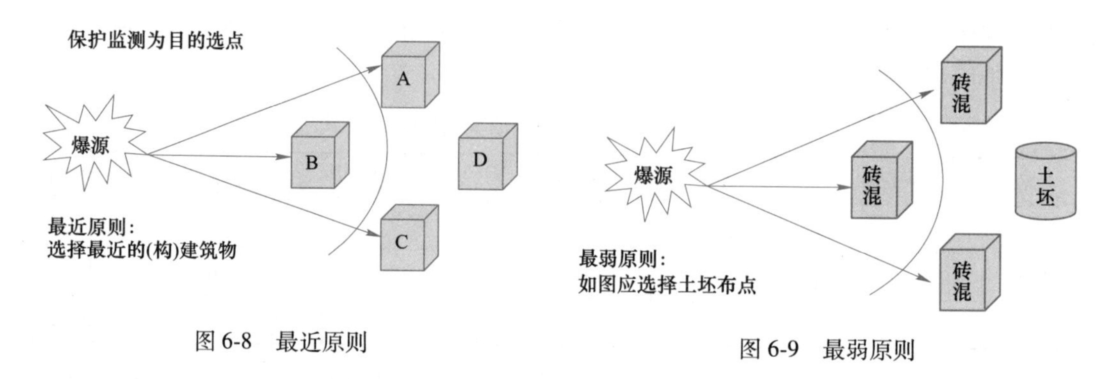

图 6-8 最近原则

图 6-9 最弱原则

（6）在对地下矿进行爆破监测时由于矿区生产进度的安排与现场监测环境的限制，在时间上不可能实现对现场进行连续监测，一般选择频繁爆破作业的采场附近来布置监测点。

6.3.2 传感器安装

传感器是采集爆破振动信号的关键设备，为了能正确反映所测信号，除了传感器本身的性能指标满足一定要求外，传感器的安装、定位也是极为重要的。为了可靠地得到待测目标的爆破振动信号，传感器必须与被测点的表面牢固地结合在一起，确保传感器与被测体同步振动，避免采集到的爆破信号失真。

（1）安装前，应由计量部门对爆破振动仪进行标定，保证爆破振动仪测试标准一致，并根据测点布置情况对测点及其传感器进行统一编号，传感器与爆破振动仪依据标定时方案配对使用，不交叉配对。

（2）应对传感器安装部位的岩石介质或基础表面进行清理、清洗，避免细沙、碎屑对石膏黏结度的影响，速度传感器与被测目标的表面形成刚性连接，在轻质混凝土构件上应该选用石膏或其他强度适配的黏合剂直接黏合。

（3）在传感器安装过程中，应严格控制每一测点不同方向的传感器安装角度，误差不大于 3°，并将水平气泡调至居中。约定传感器 x 方向指向爆心，z 方向为竖直方向。

（4）在巷道帮壁上测试爆破振动时，需用钢钎嵌入岩体中，将传感器固定在钢钎上。一般岩石表面尽可能直接安装传感器，不采用钢钎连接，避免钢钎安装可能导致的波形失真。

（5）布置于岩体内部监测点传感器安装的充填材料，其声阻抗应与被测介质相一致，可与静态观测仪器一同埋设。

（6）爆破振动监测仪及传感器安装时，还应考虑传感器和测振仪的安全性，为防止爆炸飞石对仪器造成损坏，可采取一些保护措施。

（7）传感器必须安装在地面以下时，为了把信号的失真减小到最小，埋深深度至少为传感器主要尺寸的 3 倍。

6.3.3 爆破振动数据分析方法

信号是信息的载体，是信息的物理体现。爆破振动信号有很大的随机性，是一种复杂的振动信号，可以看成是由不同幅值、不同频率和不同相位的谐波组成的复合波，属于典型的非平稳随机信号。长期以来囿于理论的发展，人们只好将它简化为平稳信号。通过对实测爆破振动信号采用各种数字信号处理方法进行分析和处理，可用于求得爆破振动信号的各种频率成分和它们的对应幅值（或能量）及相位，这对研究井下构筑物对爆破振动波的动力响应很有意义。随着信号处理技术的发展，爆破振动信号的分析方法也大体经历了傅里叶变换、快速傅里叶变换、短时傅里叶变换，以及小波和小波包变换的过程。

6.3.3.1 傅里叶变换（Fourier Transform）

任何复杂的周期波形都可以展开为傅里叶级数的形式，即可将这个波形分解成许多不同频率的正弦和余弦曲线之和。一个复杂的周期运动过程可以由很多个简谐运动叠加来表示。爆破时引起的质点振动是一个非常复杂的周期运动过程，这种振动的过程，可以用非周期函数来表述。非周期波形不能直接展开成傅里叶级数，但可用傅里叶积分形式来表示。

函数$f(t) \in L^2(R)$的连续傅里叶变换定义为：

$$F(w) = \int_{-\infty}^{\infty} e^{-iwt} f(t)\,dt \tag{6-19}$$

对于一些函数，可通过傅里叶级数和积分给出解析解，但对于实测的波形记录曲线一般不能写出精确的数学函数关系式。为了方便计算，必须在时域和频域内对信号进行离散，实际应用中常用离散时间傅里叶变换（Discrete Fourier Transform，DFT）。离散时间序列$\{f_n\}$的DFT定义为：

$$X(k) = F(f_n) = \sum_{n=0}^{N-1} f_n e^{-i\frac{2nk}{N}n}, k = 0,1,\cdots,N-1 \tag{6-20}$$

傅里叶变换是时域到频域互相转化的工具，其实质是把$f(t)$这个信号的波形分解成许多不同频率的正弦波的叠加和，其标准基是由正弦波及其高次谐波组成。离散傅里叶变换解决了计算机上实现傅里叶变换的问题，但运算量很大，特别是在计算点数多时更为突出。1965 年 Cooley 和 Tukey 提出了 DFT 的快速法，并编出了改法的计算程序，后来称之为快速傅里叶变换（Fast Fourier Transform，FFT）。它不是一种新的变换理论，而是有利于傅里叶变换的快速方法。目前可方便地找到 FFT 算法的应用软件，运用傅里叶变换进行爆破振动波的频谱分析。

傅里叶变换具有较好的频域分辨率，物理意义明显，基函数易于分解，易于计算各分量的大小。快速傅里叶变换算法可在很短时间内作谱分析，因而在爆破振动信号谱分析中被广泛采用。同时，傅里叶变换也存在一些不足：它只是一种纯频域的分析方法，它所反映的是整个信号全部时间下的整体频域特征，而不能提供任何局部时间段上的频率信息，即存在时域和频域的局部化矛盾，其频域分辨率最高，但对时域无任何定位性（或分辨能力）；傅里叶变换要求数据具有严格意义上的周期性和平稳性，同时还要求系统具有线性特征，因此它只适用于稳态信号的分析，不能适用于非稳态信号的分析。

6.3.3.2 短时傅里叶变换（Short Time Fourier Transform）

由于标准傅里叶变换只在频域内有局部分析能力，而在时域内不存在这种能力，为克服这一困难，Gabor 于 1946 年引入了短时傅里叶变换（又称窗口傅里叶变换），在很长一段时间内短时傅里叶变换成了非平稳信号分析的有力工具。短时傅里叶变换的基本思想是，把信号划分成许多小的时间间隔，用傅里叶变换分析每一个时间间隔，以便确定该时间间隔存在的频率。其表达式如式（6-21）所示：

$$S(\omega,\tau)=\int_R^0 f(t)g^*(\omega-\tau)\mathrm{e}^{-i\omega t}\mathrm{d}t \tag{6-21}$$

式中 “*”——表示复共轭；

$g(t)$——有紧支撑的函数；

$f(t)$——被分析的信号。

短时傅里叶变换在一定程度上克服了标准傅里叶变换不具有局部分析能力的缺陷，但它也存在着自身不可克服的缺陷，即当窗函数 $g(t)$ 确定后，时间 t，频率 ω 只能改变窗口的位置，无法改变窗口的形状，这样短时傅里叶变换实质上是单一分辨率的分析。若要改变分辨率，则必须重新选择窗函数 $g(t)$。若选择的 $g(t)$ 窄，此时时间分辨率高，频率分辨率低；若提高频率分辨率使 $g(t)$ 变宽，则时间分辨率降低。针对此问题，部分学者提出了采用非均匀划分时间轴、频率轴的方法达到所需的时频分辨率。

6.3.3.3 小波分析

因传统的傅里叶变换不能够满足信号处理的要求，小波分析便应运而生，法国地球物理学家 Morlet 于 20 世纪 80 年代初提出了小波变换（Wavelet Transform，WT）的概念，后来将其发展成一门新兴的应用数学分支。在小波变换引入工程应用尤其是信号处理领域方面，法国学者 Daubechies 和 Mallat 起了十分重要的作用。

小波分析是一种窗口大小（即窗口面积）固定但其形状可变，时间窗和频率窗都可变的时频局部化分析方法。对信号的低频成分，可采用宽时窗获得较低的时域分辨率和较高的频域分辨率；对信号的高频成分，则可采用窄时窗获得较高的时域分辨率和较低的频域分辨率，因此被誉为“显微镜”，是时频分析的有效工具。小波变换具有多分辨特性，也叫多尺度特性，可以由粗及精地逐步观察信号，也可以看成是用一组带通滤波器对信号作滤波。通过适当地选择尺度因子和平移因子，可得到一个伸缩窗，只要适当的选择基本小波，就可以使小波变换在时、频两域都具有表征信号局部特征的能力，并且能够在时域和频域内同时得到较高的分辨率。原则上讲，传统上使用傅里叶分析的地方，都可以用小波分析来取代。小波分析作为信号处理的一种调和分析方法和手段，逐渐被越来越多的理论工作者和工程技术人员所重视和应用，具有广阔的应用前景。在工程应用领域，特别在信号处理、图像处理、语音分析、模式识别和量子物理等领域，小波变换被认为是工具及方法上的重大突破。小波分析技术在爆破振动信号时频分析、重构信号、微差延期时间的识别等方面的应用具有良好的效果。

6.3.3.4 小波包分析

小波包的概念是 Wickerhuaser 和 Coifman 等在小波变换的基础上进一步提出来的，并且从数学上作了严密的推导。其基本思想是对小波分析没有分解的高频部分也进行分析，同样也分解为高频和低频两部分，依次类推进行多层次划分。它能根据被分析信号的特征，自适应地选择相应频带与信号频谱相匹配。从函数的角度看，小波包变换是将信号投影到小波包基函数张成的空间中。从信号处理的角度看，它是让信号通过一系列中心频率不同但带宽相同的滤波器。因此它比小波分解更为精细，是一种具有广泛应用价值的分析方法，但其计算量显著上升。

对于给定的爆破振动信号，如进行 n 层小波包分解，则在该层分解中得到 $j=2^n$ 个子频率带，并可以由这些等宽的子频带完全重构原信号。若信号的最低频率为 0，最高频率为 ω(即信号频带为 $[0, \omega]$)，则每个子频带宽为 $\omega/2^n$。同样，通过考察各个子频率带的细则情况来分析原始信号的不同频率成分所包含的特点，如各频率成分的能量分布情况、主振频带所在位置等。

6.3.3.5 HHT 变换

1998 年，由美国宇航局的美籍华人 Norden E. Huang 等人提出的称之为希尔伯特-黄变换（Hilbert-Huang Transform，HHT）的信号处理方法，被认为是近年来对以傅里叶变换为基础的线性和稳态谱分析的一个重大突破。该方法将时间序列通过经验模态分解（Empirical Mode Decomposition，EMD）方法把信号分解成为有限个固有模态函数（Intrinsic Mode Function，IMF），再对分解得到的每一个 IMF 分量做 Hilbert 变换，从而得到时频平面上的能量分布图，即瞬时频率和能量，而不是 Fourier 谱分析中的全局频率和能量。

EMD 方法通过信号上、下包络线的平均值求“瞬态平衡位置”，再提取固有模态函数（IMF）。IMF 必须满足两个条件：

（1）对于一列数据，极值点和过零点数目必须相等或至多相差一点。

（2）在任意点，由局部极大点构成的包络线和局部极小点构成的包络线的平均值为零。

HHT 是一种全新的分析爆破振动信号的时频方法，具有较多的特性。EMD 依据信号本身的固有特性进行分解，保证了信号分解后的非平稳特性，具有自适应性强和高效的优点；首次给出了 IMF 的定义，指出其幅值允许改变，突破了传统的将幅值不变的简谐信号定义为基底的局限，使信号分析更加灵活多变；每一个 IMF 可以看作是信号中一个固有的振动模态，通过 Hilbert 变换得到的瞬时频率具有清晰的物理意义，能够表达信号的局部特征；Hilbert 能量谱能清晰地表明能量随时频的具体分布，大部分能量都集中在有限的能量谱线上。HHT 能更好地揭示地震波的传播规律，更利于结构的响应特征预测和爆破振动破坏评估，有利于更好地指导爆破设计与研究。

6.3.3.6 FFT、WT 与 HHT 在爆破振动信号处理中的应用和比较

HHT 与传统的分析工具有着本质的区别。从信号分解基函数理论角度来说，不同的基函数可以对信号实现不同的分解。傅里叶分解的基函数在时域中是持续等幅振荡的不同频率的正余弦函数；小波变换的基函数是预先确定的，不同基函数得出的结果有一定差异。而 HHT 方法依赖于信号本身，在时域中自适应分解，可以得到较好的分解效果。

从多分辨率的角度来看，傅里叶变换只具有单一的分辨率，而小波变换和 HHT 都具有多分辨分析的能力。因在同一小波分量中不同时刻的频率特性是一样的，故小波中的多分辨称为恒定多分辨；而 HHT 中在同一分量中，不同时刻的瞬时频率可以相差很大，因

此将 HHT 中的多分辨称为自适应多分辨。当然，HHT 相对于傅里叶变换和小波变换来说，理论证明还不完善。在实际应用中，还有几个关键问题尚需更好地解决，还没有国际通用的程序。

上述三种变换的基本性质差异归纳起来，如表 6-3 所示。

表 6-3 三种变换的基本性质

变换类型	FT	WT	HHT
分解类型	频率	时间-频率	时间-瞬时频率
变量	频率	尺度，小波的位置	时间-瞬时频率
信息	组成信号频率	时域窄的小波提供好的时间局部化性质，时域宽的小波提供好的频率局部化性质	对时频局部性作定量描述
适应条件	平稳信号	非平稳信号	平稳信号，非平稳信号
基函数	正弦（余弦）函数	小波基函数	无
分析函数	正弦型函数	具有相对确定振荡次数的时间有限的波。小波函数的伸缩改变其窗口大小。由于小波的振荡次数不变，故小波频带随尺度的改变而改变	采用 EMD 分解，从数据本身特征出发
算法	成熟	成熟	较成熟

6.4 爆破振动安全判据

以往的爆破振动安全评判都是以单一峰值振速作为衡量结构和建筑物是否安全的标准。我国《爆破安全规程》（GB 6722—1986）与瑞典的安全评判标准就是采用单一的质点峰值振动速度。随着爆破理论与技术的发展，国内外研究者发现单一峰值评判标准存在很大的局限性，振动频率也是对构筑物地震破坏起主导作用的另一个重要因素。振动波是由多种频率的波组成的，与振动周期相当的构筑物由于发生共振而更易遭到破坏。如果地震中的频谱集中于低频，它将引起长周期构筑物的很大反应；反之，若地震动的卓越周期在高频段，它对刚性结构的危害大。正是由于建筑物自振频率与爆破振动频率的相互影响，导致了一些意想不到的破坏。当地面质点振动频率低时，其相应的振速要小，否则会造成危害。因而，一些国家制定爆破振动安全标准时，普遍考虑了振动速度和频率的共同影响，如瑞士、德国、美国等国采用的爆破振动安全标准（表 6-4～表 6-6），其中最著名的是德国的 DIN4150 爆破振动安全标准及美国矿业局（USBM）和露天矿山复垦管理处（OSMRE）提出的安全标准，同时我国最新的爆破振动安全标准也对频率进行了考虑。这些标准相对单一幅值的标准来说是一个进步。

捷克标准（CSN730032）对爆破振动波频带在 10～100Hz 的情况下把建筑物分为三类，其峰值质点速度的控制值分别为 2mm/s、4mm/s、10mm/s，这三类建筑物分别是：

（1）已有破坏征兆的建筑物、条石、空心砖等砌筑不良的建筑；

表 6-4 瑞士爆破振动安全判据

建筑物分类	频率范围/Hz	质点振动速度/mm·s^{-1}
钢结构、钢筋混凝土结构	10~60	30
	60~90	30~40
砖混结构	10~60	18
	60~90	18~25
砖石墙体、木楼阁	10~60	12
	60~90	12~18
历史性及敏感性建筑	10~60	8
	60~90	8~12

表 6-5 德国标准（DIN4150）

建筑物类型	频率范围/Hz	合速度/mm·s^{-1}
工业建筑及商业建筑	10	20
	10~50	20~40
	50~100	40~50
民用建筑	10	5
	10~50	5~15
	50~100	15~20
重点保护建筑	10	3
	10~50	3~8
	50~100	8~12

表 6-6 美国露天矿务局标准（OSM 标准）

频率/Hz	1~4	4~13	13~29	29 以上
振速/mm·s^{-1}	4.79~20	20	20~50	50

印度标准具体如表 6-7 所示。

表 6-7 印度标准

建筑物分类	频率范围/Hz	合速度/mm·s^{-1}
一般民房	<24	5
	24 以上	10
工业建筑	<24	12.5
	24 以上	25
古代建筑	<24	2
	24 以上	5

（2）一般破石建筑、预制块件结构、框架墙、石砌墙建筑；

（3）钢筋混凝土建筑。

澳大利亚标准（AS2187）规定把建筑物分为三类：

（1）历史性、纪念性建筑及其他有特殊价值的建筑物，速度小于 2mm/s；

（2）低层的居住建筑或商业建筑，振动速度小于 10mm/s；

（3）钢筋混凝土建筑或钢结构的工业或商业建筑振动速度小于 25mm/s；

法国规定人口稠密的市区内爆破安全振动速度不得超过 10mm/s。

我国新实施的《爆破安全规程》（GB 6722—2014）中，也将考虑频率的影响，对原有的安全判据进行修改，如表 6-8 所示。

表 6-8　我国新的爆破振动安全标准

序号	保护对象类别		安全允许振速/cm·s^{-1}		
			<10Hz	10~50Hz	50~100Hz
1	土窑洞、土坯房、毛石房屋		0.15~0.45	0.45~0.9	0.9~1.5
2	一般民用建筑物		1.5~2.0	2.0~2.5	2.5~3.0
3	工业和商业建筑物		2.5~3.5	3.5~4.5	4.2~5.0
4	一般古建筑与古迹		0.1~0.2	0.2~0.3	0.3~0.5
5	运行中的水电站及发电厂中心控制室设备		0.5~0.6	0.6~0.7	0.7~0.9
6	水工隧洞		7~8	8~10	10~15
7	交通隧道		10~12	12~15	15~20
8	矿山巷道		15~18	18~25	20~30
9	永久性岩石高边坡		5~9	8~12	10~15
10	新浇大体积混凝土（C20）	龄期：初凝~3d	1.5~2.0	2.0~2.5	2.5~3.0
		龄期：3~7d	3.0~4.0	4.0~5.0	5.0~7.0
		龄期：7~28d	7.0~8.0	8.0~10.0	10.0~12.0

注：爆破振动监测应同时测定质点振动相互垂直的三个分量。

1. 表中质点振动速度为三个分量中的最大值，振动频率为主振频率；
2. 频率范围根据现场实测波形确定或按如下数据选取：硐室爆破主振频率小于 20Hz，露天深孔爆破主振频率在 10~60Hz，露天浅孔爆破主振频率在 40~100Hz；地下深孔爆破主振频率在 30~100，地下浅孔爆破主振频率在 60~300Hz。

从上述标准可以得到以下几点结论：

（1）各标准均以抗震性能为标准，对建筑物或构筑物进行分类，规定了不同的振动安全标准，虽然分类的细节上略有不同，但总体来说相差无几。

（2）所有标准均未考虑爆破振动持续时间的影响。大量的爆破振动测试中发现爆破振动一般持续时间较短，大多 400ms 以内，能导致破坏作用的时间就更短，这与天然地震是大不相同的，但目前的标准普遍未考虑振动持续时间的影响。

（3）所有标准均未考虑多次重复振动对构筑物安全的影响。

6.5　爆破振动预测

对爆破振动进行控制，防止其对围岩、构筑物等设施的破坏或潜在破坏成为一个突出的问题，准确预测爆破振动带来的危害成为越来越迫切的需要。然而，由于影响爆破振动产生和传播的因素很多，且各因素之间随机性、关联性变化较大，爆破振动预测一直是个难题。传统方法主要有经验公式法、单孔波形叠加法等，近年来随着爆破技术和智能算法的发展，越来越多的影响因素与爆破振动之间的关系被揭示，发展了一些新的方法，有模糊理论、神经网络方法、支持向量机等。

6.5.1 爆破振动影响因素

以往研究表明，装药量、装药结构、爆心距、段数、孔网参数、炸药种类等与质点振动速度存在关系。部分学者将其划分为可控因素和不可控因素两类，也有人将它们分为爆源因素和非爆源因素。总的来说，影响爆破振动因素主要有以下几个：

（1）场地条件、地质构造及围岩物理力学性质。岩层中的结构对爆破振动的频率和峰值质点振动速度影响较大。由于岩体存在大量的节理、裂隙甚至大面积的结构面会造成爆破地震波的折射和反射，从而大大削减地震波从一种介质进入另一种介质的能量，加剧了应力波能量的衰减。影响的程度与裂隙面的数量、方向、裂隙的大小、裂隙内充填物的状况等密切相关。

（2）距离。距离对爆破振动的影响是人们最早认识到的，爆破地震波整体上随距离的增加而衰减，质点振动速度随距离的增大很快衰减，主振频率也是随距离的变化而变化。地球相当于一个低通滤波器，总体存在随距离的增加主振频率更趋向于低频带的低端。由于地震波能量随距离不断衰减，爆源近区的动力损伤破坏性作用远远大于远区。但是由于爆破远区爆破振动主要以低频为主，因此仍可以对远区自震频率很低的建筑物产生较大的破坏。

（3）被保护构筑物结构。爆破振动是被保护体对地震波的响应，被保护体的结构对爆破振动影响很大。地面与地下建构筑物的爆破振动效应不同，不同采场的振动效应不同，高层建筑与低矮建筑的振动效应不同，钢筋混凝土结构与砖石结构的振动效应不同，这是一个不用争辩的事实。

（4）单段药量。装药量越大爆破振动峰值质点速度越大，大小药量的振幅之间符合相似定律。因此通过控制爆破规模，可以达到控制的目的。在微差爆破中质点振动速度峰值则是随最大段药量的增大而增大。部分学者研究表明，当药量相差较大时，小药量的爆炸观测到的爆破振动有更丰富的高频成分，大药量的记录中优势频率较之小药量低，其他相关的研究也证明了该结论的正确性。

（5）微差时间。对微差爆破而言，不同延迟间隔时间产生不同强度的爆破振动。当延迟间隔时间达到某一值时，振动强度才达到最小。由于雷管点火时间存在误差，因此为避免叠加，微差时间应大于 9ms。微差时间对实际爆破振动监测影响大，采用精确延时微差爆破，预测波形和实测波形吻合很好。理论上讲，当延时间隔时间接近爆破振动周期的 1/2 或 1/3 时，振动强度较小，因此采用精确、合理的延时微差时间，可以避免爆破振动波的相长干扰，能有效控制爆破振动。但部分学者指出，当传播介质比较复杂时，爆破振动具有多主频特性，因此采用微差干扰降震很难达到预期的效果。

（6）抛掷方向。抛掷方向对爆破振动幅值和频率都有影响，现场实践表明，在起爆最小抵抗线反方向测试的爆破振幅值明显高于同等距离时与最小抵抗线一致方向测试幅值，最大时可达一倍。但在最小抵抗线方向及其相反方向爆破振动频率的关系目前无统一认识。

（7）最小抵抗线。最小抵抗线在多排爆破中一般是指后排孔到前排孔爆破后形成的自由面的最小距离，不适当的最小抵抗线值不但会导致爆破振动峰值质点振动速度的增大，而且会造成过多的飞石和较强的空气冲击波。研究表明，当震源浅到足以在表面形成漏斗时，压缩波和剪切波的幅值都发生了变化，向表面辐射的波幅值明显大于向下辐射的波幅值，而且在表面反射时出现了转换波，其幅值也有很大改变。

（8）装药结构。条形药包硐室爆破，其振动波在近距离范围分布不对称，研究表明，条形药包端部方向爆破振动衰减快，振动幅值偏低。条形药包的径向爆破振动衰减缓慢，振动幅值偏高。不耦合装药结构也可以降低爆破振动的幅值。美国矿业局很早就开展了不耦合装药条件下爆破振动的研究，由于不耦合条件下炸药爆炸应力脉冲幅值要比耦合时小很多，因此爆破振动幅值下降很多。部分学者指出，岩石爆破振动幅值大约和不耦合系数的1.5次方成比例，并给出了不耦合条件下爆破振动经验公式，国内也有很多类似的研究。

除上述因素外，其他影响爆破振动的因素还有炸药种类、装药长径比、超深、填塞材料、填塞长度、炮孔倾角等，但影响相对较小。

影响爆破振动的因素很多，对爆破振动监测数据进行分析时，要充分考虑这些因素的影响。爆源变量中，必须考虑诸如炸药种类及性能、装药量、最小抵抗线、堵塞质量、装药起爆方式、段数、段间时间延迟，爆源介质的地球物理参数等。同样，还有传播过程中岩性、传播途径、传播距离、监测仪器的灵敏度、传感器安装质量等的影响。总之，爆破振动影响因素众多，各影响因素关系错综复杂，全面考虑所有因素来确定爆破振动强度实际上是不现实的。

6.5.2 经验公式

国内外大量实测结果分析表明，反映爆破振动强度的多个物理量与炸药量、爆心距、岩土性质及场地条件等因素有密切关系。虽然各个国家试验条件各不相同，但大致上都可总结得出以下形式的经验公式：

$$A = KQ^m R^n \tag{6-22}$$

式中 A——反映爆破振动强度的物理量（振动速度或加速度）；

Q——炸药量；

R——测点至爆源中心的距离；

K，m，n——反映不同爆破方式、地质、场地条件等因素的系数。

各国根据各自的观测数据，代入式（6-22）得到一些预报地面振动强度的经验公式，在这些经验公式中，几个常数的数值因各种因素的复杂影响而相差极为悬殊。J. R. Murphy 和J. A. Lohoud 研究了 99 起地面震动记录，药量为 0.1 万～20 万吨。这些地面振动数据来自爆心距为 0.25～600 km 的 500 多个不同观测点，根据式（6-22）归纳整理结果如表 6-9 所示。

表 6-9 地面振动强度预报的通式

地面振动强度物理量	观测点地质条件	方程 $A=KQ^nR^{-m}$	数据项目
加速度	综合公式	$a=1.09\times10^{-1}Q^{0.61}R^{-1.43}$	1207
	冲积层	$a=9.00\times10^{-2}Q^{0.624}R^{-1.36}$	819
	坚硬岩石	$a=1.57\times10^{-1}Q^{0.656}R^{-1.68}$	388
速度	综合公式	$v=4.92\times10^{0}Q^{0.646}R^{-1.34}$	509
	冲积层	$v=5.10\times10^{0}Q^{0.635}R^{-1.31}$	400
	坚硬岩石	$v=3.36\times10^{0}Q^{0.77}R^{-1.51}$	109
位移	综合公式	$\mu=4.19\times10^{-1}Q^{0.761}R^{-1.18}$	1027
	冲积层	$\mu=4.49\times10^{-1}Q^{0.767}R^{-1.14}$	767
	坚硬岩石	$\mu=3.78\times10^{-1}Q^{0.852}R^{-1.39}$	305

爆破振动预测经验公式主要有以下几种形式。

苏联萨道夫斯基提出了爆破振动峰值质点振动速度经验公式：

$$v = K\left(\frac{\sqrt[3]{Q}}{R}\right)^{\alpha} \tag{6-23}$$

式中 v——介质质点的振动速度，cm/s；

R——测点至爆心距，m；

Q——炸药量，kg，齐发爆破时取总装药量，分段起爆时取最大一段的装药量；

K，α——与爆破条件、岩石特征等有关的系数，可参考表 6-10 取值。

表 6-10 爆破区内不同岩性的 K、α 值

岩石特性	K	α
坚硬岩石	50~150	1.3~1.5
中硬岩石	150~250	1.5~2.0
软弱岩石	250~350	2.0~2.2

瑞典兰格弗尔斯提出的用于一般小药量爆破中振动速度计算公式：

$$v = K\sqrt{\frac{Q}{R^{3/2}}} \tag{6-24}$$

式中 v——振动速度，mm/s；

Q——同时起爆的药量，kg；

R——距离，m；

K——系数，对于瑞典的坚硬岩石为 400。

美国矿务局提出的经验公式：

$$v = K\left(\frac{R}{Q^{1/2}}\right)^{-\alpha} \tag{6-25}$$

式中 v——质点运动的峰值速度，in/s；

Q——每段爆破的药量，1b；

R——从爆源至被保护物的距离，ft；

K——场地系数，一般为 0.075~4.04，$K_{平均}=1.85$；

α——场地系数，一般为 1.083~2.0346，$\alpha_{平均}=1.536$。

日本常用的经验公式：

$$v = K\frac{Q^{0.75}}{R^2} \tag{6-26}$$

式中 v——振动速度，cm/s；

Q——炸药量，kg；

R——距离，m；

K——场地系数，$K=100\sim900$。

印度采用的标准预测公式：

$$v = K\left(\frac{Q}{R^{2/3}}\right)^{\alpha} \tag{6-27}$$

式中 v——振动速度，cm/s；

Q——炸药量，kg；

R——距离，m；

K，α——场地系数。

Ambraseys 和 Hendron 得出立方根换算经验关系式：

$$v = K\left(\frac{R}{\sqrt[3]{Q}}\right)^{\alpha} \tag{6-28}$$

式中 v——振动速度，cm/s；

Q——炸药量，kg；

R——距离，m；

K，α——场地系数。

从上面介绍的公式可以看出，虽然考虑的主要变量相同，但由于各自的观测数据是在相同条件下采用不同的监测一起得到的。由这些数据得到的回归系数相差悬殊，因此，在实际应用中应根据数据选取合理的经验公式。我国在预测爆破振动峰值质点振动速度时，通常采用萨道夫斯基经验公式。

6.5.3 其他预测方法

人们在探索爆破振动的衰减规律方面虽做了大量的工作，目前采用经验公式方法（萨道夫斯基经验公式等）的振动预报结果并不理想，新的爆破振动峰值预报方法势在必行。为此，人们开始探索基于神经网络、支持向量机（Support Vector Machine，SVM）等非线性智能工具进行爆破振动预测的新方法，取得一定成果。

6.5.3.1 BP 神经网络方法

神经元的一般模型（图 6-10）实际上是一个多输入单输出的非线性处理器，任何一个神经元并不是高度复杂的中央处理器，而只执行一些非常简单的计算任务。单个神

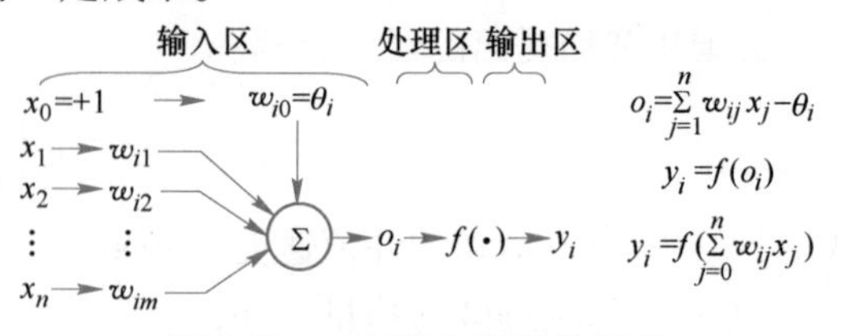

图 6-10 一般神经元数学模型

经元的非线性特征是可以预见的，理论和实践均表明，大量神经元的广泛互联产生的效果并不是一个简单叠加的过程，而表现出一种复杂的高度非线性机制，不同的互联机制可以产生不同类型的神经网络模型。一般神经元模型由输入区、处理区和输出区三个部分组成。输入区接收沿输入加权连接 w_{ij}输入的信号 $x_i(i=1, 2, \cdots, m)$，将所有输入信号以一定的规则综合成一个总输入值 o_i。处理区根据总输入计算它目前的状态，经活化规则（活化函数$f(\cdot)$）处理后得到神经元的当前活化值 y_i。输出区的功能是根据当前的活化值确定出该单元的输出值并沿着输出连接传给其他神经元。

虽然很早就有了多层神经网络可以解决高度非线性映射这一结论，但由于有隐含层后网络学习困难，限制了多层网络的发展。1986 年 Rumellhart 提出了反向传播学习（Back Propagation 或称 BP）算法，使这一困难得以很好地解决。该算法除考虑最后一层外，还考虑了网络中其他层（隐含层）权值的改变，非常适用于多层神经网络，成为目前广泛应用的学习算法之一。BP 神经网络模型是按层次结构构造的，包括一个输入层（影响因素举例列举）和一个输出层以及若干个隐含层（图中只画两层，如图 6-11 所示），一层内的节点即神经元只和与该层紧邻的下一层的节点相连接。这个网络的学习过程分为两个部分，即正向传播和反向传播。在正向传播过程中，输入信息从输入层经隐含层逐层处理，然后传向输出层，每一层神经元的状态只影响下一层的状态。如果在输入层不能得到期望的输出，则转向反向传播过程，将误差信号沿原来的连接通路返回，通过修改各层神经元的权值，使误差达到最小。

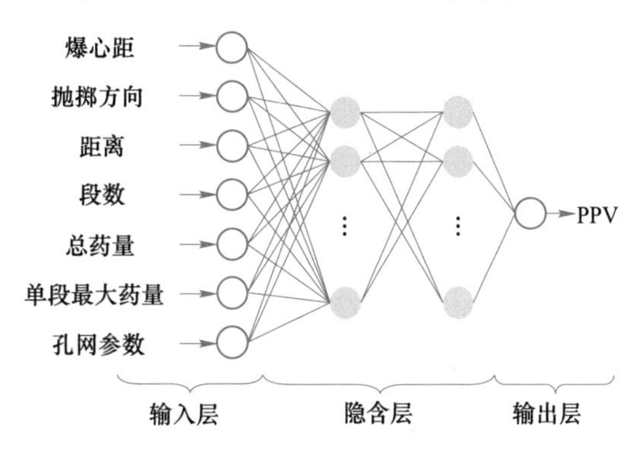

图 6-11　BP 神经网络结构模型示意图

一般的 BP 算法在优化网络连接权值时采用的是误差梯度下降算法，该方法具有很好的局部优化精度，却容易陷入局部最小而导致预测结果与实际不符，特别是在误差空间较复杂时。在不影响其局部优化性能前提下，提高 BP 网络性能的最佳途径就是对网络结构及其初始权值进行全局优化。由于没有关于这些参数的理论指导，通常只能采取试错法进行选择，实际应用起来很不方便，而且效果不佳。而理论和实践表明：综合考虑遗传算法和 BP 网络各自优缺点，将遗传算法的全局搜索能力与 BP 算法的局部寻优能力结合起来，形成进化神经网络优化组合，可以大大提高算法性能。

6.5.3.2　支持向量机法

支持向量机基于结构风险最小化原则，能够解决现实中的小样本学习问题。支持向量分类机的主要思想是通过建立一个超平面作为决策曲面，对于两分类问题而言，即使得正例和反例之间的隔离边缘被最大化，即两类样本到超平面最小距离最大。这样的超平面称最优超平面，距离这个最优超平面最近的样本被称为支持向量。对于多分类问题，则可以转换成几个二分类之间组合或其他方式来实现。在支持向量机中，通过内积函数定义的非线性变换来建立超平面，即将低维空间中的线性不可分样本转换成在高维空间中尽量能够线性可分，从而改变了传统的降维思想。

支持向量分类机两分类问题的基本思想可用图 6-12 的两维情况说明。图中，正方形和圆形代表两类样本，H 为分类线，H_1、H_2 分别为各类中离分类线最近的样本且平行于分类线的直线，它们之间的距离叫作分类间隔。图中所圈的对象即为支持向量。以分类间隔为基础构建目标函数，求解最优分类函数。当训练集线性不可分时，需引入核函数解决。常用的核函数有多项式核函数，Gauss 径向基核函数（RBF 核函数）和 Sigmoid 核函数。对于特定问题，如何确定合适的核函数是非线性回归的关键，在模型建立中占有重要地位。

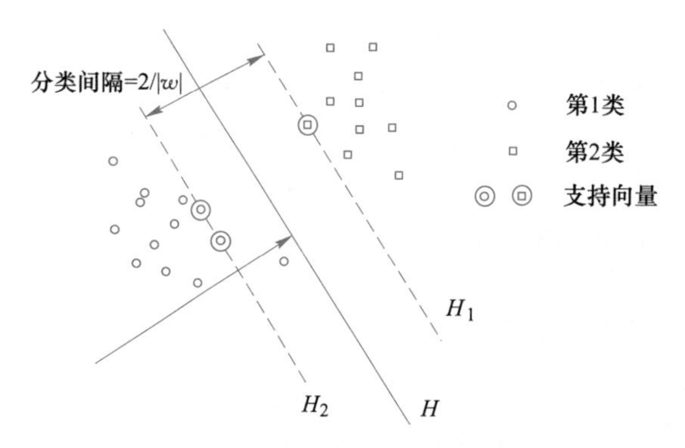

图 6-12　线性可分支持向量原理

支持向量机需要求解的是对偶问题，对偶问题的变量个数是训练点个数，所以需求解的对偶问题的规模基本上与输入空间的维数无关，这就解决了“维数灾难”的问题。

核函数的使用十分巧妙地实现了从线性分划到非线性分划的过渡。只需选取核函数而无需进行变换。这样做不仅更加方便，而且可以简化计算，因为高维空间中核函数的计算相对简单很多。

支持向量机的稀疏性。不是所有的训练点都起作用，大部分训练样本都不是支持向量，这一事实体现了支持向量机的稀疏性，它对于大型问题的计算具有重要意义。

基于结构风险最小化原则。结构风险最小化原则的本质是寻找一个适当大小的决策函数候选集，然后用经验风险最小化原则在该候选集中选出决策函数。

支持向量机不仅可以解决分类、模式识别等问题，还可以解决回归、拟合等问题。因此，其在爆破振动预测中应用日渐广泛。

6.6　深部工程爆破振动监测

（1）深部工程爆破振动测点位置选取难度相对于浅部显著增大。为采集高质量的岩体振动信号，爆破振动监测要求测点处围岩完整。在深部复杂的应力环境和频繁的爆破扰动下，深部工程围岩损伤发育程度高，部分帮壁已与内部基岩分离，使得爆破振动无法或较难传播至安装在围岩表面的爆破振动检波器。因此，通过深挖基岩或置入钢钎的方法安装爆破振动检波器，可有效解决深部工程爆破振动监测测点位置选取难的问题。

（2）深部工程应采用岩体表面与岩体内部爆破振动监测相结合的方法。深部岩体处于三维高应力环境下，特别是与深部工程有一定距离的岩体，内部结构面被压密，质点峰值振动速度衰减慢。工程岩体表面存在一定厚度的松动圈，对爆破振动的传播有明显的抑制作用。与浅部相比，岩体表面爆破振动与岩体内部爆破振动差异更显著。因此，通过向岩体内部钻孔布置振动检波器的方法，实现岩体由表面到内部全面监测，揭示深部工程岩体爆破振动传播规律。

(3) 深部工程爆破振动监测应增大测试量程。随着施工条件的变化及施工技术的发展，深部工程施工越来越追求规模化效益。例如深部矿体的开采，多采用提高开采规模的方法应对开采过程中提升、通风等成本升高的问题，不可避免地造成爆破药量增大，进而导致爆破振动，尤其是近场爆破振动强度增大。因此，采用大量程的爆破振动监测技术，能够满足日益增大的爆破规模诱发振动测试的需要。

(4) 深部工程爆破振动监测应采用连续性监测。与浅部相比，深部工程岩体经历的爆破扰动的频率和强度显著增大，受爆破振动影响，工程岩体稳定性可能在较短时间内发生较大变化。如不能获得全面的爆破振动扰动信息，将无法有效实现深部工程爆破振动危害控制。因此，深部工程岩体应采用连续性的爆破振动监测，保证爆破振动数据的完整性。

(5) 深部工程岩体安全判据应考虑爆破振动累积损伤效应的影响。浅部工程岩体爆破振动安全判据着重考虑振动主频、质点峰值振动速度，仅考虑了单次爆破振动影响。实际上，高地应力和复杂地质条件下，频繁的爆破导致深部工程岩体不断劣化，是一个逐渐积累的过程。因此，深部工程岩体破坏应考虑爆破扰动次数、持续时间等因素，确定科学、合理的安全判据。

6.7 工程应用

阿舍勒铜矿是火山喷气沉积-变质热液叠加形成的块状硫化物铜锌矿床，铜工业储量近 92 万吨，矿体赋存于阿舍勒组第二岩性中亚段的英安质沉凝灰岩、含砾沉凝灰岩上部。矿体总体呈南北向分布，阿舍勒铜矿矿体走向长度 853m，矿体东翼平均厚度 45m，西翼平均厚度 20m，倾角 55°~85°，具有走向长度短、埋藏深、储量大与水平厚度大等特点。铜矿石品位 2.43%，主要矿物为黄铜矿，矿山主要采用大直径深孔空场嗣后充填法开采，采场高度 50m，长度 20~30m，视矿体厚度而定，采场宽度 12m。采用垂直深孔落矿，炸药采用乳化炸药，非电毫秒双雷管起爆。单次爆破药量最高达 4t，单段最大药量高达 400 kg。选取阿舍勒铜矿 0m 中段北 4 号采场为试验采场，该采场埋深 900m，最大水平主应力约为 40MPa，方向近水平，与矿体近似垂直。在 50m 中段下盘穿脉巷道布置 4 个爆破振动监测点，爆破振动监测点布置如图 6-13 所示，采集 4 号采场开采过程中顶板下盘穿脉巷道爆破振动数据，研究大直径深孔爆破振动波传播衰减规律。

爆破振动监测采用四川拓普测控科技有限公司生产的 NUBOX-8016 型智能振动监测仪。NUBOX-8016 便携式数据采集设备是针对现场爆破、振动、冲击、噪声等测试而专门优化设计的，用于信号记录和分析的小型仪器。该仪器能对传感器（包括速度、加速度、压力、应变、温度等）产生的动态、静态模拟信号进行数字转换、存储，并有触发机制保证只对关心特征的信号进行正确记录；最多 2048 段分段采集，实现多段振动信号的连续自动记录；配套提供 BM View 爆破振动专用测试分析软件；TDEC API 动态链接库支持二次开发，支持 VC、VB、BCB、CVI、LabView 等多种开发平台。

本设备配套的 TP3V-4.5 三维速度型传感器是一款实用的振动速度测量传感器，可以

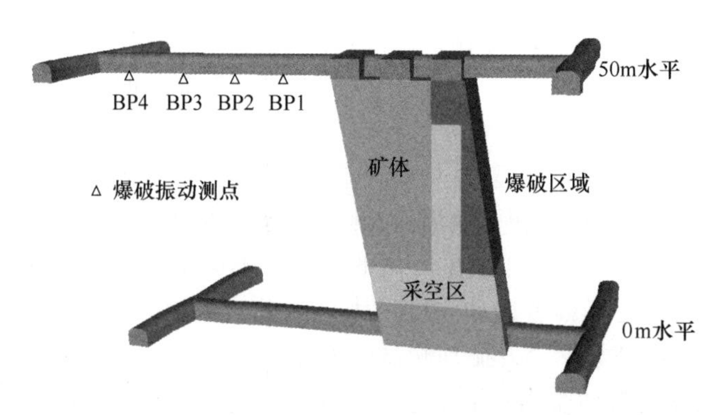

图 6-13　阿舍勒铜矿 0m 中段北 4 号采场爆破振动监测布置方案

同时测量水平 X 向、水平 Y 向和垂直 Z 向三个方向的速度。广泛应用于机械振动、接触式位移、振动波、动平衡等多种测试领域。该型传感器具有安装简便、坚固可靠、体积小、测量精度高、抗干扰强等特点。BM View 爆破振动监测系统（图 6-14）的性能参数和传感器技术指标如表 6-11 所示。

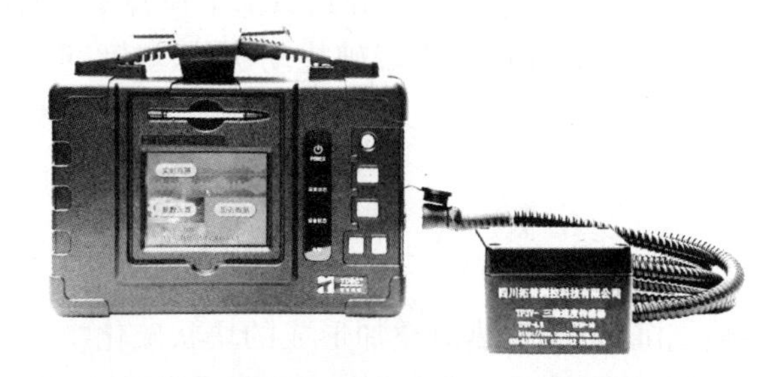

图 6-14　NUBOX-8016 便携式智能振动信号监测分析仪和 TP3V-4. 5 三向速度型传感器

表 6-11　传感器主要技术指标

项目	垂直向	水平向
阻尼系数	0. 60±20%	0. 60±5%
频响	5～500Hz	
自然频率	(4. 5±10%) Hz	
测速范围	0. 1～30cm/s	
灵敏度	(28. 8±10%) V/(m/s)	
线圈电阻	(375±5%) Ω	
失真	≤0. 2%	
最大位移	4mm	

传感器基座采用两段 10 号槽钢（100mm×48mm×5. 3mm）以“十字形”焊接而成。为获得质量较高的爆破振动信号，传感器和基岩间应保持刚性连接。如前文所言，传感器基座与基岩间采用 4 个 M10 号膨胀螺栓固定连接，传感器与传感器基座采用速凝石膏固定。按照水灰比 2∶1～3∶1 的比例搅拌好速凝石膏，待石膏搅拌均匀成糨糊状后，连续、均匀地涂抹在传感器基座上，迅速将传感器按压于速凝石膏上，并将传感器上面所标注的

X 方向对准爆心，同时将传感器上的调平气泡调节至正中心的圆圈内，保证传感器处于水平状态（图 6-15）。某次爆破测试波形及其频谱分布如图 6-16 所示。

所以可得本次爆破振动测试三维合成速度的衰减方程为：

$$v = 208.169\left(\frac{\sqrt[3]{Q}}{R}\right)^{1.830} \tag{6-29}$$

质点峰值振动速度随比例药量变化关系拟合图如图 6-17 所示。

图 6-15 爆破振动监测设备安装

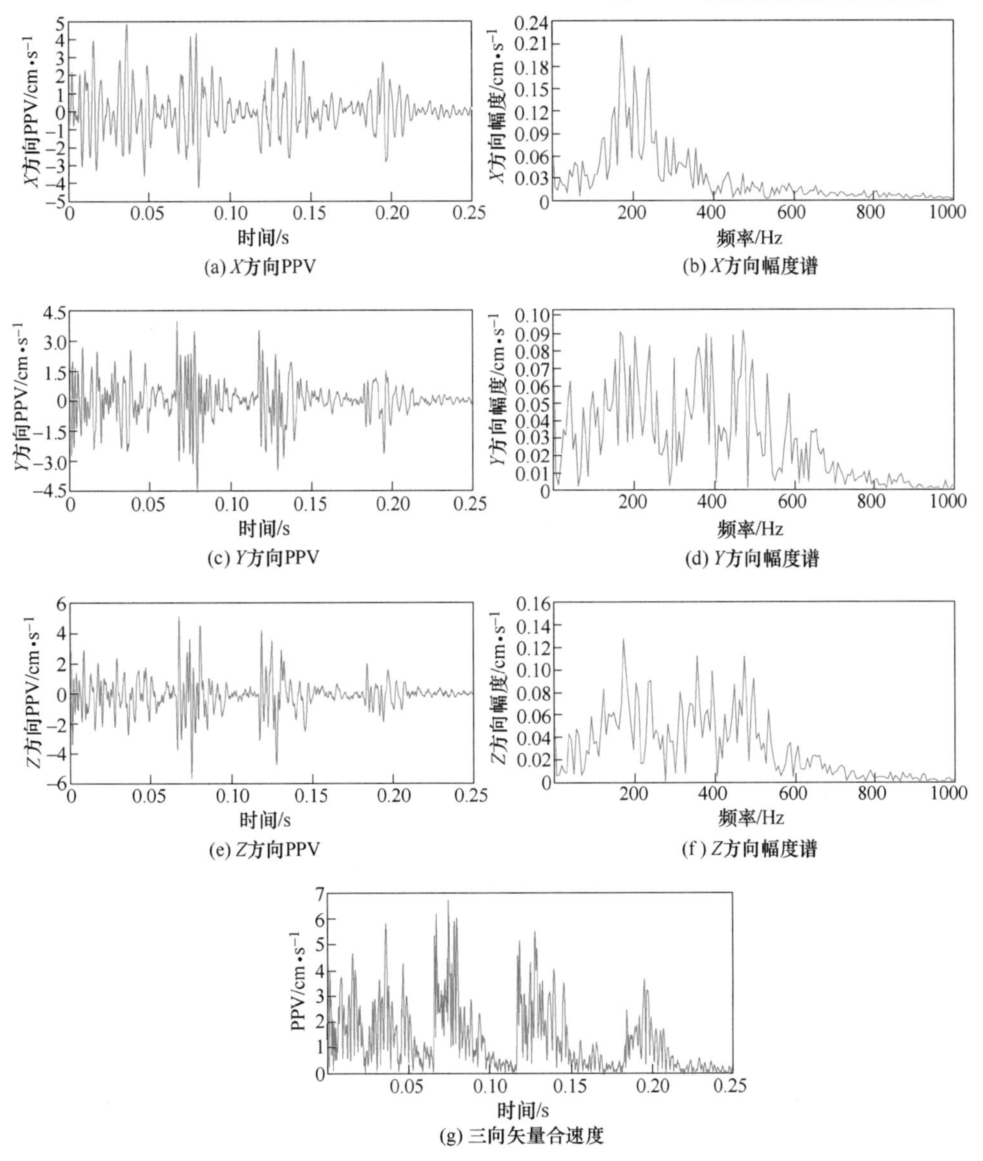

图 6-16 大直径深孔嗣后充填法大孔爆破爆破振动信号

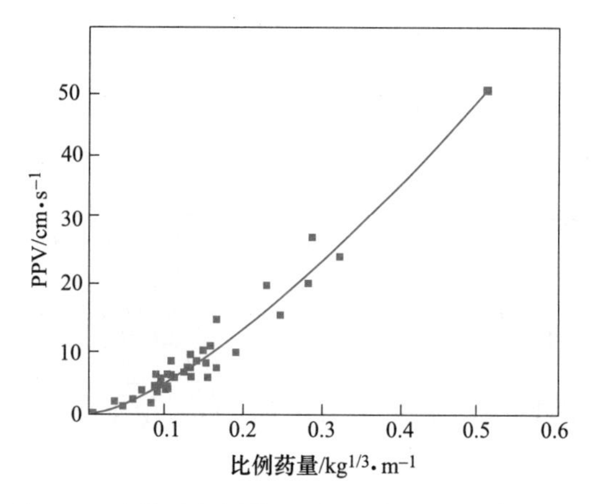

图 6-17 峰值质点振动速度与比例药量之间的关系

振动波的衰减规律对于预测爆破工程中质点振速以及标定爆破振动波作用下地下结构的首超破坏临界值都有非常重要的作用，也可以用来指导爆破工程中安全药量和安全距离的确定。

本章小结

爆破振动是爆破危害之首。与爆源距离不同，爆破振动波的影响及危害有明显区别。依据爆破振动波传播方式的不同可以将其分为体波和面波，体波传播速度大于面波。同时，地质条件对爆破振动波的传播速度有影响。随着爆破振动波的传播，岩体介质对爆破振动波不同频率成分影响程度不同，导致振动波呈现出一定的场地特征。

爆破振动监测测点数目及测点位置的确定主要根据测试的目的和现场条件等因素，一般遵循最近原则、最弱原则、重点原则、直线传播原则、避免空区与破碎区影响原则等。传感器必须与被测点的表面牢固的结合在一起，确保传感器与被测体同步振动，避免采集到的爆破信号失真。爆破振动信号的分析方法也大体经历了傅里叶变换、快速傅里叶变换、短时傅里叶变换，以及小波和小波包变换的过程。

爆破振动安全判据是爆破振动控制的依据，最初以单一峰值振速作为衡量结构和建筑物是否安全的标准，随后越来越多国家的爆破振动安全标准考虑了振动频率。近期研究表明，持续时间与多次重复振动对建筑物或构筑物及工程岩体安全的影响应引起爆破振动安全标准的重视。

爆破振动预测是爆破振动控制的手段。影响爆破振动传播的因素主要分为爆源因素和非爆源因素两类，场地条件、地质构造及围岩物理力学性质等非爆源因素，单段药量、微差时间、抛掷方向、最小抵抗线、装药结构等爆源因素。随爆破技术的进步，爆破振动预测从仅考虑单段最大药量与传播距离的经验公式，发展至考虑更多因素的模糊理论、神经网络方法、支持向量机等方法。值得注意的是，埋深和地应力对深部工程爆破振动的影响趋于显著。

思　考　题

1. 爆破振动测试的目的是什么？
2. 简述爆破振动波与自然地震波的共同点及差异。
3. 爆破振动监测传感器布置原则有哪些？
4. 列举爆破振动传感器安装注意事项？
5. 我国 2014 年颁布的《爆破安全规程》中爆破振动安全判据包含哪些指标？
6. 爆破振动的影响因素有哪些？
7. 列举常用的爆破振动经验公式。
8. 分析爆破振动经验公式的不足。

7 岩体支护系统监测

本章课件

本章提要

岩体支护系统监测是确保支护岩体下人员、设备安全的重要途径。本章介绍：(1) 岩体支护系统监测的概况，包括支护类型与支护系统监测的意义；(2) 锚杆监测，包括锚杆拉拔力、锚杆应力监测与工程应用；(3) 锚索监测，包括监测设备、现场安装、测量与计算、工程应用；(4) 混凝土支护监测，包括应力、应变与工程应用。

7.1 概　　述

由于地下工程开挖过程中的扰动，改变了围岩原有的应力状态，围岩会产生变形、破裂，甚至失稳破坏。为控制围岩的变形和破裂，保证工程的安全，并能满足防水、防渗、防潮和保证正常使用的要求，开挖后应进行支护工作。支护结构在交通、水利、矿山及国防和人民防空等工程中得到广泛的应用，目前最常用的支护结构有锚杆支护、喷射混凝土支护、锚索支护以及混凝土衬砌等。锚杆等支护结构的受力及变形等信息，一方面可以反映支护体本身的工作状态，另一方面也可以反映围岩内部的变形、破裂等信息及其变化情况。因此，监测支护结构自身的状态对于指导支护设计、保障地下工程的稳定均具有显著的意义。

对于锚杆，一般进行拉拔力试验测试和锚杆应力监测，拉拔试验测试可以检测锚杆的锚固效果，锚杆应力监测是监测锚杆杆体的应力变化情况，反映其工作的状态。锚索与锚杆一致，也需要开展拉拔试验和应力监测，只是所用设备及方法有所差异。对于混凝土，主要监测混凝土与围岩之间的应力及混凝土本身的应变，反应支护的作用及支护体自身工作状态。

支护系统监测主要是获取工程建设过程中及工程运营过程中支护体的工作状态，进而对工程的安全性及支护的合理性进行评估。

(1) 安全性评价。地下工程的安全与支护工程有密切关系，支护工程的成败与选用的支护设计参数、支护的时机、支护的刚度、施工方法及对围岩性态的判断等密切相关。即使完全相同的条件，采用不同的施工方法和时序也可能导致截然不同的结果。更何况由于岩性及地质条件复杂多变，很难在施工前得到全面准确的力学参数，加之支护与围岩共同作用的特点，就更增加了支护设计的困难。因此应该在开展围岩监测的同时开展支护系统的监测工作，掌握地下工程施工及运行过程中围岩及支护结构的工作状态，评价围岩和支护系统的稳定性、安全性。

(2) 优化设计。近年来逐渐发展出地下工程的信息化设计和信息化施工方法。它是在施工过程中布置监控测试系统，从现场围岩的开挖及支护过程中获得围岩稳定性及支护设施的工作状态信息，通过分析研究这些信息以间接地描述围岩的稳定性和支护的作用，并反馈于施工决策和支持系统，修正和确定新的开挖方案的支护参数。图 7-1 是施工监测和信息化设计流程图。以施工监测、力学计算以及经验方法相结合为特点，建立了地下工程设计施工程序。与地面工程不同，在地下工程设计施工过程中，勘察、设计、施工等诸环节允许有交叉、反复。在初步地质调查的基础上根据经验方法或通过力学计算进行预设计，初步选定支护参数。然后，还须在施工过程中根据监测所获得的关于围岩稳定性、支护系统力学及工作状态的信息，适时验证修正计划时的支护设计、施工组织设计，使其更符合现场实际，确定最终支护参数和最佳施作时间，实现动态的支护设计与信息化施工。

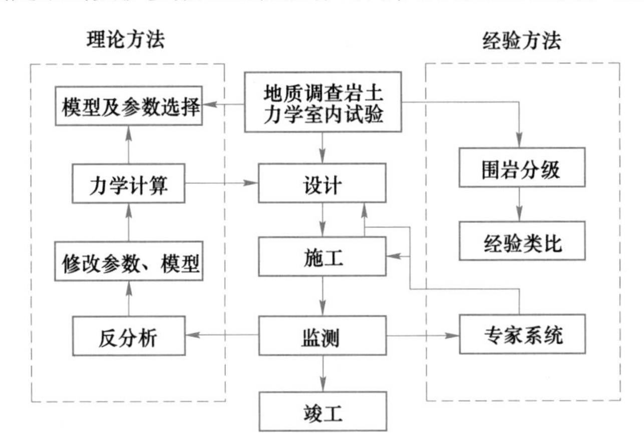

图 7-1　施工监测和信息化设计流程

7.2 锚　　杆

系统锚杆的主要作用是限制围岩的松弛变形。这个限制作用的强弱，一方面受围岩地质条件的影响，另一方面取决于锚杆的工作状态。锚杆工作状态的好坏主要以其受力后的应力—应变来反映。锚杆试验的主要目的是确定锚固体与岩土体的摩阻强度和验证锚杆设计参数和施工工艺的合理性。主要的锚杆测试有拉拔力测试、锚杆应力监测。

7.2.1　拉拔力

锚固力是锚杆锚固部分与岩体的结合力，是锚杆最重要的性能参数，也是锚杆的最大承载能力。拉拔力是锚杆锚固后拉拔实验时，所能承受的极限载荷，反映的是杆体、锚固剂、岩石黏结到一起后，锚杆破断或失效的最大拉力，它是锚杆材料、加工与施工安装质量优劣的综合反映。锚固力越大，锚杆作用越可靠，锚固效果越好，其大小用拉拔试验测试，同一根锚杆测得的最大抗拉拔力即锚固力。其检测目的一是测定锚杆锚固力是否达到设计要求，二是判断所使用的锚杆长度是否适宜，三是检查锚杆的安装质量。

无论何种类型的锚托其支护加固的效果通常都用锚固力、极限抗拉拔力或锚固指数（单位位移的抗拉拔力）来表示。测定锚固力大小的方法一般采用拉拔测试。不同性质的工程对锚固力的要求不同。一般矿山巷道要求 28 天后的锚固力在 5t 以上，一些铁路、水工隧道则要求锚固力在10t以上，地质坑道的锚杆支护尚无统一的标准，一般在5t左右即可，而锚杆的拉拔测试的目的就在于检查锚杆的锚固力是否达到设计要求。

7.2.1.1　锚杆拉拔仪

锚杆拉拔仪如图7-2所示，其工作原理与一般的千斤顶相似，其结构如图7-3所示。当压动手摇杆时，柱塞往复运动将油缸内的油挤压到油路中。由于在柱塞油出口安有单向阀具有进油、回油两个旋转方向，当进油时，液压油通过管路进入到空心千斤顶的底座环形油槽中去，推动上活塞上升。因锚杆端部与上活塞固定，所以上活塞带动锚杆一起运动，运动的阻力换算成为系统油压而由压力表直接读取吨位数即为所测锚固力，位移通过位移标尺读取。

锚杆拉拔仪，是质检单位必备的现场检测仪器。锚杆拉拔仪主要被用来检测各种锚杆、钢筋等锚固体的锚固力。锚杆拉拔仪由手动泵、液压缸、智能数显压力表、带快速接头的高压油管、锚具和手提便携箱组成，其液压缸为中空自复位式，智能数字压力表为可直接读取锚杆拉力值（kN），并有峰值保持、存储和查询功能，特别适合现场使用，操作简单，易学易用。

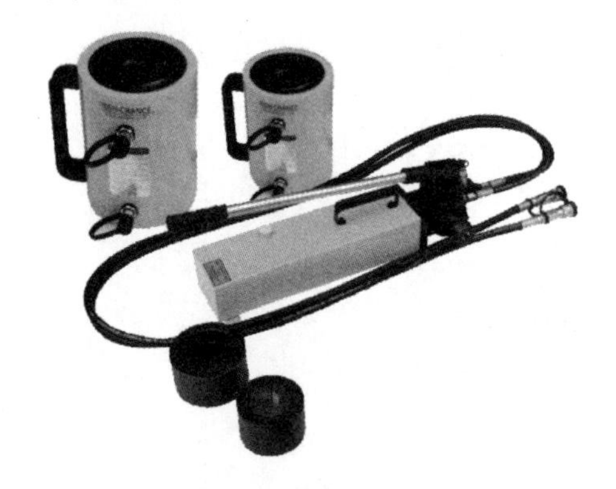

图7-2　锚杆拉拔仪

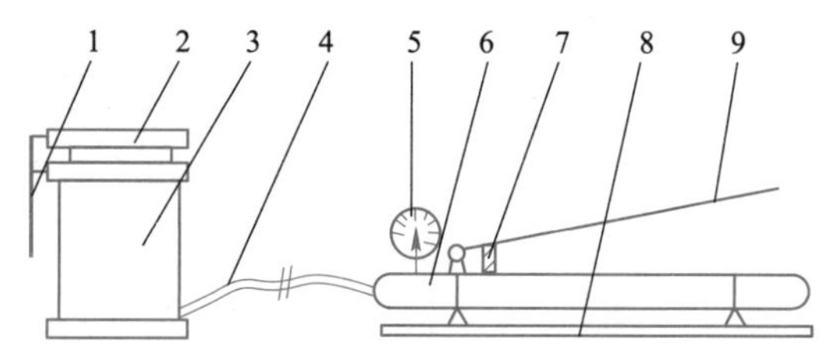

图7-3　拉拔器结构示意图

1—位移标尺；2—上活塞；3—底座；4—油路；5—油压压力表；6—油缸；7—柱塞活塞；8—底座；9—手摇杆

使用过程：

（1）检查油量。如液压缸活塞没有完全缩回缸体内时，应首先通过油管连接至手压泵，逆时针方向拧松泵体上的卸荷阀，使千斤顶中的液压油排回到手压泵储油筒中。拧开注油阀，检查油量，如油不满，可加注N46号耐磨液压油或20号机油。

（2）排气。液压系统组装好后，储油筒、油管及液压缸中常混有空气，为使液压系统正常，这些空气必须排掉。方法是，将手动泵放在比液压缸稍高的地方，压动手动泵，使液压油缸活塞伸出，再打开卸荷阀，使活塞缩回，连续几次即可。必要时可打开注油阀，排除储油筒内空气。

（3）检测锚杆。将油管与千斤顶连接，按上述1、2项要求进行油量、排气及压力表检查。按图7-4所示，将拉杆拧到锚杆末端，如拉杆内螺纹外径大于油缸中心孔，可在油缸底部增加加长套，再套上液压缸（使活塞端向外），然后拧上螺母并顺时针拧紧卸荷阀。

压动油泵手柄用力应均匀，不要用力过猛，当压力表上的读数达到要求时，停止加压。注意，手动泵必须摆成水平放置工作。检测完毕应逆进针方向拧松卸压阀，使压力表

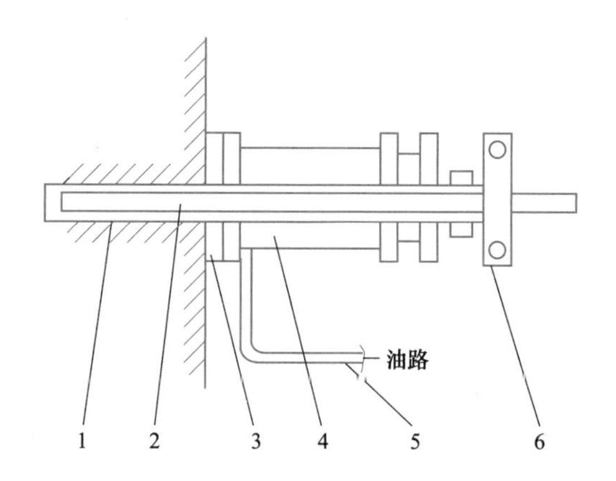

图 7-4 砂浆钢筋锚杆拉拔工作示意图

1—砂浆；2—锚杆；3—反力板；4—空心千斤顶；5—油路；6—夹具

读数为零，再把各部件由锚杆上卸下。

近些年也出现电动锚杆拉拔仪、锚杆综合参数测定仪等改进的设备。ZP 系列型电动锚索（杆）拉拔仪是由电动泵、大吨位中空液压缸、数显压力表、带快速接头的高压油管及配件组成。本仪器中的数值显示部分、数值准确可直接读取拉力值（kN）并有自动计算、峰值保持、存储和查询功能。锚杆综合参数检测仪可同时检测锚杆拉力、位移值和环境温度，显示实时曲线和实时数据。

7.2.1.2 拉拔试验

根据国家标准《岩土锚杆与喷射混凝土支护工程技术规范》（GB 50086—2015）的要求，锚杆的拉拔试验可以分为基本试验、蠕变试验和验收试验。

A 基本试验

基本试验是指工程锚杆正式施工前，为确定锚杆设计参数与施工工艺，在现场进行的锚杆试验。永久性锚杆工程应进行锚杆的基本试验，临时性锚杆工程当采用任何一种新型锚杆或锚杆用于从未用过的地层时，应进行锚杆的基本试验。锚杆基本试验的地层条件、锚杆杆体和参数、施工工艺应与工程锚杆相同，且试验数量不应少于 3 根。

锚杆基本试验应采用多循环张拉方式，预加的初始荷载应取最大试验荷载 T_p 的 0.1 倍；分 5~8 级加载到最大试验荷载。黏性土中的锚杆每级荷载持荷时间宜为 10min，砂性土、岩层中的锚杆每级持荷时间宜为 5min。试验中的加荷速度宜为 50~100kN/min；卸荷速度宜 100~200kN/min。

预应力锚杆基本试验应采用多循环张拉方式，其加荷、持荷和卸荷模式（如图 7-5 所示）的起始荷载宜为最大试验荷载 T_p 的 0.1 倍，各级持荷时间宜为 10min。

在规定的持荷时间内锚杆或单元锚杆位移增量大于 2.0mm，或锚杆杆体破坏时应判定锚杆破坏。锚杆受拉极限承载力取破坏荷载的前一级荷载，在最大试验荷载下未达到锚杆破坏标准时，锚杆受拉极限承载力取最大试验荷载。

基本试验结果宜按荷载等级与对应的锚头位移列表整理绘制锚杆荷载-位移曲线、锚杆荷载-弹性位移曲线和锚杆荷载-塑性位移曲线如图 7-6 所示。

每组锚杆极限承载力的最大差值不大于 30%时，应取最小值作为锚杆的极限承载力，当

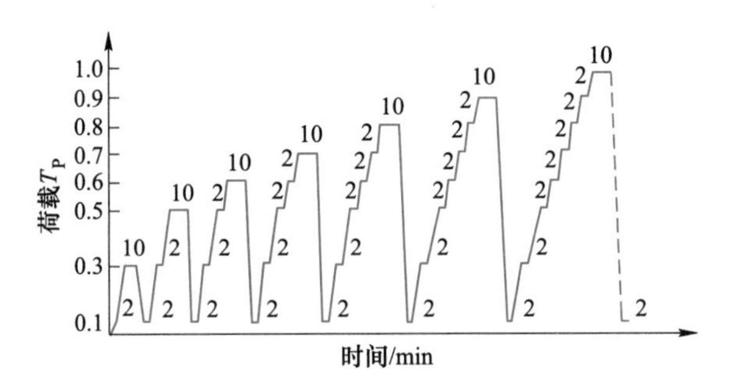

图 7-5 锚杆基本试验多循环张拉试验的加荷模式

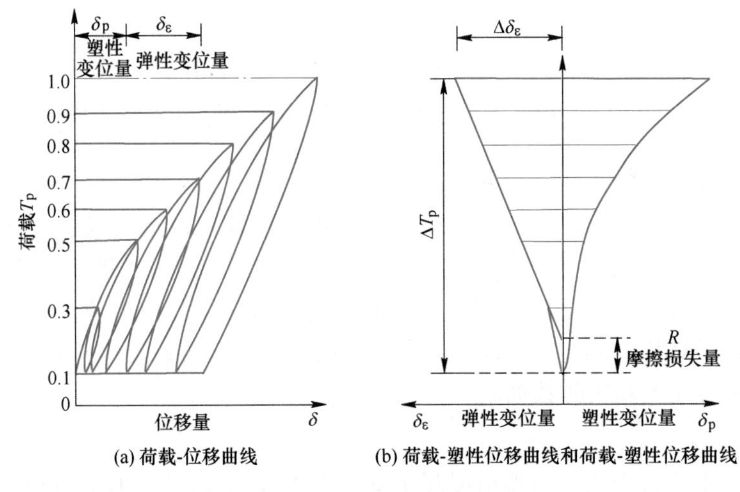

图 7-6 锚杆基本试验

最大差值大于 30%时，应增加试验锚杆数量，按 95%保证概率计算锚杆的受拉极限承载力。

B 蠕变试验

蠕变试验是在恒定荷载作用下锚杆位移随时间变化的试验。塑性指数大于 17 的土层锚杆、强风化的泥岩或节理裂隙发育张开且充填有黏性土的岩层中的锚杆应进行蠕变试验。蠕变试验的锚杆不得少于 3 根。

锚杆蠕变试验加荷等级与观测时间应满足表 7-1 的规定。在观测时间内荷载应保持恒定。

表 7-1 锚杆蠕变试验加荷等级与观测时间

加荷等级	观测时间/min	
	临时锚杆	永久锚杆
$0.25N_d$	—	10
$0.50N_d$	10	30
$0.75N_d$	30	60
$1.00N_d$	60	120
$1.10N_d$	120	240
$1.20N_d$	—	360

注：N_d 为锚杆拉力设计值。

每级荷载应按持荷时间间隔 1min、2min、3min、4min、5min、10min、15min、20min、30min、45min、60min、75min、90min、120min、150min、180min、210min、240min、270min、300min、330min、360min 记录蠕变量。锚杆在最大试验荷载作用下的蠕变率不应大于 2.0mm/对数周期。

试验结果按荷载-时间-蠕变量整理，绘制蠕变量-时间对数曲线如图 7-7 所示，蠕变率应按下式计算：

$$K_c = \frac{S_2 - S_1}{\lg t_2 - \lg t_1} \tag{7-1}$$

式中　S_1——t_1 时所测得的蠕变量；

S_2——t_2 时所测得的蠕变量。

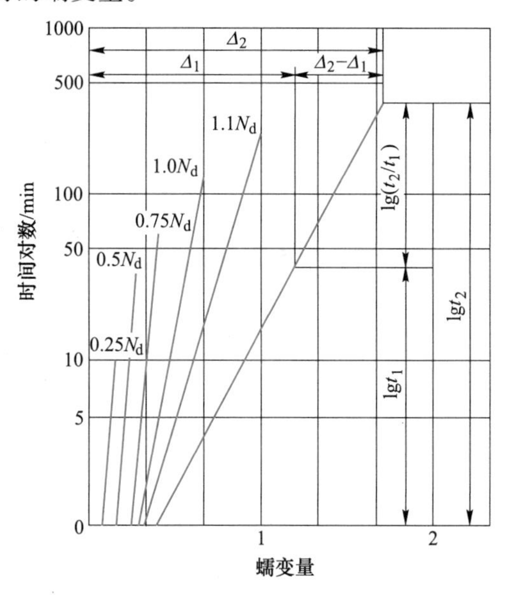

图 7-7　锚杆蠕变量-时间对数关系曲线

C　验收试验

验收试验是为检验工程锚杆质量和性能是否符合锚杆设计要求的试验。工程锚杆必须进行验收试验。其中占锚杆总量 5%且不少于 3 根的锚杆应进行多循环张拉验收试验，占锚杆总量 95%的锚杆应进行单循环张拉验收试验。

（1）锚杆多循环验收试验。锚杆多循环验收试验最大试验荷载：永久性锚杆应取锚杆拉力设计值的 1.2 倍；临时性锚杆应取锚杆拉力设计值的 1.1 倍；加荷级数不宜小于 5 级，加荷速度宜为 50~100kN/min；卸荷速度宜为 100~200kN/min。锚杆多循环张拉验收试验的加荷、持荷和卸荷模式的初始荷载宜为锚杆拉力设计值 N_d 的 0.1 倍，各级持荷时间宜为 10min。每级荷载 10min 的持荷时间内，按持荷 1min、3min、5min、10min 测读一次锚杆位移值，如图 7-8 所示。

锚杆多循环张拉验收试验后应绘制出荷载-位移曲线、荷载-弹性位移曲线和荷载-塑性位移曲线（图 7-9）。

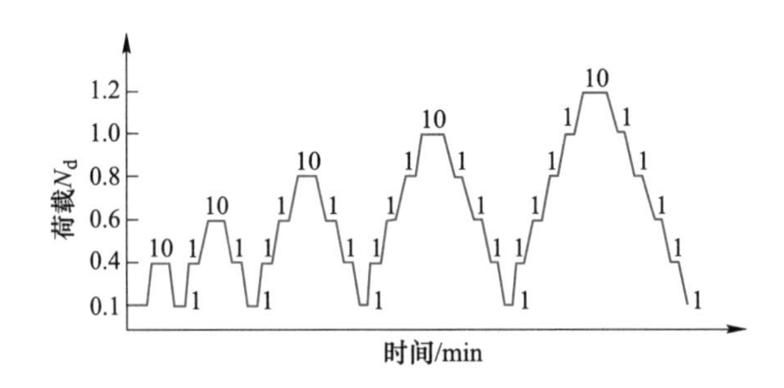

图 7-8 锚杆多循环张拉验收试验的加荷、持荷和卸荷模式

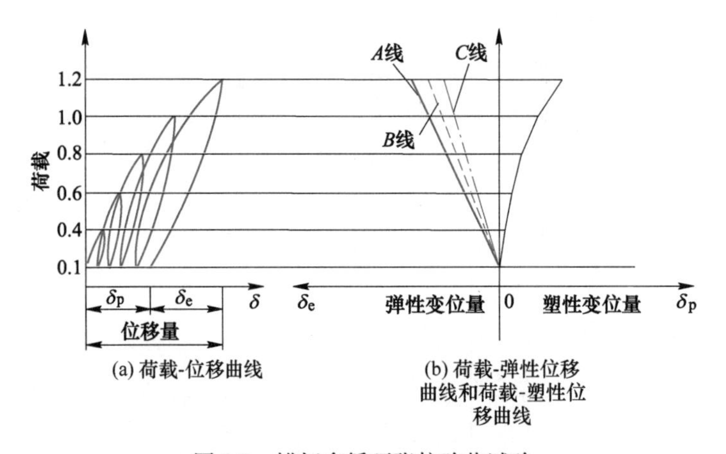

图 7-9 锚杆多循环张拉验收试验

验收合格的标准：最大试验荷载作用下，在规定的持荷时间内锚杆的位移增量应小于1.0mm，不能满足时，则增加持荷时间至60min时，锚杆累计位移增量应小于2.0mm；压力型锚杆或压力分散型锚杆的单元锚杆在最大试验荷载作用下，所测得的弹性位移应大于锚杆自由杆体长度理论弹性伸长值的90%，且应小于锚杆自由杆体长度理论弹性伸长值的110%；拉力型锚杆或拉力分散型锚杆的单元锚杆在最大试验荷载作用下，所测得的弹性位移应大于锚杆自由杆体长度理论弹性伸长值的90%，且应小于自由杆体长度与1/3锚固段之和的理论弹性伸长值。

（2）锚杆单循环验收试验。锚杆单循环验收试验最大试验荷载：永久性锚杆应取锚杆轴向拉力设计值的1.2倍，临时性锚杆应取锚杆轴向拉力设计值的1.1倍；加荷级数宜大于4级，加荷速度宜为50~100kN/min，卸荷速度宜为100~200kN/min；锚杆单循环张拉验收试验加荷、持荷和卸荷模式的初始荷载宜为锚杆拉力设计值N_d的0.1倍，最大试验荷载的持荷时间不宜小于5min。在最大试验荷载持荷时间内，测读位移的时间宜为1min、3min、5min后，如图7-10所示。

锚杆单循环张拉验收试验后应绘制荷载-位移曲线如图7-11所示。

锚杆验收合格的标准：与多循环验收试验结果相比，在同级荷载作用下，两者的荷载—位移曲线包络图相近似；所测得的锚杆弹性位移值与多循环张拉验收试验要求一致。

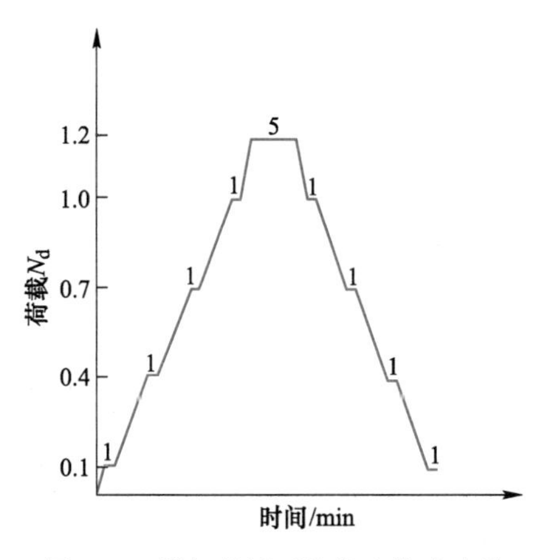

图 7-10　锚杆单循环张拉验收试验的加荷、持荷和卸荷模式

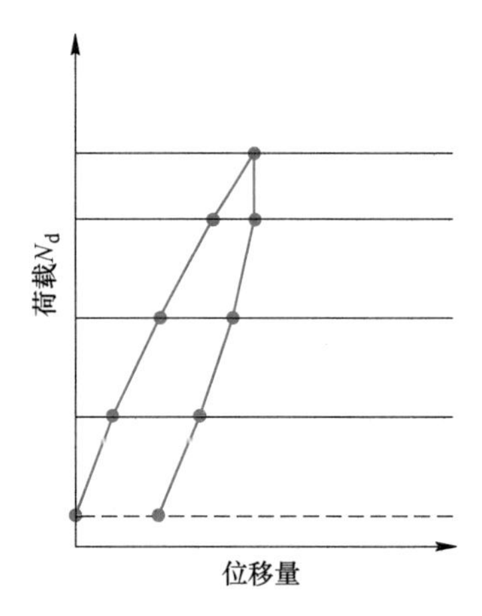

图 7-11　锚杆单循环张拉验收试验（荷载-位移曲线）

7.2.2　锚杆应力监测

一般采用与设计锚杆强度相等且刚度基本相等的各式钢筋计，来观测锚杆的应力变化。

7.2.2.1　基本原理

锚杆应力计工作原理：将锚杆应力计与所要测量的锚杆接连在一起，当围岩的应力或压力变化时，测量锚杆的压力传感器便产生反应变化值，通过定期监测传感器的变化，初步推测围岩压力或围岩破碎区等变化情况。锚杆应力计监测围岩压力变化示意图如图 7-12 所示。

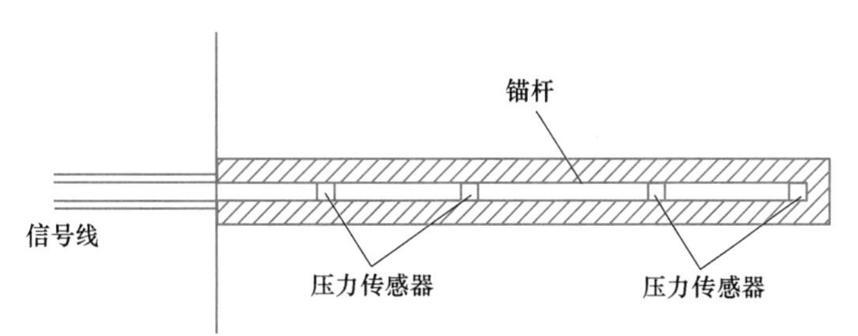

图 7-12　锚杆应力计监测围岩压力变化示意图

常用的钢筋计有差动电阻式和振弦式，近年来光纤式钢筋计也已问世。

（1）差动电阻式钢筋计。仪器由连接杆、钢套、差动电阻式感应组件及引出电缆组成，如图 7-13 所示。感应组件内部结构与差动电阻式应变计相同，用制紧螺钉与钢套紧固在一起。感应组件端部的引出电缆从钢套的出线孔引出，钢套两端各焊接一根连接杆，连接杆的直径大小形成钢筋计的尺寸系列。

钢筋计与受力钢筋对焊后连成整体，当钢筋受到轴向拉力时，钢套便产生拉伸变形，与钢筋紧固在一起的感应组件跟着拉伸，使电阻比产生变化，由此可求得轴向的应力变化。由于差动电阻式仪器的特性，还可兼测测点的温度。

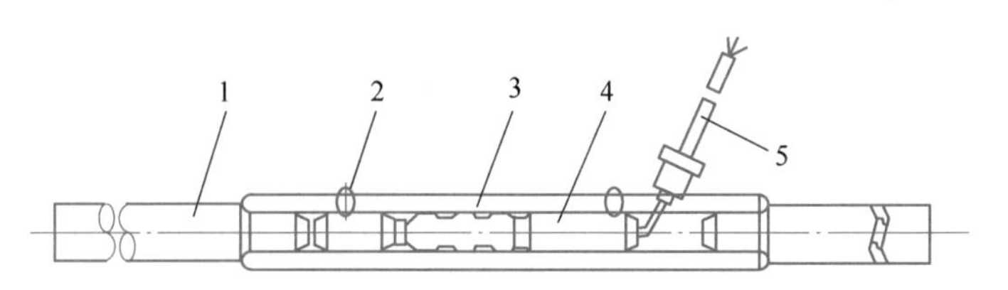

图 7-13　差动电阻式钢筋计

1—连接杆；2—制紧螺丝；3—钢套；4—传感组件；5—引出电缆

（2）振弦式钢筋计。振弦式钢筋计由应变体、钢弦、磁芯、钢套和引出电缆等组成，如图 7-14 所示。由于应变体和钢弦是同类材料，因此温漂极小，用线圈电阻或加装测温元件，即可测得温度。在地下洞室内将数只钢筋计按要求串接后，可作锚杆测力计使用。

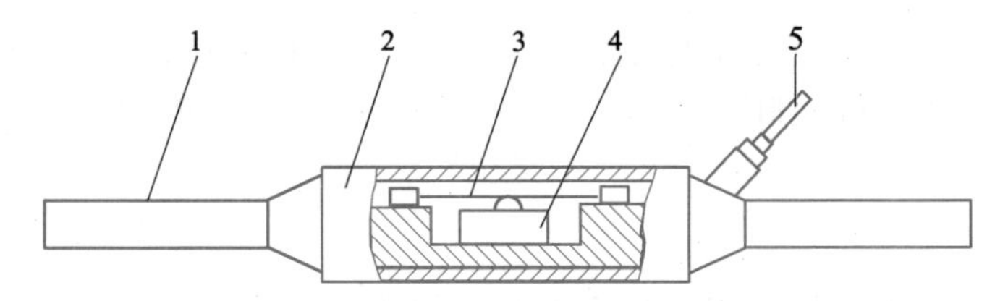

图 7-14　振弦式钢筋计结构示意图

1—应变体；2—钢套；3—钢弦；4—磁芯；5—引出电缆

以 BGK-4911 钢筋计为例，振弦式钢筋计结构和安装如图 7-15 所示。量程：拉 200MPa 或 300MPa，压 100MPa；仪器两端可焊接在待测锚杆钢筋中间，可组成单点及多点式来监测锚杆的应力。传感器机芯密封安装在钢筋的中部，结构简单、安装容易。

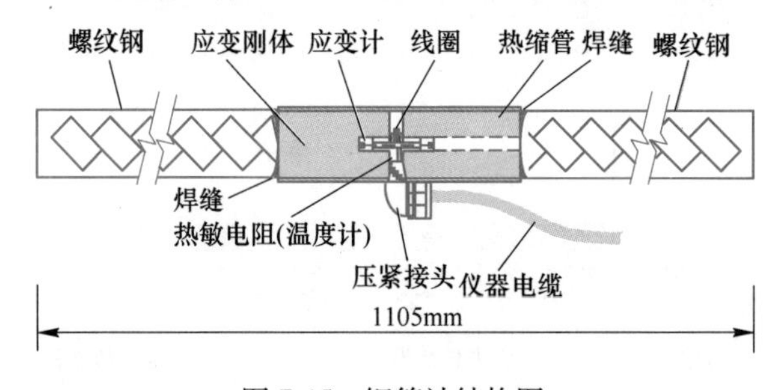

图 7-15　钢筋计结构图

（3）电阻应变片式钢筋计。电阻应变片式锚杆测力计，是用一种高强度钢或不锈钢圆筒，沿周边粘贴 8~16 片高输出电阻应变片构成惠斯通全桥结构；当受载荷时，全桥输出阻值发生变化，用以测量其压缩或张拉的荷载。电阻应变片的上述布置可补偿温度影响和偏心加载。

7.2.2.2　现场安装

观测锚杆的安装埋设，应根据观测设计的安装时机进行埋设。具体步骤如下：

（1）根据设计的要求造孔。钻孔直径应大于锚杆应力计最大直径。钻孔方位应符合设计要求，孔弯应小于钻孔半径。钻孔应冲洗干净，并严防孔壁沾油污。

（2）按照观测设计的要求裁截锚杆长度。可以根据测试目的，将一定数量传感器连接在锚杆的不同区段，可以观测锚杆不同区段的应力情况。

（3）观测锚杆的组装。选用螺纹连接的锚杆应力计，需要在裁截后的锚杆上先焊接螺纹接头，然后再与锚杆应力计用螺纹连接，接头与锚杆应保持同轴。

选用焊接连接的锚杆应力计，焊接时应将钢筋与钢筋计的连接杆对中之后采用对接法焊接在一起。为了保证焊接强度，在焊接处加焊接条，并涂沥青，包上麻布，以便与混凝土脱开。为了避免焊接时仪器温度过高而损坏仪器，焊接时仪器要包上湿棉纱并不断在棉纱上浇冷水，直到焊接完毕后钢筋冷却到一定温度为止，焊接在发黑（未冷红）之前，切记浇上冷水，焊接过程中仪器测出的温度应低于60℃。

将锚杆应力计按设计深度与裁截的锚杆对接，同时装好排气管。需要对焊的锚杆应力计，应在水冷却下进行对焊，锚杆应力计与锚杆应保持同轴。

（4）检测组装。组装检测合格后，将组装的观测锚杆缓慢地送入钻孔内。安装时，应确保锚杆应力计不产生弯曲，电缆和排气管不受损坏，锚杆根部应与孔口平齐。

（5）封闭孔口。锚杆应力计入孔后，引出电缆和排气管，装好灌浆管，用水泥砂浆封闭孔口。

（6）灌浆埋设。安装检测合格后，进行灌浆埋设。一般水泥砂浆配合比宜为：灰砂比为1∶1~1∶2，水灰比为0.38~0.40。灌浆时，应在设计规定的压力下进行，灌至孔内停止吸浆时，持续10min，即可结束。砂浆固化后，测其初始值。

（7）长期观测锚杆测力计及电缆线路应设保护装置。

7.2.2.3　数据整理

不同类型传感器的锚杆应力计，其计算方法不同，此处不做详细介绍。计算获得各测点的锚杆应力之后需要进行数据整理。

数据整理应及时进行，主要包括“4线1表”，即：

（1）不同时间锚杆轴力-深度关系曲线；

（2）不同深度各测点锚杆轴力-时间关系曲线；

（3）锚杆轴力变化率-时间关系曲线；

（4）锚杆轴力与掌子面距观测断面距离的关系曲线；

（5）锚杆轴力综合汇总表。

7.3　锚　　索

锚索与锚杆一致，一般也需要开展拉拔试验和应力监测，锚索的拉拔试验与锚杆的试验基本一致，只是其拉拔力更大，在此不做详细介绍。锚索为柔性支护体，因此锚索的应力监测与锚杆所用的方法差异较大，此处主要介绍锚索的应力监测。

锚索应力监测目的是分析锚索的受力状态、锚固效果及预应力损失情况，因预应力的变化将受到围岩的变形和内在荷载变化的影响，通过监控锚固体系的应力变化可以了解被加固岩体的变形与稳定状况。

7.3.1　监测设备

监测设备一般采用圆环形测力计（液压式或钢弦式）或电阻应变式压力传感器。目前常用的测力计有轮辐式测力计、环式测力计和液压式测力计三种，均带有中心孔。轮辐式测力计（图 7-16），由内外两个钢环与四个轮辐连为一体，辐内装有应变计。环式测力计（图 7-17）由工字型钢环形成缸工体，在环内 4 个对称位置安装 4 个应变计。液压式测力计（图 7-18）由压力表或传感器和一个充满液体的环形容器组成。

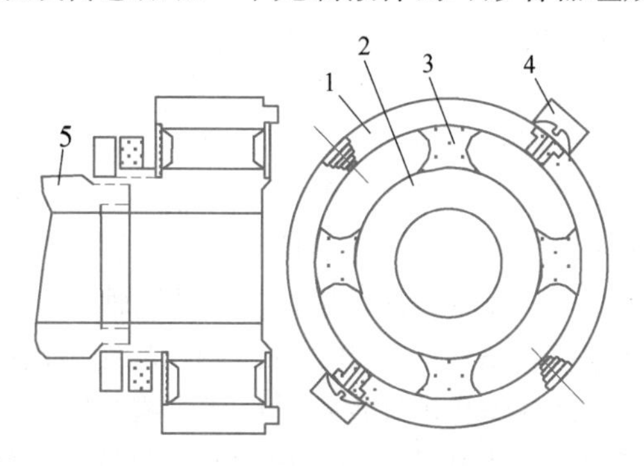

图 7-16　轮辐式测力计示意图

1—外环；2—内环；3—轮辐（贴应变片处或传感器处）；4—电缆装口；5—传力环

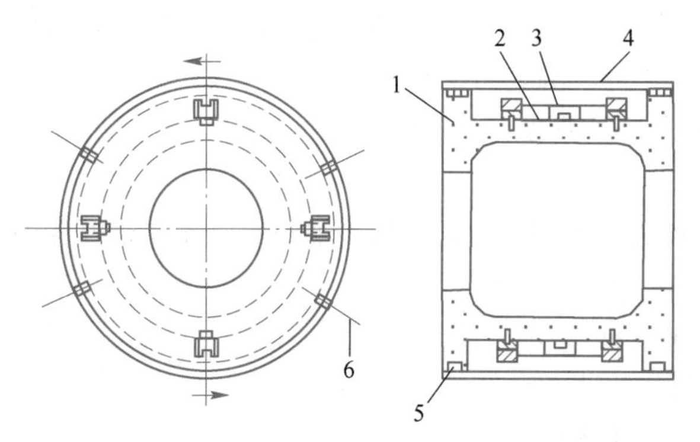

图 7-17　环式锚索计结构示意图

1—荷载传感器缸体；2—缸体的 4 个磨平面；3—传感器；4—外罩；5—O 形密封圈；6—平头螺钉

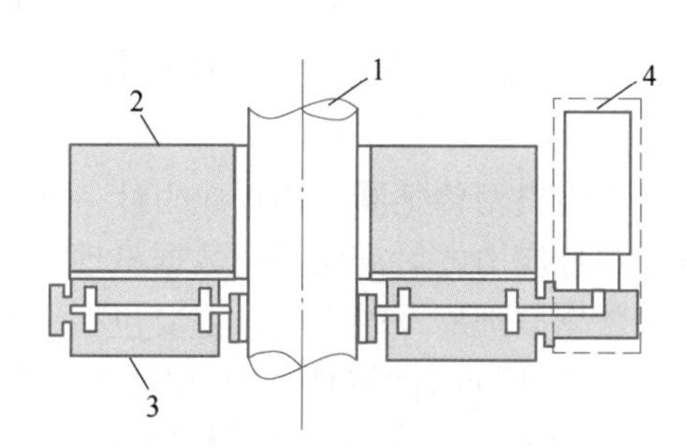

图 7-18　液压测力计断面示意图

1—锚索；2—均衡垫圈；3—盛有液体的高压容器；4—压力表或传感器

另外，按所采用的传感器不同，有差动电阻式、振弦式和电阻应变片式等数种测力计。

（1）差动电阻式锚索测力计。差动电阻式 MS-5 型锚索测力计，应用于预应力锚栓、锚索的张拉应力的测量和监测锚束的破断。锚索测力计，由测压钢筒及其四周均布四支 DL-10 型差动电阻式应变计组成，应变计组成全桥测量线路，由单根电缆线输出，电缆线从保护套筒内引出。

当钢筒承受荷载产生轴向变形时，钢筒均布的四支应变计也与钢筒同步变形，应变计的变化与承受的荷载成正比；同时，环境温度变化所产生的热胀冷缩变形，也引起应变计发生变化。因此，要对观测值进行温度修正。

（2）振弦式锚索测力计。振弦式锚索计为中空结构，便于各类不同直径的锚索从轴心穿过，腔体内沿周边装有数根振弦（3 弦、4 弦、6 弦）组合成测量系统。

振弦式锚索测力计（图 7-19），主要用来测量和监测各种锚索、岩石螺栓、支柱、隧道与地下洞室中的支撑及大型预应力钢筋混凝土结构中的载荷和预应力的损失情况。

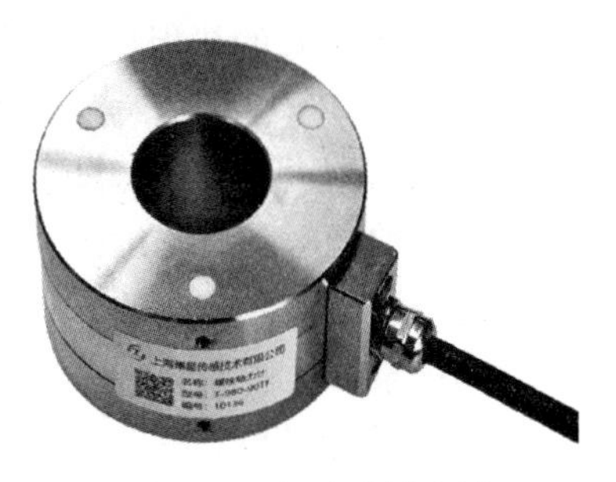

图 7-19　振弦式锚索计

振弦式锚索测力计由弹性圆筒、密封壳体、信号传输电缆、振弦及电磁线圈等组成。当被测载荷作用在锚索测力计上，将引起弹性圆筒的变形并传递给振弦，转变成振弦应力的变化，从而改变振弦的振动频率。电磁线圈激振钢弦并测量其振动频率，频率信号经电缆传输至振弦式读数仪上，即可测读出频率值，从而计算出作用在锚索测力计的载荷值。为了尽量减少不均匀和偏心受力影响，设计时在锚索测力计的弹性圆筒周边内平均安装了 3~6 套振弦系统，测量时只要接上振弦读数仪就可直接读出每根振弦的频率，取其平均值进行计算。

7.3.2　现场安装

锚索测力计的安装是在锚索施工前期进行的，其安装全过程包括：

（1）安装前应先加工一个垫板，垫板采用足够使锚索机在工作过程中不会产生变形的厚钢板制作。上下两层，中间夹焊与锚索水平夹角相同角度的小三角形垫块，用以调整角度，使锚索计安装后与锚索轴线方向相同。垫板大小要能方便安装锚索计为限。将锚索计内孔与垫板对准并在四周分别做上记号，焊 4 个支撑耳朵，垫板中心用氧焊割一个与锚索计内孔相等的孔。

配套的锚索测力计应置于锚板和锚垫板之间，并尽可能保持三者同轴。图 7-20（a）为典型的安装方式，图 7-20（b）是安装在有弯曲段锚索孔（如预应力闸墩）的情况，但靠近测力计端的孔口段（至少 1.5m 长度）应保证与锚垫板相互垂直，即靠近锚索计的一端应为直管段。图 7-20（c）为禁止采用的安装方式。图 7-20（d）为在锚垫板与安装孔有较大的垂直偏差时，可在锚索计与锚垫板之间增加楔形垫板，其楔形的角度与垂直偏差角度相同，中间的孔径与锚垫板相同，同时在垫板上开槽可避免楔形垫板在张拉的过程中产生滑移，注意楔形垫板的最薄端的厚度应至少为 20mm，以保持足够的强度。

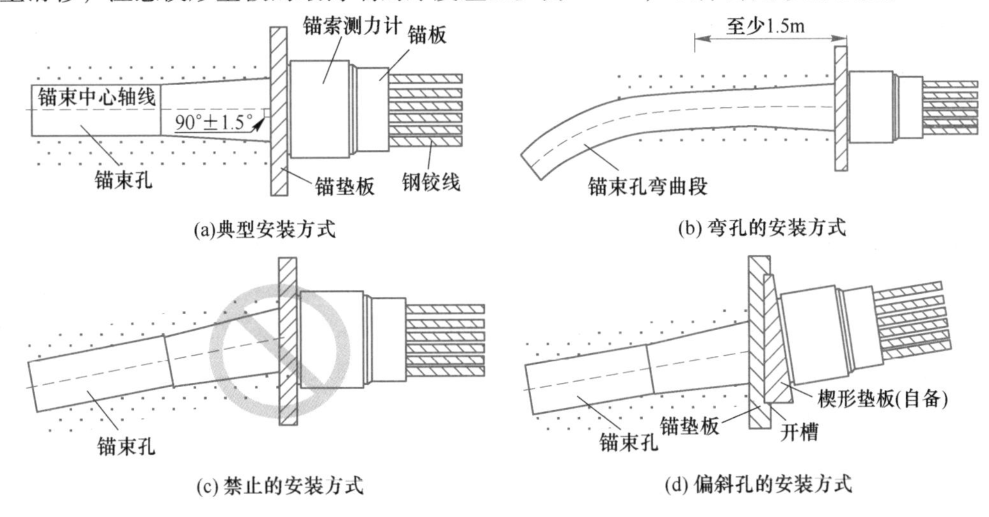

图 7-20　锚索应力计安装方式

（2）将加工好的垫板按设计要求位置焊在锚梁上，将锚索计安装到位。安装时锚索应从锚索计中心穿过，穿孔时各锚索应按顺序，不得在孔内交叉。

（3）安装过程中应不断对锚索计进行监测，并从中间锚索开始向周围锚索逐步加载，以免锚索计的偏心受力或过载。安装过程中稍有偏差都有可能造成安装偏心，一旦偏心过大将会造成测值误差或失败。

影响锚索计安装偏心的主要因素有以下几点：

（1）钻孔的精度。主要是孔的直线度。钻孔同心度不好，锚索安装后直线度同样不好，锚索在张拉过程中会与孔壁之间产生摩擦。带来张拉过程中的锚固力损失。

（2）编索的质量。为了避免索体之间打绞而产生摩擦，一般用隔离架分开，但隔离架中的单索编号顺序必须前后一致。否则，单索之间在张拉过程中会产生摩擦。

（3）穿（送）索的质量。由于索体很长，在送索过程中，可能位于孔上部的索体至孔底后会位于下部或翻转了多圈，这样张拉时会产生扭转。

（4）锚固端的施工质量。锚固端的施工质量决定锚固端的强度，强度不够将导致锚索在张拉过程中锚固端产生位移，从而达不到预期张拉效果。

（5）锚墩的施工质量。锚墩在张拉过程中直接受力，并使锚索受力合理地传递给墙体，所以锚墩的强度必须满足张拉要求，锚墩制作时应保证混凝土与岩土紧贴，并保证承压面与钻孔轴线垂直。安装锚索计的承载基面必须稳定可靠，承载垫板的厚度需要有足够的强度，若厚度不够会使锚索测力计受力不均匀造成测值偏小。

（6）锚索测力计与锚垫板的同心连接。为了使锚索测力计与钻孔同心，应在锚梁上人工焊接固定板。否则，锚索测力计在张拉过程中会产生滑移。

（7）锚索测力计与张拉千斤顶的同心连接。锚索张拉过程中靠千斤顶提供作用力，而千斤顶本身的自重较大，如果千斤顶与测力计不同心，则在张拉过程中千斤顶与测力计之间产生偏移或滑移，势必造成测试所得的锚固力与千斤顶的出力有差别。针对该问题，采用在测力计上部的工作锚板上套一同心环，另一端连接千斤顶，保证了测力计与千斤顶同心。测试结果表明对纠正偏心的效果非常明显。

（8）预紧时的顺序。锚索在张拉前，一般先进行预紧，目的是将孔内的单索锚索拉直，但预紧应按对称的原则进行，否则同样会产生偏心。而偏心主要受施工工艺影响，如果在施工过程严格控制各施工步骤的质量，并采取积极有效的措施，将有效控制锚固预应力的损失，更好地达到锚索在施工中加固作用。

7.3.3 测量及计算

监测结果为预应力随时间的变化关系，通过这个关系可以预测围岩的稳定性。若应力监测结果显示，随着时间的增长锚索应力趋于稳定，说明锚固效果良好。以振弦式锚索测力计为例来说明。安装完成后用振弦频率读数仪进行测量，测量完成后，记录传感器的频率值（或频率模数值）、温度值、仪器编号、设计编号和测量时间。

以 4 根弦的振弦式锚索测力来举例，计算公式如下：

$$
\begin{aligned}
P &= K(f_0^2 - f_i^2) \\
f_0 &= (f_{01} + f_{02} + f_{03} + f_{04})/4 \\
f_i &= (f_{i1} + f_{i2} + f_{i3} + f_{i4})/4
\end{aligned}
\tag{7-2}
$$

式中 P——被测锚索荷载值，kN；

K——仪器标定系数，kN/Hz^2；

f_0——锚索测力计 4 根弦零荷载时的频率平均值，Hz；

f_i——锚索测力计 4 根弦 i 级荷载时的频率平均值，Hz；

f_{01}，f_{02}，f_{03}，f_{04}——4 根弦在零荷载时的测值，Hz；

f_{i1}，f_{i2}，f_{i3}，f_{i4}——4 根弦在 i 级荷载时的测值，Hz。

7.4 混 凝 土

支护中的混凝土主要有喷射混凝土和混凝土衬砌，混凝土的应力和应变是反映其工作状态的重要指标。

7.4.1 混凝土应力

支护（喷射混凝土或模筑混凝土衬砌）与围岩之间的接触应力大小，既反映了支护的工作状态，又反映了围岩施加于支护的形变压力情况。因此，围岩压力的量测就成为必要。

这种量测可采用盒式压力传感器（称压力盒）进行测试。将压力盒埋设于混凝土内的测试部位及支护与围岩接触面的测试部位，则压力盒所受压力即为该部位（测点）压力。

7.4.1.1 监测设备

压力盒有钢弦式、变磁阻调频式、液压式等多种形式。

（1）弦式压力盒，如图 7-21（a）所示。其工作原理与钢弦式钢筋计相同。钢弦式压力盒构造简单，性能也较稳定，耐久性较强，经济性较好，是一种在工程中使用比较多的压力盒。

（2）变磁阻调频式压力盒，如图 7-21（b）所示。其工作原理是当压力作用于承压板上时，通过油层传到传感单元的二次膜上，使之产生变形，改变了磁路的气隙，即改变了磁阻，当输入振荡电信号时，即发生电磁感应，其输出信号的频率发生改变，这种频率改变因压力的大小而变化，据此可测出压力的大小。抗干扰能力强、灵敏度高，适于遥测，但在硬质介质中应用，存在着与介质刚度匹配的问题，效果不太理想。

（3）液压式压力盒，又称格鲁茨尔（Gbozel）压力盒，如图 7-21（c）所示。其传感器为一扁平油腔，通过油压泵加压，由油泵表可直接测读出内应力或接触应力。液压式压力盒减少了应力集中的影响，其性能比较稳定可靠，是较理想压力盒，国内已有单位研制出机械式油腔压力盒。

7.4.1.2 现场安装

在介质中钻孔、切槽埋设压力计，不是测总压力值，而是测埋设压力计时引起的总压变化值。压力计有不同的类型，常用压力计的压力传递方式基本相同，埋设时，应特别注意受压板或压力枕与介质完全接触密合。

应力计埋设安装要点：

（1）应特别注意应力计受压面板要与混凝土完全接触，不允许有空隙或软弱层。

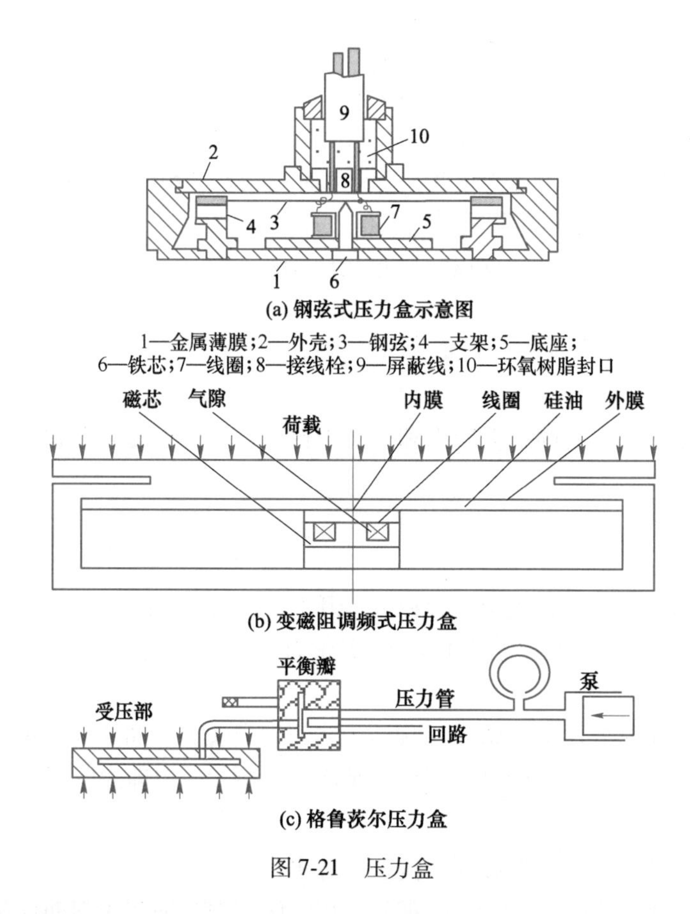

(a) 钢弦式压力盒示意图

1—金属薄膜；2—外壳；3—钢弦；4—支架；5—底座；
6—铁芯；7—线圈；8—接线栓；9—屏蔽线；10—环氧树脂封口

(b) 变磁阻调频式压力盒

(c) 格鲁茨尔压力盒

图 7-21 压力盒

（2）用应力计测量水平应力时，其受压面板是铅直放置的，用支架固定在测定位置，再把 8cm 以上骨料剔除掉后将混凝土振捣密实即可。

（3）用应力计测量垂直或倾斜方向应力时，应在混凝土硬化后埋设。先在混凝土表面留深 30cm 的坑，终凝后用钢刷打毛，铺 5cm 厚砂浆垫层；初凝后再用 80g 水泥、120g 砂（粒径不超过 6mm）和水拌成塑性砂浆，做成圆锥状放在坑底中央；然后把应力计平放在砂浆上，轻轻旋压使砂浆从应力计底盘边缘挤出，再用三脚架放在应力计表面，加上 200N 荷重，覆上剔除 8cm 以上骨料的混凝土并捣实；凝固后撤除三脚架，插上标志。

压力计可以观测各种不同方向的压力，可以单只埋设，也可以成组安装埋设。压力计的安装埋设，可分为混凝土浇筑过程中的压力计埋设、接触面压力计安装埋设和在混凝土中钻孔或切槽安装埋设压力计。

（1）混凝土浇筑过程中的压力计安装埋设。观测水平压力时，可在尚未硬化的混凝土内进行埋设；观测垂直和倾斜方向压力时，压力计应在混凝土硬化后进行埋设。因为在混凝土未硬化前埋设，混凝土内的水分使应力计与混凝土不能完全接触，因此，埋设垂直和倾斜压力计时，应在混凝土表面预留或挖一个深为 0.5m 的坑，底面应平整。

垂直压力计的埋设方法，如图 7-22 所示。埋设位置的混凝土面应冲洗凿毛，底面应水平。在底面铺 6mm 厚强度高于混凝土的水泥砂浆，水灰比为 0.4。待砂浆初凝后，将稠水泥砂浆铺在垫层上，压力计放在砂浆上，边扭动边挤压以排除气泡和多余水泥砂浆，随之用水平仪校正，置放三脚架和约 10kg 压重。12h 后，浇筑混凝土，捣实后取出三脚架，注意不得碰动仪器。安装埋设前后应对仪器进行检测。

水平方向或倾斜方向埋设压力计。混凝土浇筑到埋设位置以上 0.5m 时，在混凝土初凝前，挖深 0.5m，将压力计放入定位后，回填剔除 8cm 以上骨料的混凝土轻轻捣实，使混凝土与受压面密合，同时应保证仪器的正确位置和方向。

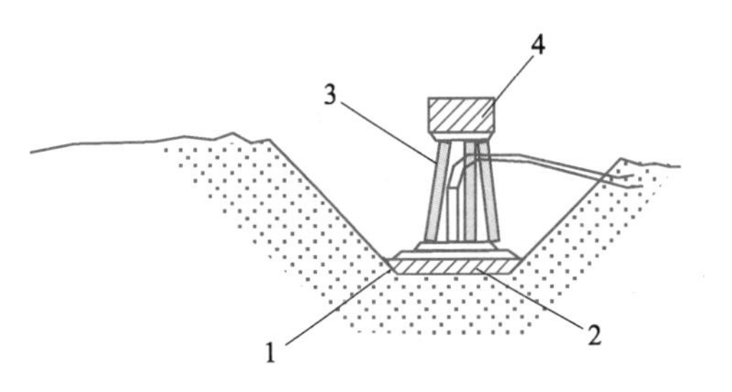

图 7-22 压力计埋设示意图
1—应力计；2—砂浆垫层；3—三脚架；4—加重块

（2）接触面压力计安装埋设。接触面压力计的安装埋设，根据已有基面和填筑料类型，可采用上述应用于混凝土压力计埋设方法进行埋设。埋设时，首先在埋设位置按要求制备基面，然后用水泥砂浆或中细砂将基面垫平，放置压力计，密贴定位后，回填密实。

（3）在混凝土内钻孔切槽安装埋设压力计。在混凝土内，通过钻孔或切槽安装、埋设压力计，宜采用液压式压力计，因为这种压力计可预先补压，提高其灵敏度。具体安装埋设步骤如下。

1）埋设压力计的孔、槽或岩体与结构物接触面的施工，应按设计要求和有关规程进行。一般安装液压枕的表面起伏差应小于 1.0cm，面积略大于压力计的受压面，并垂直于测压方向。应避免与压力计接触的介质面被扰动。

2）根据观测要求，选择相应型号的压力计。压力计液压枕的刚度应与它周围的材料相近。

3）压力计组中，相邻压力计液压枕的间距应不小于液压枕的最大尺寸。

4）被测介质尺寸应大于 3 倍压力计液压枕最大尺寸。

5）仪器安装时，应使压力计受力面与观测压力方向垂直，偏差应在±1°内。

6）压力计进行固定后，用填充料回填均匀密实、无空隙，回填料的弹性模量应与周围材料相近。

7）液压式压力计测量液的管路应编号标记，沿着沟槽引出，并按编号顺序引入集流箱，避免扭曲或压扁。

8）液压应力计埋设填充料固化稳定后，进行补压，测定初始值。

7.4.1.3 数据整理

测试过程中应随时做好各项记录，并及时整理出有关图表，主要有：

（1）不同时间的压力-时间关系曲线；

（2）压力变化率-时间关系曲线；

（3）不同测点压力与掌子面距离观测断面距离的关系曲线；

（4）同一时间不同测点压力分布图；

（5）压力综合汇总表。

7.4.2 混凝土应变

喷射混凝土或模筑混凝土应变的大小，既反映了混凝土的工作状态，又反映了围岩施加于支护的形变压力情况，因此，混凝土的应变量测是必要的。

7.4.2.1 监测设备

混凝土应变可采用混凝土应变计（图 7-23）进行测试，最低可监测到 1μm 的缝隙变化。目前在工程中混凝土应变计应用较多的为钢弦式，其工作原理同钢弦式压力盒和钢筋计。钢弦式的混凝土应变计抗干扰能力强，构造简单，性能也较稳定，耐久性较强，经济性较好。

应变计根据数量可以分为单向应变计、双向应变计、应变计组。

（1）单向应变计。可在混凝土振捣后，及时在埋设部位造孔（槽）埋设。

（2）双向应变计。两应变计应保持相互垂直，相距 8~10cm。两应变计的中心与混凝土结构表面距离应相同。

（3）应变计组。应将应变计固定在支座及支杆等附加装置上，如图 7-24 所示。以保证在浇注混凝土过程中仪器有正确的相互装配位置和定位方向，并使其保持不变。根据应变计组在混凝土内的位置，分别采用预埋锚杆或带锚杆的预制混凝土块固定支座位置和方向。埋设时，应设置无底保护木箱，并随混凝土的升高而逐渐提升，直至取出。

图 7-23 混凝土应变计

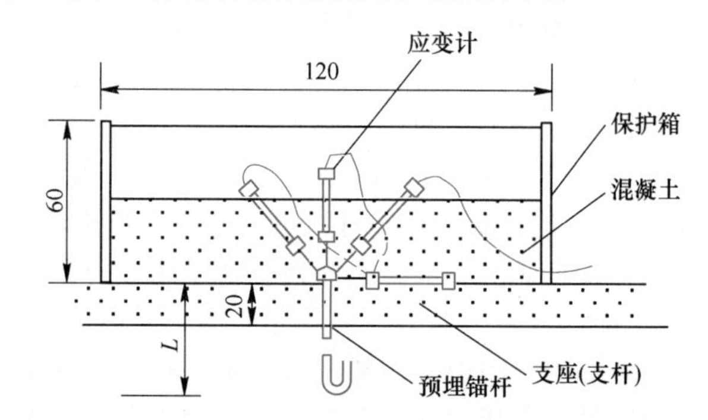

图 7-24 应变计组埋设示意图（单位：mm）

（4）无应力计埋设时，将无应力计筒大口向上固定在埋设位置，然后在筒内填满相应应变计附近的混凝土，人工捣实。

7.4.2.2 现场安装

根据量测部位不同，混凝土应变计分为埋入式和表面式两种。埋入式混凝土应变计埋设于混凝土内需测试的部位，按变形方向要求埋设；表面应变计则粘贴在混凝土的表面测试混凝土的变形。

根据设计要求，确定应变计的埋设位置。埋设仪器的角度误差应不超过 1°，位置误差应不超过 2cm。埋设仪器周围的混凝土回填时，要小心填筑，剔除混凝土中 8cm 以上的骨料，人工分层振捣密实。下料时应距仪器 1.5m 以上，振捣时振捣器与仪器距离大于振动半径，不小于 1m。埋设时，应保持仪器的正确位置和方位，及时检测，发现问题要及时处理或更换仪器。埋设后应作好标记，以防人为损坏，要专人守护。

A 测量混凝土表面应变计的安装

混凝土表面的应变可用下列方法将应变计装到混凝土表面上：

（1）利用安装杆作为样板，在合适位置钻出两个孔。安装块用间隔卡装到安装杆上，以使它们能正确定位，在定位钻孔后，将锚杆用速凝砂浆或高强环氧灌进钻好的孔里，如图 7-25 所示。

(2) 标准的安装块也可用环氧直接黏合到混凝土表面上。如果使用这种方法，应将安装块的下侧面和混凝土表面清除沙粒杂物，并清洗干净。建议在室温下固化环氧。

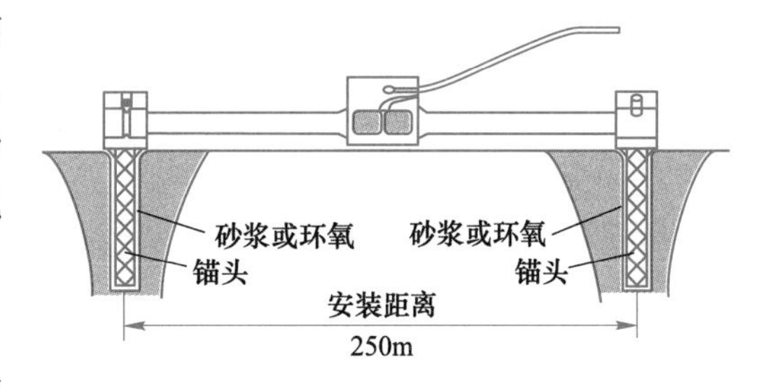

图 7-25 用灌浆锚头在混凝土上安装

B 测量混凝土内部应变时的安装

将单向应变计埋入混凝土结构，通常可采用下列两种方法中的一种：

(1) 直接将仪器浇筑放进混凝土混合料中。当将仪器直接浇筑到结构中时，安装期间须当心避免对两端块施加过大的力，可用绑扎丝直接将仪器绑扎到仪器的保护管上就位，如图 7-26 所示。在混凝土填筑和振捣过程中可能会产生移动，同时必须小心以免由于振捣器损坏电缆，在仪器半径 1m 范围内禁止用机械振捣器振捣而应该采用人工振捣。

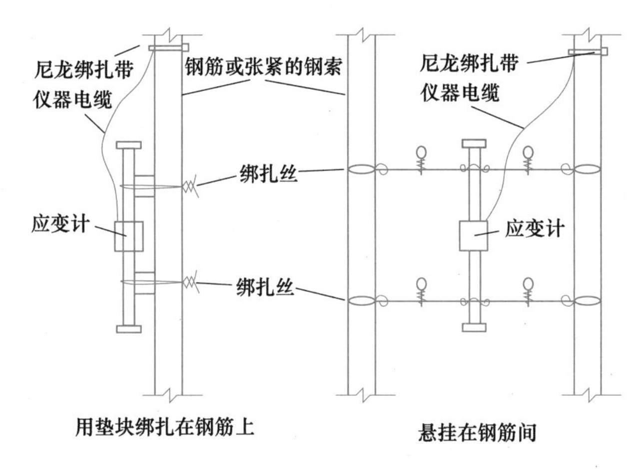

图 7-26 将 BGK-4200 应变计绑扎到钢筋上

(2) 采用浇筑预制块或灌浆安装。另一种方法是将仪器预浇筑在与大体积混凝土相同混合料的预制块中，然后在混凝土填筑之前放置该结构。预制块应在安装前不少于 1 天且不超过 3 天制作，在安装至大体积混凝土之前，预制块应用水继续养护。

C 多向应变计安装方法

有时需要布置多向应变计来监测混凝土的应变，应变计配合专用的支杆支座也可用于多向应变计的安装。如图 7-27 所示，安装时将支座固定杆用钻孔的方式固定于老混凝土上，若安装在新浇混凝土中则需要将支座固定杆焊接在一段合适长度的钢筋上，并将钢筋下端焊接较短的钢筋形成十字架，以避免在新浇混凝土中转动。安装应变计时注意将所有支杆用螺丝锁紧在支座上，防止松动。此外还有七向、九向应变计，安装方法相同。

7.4.2.3 数据整理

测试过程中应随时做好各项记录，并及时整理出有关图表，主要有：

(1) 不同时间的应变-时间关系曲线；

(2) 同一时间不同测点的混凝土应变分布图；

(3) 应变综合汇总表。

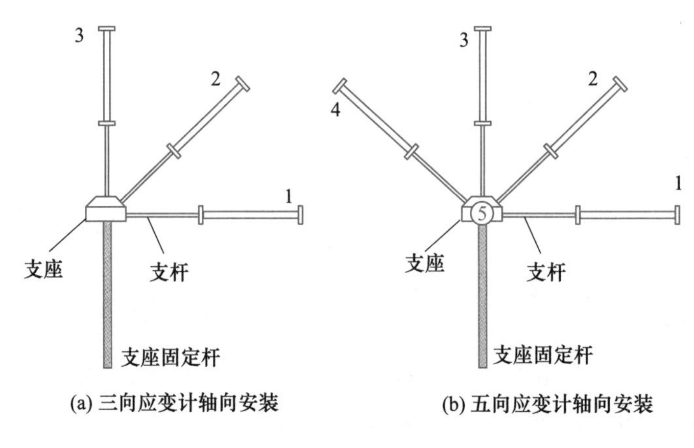

图 7-27　多向应变计安装

7.5　深部工程支护系统监测

（1）深部工程支护系统多参数监测。深部工程岩体灾害多样，支护体往往具备吸能、吸波、减震等新性能。相较于浅部工程中一般只关注支护体受力状态的情况，深部工程支护系统监测需要获得支护体的能量吸收和抗震性能等更多的参数数据。

（2）深部工程支护系统长期性监测。深部工程支护系统破坏往往具有一定的时效性。对于长期性或永久性的深部地下工程，支护系统的监测应长期连续进行，满足支护系统长期有效性评估的需要。

（3）深部工程支护系统综合智能化监测。深部工程岩体破坏更为严重，一般采用多种支护技术手段（锚杆、锚网、锚索、喷射混凝土、钢拱架等）进行联合支护。因此，也应针对多种支护结构的性能进行针对性测试，并对整个支护系统的支护性能进行评估。另外，深部工程支护系统监测设备也应具备一定的智能化处理及分析能力，在支护体破坏时候进行自动报警。

7.6　工 程 应 用

7.6.1　锚杆的工程应用

7.6.1.1　锚杆拉拔试验

某金矿井下开采围岩岩性主要为大理岩，测试不同岩体条件下锚杆的拉拔力，选取破碎带位置和完整岩体区域对锚杆进行拉拔测试。测试采用智能锚杆拉拔仪（图 7-28 和图 7-29），主要由自动加载模块和数据采集分析模块组成。其中自动加载模块通过采用 EC-700 智能液压充电油泵作为动力源、30t 中空千斤顶作为加载装置。数据采集模块使用电阻式 30t 压力传感器、激光位移传感器。

在破碎带附近测得的锚杆拉拔曲线如图 7-30 所示，在完整性较好的花岗岩中测到的锚杆拉拔曲线如图 7-31 所示。

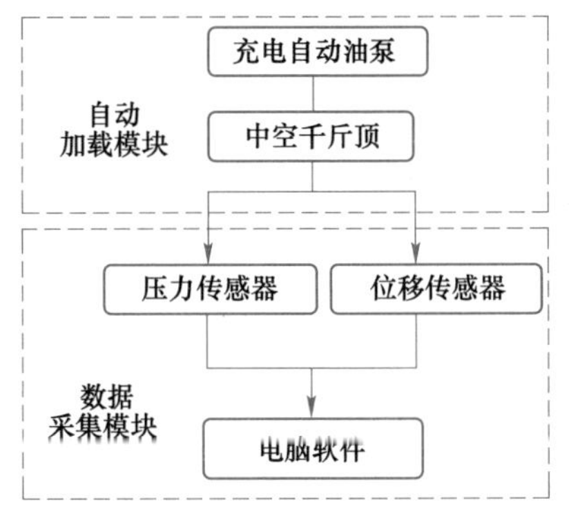

图 7-28 智能锚杆拉拔仪模块组成

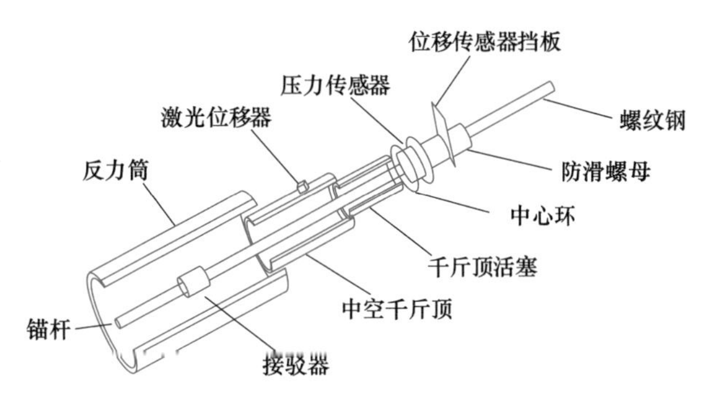

图 7-29 智能锚杆拉拔仪结构示意图

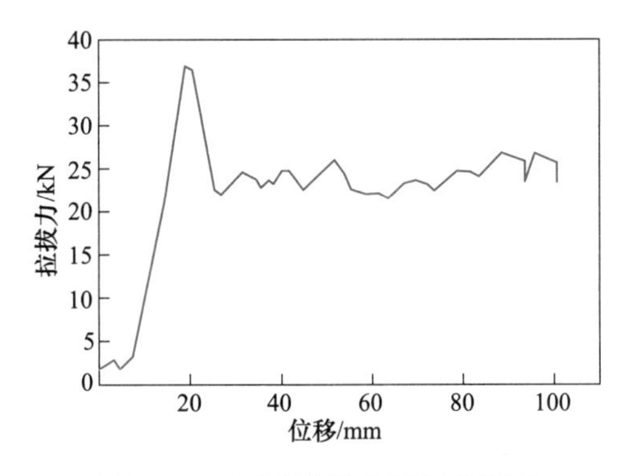

图 7-30 破碎带螺纹钢锚杆拉拔图

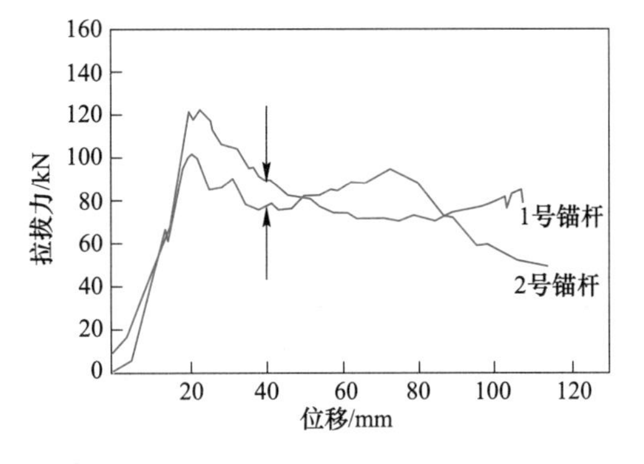

图 7-31 大理岩 M20 螺纹钢锚杆拉拔图

螺纹钢锚杆整体的力学性能表现受到施工及技术人员的操作水平、药卷质量和反应时间影响。药卷在经过 24h 后整体锚固力平均可达 112.5kN。

由于在破碎带中，岩体应力较小且螺纹钢锚杆不像管缝锚杆那样与锚固介质有较大的接触面积，导致锚杆的抗拉拔性能有较大的损失。

7.6.1.2 锚杆应力监测

某深埋实验室采用分台阶分步开挖的方式，为研究支护体在后续开挖影响下的受力情况，在实验室上层开挖完成后，在监测断面上层的顶拱、南北侧拱肩以及南北侧边墙各布置一套测力锚杆，测力锚杆长度为 6m，在距边墙 2m 和 4m 的位置各布置一个锚杆应力计，监测下层开挖及长期锚杆应力变化情况。下层开挖完成后，在下层两侧边墙各布置一套测力锚杆，参数与上层相同，观测下层开挖后，锚杆的受力情况。典型断面锚杆应力计布置示意图如图 7-32 所示。

下层开挖过程中及下层开挖完成后，RA-2-3 锚杆各测点锚杆应力值随时间变化如图 7-33 所示；下层开挖后，锚杆应力计 RA-2-5 各测点锚杆应力随时间变化曲线如图 7-34 所示；上层各测点处锚杆应力计受力情况如图 7-35 所示。

2 号实验室整体稳定性较好，开挖后围岩松弛深度在 1.2~2.6m，边墙最大变形量为 25.3mm，上层开挖后埋设锚杆应力计最大值为 158.5MPa，下层开挖后埋设锚杆应力计最大值约 45MPa，且变形量及锚杆应力值均处于收敛状态。

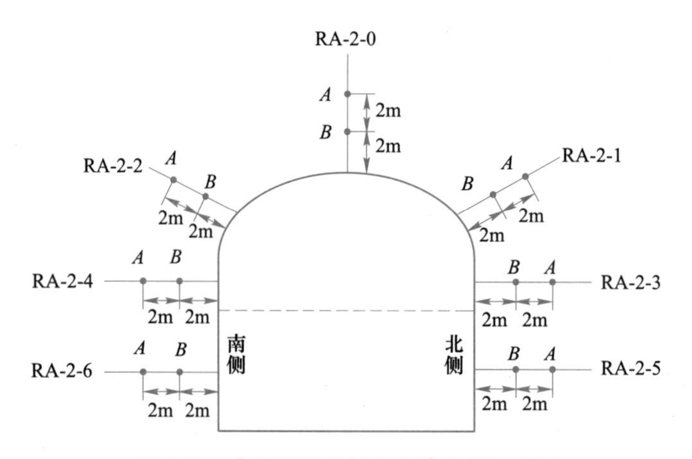

图 7-32 典型断面锚杆应力计布置示意图

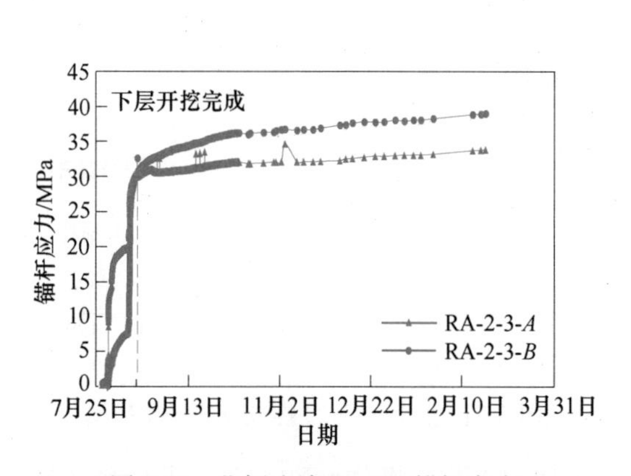

图 7-33 北侧边墙 RA-2-3 锚杆应力随时间变化曲线

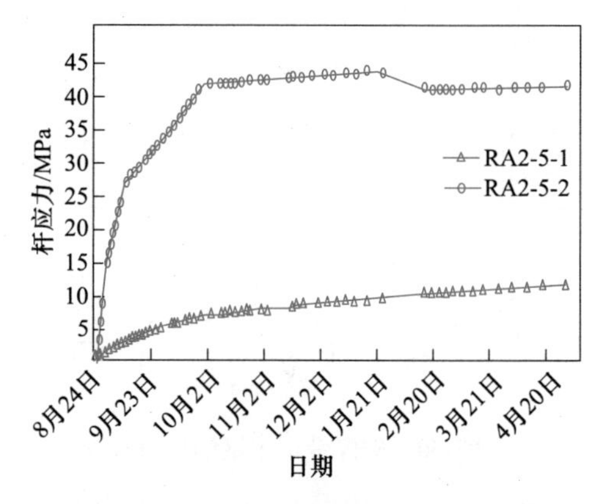

图 7-34 下层北侧边墙 RA-2-5 锚杆应力随时间变化曲线

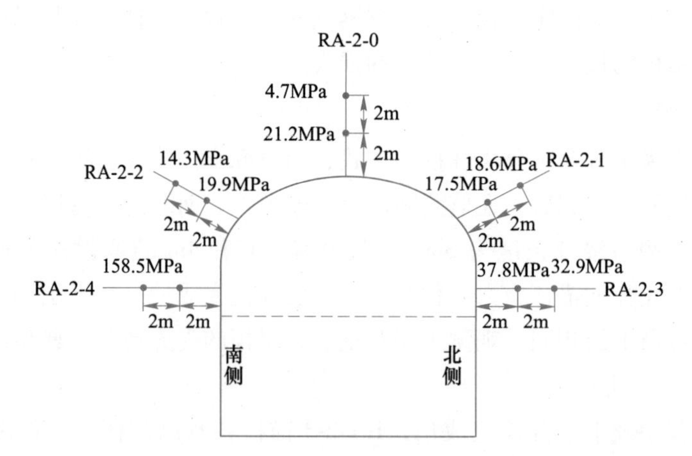

图 7-35 2 号实验室 K0+045 断面上层锚杆应力分布示意图（下层开挖完成后）

7.6.2 锚索的工程应用

某水电站地下厂房共在 8 个监测断面共布置 38 台锚索测力计。每束锚索由 14 根钢绞线组成，锚具型号为 YJM15-14，张拉荷载为 2000kN 和 2500kN 两种类型，共分五级张拉。

锚索测力计当前荷载在 1551.34～3011.81kN 之间，其中当前荷载小于 2000kN 的有 33 台；荷载损失率在−56.50%～2.85%之间，损失率小于−10%的有 12 台，大部分锚索荷载增加不明显。典型锚索荷载过程线如图 7-36 和图 7-37 所示，荷载损失率分布比例如表 7-2 所示，从图中可以看出，锚索荷载仍在持续增加，受地质缺陷影响，0+077 断面顶拱部位锚索荷载在洞室开挖初期增长较大，随着支护结束，增长逐渐趋缓，但仍有小幅增加。

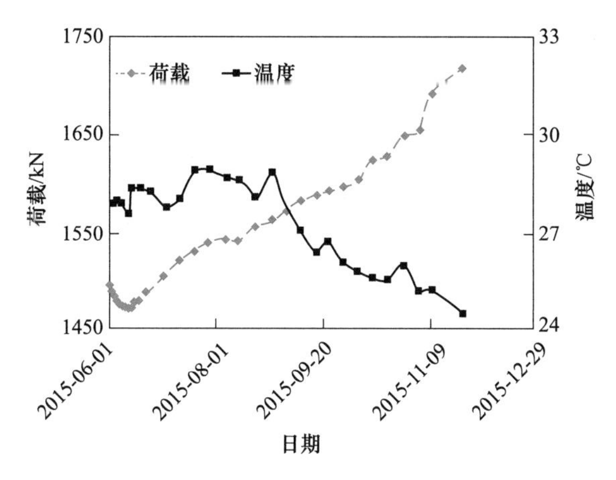

图 7-36　3 号机组 0+076 断面下游边墙 DPzc0+076-2 荷载时序过程图

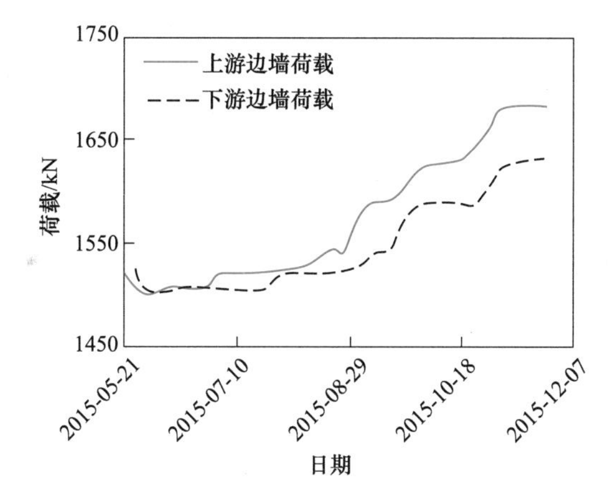

图 7-37　8 号机组 0+266 断面上下游边墙荷载时序过程线

表 7-2　左岸地下厂房锚索荷载损失率分布比例表

损失率区间	数量	比例/%
<−20%	4	10.53
−20%～−10%	8	21.05
−10%～0%	19	50.00
0%～10%	7	18.42
>10%	0	0.00
合　计	38	100.00

7.6.3 混凝土的工程应用

某隧道断面初支混凝土应力共埋设9个测点，所测初支混凝土应力沿横断面分布如图7-38所示，初支混凝土应力随时间的变化曲线如图7-39所示。最大应力为拱顶5.323MPa，其次为右侧拱腰3.589MPa。

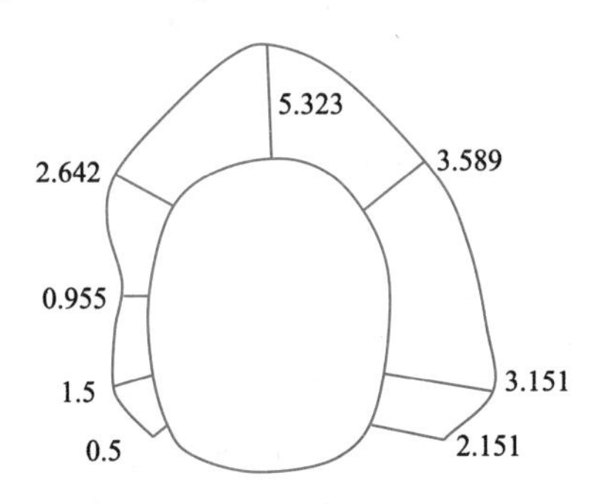

图7-38 初支混凝土应力在横断面上的分布（MPa）

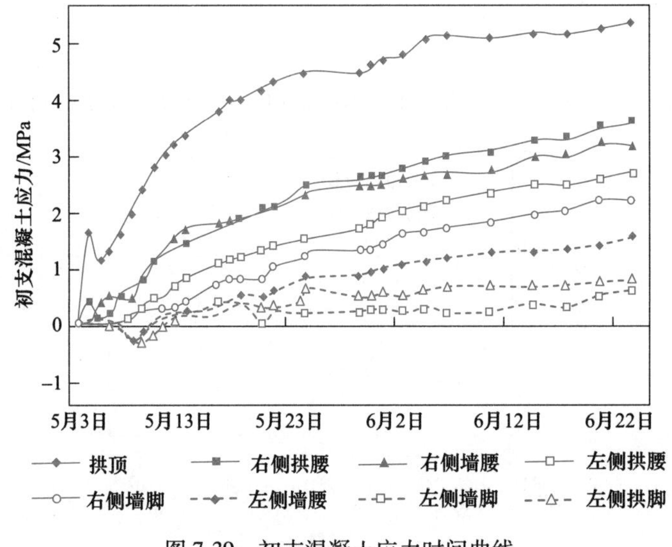

图7-39 初支混凝土应力时间曲线

本 章 小 结

支护结构的受力及变形等信息可以反映支护体本身的工作状态和围岩内部的变形、破裂等信息及其变化情况，岩体支护系统监测对于评价围岩和支护系统的稳定性、指导支护设计、保障地下工程的稳定均具有显著的意义。

锚杆试验的主要目的是确定锚固体与岩土体的摩阻强度和验证锚杆设计参数和施工工艺的合理性，主要的锚杆测试有拉拔力测试、锚杆应力监测。拉拔力是锚杆锚固后拉拔实验时，所能承受的极限载荷，它是锚杆材料、加工与施工安装质量优劣的综合反映。锚杆应力监测是通过与所要测量的锚杆连接在一起的锚杆应力计监测锚杆受力变化，常用的钢筋计有差动电阻式和振弦式两种。

锚索与锚杆一致，一般也需要开展拉拔试验和应力监测，锚索的拉拔试验与锚杆的试验基本一致，只是其拉拔力更大。锚索应力监测目的是分析锚索的受力状态、锚固效果及预应力损失情况，锚索为柔性支护体且一般需要施加预应力，锚索应力监测一般采用铺垫板将锚索应力计安装在锚梁上。锚索应力计一般采用圆环形测力计（液压式或钢弦式）或电阻应变式压力传感器，目前常用的测力计有轮辐式测力计、环式测力计和液压式测力计三种，均带有中心孔，按所采用的传感器不同，有差动电阻式、振弦式和电阻应变片式等。

混凝土的应力和应变是反映其工作状态的重要指标。混凝土与围岩之间的接触应力大小反映了支护的工作状态和围岩施加于支护的形变压力情况，将压力盒埋设于混凝土内的测试部位及支护与围岩接触面的测试部位，则压力盒所受压力即为该部位（测点）压力，压力盒有钢弦式、变磁阻调频式、液压式等多种形式。混凝土应变可采用混凝土应变计进行测试，最低可监测到1μm的缝隙变化，目前在工程中混凝土应变计应用较多的为钢弦式，应变计根据数量可以分为单向应变计、双向应变计、应变计组。

思　考　题

1. 支护体监测的意义是什么？
2. 锚固力、拉拔力、锚杆应力的区别与联系是什么？
3. 锚杆拉拔试验中基本试验、蠕变试验和验收试验的区别和适用条件是什么？
4. 锚索与锚杆的作用机理和适用条件是什么？
5. 锚索应力与锚杆应力监测方法有什么区别？
6. 混凝土应力计的安装方式有哪些，不同安装方式的优缺点是什么？

8 深部工程岩爆综合监测与预警

本章课件

本章提要

岩爆是深部工程开挖或开采过程中常见的一种地质灾害。本章介绍：(1) 岩爆分类及特征，包括岩爆分类与岩爆主要特征；(2) 岩爆倾向性，包括倾向性指标及其参考值；(3) 岩爆综合监测方案，包括监测内容及手段、监测设计原则；(4) 岩爆预警方法，包括预警内容及预警指标，常用预警方法；(5) 工程应用，包括深埋隧洞、金属矿山。

8.1 概　　述

岩爆是岩体中聚积的弹性变形势能在一定条件下的突然猛烈释放，导致岩石爆裂并弹射出来的现象。作为深部工程开挖或开采过程中常见的一种地质灾害，岩爆直接威胁施工人员和设备的安全，影响工程进度，甚至摧毁整个工程和诱发地震，造成地表建筑物损坏。随着埋深的增加或应力水平的增高，我国地下工程的岩爆呈频发趋势。

岩爆在孕育发生过程中，围岩内部的能量释放、裂纹发育扩展、应变等均有显著的前兆特征。通过实时捕捉这些前兆信息，建立这些前兆信息和不同类型岩爆之间的定性或定量关系，可以对岩爆的发生位置和发生等级做出预警。岩爆发生风险评估与预警可以分为两个阶段：一是矿体开采（岩体开挖）前的岩爆发生风险估计，二是开采（挖）过程中的岩爆发生风险评估与预警。前者主要基于岩体地质结构、应力条件、岩体力学性质、开采（挖）技术参数等信息，为地下岩体工程施工参数、支护方案优化及岩爆防治提供理论依据；后者多根据开采过程中的具体条件与监测信息，动态更新岩爆发生风险并发出预警警报，为采取及时的岩爆防治措施提供依据。目前关于岩爆孕育过程的现场监测已经由单一的监测方法发展为多方法综合实时监测。除了传统的应力法、应变（变形）法、钻屑法等，近些年发展的微震监测逐渐成为岩爆发生风险评估和预警的主要手段。另外，不同类型地下岩体工程因其结构的差异性（如巷道、隧道等线型工程和金属矿山多中段立体型工程），在岩爆监测预警方面存在明显的差别。

8.2 岩爆分类及特征

8.2.1 岩爆分类

(1) 按岩爆发生时间和空间分类。根据岩爆发生时间与施工时间和空间的关系，可以将岩爆分为即时型岩爆、时滞型岩爆和间歇型岩爆。即时型岩爆是指开挖卸荷效应影响过程中发生的岩爆；时滞型岩爆是指开挖卸荷后应力调整平衡后，在外界扰动作用下而发生的岩爆，根据发生的位置又可分为时空滞后型和时间滞后型；间歇型岩爆是指同一区域一定时间内，多次发生同等级或是更高等级的岩爆。其主要特征如表 8-1 所示。

表 8-1 按照发生时间和空间分类的岩爆特征

岩爆类型	特 征
即时型	发生频次相对较多；多在开挖后的几个小时或是 1~3d 内发生；多发生在距工作面 3 倍洞径范围内
时滞型	发生频次相对较少；在开挖后数天、1 月、数月后发生；发生位置距离工作面可以达到几百米
间歇型	发生频次相对较少；多发生在掌子面附近，在有施工扰动和无施工扰动情况下均可能发生

（2）按岩爆孕育机制分类。通常，根据岩爆的机制将岩爆分为应变型和断裂型。随着研究的深入，硬性结构面对岩爆的影响已得到逐渐认识：硬性结构面对岩爆的等级、机制等均具有明显的影响，且多数岩爆均受到硬性结构面不同程度的影响。因此，在应变型岩爆和断裂滑移型岩爆外，增加应变-结构面滑移型岩爆，各类型岩爆特征如表 8-2 所示。

表 8-2 不同孕育机制岩爆的特征

岩爆类型	发生条件	特 征
应变型	完整，坚硬，无结构面的岩体中	浅窝型、长条深窝型、“V”字型等形态的爆坑，爆坑岩面新鲜
应变-结构面滑移型	坚硬、含有零星结构面或层理面的岩体中	结构面控制爆坑边界，一般情况下破坏性较应变型大
断裂滑移型	有大型断裂构造存在	影响区域更大，破坏力更强，甚至可能诱发连续性强烈岩爆

8.2.2 岩爆主要特征

根据我国深部岩体工程岩爆灾害统计，岩爆主要存在随机性、瞬时性、多样性、分界性、周期性、可预警性等特征。

（1）随机性。目前众多学者开展了大量关于岩爆预测预报的研究，总结出了部分地震定量学参数在岩爆发生前后的变化规律。然而，没有任何一种自然因素或工程因素能够毫无疑问地导致岩爆的发生。岩爆的预测只是一种统计结果，无论是岩爆发生的时间、发生的范围和具体位置，都具有某种程度的随机性。

（2）瞬时性。岩爆是具有大量弹性应变能储备的岩体由于开挖硐室或巷道造成地应力重分布，围岩应力升高及能量进一步集中，在围岩应力作用下产生破坏，并伴随声响和震动，造成岩片脱离岩体，获得较大的弹射能量，猛烈向临空方向抛射的一种动力破坏现象。岩爆是围岩各种失稳现象中反应最强烈的一种，持续时间非常短暂，瞬间完成能量的释放。

（3）多样性。岩爆的孕育及发生受地应力、地质条件、开挖方式等多种因素的影响，其特征也呈现出多样性。不同的施工方法诱发岩爆是有区别的。在隧洞开挖过程中，TBM 开挖相对于钻爆法开挖，造成围岩的影响区范围要小，围岩的承载能力强；围岩应力集中区临近洞壁，围岩内部存储的能量逐次释放；开挖扰动弱，能够更及时形成有效支护。因此，相同条件下，钻爆法施工过程中时滞型岩爆的概率要大于 TBM。而 TBM 施工过程中，高等级岩爆发生前往往伴随有低等级岩爆的发生，钻爆法该特征不明显。

另外，不同岩性岩体也呈现不同的岩爆特征。岩爆主要发生在硬岩中，围岩的岩体力学特征是影响岩爆发生的基本条件，特别是岩体的峰值强度和岩体的脆性特征对岩爆具有明显的影响。在地应力、地质构造、施工、支护方法等其他条件一致时，岩体的峰值强度越高，其储能性质越好，可能发生的岩爆等级越高；岩体的脆性越强，越容易发生岩爆。沉积岩的强度和弹性模量一般较岩浆岩和变质岩低，相同情况下，沉积岩中发生的岩爆一般较岩浆岩或变质岩少。典型隧道工程中岩性及其岩爆特征如表 8-3 所示。

表 8-3　典型隧道工程中岩性及其岩爆特征

典型工程	岩性	岩爆特征
N-J 水电站引水隧洞	砂岩、粉砂岩、泥岩	砂岩中发生的岩爆多于粉砂岩，泥岩中未发生岩爆
天生桥二级水电站引水隧洞	灰岩、白云岩及砂质页岩	岩爆多发生在距掌子面 5~10m 的地方；在钻爆法施工的洞段，放炮后即可观察到岩爆坑；而掘进机施工的洞段，随着掌子面向前推进可听到岩石的爆裂声和岩爆块体掉在护盾板上的声响
重庆陆家岭隧道	凝灰岩	岩爆发生最高次数出现在距掌子面 0.5~1.0 倍洞径处的拱角及两侧壁，岩爆多发生在掌子面开挖后 24h 内
巴玉隧道	花岗岩	岩爆频发，且存在间歇型岩爆
太平驿水电站引水隧洞	花岗岩及闪长岩	从同一部位发生岩爆次数看：有一次型和重复型。前者为一次岩爆后不加支护也不会再次发生岩爆，后者则在同一部位重复发生数次岩爆，有的甚至多达十几次
岷江渔子溪一级水电站引水隧洞	花岗闪长岩及闪长岩	掌子面开挖后在 24h 之内最剧烈，1~2 个月内偶有岩爆发生
锦屏二级水电站引水隧洞	大理岩	岩爆多在新开挖的掌子面（工作面）附近发生。岩爆多在拱部或拱腰部位发生。横通道与主洞相交处、断面不规则处、二次扩挖段均为岩爆多发地段
秦岭铁路隧道	混合花岗岩、混合片麻岩	所有 43 段岩爆中，除一段（10m）发生在混合花岗岩中，其余岩爆均发生在混合片麻岩中

（4）分界性。岩爆分界性是由影响岩爆发生的主控因素发生变化引起的，在不同区域表现出不同破坏强度或破坏特征的现象。例如，冬瓜山铜矿生产过程中，部分区域地压活动非常明显，多处采场支护结构、底部工程、矿柱发生破坏，而其他区域地压活动现象不明显，表现为区域分界性，造成该种现象的主要原因是该区域岩石刚度的增加。通过红透山铜矿历年来的地压资料，可以大致判断出红透山矿井下岩爆分界面在−467m 中段（采深约 957m）。−467m 以上各中段主要是受构造控制的静态型岩爆，如顶板冒落；−587m 以下各中段主要是应力控制的动态型岩爆，如有响声的爆裂甚至大量岩块抛掷等典型的强烈岩爆。造成红透山铜矿深度分界性的原因是−467m 水平以上岩爆发生受构造应力影响较大，而−467m 水平以下岩爆受自重应力和构造应力的共同影响。

（5）周期性。岩爆的显现有时在短时期内表现出集中凸现，随后就趋于平静，反映了地压活动所具有周期性的特征。例如，红透山铜矿−647m 中段 2001 年 5 月 18 日发生强烈岩爆后，6 月 13 日至 19 日，该位置连续发生 3 次有声响有震感的岩爆；2002 年，该区域连续发生了 6 次不同等级的岩爆，其后进入较长时间的平稳期。这说明了岩爆需要一定的时间孕育，也恰恰反映出了应力的集中是岩爆发生最根本性的影响因素。

(6) 可预警性。虽然岩爆具有随机性的特征，可预测预报性较差，但大多数岩爆发生前具有一定的前兆特征。一般情况下，巷道开挖后的数天内是岩爆发生的高峰期。例如，二道沟金矿某次岩爆前，岩体内出现破裂声，且逐渐频繁。工作人员及时撤出该区域后不久，岩爆发生，近10m长度的顶板岩体整体崩落，由于工人撤出及时没有造成伤亡事故。可见，根据岩爆发生的征兆及规律，可以及时预警岩爆的发生。

8.3 岩爆倾向性

为了定量评价岩石的岩爆倾向性程度，迄今为止，国内外学者根据不同条件从不同分析角度提出了十几种评价指标或方法。表8-4列出了当前应用较为广泛的岩爆倾向性评价指标。归纳起来，依据物理内涵，这些指标可分为能量指标、脆性指标、刚度指标和时间指标。

表8-4 岩爆倾向性评价指标汇总

序号	评价指标	计算公式	获取方法	分类标准
1	岩爆倾向性指数 W_{et}	$W_{et}=E_R/E_D$ E_R 为卸载时恢复的弹性应变能；E_D 为加卸载循环中耗散的能量；W_{et} 反映了岩石弹性变形能的储存能力	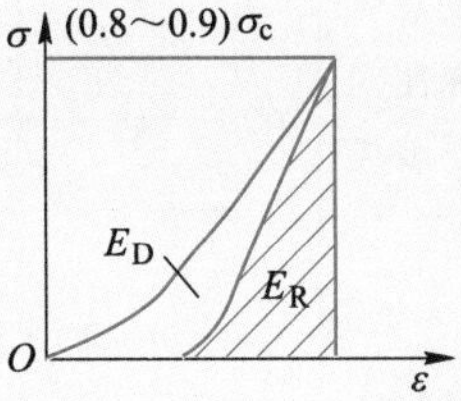 σ　(0.8～0.9)σ_c E_D　E_R O　ε	分类标准1： $W_{et}<2.0$，无岩爆倾向； $2.0\leqslant W_{et}<3.5$，弱的岩爆倾向； $3.5\leqslant W_{et}<5.0$，中等的岩爆倾向； $W_{et}\geqslant 5.0$，强烈的岩爆倾向。 分类标准2： $W_{et}<10$，弱的岩爆倾向； $10\leqslant W_{et}<15$，中等的岩爆倾向； $W_{et}\geqslant 15$，强烈的岩爆倾向
2	冲击能量指数 W_{cf}	$W_{cf}=E_1/E_2$ E_1 为峰值前贮存的变形能；E_2 为破坏过程损耗的变形能。W_{cf} 反映岩石破坏过程中剩余能量的大小	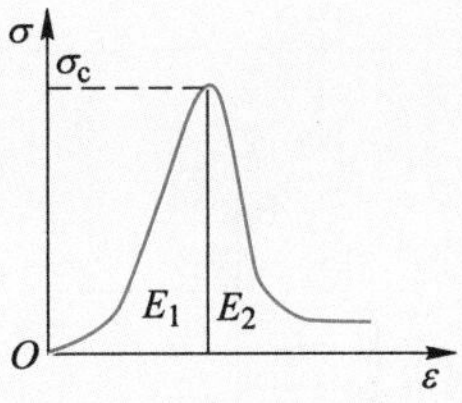 σ　σ_c E_1　E_2 O　ε	分类标准1： $W_{cf}<2$，无岩爆倾向； $2\leqslant W_{cf}<3$，弱的岩爆倾向； $W_{cf}\geqslant 3$，强烈的岩爆倾向。 分类标准2： $W_{cf}<1.5$，无冲击倾向； $1.5\leqslant W_{cf}<5$，弱的冲击倾向； $W_{cf}\geqslant 5$，强烈的冲击倾向
3	最大储存弹性应变能指标 E_s	$E_s=R_c^2/(2E)$ R_c 为岩石单轴抗压强度；E 为岩石的弹性模量	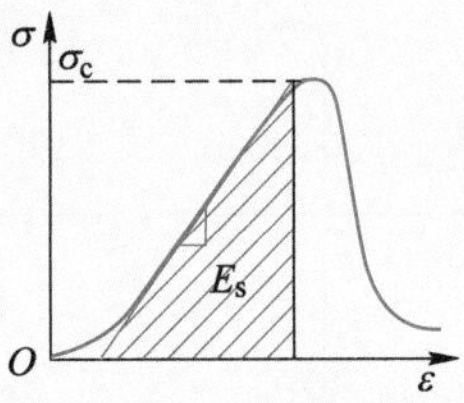 σ　σ_c E_s O　ε	分类标准： $E_s<0.2\text{MJ/m}^3$，无岩爆倾向； $0.2\text{MJ/m}^3\leqslant E_s<0.5\text{MJ/m}^3$，弱的爆倾向； $0.5\text{MJ/m}^3\leqslant E_s<0.75\text{MJ/m}^3$，中等岩爆倾向； $E_s\geqslant 0.75\text{MJ/m}^3$，强烈的岩爆倾向
4	改进脆性指数 BIM	$BIM=A_2/A_1$ A_1 为按弹性模量 E_{50} 计算的峰值时储存的弹性变形能；A_2 为峰前加载曲线下的面积，即峰前加载储存的变形能	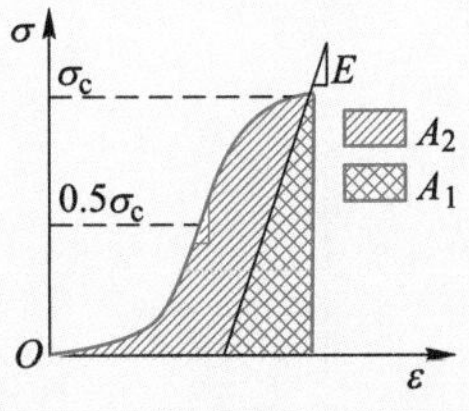 σ　σ_c　E A_2　A_1 $0.5\sigma_c$ O　ε	分类标准： $BIM>1.5$，低的岩爆倾向； $1.2<BIM\leqslant 1.5$，中等的岩爆倾向； $1.0\leqslant BIM\leqslant 1.2$，高的岩爆倾向

续表 8-4

序号	评价指标	计算公式	获取方法	分类标准
5	剩余能量指数 W_R	$W_R = \Delta W / \mid W_d \mid$ $\Delta W = W_e^M - \mid W_d \mid$ $W_e^M = \dfrac{\int_{\varepsilon_A}^{\varepsilon_B} \sigma d\varepsilon^e}{\int_0^{\varepsilon_A} \sigma d\varepsilon} \cdot \int_0^{\varepsilon_M} \sigma d\varepsilon$ $W_d = \int_{\varepsilon_M}^{\varepsilon_c} \sigma d\varepsilon$ W_R 反映岩石的剩余能量与稳定破坏耗散能量之间的相对大小关系	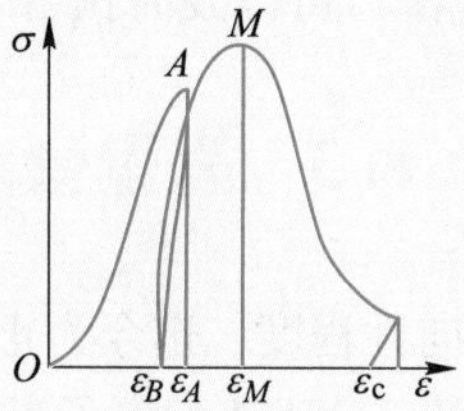	分类标准： $W_R<0$，无岩爆倾向性； $W_R \geqslant 0$，有岩爆倾向性
6	能量储耗指数 k	$k=(\sigma_c/\sigma_t)(\varepsilon_f/\varepsilon_b)$ σ_c 和 σ_t 为岩石单轴抗压强度和单轴抗拉强度；ε_f 和 ε_b 为峰值前和峰值后的总应变量。k 表征了岩石弹性变形能的储存能力和岩石破坏能量耗散量之间的关系	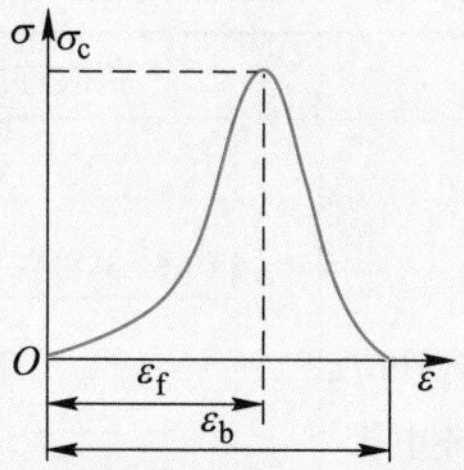	
7	能量比 B_{er}	$B_{er}=(\phi_1/\phi_0)\times 100\%$ ϕ_1 为岩石在受力破坏时碎片飞出的动能；ϕ_0 为加载中储存的最大弹性应变能		分类标准： $B_{er}<3.5$，无岩爆倾向； $3.5 \leqslant B_{er}<4.2$，弱的岩爆倾向； $4.2 \leqslant B_{er}<4.7$，中等的岩爆倾向； $B_{er} \geqslant 4.7$，强烈的岩爆倾向
8	动态时间 D_t	在常规加载条件下，岩石从其峰值强度开始直到完全失去承载能力为止所需时间	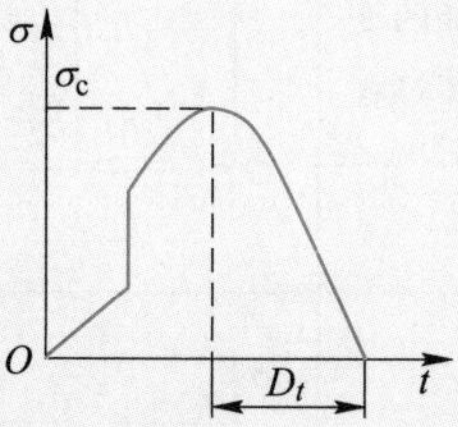	分类标准 1： $D_t>500$ms，无岩爆倾向； 50ms$<D_t \leqslant 500$ms，中等岩爆倾向； $D_t \leqslant 50$ms，强烈的岩爆倾向。 分类标准 2： $D_t>2000$ms，无岩爆倾向； 100ms $< D_t \leqslant$ 2000ms，中等岩爆倾向； $D_t \leqslant 100$ms，强烈的岩爆倾向
9	强度脆性系数 B	$B=\sigma_c/\sigma_t$ σ_c 为岩石单轴抗压强度；σ_t 为岩石单轴抗拉强度。 岩石越脆，其塑性就小，岩石在变形过程中储存的变形能中弹性变形就越大，而塑性变形能就越小		分类标准 1： $B<15$，无岩爆倾向性； $15 \leqslant B<18$，弱的岩爆倾向性； $18 \leqslant B<22$，中等的岩爆倾向性； $B \geqslant 22$，强烈的岩爆倾向性。 分类标准 2： $B<10$，无岩爆倾向性； $10 \leqslant B<14$，弱的岩爆倾向性； $14 \leqslant B<18$，中等的岩爆倾向性； $B \geqslant 18$，强烈的岩爆倾向性

续表 8-4

序号	评价指标	计算公式	获取方法	分类标准
10	变形脆性系数 K_u	$K_u=u/u_1=(\varepsilon_p+\varepsilon_e)/\varepsilon_p$ u 为岩石峰值荷载前的总变形；u_1 为峰值荷载前的永久变形；ε_p 为塑性应变；ε_e 为弹性应变	σ 0.8σc 0.05σc O εp εe ε	分类标准：$K_u<2$，无岩爆倾向； $2\leqslant K_u<6$，弱的岩爆倾向； $6\leqslant K_u<9$，中等的岩爆倾向； $K_u\geqslant 9$，强烈的岩爆倾向
11	下降模量指数 DMI	$DMI=G/\mid M\mid$ G 为轴向应力应变曲线上升段线性部分的斜率（弹性模量）；M 为峰值后应力应变曲线下降段的斜率	σ σc G M O ε	分类标准： $DMI>1$，无岩爆倾向性； $DMI\leqslant 1$，有岩爆倾向性

8.4 岩爆综合监测方案

8.4.1 监测内容及手段

高储能性的岩体、高地应力是岩爆发生的两个必要条件，其中高地应力是岩爆发生的能量源泉，岩体结构及物理力学性质决定了发生岩爆的能量聚集和释放能力。大量岩爆记录资料显示，岩爆几乎都发生在新鲜完整、质地坚硬、强度高、干燥无地下水、上覆岩体厚度较大的弹脆性岩体中。此外，处于高地应力区域的岩石通常具有一种明显的脆性特征，而岩爆恰恰是岩石的脆性破坏过程。因此，在岩爆发生风险评估和预警过程中，对于岩体内部的应力大小和分布特征、岩体的物理力学性质测试是十分必要的。另外，岩爆发生前的能量、裂隙、变形、波速等参数均有显著的前兆特征。通过分析这些前兆信息的变化规律，获取影响、预测岩爆影响因子的监测数据，采用相关的理论模型或判据进行归纳分析，可以判断预测岩爆发生的可能性。对于岩爆发生风险评估与预警的主要监测内容和技术手段如下：

（1）基于岩体应力和物理力学性质的岩爆倾向性分析。通过开展地下工程原位应力测试，获得岩体原岩应力和伴随开采（挖）过程的围岩扰动应力分布和变化规律。基于岩石力学试验获得相关的强度参数、储能能力等，采用 8.3 节中岩爆倾向性发生判据，定量评价地下工程岩体的岩爆发生倾向性程度。

（2）基于岩体变形和力学性质评估岩爆风险。通过观察开挖面及其附近的地理环境和生物异常预报，分析岩石的动态特性，主要包括岩体内部发出的各种声响和局部岩体表面的剥落等，采用工程类比法进行宏观预报。例如：

1）发生岩爆之前，岩体的体积发生变形使岩体的密度发生变化。根据其密度的变化，重力强度的变化及密度分布的变化，采用微重力法预测岩爆倾向的地带。

2）由于应力松弛速度取决于岩石的力学性质、地质条件、应力集中和埋深等因素，当应力松弛速度低，破坏程度高时，有可能发生岩爆，利用流变法根据岩体的松弛速度和破坏程度来预测岩爆。

3）当有岩爆发生时，岩石的电阻、光学特性都有明显变化，可以通过测试岩石的电阻变化及在偏振光作用下的干涉条纹来预测岩爆。

4）施工过程中，向岩体中打小直径钻孔。经验表明：当有岩爆发生时，钻孔过程中单孔孔深排粉量的变化异常，一般排粉量达到正常值的2倍，最大值可以达到正常值的10倍。这就是预测岩爆的钻屑法。

5）由于开挖过程中常伴随着一些气体的释放，如瓦斯、氡气，这些气体的扩散与围岩的受载有关。可以通过气体测定，进行岩爆预测。

6）在每一次开挖循环结束后，取得岩块进行单轴抗压强度检测。开挖后及时充填采空区，降低采空区顶板和侧帮应力集中，以及通过岩石单轴抗压强度与推算地应力的比值判断岩爆发生的基本条件及岩爆的级别，也是常见的方法。

（3）基于实时监测的岩体动态信息评估岩爆风险。

1）地质雷达方法。通过地质雷达探测围岩结构的发育情况，判断岩体是否完整、是否含有地下水等结构条件，根据岩体主要结构面与主应力的夹角初判岩爆发生的可能性。波速测试仪、地震仪和工程检测仪也可用于岩爆预测。当测定岩体波的弹性波速超过预定值时，揭示巷道周围的应力变化，据此预警岩爆。

2）声发射或微震方法。由于岩体在变形破坏过程中会产生应力波和声波，即声发射或微震，它是由岩石受力时的裂纹扩展行为所引起的，可反映岩石在加载过程中裂隙发展情况和岩石性质及受力状态对岩石破坏特征的影响。岩体岩性、结构不同，其声发射或微震特征不同。岩石临近破坏之际，声发射或微震活动的显著变化，均超前于位移的显著变化。利用声发射或微震技术通过探测岩石破裂时发出的亚声频噪声（微震），地音探测器能将那些人耳听不到的声波转化成电信号。根据地音探测器探测到微细破裂，当地音探测器探测到的声发射数或微震事件数大于预定值，就意味着可能有岩爆发生。

8.4.2 监测设计原则

在原位测试技术中，由于受工程地质条件、岩体结构、测试环境、仪器可靠性、测试误差和仪器失效等综合因素的影响，任何单一测试都难以全面揭示深部工程硬岩变形破裂行为。因此，原位测试技术应综合考虑深部工程岩体在开采（挖）扰动下产生的变形、损伤、剥落等综合力学响应，获得围岩变形破裂从开采（挖）前→开采（挖）中→开采（挖）后全过程的演化特性。一般情况下，为掌握深部工程岩体在施工全过程的变形破裂信息，在监测成本允许的情况，尽可能采用多种监测技术，以期获得更全面的监测信息。另外，为保证目标监测区域实施准确、可靠、高效的监测，应根据场址施工条件和单项测试技术的特点，在数值模拟的基础上优化布置不同监测设备和传感器的监测位置。典型原位综合监测设计思路框架如图8-1所示。

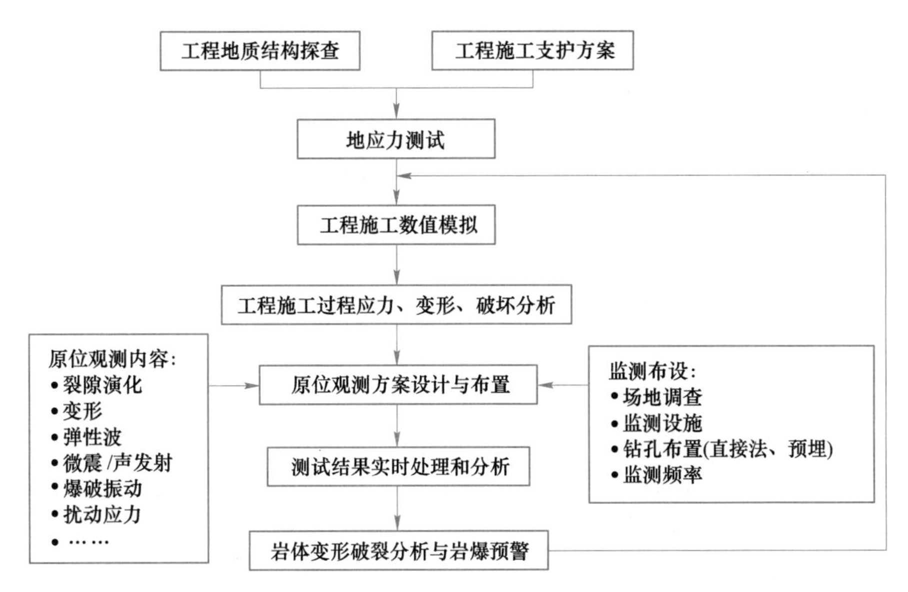

图 8-1 地下工程岩体变形破裂原位综合监测设计思路框架

深部工程岩体变形破裂原位综合监测需依据的测试原则和方法如下：

（1）深部工程施工条件调查。首先需要通过资料收集获取地下工程岩体的地质条件信息，掌握断层和大的结构面分布，开展原岩应力测试，获得初步的应力分布规律。

（2）岩体变形破裂测试的预分析。在开展原位测试前，需要通过合适的数值方法，分析测试对象的变形、损伤、破坏和应力分布，并根据施工方式和预估的工程地质条件，初步确定监测方法、监测钻孔和各类设备的布置方案。

（3）整体和局部相结合原则。在测试方案确定和钻孔布设过程中，以整个地下工程岩体或者预定的目标岩体为测试对象，需把握目标岩体内全空间的围岩变形破裂信息的获取，并考虑局部应力集中和变形可能较大的局部区域。

（4）重点部位重点监测的原则。根据初步的数值模拟和施工过程获得的动态监测信息，对于地下工程岩体易发生破坏的重点区域进行重点监测，在测试钻孔布设和测试频率执行上有独立的方案，并根据初步的监测结果随时根据需要补充监测设施。

（5）测试信息的一致性原则。由于采用了多种仪器和多手段综合的方法，考虑岩体结构的离散和空间变异特性，同一组监测信息应尽量保持在一个较小的区域范围内，监测钻孔的布设应考虑测试结果的有效性和反馈同一区域岩体的一致性。例如，弹性波钻孔、变形监测钻孔和数字钻孔摄像，钻孔布置应尽量控制在 5m 范围内。

（6）监测频率的动态调整原则。地下工程的施工、支护、充填等是一个动态变化的过程，监测频率应根据工程施工进度和监测信息的变化状态进行适时动态的调整，以有效获取岩体变形、损伤、破裂全过程的演化特征。

（7）监测数据的即时性处理原则。现场测试获得的原始监测数据，应在 24h 内完成数据处理并进行初步的分析，及时查看是否出现裂隙、位移、弹性波和微震（声发射）的异常特征，为岩体变形破裂的综合分析和监测频率的调整提供依据。

对于深部地下工程开采（挖）前→开采（挖）中→开采（挖）后全过程的原位综合观测试验技术，需要对工程背景、监测目的、监测方案、监测技术与设备、数据表达形式、监测质量控制、误差来源及修正进行审查，以保证地下工程在整个施工过程中监测数据的可靠性和准确性。深部工程施工过程现场原位综合观测试验技术审查方法包含如下内容：

（1）深部工程施工过程现场原位综合观测试验目标和背景：

1）深部工程施工过程现场原位综合观测试验目标的叙述：

① 深部工程施工过程现场原位综合观测试验意图是什么？

② 可估计的准确性怎样？

③ 采用何种校准的过程？

2）深部工程施工过程现场原位综合观测试验背景的叙述：

① 深部工程施工过程现场原位综合观测试验所需要考虑的问题是什么？

② 列出问题清单。

③ 有被识别或研究的相关文献吗？

④ 已与使用过该方法的有经验人员讨论过吗？

（2）深部工程施工过程现场原位综合观测试验方法。承压板试验、蠕变试验、原岩应力和扰动应力测试、开挖过程围岩变形观测（多点位移计、滑动测微计、收敛变形）、松动圈观测、数字钻孔摄像观测、弹性波测试、微震/声发射实时监测等。

（3）深部工程施工过程现场原位综合观测试验成果表达：

1）压力-变形曲线如何？

2）宏观破坏模式如何？

3）围岩破裂过程：裂隙演化过程、波速演化过程、微破裂演化过程、变形演化过程等是什么？

4）岩体力学参数：抗压强度、抗拉强度、弹性模量、泊松比、内摩擦角、内聚力等。

5）变形破坏机制分析：存在剪切破坏、张拉破坏、混合破坏吗？

（4）深部工程施工过程现场原位综合观测试验过程质量控制：

1）是否有国际岩石力学建议方法？

2）若有国际岩石力学建议方法，是否按照该方法进行试验质量控制？

3）若没有国际岩石力学建议方法，如何进行试验过程质量控制？

4）试验过程质量控制是如何建立的？如试验点选取、试验环境控制、试验过程、试验成果分析等。

5）试验过程质量控制是否得到验证？

（5）深部工程施工过程现场原位综合观测试验结果的误差分析：

1）误差源：主要误差源是什么？

① 已经校正了误差吗？

② 列出潜在的主要误差。

③ 有任何潜在主要误差使岩石力学试验的目标、概念和结论失效吗？

2）深部工程施工过程现场原位综合观测试验结果的准确性：结果对目标来说是正确的吗？存在任何问题吗？需要校正吗？

① 所有先前的问题都表明原理上深部工程施工过程现场原位综合观测试验对于意图来说是正确的吗？

② 如果不正确，列出存在的问题。

③ 需要何种校正行为？

④ 深部工程施工过程现场原位综合观测试验方法校正后还需要审查吗？

以上为深部工程施工过程现场原位综合观测试验技术审查方法所需要审查的内容，为更好地介绍和理解相关审查内容，以锦屏二级水电深埋隧洞原位综合观测试验技术审查结果作为参考依据，该工程施工过程中的原位综合观测试验技术审查结果如表 8-5 所示。

表 8-5　锦屏二级水电深埋隧洞施工过程现场原位综合观测试验技术审查表

审查项目		审查描述
原位综合观测试验目标和背景	深部工程施工过程现场原位综合观测试验目标的叙述	
	深部工程施工过程现场原位综合观测试验意图是什么？	揭示深部硬岩开挖全过程中围岩裂化过程，包括裂纹萌生—扩展—张开/闭合—贯通、原生裂隙—扩展—张开/闭合—贯通、跨孔间岩体波速演化、岩体变形演化规律和特征，探讨不同开挖方法（TBM、钻爆法）和开挖参数（全断面、分台阶开挖）对其影响规律和特征、深部硬岩裂化过程是否存在分区性及其长期时效特征，获得开挖损伤区的形成与演化全过程的特征，在测试结果基础上系统分析深埋硬岩隧洞围岩裂化过程机制及其时效机制
	可估计的准确性怎样？	利用已经很成熟测试技术和监测仪器观测岩体变形和破裂，对开挖岩体结构及其力学行为也有一定的把握，可确保测试可靠性和准确性
	采用何种校准的过程？	（1）监测仪器在测试全过程中的定期校准；（2）不同类型现场原位观测方法测试结果的比对验证；（3）通过数值计算进行综合对比
	深部工程施工过程现场原位综合观测试验背景的叙述	
	深部工程施工过程现场原位综合观测试验所需要考虑的问题是什么？	重点需要考虑高应力条件下硬岩开挖全过程围岩裂化过程及其时效特征有效、可靠性跟踪和捕获问题
	列出问题清单	（1）深埋条件下硬岩的力学响应；（2）硬岩变形的大小和岩体破裂的尺度；（3）观测监测仪器的精度是否满足硬岩变形破裂的要求；（4）开挖方式（钻爆和 TBM）对监测设施稳定性的影响；（5）基于深部工程开挖对象的钻孔布置和监测仪器埋设；（6）测试过程与施工开挖的协同实施；（7）测试误差的分析和控制
	有被识别或研究的相关文献吗？	可以查阅得到国际若干著名的深埋地下工程和相关文献，如加拿大的 AECL 隧洞、瑞典的 GRIMSEL 等
	已与使用过该方法的有经验人员讨论过吗？	试验开展前及观测过程中经常与有经验的人一起讨论分析和总结

续表 8-5

审查项目		审查描述
施工过程现场原位综合观测	承压板试验、蠕变试验、开挖过程围岩变形观测（多点位移计、滑动测微计、收敛变形计）、松动圈观测、数字钻孔摄像观测、弹性波测试、声发射实时监测、微震实时监测等	现场主要开展了以下几个方面的测试内容（测试方法）：围岩变形观测（滑动测微计）、松动圈观测（单孔声波）、岩体裂隙演化过程观测（数字钻孔摄像）、弹性波测试（跨孔声波）、岩体微破裂过程监测（声发射、微震）
原位综合观测试验成果表达	压力-变形曲线如何？	通过现场原位综合观测，获得深部围岩位移-时间关系曲线、位移与隧洞掌子面关系曲线、声波-时间关系曲线，声波-孔深关系曲线、钻孔孔壁平面展开图和虚拟岩芯图、声发射活动规律特征曲线、声发射事件的空间分布特征、微震活动性时空演化特征和规律等与开挖方法、开挖参数等的关系
	宏观破坏模式是什么？	主要表现为岩体开裂
	围岩破裂过程：裂隙演化过程、波速演化过程、微破裂演化过程、变形演化过程等是什么？	新裂隙萌生、扩展、闭合，原生裂隙扩展、贯通、闭合，钻孔全长岩体分段破裂，硬岩变形和微破裂事件集中在掌子面距离监测断面 -1.8 和 +2 倍洞径范围内
	岩体力学参数：抗压强度、抗拉强度、弹性模量、泊松比、内摩擦角、内聚力等	岩体力学参数依据室内试验、反演分析等，利用相关参数进行岩体变形破坏观测前应力、变形、破裂程度、应力型破坏危险性等估计的预分析计算
	变形破坏机制分析：存在剪切破坏、拉伸破坏还是混合型破坏？	深部硬质围岩变形破坏既有张拉破坏又有剪切破坏，还有混合型破坏特征
原位综合观测试验过程质量控制	是否有国际岩石力学建议方法？	除声波测试外，其他观测监测方法均没有国际岩石力学建议方法
	若有国际岩石力学建议方法，是否按照该方法进行试验质量控制？	对于声波测试，严格按照国际岩石力学会的建议方法进行过程质量控制
	若没有国际岩石力学建议方法，如何进行试验过程质量控制？	首先严格依照监测仪器的操作规程，其次通过不同类监测仪器获得结果之间的相互验证，再是建立数字钻孔摄像观测围岩裂化过程、滑动测微计观测围岩变形过程、微震现场实时监测等的建议方法
	试验过程质量控制是如何建立的？试验点选取、试验环境控制、试验过程、试验成果分析等	根据场地施工条件、研究对象赋存的区域地质条件，通过数值模拟进行预分析获取应力和变形等信息，选择工程重点关心的对象布设监测钻孔和设施；依据施工开挖方式和开挖进度，动态调整监测方案和监测频率；试验数据尽可能在 24h 内完成分析处理，并由多名测试技术人员进行检查和校核
	试验过程质量控制是否得到验证？	是

续表 8-5

审查项目		审查描述
原位综合观测试验结果的误差分析	误差源：主要误差源是什么?	仪器本身的误差、各仪器操作过程引起的误差、传感器或钻孔布置位置是否能观测到想要观测的内容等
	已经校正了误差吗?	对相关监测仪器的误差进行了补偿；对测试过程非仪器误差也进行了分析和校正，对测试人员进行严格的培训，各试验过程都有完整的记录；对传感器和钻孔的布置位置首先进行了数值分析和优化
	列出潜在的主要误差	仪器本身的系统误差、温度变化误差、爆破震动误差、安装误差、操作过程误差（如钻孔摄像的推进速度影响、滑动测微计旋转卡位和拉紧程度等）
	有任何潜在主要误差使岩石力学试验的目标、概念和结论失效?	无
	深部工程施工过程现场原位综合观测试验结果的准确性：结果对目标来说是正确的吗？存在任何问题？需要校正吗?	
	所有先前的问题都表明原理上深部工程施工过程现场原位综合观测试验对于意图来说是正确的吗?	由于前期充分的综合分析和测试过程控制，测试结果表明深部工程原位综合观测试验的原理和目标是正确的
	如果不正确，列出存在的问题?	
	需要何种校正行为?	
	深部工程施工过程现场原位综合观测试验方法校正后还需要审计吗?	原位综合观测试验方法经过试验前的校正并在试验过程中不断控制和验证，测试结果可靠，无需再进行审计

8.5 岩爆预警方法

8.5.1 预警内容及预警指标

一般情况下，关于灾害的预测预报需要给出发生时间、发生地点和发生等级这三个要素，也称为灾害发生的时（间）、空（间）、强（度）三要素。但是由于岩爆孕育过程的复杂性，目前关于岩爆发生事件的预测预报技术还不完善，主要针对岩爆发生的岩体区域进行预测，并给出不同等级岩爆发生的可能性（一般以概率形式给出）。岩爆烈度等级，简称岩爆等级，用于区别岩爆破坏的强烈程度。从高岩爆风险的岩体工程设计角度来说，岩爆等级的判定是选取合理岩爆防治方法、正确制定岩爆防治策略和支护设计的前提，是在决策之前必须明确的问题。相反，合理的防治策略和支护设计也应满足不同岩爆等级的工程条件下快速和高效施工的客观需求。可见，岩爆等级在高岩爆的深部工程中是十分重要的。国内外岩爆等级划分方法总结如表 8-6 所示。另外，鉴于微震监测作为岩爆预警的有效技术，相关学者也总结出了基于微震能量的岩爆等级判别标准（表 8-7）。

表 8-6 国内外岩爆等级分类方案

方案提出者	等级划分	划分依据
佩图霍夫	弱冲击	震动能量小于 10^2J
	中等冲击	震动能量 10^2~10^4J
	强烈冲击	震动能量大于 10^4J
屠尔邑宁诺夫	微冲击	震动能量小于 10J
	弱冲击	震动能量 10~10^2J
	中等冲击	震动能量 10^2~10^4J
	强烈冲击	震动能量 10^4~10^7J
	严重冲击	震动能量大于 10^7J
布霍伊诺	轻微损害	不造成施工进程中断
	中等损害	支护部分破坏，一般要中断施工进程
	严重损害	施工设施和工程被摧毁
Russenes	无岩爆	无岩爆
	轻微岩爆	岩石有松脱，破裂现象，声响微弱
	中等岩爆	岩石有不容忽视的片落、松脱，有随时间发展趋势，有发自岩石内部的强烈爆裂声
	严重岩爆	爆破之后，顶板、两帮岩石即严重崩落，底板隆起，周边大量超挖和变形，可以听到发射子弹、炮弹的强烈声响
谭以安	弱岩爆	劈裂成板，剪断脱离母体，产生射落；洞壁表面局部轻微破坏，不损坏机械设备；可听到噼啪声响
	中等岩爆	“劈裂—剪断—弹射”重复交替产生，向洞壁内部发展，形成 V 形爆坑，洞壁有较大范围产生，对生产威胁不大，个别情况下损伤设备；有似子弹射击声
	强烈岩爆	“劈裂—剪断—弹射”急速发生，并急剧向洞壁深处扩展，几乎全断面破坏，生产中断；有似炮声巨响
	极强岩爆	方式同强烈岩爆，持续时间长，震动强烈，有似闷雷强烈声响；人财损失严重，生产停顿
交通部第一公路设计院	微弱岩爆	岩石个别松脱和破裂，有微弱声响
	中等岩爆	有相当数量的岩片弹射和松脱，洞内周边岩体变形，有随时间发展趋势，有的岩体有较强烈的爆裂活动
	剧烈岩爆	顶板、侧壁围岩发生严重岩片弹射，甚至有巨大抛射，其声响如炮弹爆炸；底板隆起，洞壁周边变形严重，可引起洞室坍塌
铁道部第二勘察设计院	轻微岩爆	围岩表层零星间断爆裂松动、剥落，有噼啪、撕裂声响，对施工影响甚微
	中等岩爆	爆裂脱落，剥离现象较严重，少量弹射；有清脆的爆裂声；持续时间较长，有随时间向深部发展的特征，爆裂深度可达 1m 左右；对工程施工有一定影响
	强烈岩爆	强烈的爆裂弹射，有似机枪子弹射击声；岩爆具延续性，并迅速向围岩深部发展；影响深度可达 2m 左右；对施工影响较大
	剧烈岩爆	剧烈的爆裂弹射甚至抛掷，有似炮声巨响声；岩爆具突发性，并迅速向围岩深部扩展，影响深度可达 3m 左右；严重影响甚至摧毁工程

续表 8-6

方案提出者	等级划分	划 分 依 据
《水力发电工程地质勘察规范》（GB 50287—2006）	轻微岩爆	围岩表层有爆裂脱落、剥离现象，内部有噼啪、撕裂声，人耳偶然可听见，无弹射现象；主要表现为洞顶的劈裂——松脱破坏和侧壁的劈裂——松胀、隆起等。岩爆零星间断发生，影响深度小于 0.5m；对施工影响较小
	中等岩爆	围岩爆裂脱落、剥离现象较严重，有少量弹射，破坏范围明显；有似雷管爆破的清脆爆裂声，人耳常可听到围岩内的岩石的撕裂声；有一定的持续时间，影响范围 0.5~1m；对施工有一定影响
	强烈岩爆	围岩大片爆裂脱落，出现强烈弹射，发生岩块的抛射及岩粉喷射现象；有似爆破的爆裂声，声响强烈，破坏范围和块度大，影响深度 1~3m；对施工影响大
	极强岩爆	围岩大片严重爆裂，大块岩片出现剧烈弹射，震动强烈，有似炮弹、闷雷声，声响剧烈；迅速向围岩深部发展，破坏范围和块度大，影响深度大于 3m；严重影响工程施工

表 8-7 基于微震能量的岩爆等级判别标准及现象

岩爆等级	微震能量/J	主 要 现 象
无岩爆	(0，1)	岩石破裂发生在岩体内部，围岩表层无明显破坏现象，人耳难以听到破坏的声响
轻微岩爆	(1，10^2)	围岩内部有噼啪、撕裂声，人耳偶尔可听到，围岩破坏以表层爆裂脱落和剥离为主，爆出体以 10~30cm 厚薄片为主，有少量轻微弹射，最大破坏深度一般小于 0.5m
中等岩爆	(10^2，10^4)	有类似雷管爆炸的清脆爆裂声，围岩爆裂脱落、剥离现象较为严重，有明显弹射，爆出体以薄片和 30~80cm 的块体为主，破坏面多有新鲜断裂面，最大破坏深度一般介于 0.5~1.0m
强烈岩爆	(10^4，10^7)	岩爆前后有持续的破裂声响，岩爆时声响强烈，类似开挖爆破声响和冲击波，围岩体破坏以弹射和抛射为主，破坏面积较大，部分爆出块体尺寸较大，厚度可达 80~150cm，爆坑边缘一般有新鲜折断面，最大破坏深度一般介于 1.0~3.0m
极强岩爆	(10^7，+∞)	有似炮弹、闷雷声，冲击波强烈，有明显震动感，围岩体以大面积爆裂和剧烈弹射为主，严重影响施工，最大破坏深度超过 3.0m

注：表中岩爆现象的描述主要依据锦屏二级水电站发生的岩爆，在总结过程中参考了谭以安（1992）和《水力发电工程地质勘察规范》（GB 50287—2006）。

岩爆发生前，岩体内的应力、变形、能量释放、裂纹扩展等信息均有可能出现不同程度的前兆特征，均可作为岩爆发生的预警指标。由于微震监测技术能够实时捕捉岩爆发生前岩体立体空间内的裂纹和能量释放信息，在快速数据分析基础上可以保证岩爆预警的即时性和有效性，因此在岩爆预警过程中广泛应用微震监测作为主要的技术手段。微震参数很多（详见 5.4.3 节），例如微震事件率、能量释放率、视体积、能量指数等参数均是岩爆预警的重要指标。在岩爆预警过程中，可以采用上述这些指标进行单指标预警，可以综合考虑多个指标的变化趋势，借助数学方法建立这些预警指标与岩爆发生之间的定量关系，进而实现岩爆定量预警。

8.5.2 常用预警方法

岩爆预警方法很多，既有基于预警指标变化趋势（如某些指标突然增加或降低）的定性预警方法，也有基于预警指标和岩爆发生定量关系的定量预警方法。近年来随着人工智能的快速发展，相关的理论方法也逐渐应用于深部工程岩爆预警。下面简单介绍 EMS 岩爆预警方法、3S 原理岩爆预报预警方法、支持向量机岩爆预警方法、神经网络岩爆预警方法、构建岩爆预警概率分布函数等几种常用的岩爆预警方法。

（1）岩爆预警 EMS 方法。E 代表地震能量，M 代表地震矩，S 代表视应力。EMS 方法定义了各评价指标的含义与关系、岩爆发生及岩爆等级评估、微震路径与震源参数空间等内容。根据 EMS 方法实时、累积演化曲线判识岩爆预警阶段，评估当前岩爆发育范围（微震事件簇）的视应力级配曲线特征，预测潜在岩爆灾害等级（如图 8-2 所示）震源参数空间，在引入评估指标阈值后，微震事件可在空间内划分为多个类型（对应类型Ⅰ～Ⅵ，如图 8-3 所示）；根据不同评估标准，震源参数空间具有多个分区方案，可实现对微震事件致灾类型和岩爆过程能量演化阶段的评估。

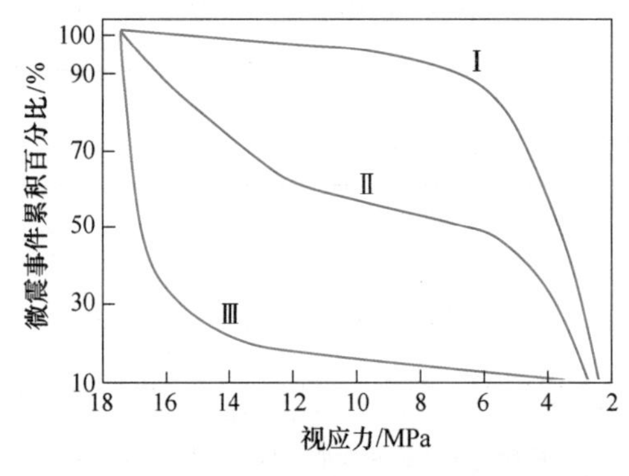

图 8-2　视应力级配曲线类型及岩爆等级预测

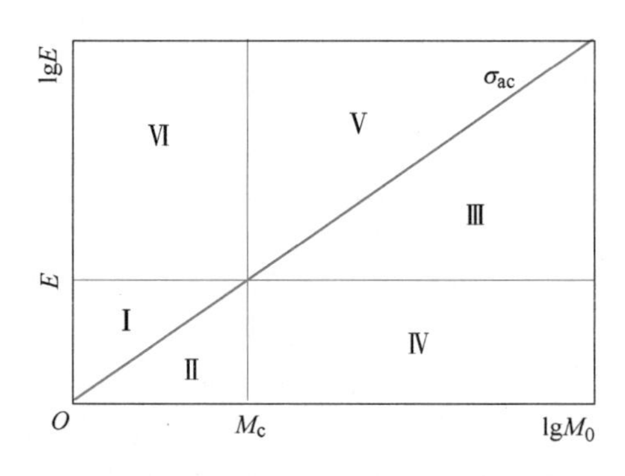

图 8-3　各指标阈值及震源参数空间的分区

（2）3S 原理岩爆预警方法。3S 原理在地震学上称作应力的 3 种状态（应力集聚、应力弱化、应力转移）。岩体中应力调整需要一定的时间，通过对强岩爆发生前一段时间的微震事件进行统计，发现岩爆发生具有一定的重复规律性。选取微震事件密度、微震事件震级与频度关系、微震事件震级、能量及集中度、3S 判据作为预警指标。根据 3S 原理将岩爆发生前后微震事件分成 3 个区域（如图 8-4 所示）。一般过渡期之后会有微震事件高峰期出现，此时岩体内应力集聚有发生岩爆的可能性。如果在高峰期没有发生岩爆，说明岩体局部应力还在不断积累；如果在高峰期发生岩爆，说明岩体局部应力得到释放，应根据地质条件做出相应的岩爆危险性预警。

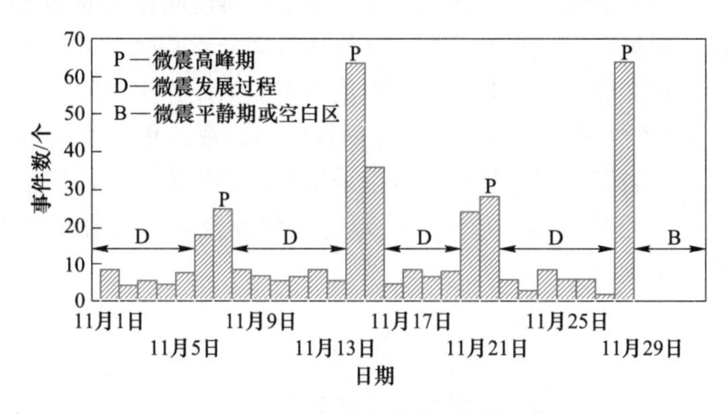

图 8-4　微震事件发生频率

（3）神经网络岩爆预警方法。在总结影响岩爆产生的各种因素的基础上，选取微震参变量作为岩爆发生风险的影响因子。采用神经网络使用最广泛、发展最成熟的 BP 神经网络模型，基于大量岩爆数据，优选模型结构，确定隐含层节点数，再用神经网络进行学习训练，建立神经网络岩爆预警模型（如图 8-5 所示）。采用测试样本检验模型预警精度，开展预警误差分析。应用人工神经网络方法，可以先不考虑岩爆发生与其各种影响因素之间到底存在什么样的函数关系，通过机器学习可以找出它们蕴含在实例样本中的内在联系——高度非线性映射，并且不会因为某个变量的输入数据丢失或含有噪声而影响网络的推理。

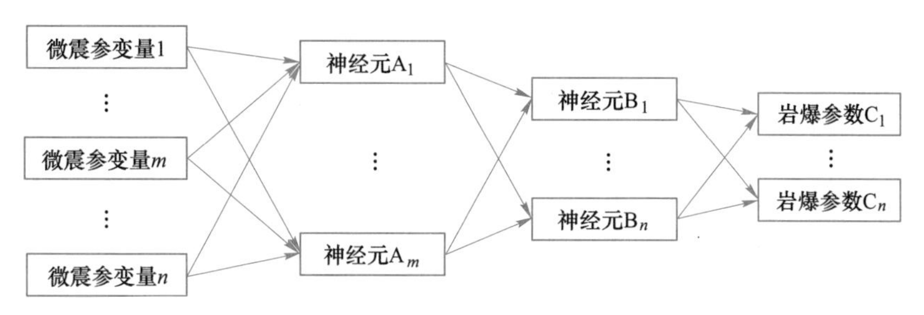

图 8-5　BP 神经网络模型

（4）支持向量机（SVM）岩爆预警方法。与神经网络方法类似，SVM 也常用于解决非线性问题。SVM 是专门针对小样本问题而提出的，其可以在有限样本的情况下获得最优解。进行岩爆预警时，往往都是有限样本的情况。因此支持向量机具有很大的优势。SVM 算法最终将转化为一个二次规划问题，从理论上讲可以得到全局最优解，从而解决了传统神经网络无法避免局部最优的问题。SVM 的拓扑结构由支持向量决定，避免了传统神经网络需要反复试验确定网络结构的问题。SVM 方法首先需要确定输入变量和输出变量，然后选择核函数，确定回归参数，经过训练确定支持向量，建立支持向量机岩爆预警模型。

（5）构建概率分布函数岩爆预警方法。基于微震监测信息构建概率分布函数也可实现岩爆预警。分析岩爆孕育过程中微震参变量演化规律，选取微震参变量，建立岩爆数据库，提取各微震参变量特征值，构建微震参变量不同岩爆等级的概率分布函数，建立岩爆等级概率预警公式。线性分布函数、正态分布函数是常见的微震参变量岩爆等级概率函数。当选用多个微震参变量时，可通过主成分分析、粒子群算法等方法确定各微震参变量权系数，最终形成动态更新的岩爆等级概率预警模型。

微震参变量不同岩爆等级概率分布函数：

$$P_{ji} = f_k(x) \qquad A_{jk} \leqslant x \leqslant A_{j(k+1)} \tag{8-1}$$

不同等级岩爆概率预警公式：

$$P_i = \sum_{j=1}^{n} c_j P_{ji} \tag{8-2}$$

式中　i——岩爆等级；

j——微震参变量；

P_{ji}——微震参变量 j 发生第 i 级岩爆的概率；

$f_k(x)$——分段函数；

A_{jk}——第 k 级岩爆微震参变量 j 的特征值；
P_i——发生第 i 级岩爆的概率；
c_j——微震参变量 j 的权系数。

8.6 工 程 应 用

8.6.1 深埋隧洞

锦屏二级水电枢纽工程位于青藏高原东麓，属于亚欧板块与印度洋板块碰撞的影响区域内。岩爆监测试验隧洞所在的锦屏辅助洞走向 N58°W，近似垂直穿越锦屏山脉，横穿 NNE 向主要构造带及三迭系地层。主要出露三迭系大理岩地层，系海相沉积形成，隧洞轴线穿越地层以杂谷脑组（T_{2z}）、盐塘组（T_{2y}）和白山组大理岩（T_{2b}）为主，约占隧道全长的 85%，隧洞两端有少量绿砂岩、绿泥石片岩和砂板岩，并形成一系列断层和复式褶皱，具有强烈的区域构造特点。试验洞所在的隧洞典型工程地质剖面如图 8-6 所示。工程区大理岩的单轴抗压强度 80~120MPa，弹性模量 25~40GPa。

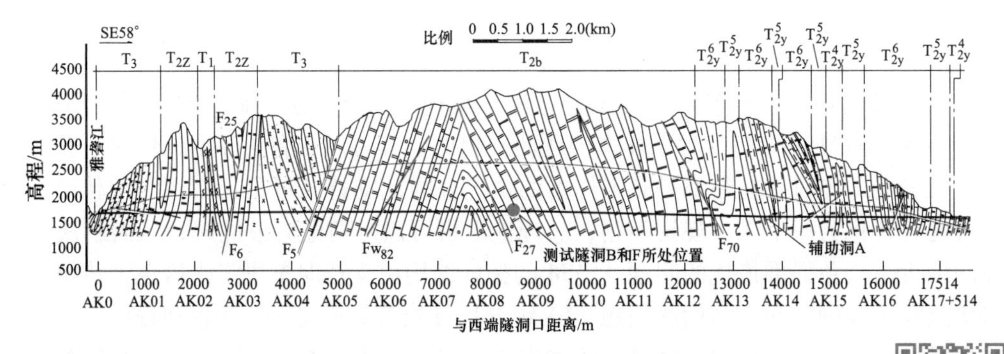

图 8-6 岩爆试验洞所在的隧洞典型工程地质剖面图及测试试验洞所处位置

彩色原图

8.6.1.1 试验洞布置与施工开挖

（1）试验洞布置。为监测高应力条件下的隧道开挖过程中可能产生的岩爆，设计的 JPTSA-3 试验洞分区布置在锦屏辅助洞 A 洞南侧。试验洞所在位置桩号为 AK08+680~AK08+750，地层岩性为白山组大理岩（T_{2b}），埋深 2370m，如图 8-6 所示。为探讨不同洞径和不同断面开挖方式条件下的岩爆机理，根据试验洞所处的位置关系及洞径大小，试验洞分区 JPTSA-3 包括测试隧洞（B、F）、连接洞和辅助试验支洞 E，均为拱形截面，测试隧洞 B 和 F 分别长 30m 和 40m，截面尺寸分别为 5m×5m 和 7.5m×8.0m，如图 8-7 所示。

（2）施工开挖。测试隧洞 B 和 F 均采用钻爆法开挖，其中试验洞 B 为全断面开挖，而试验洞 F 采取分断面开挖方式，上台阶 4.2m，下台阶 3.8m。试验洞施工开挖前，作为锦屏水电站交通洞的辅助洞 A 已经贯通，在 JPTSA-3 试验洞分区先完成图 8-7（a）、（c）所示的连接支洞和试验支洞 E 的施工，然后分别在辅助洞 A、连接洞和试验支洞 E 内实施监测钻孔钻探和监测仪器埋设，最后再开挖测试隧洞 B 和 F，现场施工开挖过程中典型照片如图 8-7（b）所示。

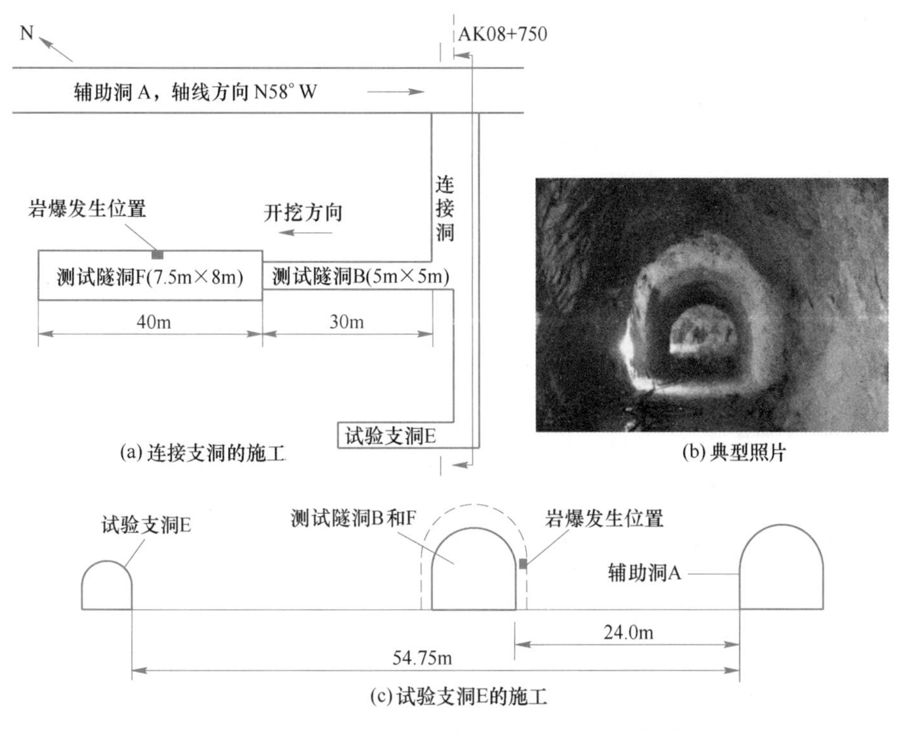

图 8-7　试验洞群平面布置及现场开挖示意图

测试隧洞 B 和 F 自 2009 年 11 月 27 日开始开挖，至 2010 年 1 月 13 日结束，历时 49 天，各试验洞开挖进度随时间的关系如图 8-8 所示。从图上可以看出，测试隧洞 B 的平均开挖进度 2. 1m/d，试验洞 F 上下台阶开挖分别为 1. 9m/d 和 3. 4m/d。

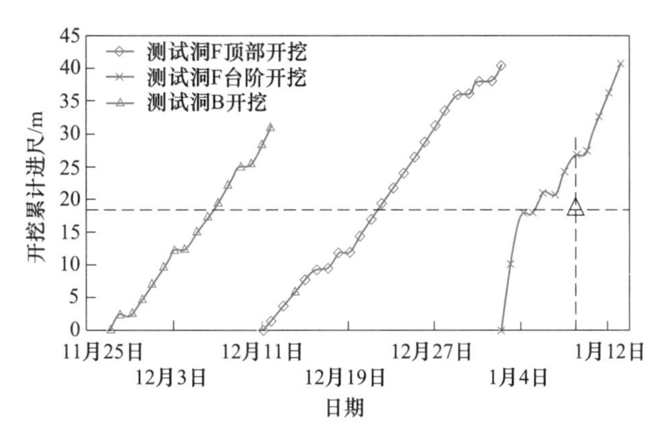

图 8-8　试验洞开挖进度示意图

8.6.1.2　原位试验方案

(1) 测试内容。基于数字钻孔摄像、跨孔声波、滑动测微计、声发射和微震综合监测手段，通过地质环境、岩体结构、测试钻孔布设方案等设计分析，实施直接、实时、原位、连续获取围岩裂隙、弹性波、变形和能量释放率的岩爆灾害原位观测方法。现场综合测试的主要内容包括通过滑动测微计测试围岩的变形，采用数字钻孔摄像获得裂隙的开裂和发展，利用声波测试揭示岩体弹性波的变化，以及基于微震监测获取岩爆微震事件和能量的变化特征。

（2）监测设施的布置。对于监测孔的布置，其基本原则是覆盖岩爆风险较大区域，获取岩体力学响应全过程的综合原位信息，主要分平行、星形、放射状三种布置方式，如图8-9所示。

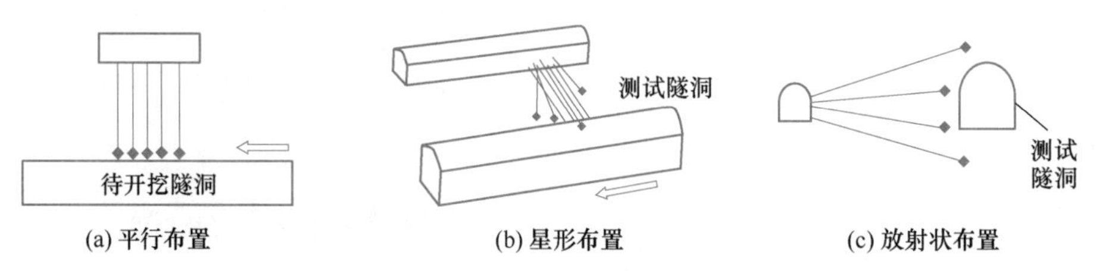

图 8-9 监测钻孔的空间布置方式

通过数值模拟预分析，试验洞开挖过程中，在北侧边墙产生岩爆的可能性较大。测试方案设计利用已开挖的辅助洞A向测试隧洞B和F北侧边墙围岩钻孔，分别布设岩体变形破裂监测断面M1和M2。M1和M2监测断面均包含岩体变形、裂隙和弹性波（跨孔法）监测设施，各监测钻孔按一定间距平行布置，钻孔倾角向下1°～3°，岩体变形破裂监测钻孔的布置如图8-10所示，测试隧洞各钻孔的基本属性见表8-8。

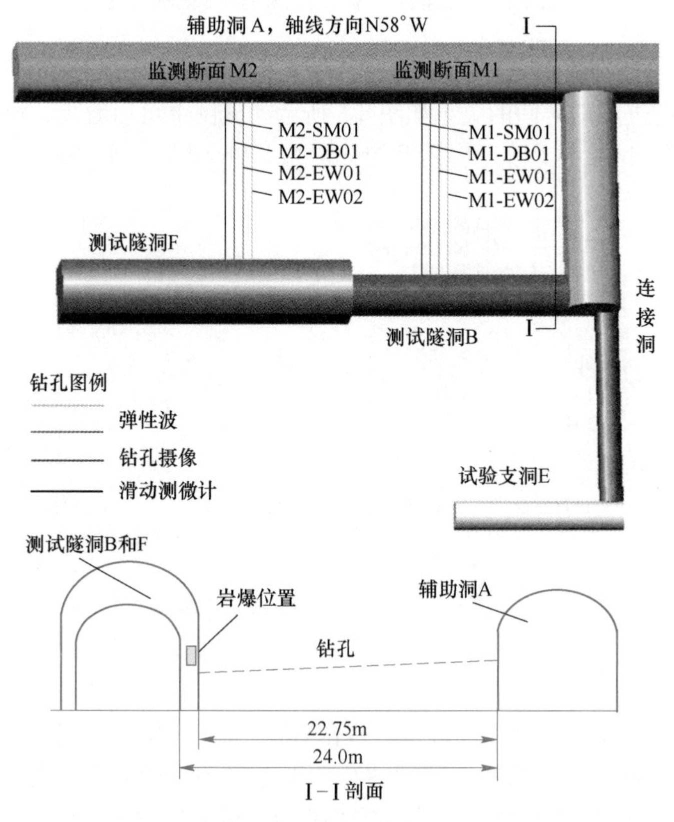

图 8-10 岩爆变形破裂机制的监测设施布置图

表 8-8 监测钻孔的基本参数及用途

钻孔编号	轴线方向/(°)	倾角/(°)	直径/mm	长度/m	测试用途
M2-SM01	212	−2	110	23.7	岩体变形监测
M2-DB01	212	−2	91	22.75	岩体破裂
M2-EW01	212	−2	75	22.0	跨孔弹性波
M2-EW02	212	−2	75	22.0	
M1-SM01	212	−2	110	25.0	岩体变形监测
M1-DB01	212	−2	91	24.0	岩体破裂
M1-EW01	212	−2	75	23.5	跨孔弹性波
M1-EW02	212	−2	75	23.5	

8.6.1.3 现场岩爆发生情况

在测试隧洞 B 和 F 开挖过程中，本次原位监测在试验洞 F 内成功监测到一次岩爆。岩爆发生时间为 2010 年 1 月 9 日凌晨，距离岩体开挖完成约 53h，岩爆区距离掌子面 5.9m，距离试验洞 F 洞口 17.8m，最大爆坑深度 0.4m，岩爆体积约 6.3m^3。岩爆区 10m 范围内岩体相对较完整，其边界靠近试验洞 F 洞口方向有一节理 J18，产状为 085°∠65°~70°，如图 8-11 所示。

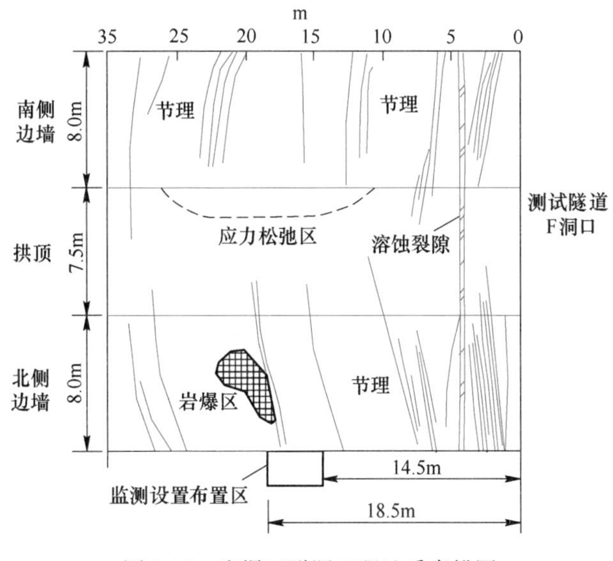

图 8-11 岩爆区隧洞工程地质素描图

8.6.1.4 原位监测结果分析

根据监测设施的布置，试验设计的岩体边坡破裂监测断面布置在距离试验洞 F 洞口 14.5~18.5m 范围内，正好位于岩爆发生区附近，相关监测数据可为岩爆孕育演化特征分析提供依据。由于监测断面 M1 距离岩爆位置较远，该监测结果主要针对岩体边坡破裂监测断面 M2 的测试结果进行相关分析。

A 岩爆孕育过程中岩体裂隙演化特征

岩爆孕育过程中的裂隙的演化过程通过数字钻孔摄像测试分析技术获得，利用位于该区的监测钻孔 M2-DB01，基于一系列不同时间的钻孔孔壁360°数字图像分析，获得岩爆发生前后裂隙的演化特征。由图 8-12 可见，测试钻孔 19.0~20.1m 段为新生裂隙集中发育段，有张开、扩展和裂隙宽度减小的演化特征。由于孔深 20.2m 处在 1 月 4 日突然塌孔，钻孔摄像探头无法穿过，该位置距离孔底段裂隙在岩爆前的详细演化过程不能获得，由于距离开挖隧洞边墙越近，围岩受影响越大，可以推断该孔段也出现了密集的新生裂隙并造成了掉块和塌孔。

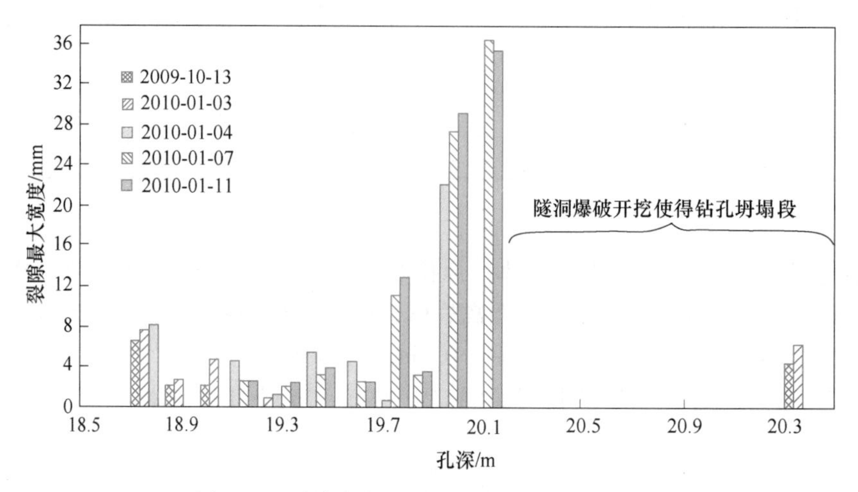

图 8-12　裂隙宽度随不同开挖时间的演化特征

B　岩爆孕育过程中岩体变形演化特征

利用围岩变形监测孔 M2-SM01，在钻孔全长埋设测斜管并每隔 1.0m 间距安装金属测环，在隧洞开挖过程中连续测试钻孔轴向的变形。为有效评估试验洞 F 开挖过程中围岩的变形，现以距离孔口 4.0m 处不动点为钻孔全长各测点的位移参照点，测试获得的不同时间钻孔全长变形曲线如图 8-13 所示。可以看出，开挖后测试日期内获得隧洞边墙最大位移量为 2.3mm，位移变化拐点距离孔口约 12.0m（距离试验洞南侧边墙 10.75m）。2010 年 1 月 12 日后，一方面，由于爆破开挖使得地下水和岩屑混合物从孔口返出，污染了测试环境。另一方面，岩爆后围岩开挖损伤区进一步破裂，可能使得测斜管断裂或塌孔，致使变形测试无法继续。

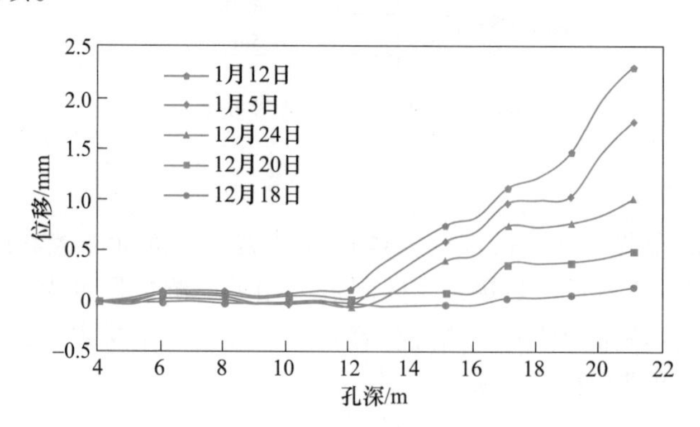

图 8-13　围岩变形随不同开挖时间的演化特征

为进一步探讨围岩变形与岩爆孕育演化的关系，取距离隧洞 F 边墙最近的两个测点（P01、P02）进行分析，在开挖时间方面，绘制其与施工开挖及岩爆的变化关系如图 8-14 所示。自 2010 年 1 月 3 日隧洞 F 下层开始开挖至 2010 年 1 月 9 日岩爆前，围岩变形可划分为三个阶段：（1） 1 月 3 日~1 月 5 日，变形加速期，距离边墙 1. 0m 的测点变形自 1. 2mm 增加到 1. 8mm；（2） 1 月 5 日~1 月 7 日，变形相对平静期，距离边墙 1. 0m 的测点变形自 1. 8mm 变化为 1. 86mm；（3） 1 月 7 日~1 月 9 日，变形加速期，距离边墙 1. 0m 的测点变形自 1. 86mm 增加到 2. 1mm。针对岩爆发生前兆的这一特征，考察 P01 监测点，绘制掌子面与监测断面空间关系如图 8-15 所示，可见，在测试隧洞 F 下层开挖过程中，考察掌子面与监测断面的距离，记为 S，当 $-8.5\text{m}<S<-0.5\text{m}$ 为变形加速期，当 $-0.5\text{m}<S<2.5\text{m}$ 为变形相对平静期，当 $2.5\text{m}<S<8.7\text{m}$ 为变形加速期，而后发生岩爆，此时掌子面距离岩爆区中心为 5. 9m。

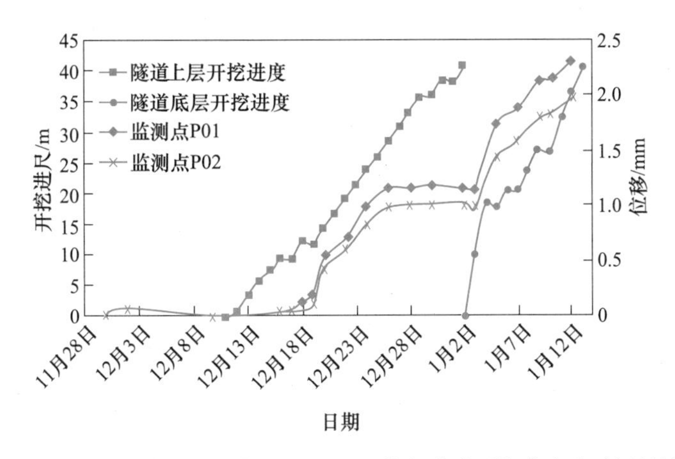

图 8-14 距离隧洞边墙的监测点 P01 和 P02 的变形随开挖进度及时间的演化特征

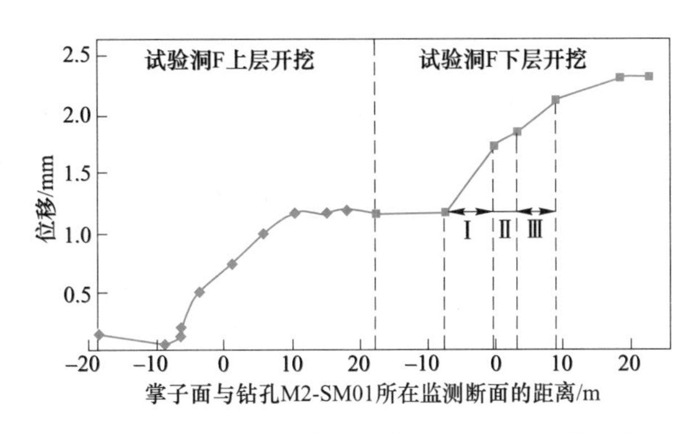

图 8-15 隧洞围岩的变形与掌子面距离的变化特征

C 岩爆孕育过程中岩体弹性波演化特征

设置间距为 1. 0m 的测试钻孔 M2-EW01 和 M2-EW02，采用跨孔声波测试方法，获得隧洞开挖过程中不同时间的钻孔间岩体弹性波的变化，如图 8-16 所示。

从测试结果可以看出，2009 年 10 月 27 日和 2010 年 1 月 10 日，由于岩爆前后开挖损

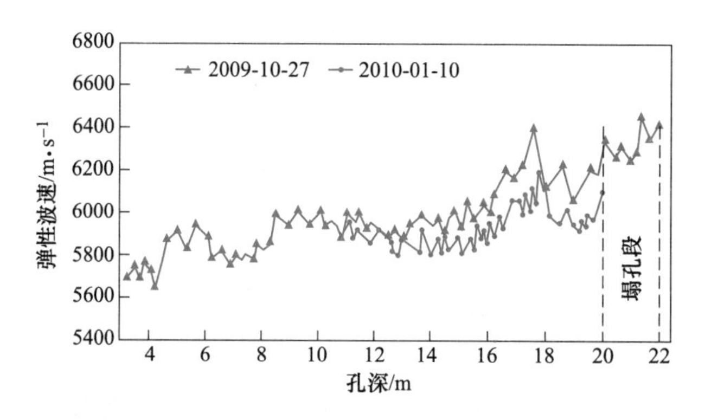

图 8-16 隧洞开挖过程中弹性波随时间的演化特征

伤区的裂隙形成和扩展，孔深大于 15.0m 的岩体波速显著下降，测试获得的岩体弹性波最大下降幅度约为 4%。由于钻孔塌孔无法获取数据，临近测试隧洞 F 南侧边墙 2.75m 范围内（孔深大于 20m）的岩体损伤程度更大，其测点波速下降幅度应大于 4%。

D 岩爆孕育过程的机制分析

深埋条件下硬岩通常处于高应力状态。随着隧洞的开挖，隧洞围岩将产生显著的开挖卸荷效应，围岩内的三向应力大小和方向均将发生调整和重分布。当调整后的应力状态达到或超过岩体极限强度时，岩体便产生裂隙，进而发生破坏。另外，处于真三轴应力状态下的硬岩开挖卸荷后，当一个方向应力降低或消失，使得原岩储存的高弹性应变能对外释放，在隧洞没有支护或缺少有效支护的条件下，弹性应变能转化为破裂岩体的动能，使得破裂岩体崩落甚至向外抛射，形成岩爆。根据综合测试的结果，岩爆孕育演化可划分为以下四个过程：应力调整、能量聚积、裂隙萌生-扩展-贯通、破裂岩体崩落和弹射。

（1）应力调整。在开挖前隧洞围岩处于原岩应力状态，并保持稳定。但在隧洞开挖后，围岩内应力受到扰动，径向应力减小，切向应力增大，随着围岩内裂隙发展及表层围岩破坏，而出现应力进一步的调整。

（2）能量聚积。隧洞开挖后在应力调整的过程中，切向主应力的增大使得本来已经储存高弹性能的隧洞围岩能量进一步聚积，在受到隧洞围岩约束的条件下产生应力集中，从而出现裂隙尖端增亮发白的现象。

（3）裂隙萌生-扩展-贯通。在隧洞开挖后，即使较低的切向应力条件（0.35~0.45 单轴抗压强度）也会使得隧洞围岩发生破坏。而隧洞开挖后在不断的应力调整过程中，随着围岩内真三轴应力的大小变化、应力路径及主应力方向的旋转，岩体中原生结构面扩展，并萌生了新的裂隙，随后进一步扩展和贯通。

（4）破裂岩体崩落和弹射。岩爆发生前岩爆区岩体已经产生了大量的裂隙，隧洞围岩在没有支护或缺乏有效支护的条件下，岩体内的裂纹不断扩展和贯通，能量聚积至一定程度后发生岩爆。岩体内聚集的应变能除被岩体破裂消耗外，相当一部分剩余的弹性应变能转化为了动能，使得隧洞围岩破裂的岩体或岩块产生崩落、抛射、弹射等不同的运动方式。

8.6.1.5 岩爆预警

锦屏二级水电站深埋隧洞岩爆预警主要基于微震信息演化规律，其预警方法流程如图8-17所示。预警方法的建立包括以下四个方面：

（1）确定岩爆风险预警区域以及用来岩爆预警的微震参变量；

（2）收集岩爆实例，建立岩爆实例数据库，提炼不同等级岩爆孕育过程中预警区域微震参变量的特征值；

（3）分析微震参变量与岩爆等级之间的关系，构建各个微震参变量的不同岩爆等级的概率分布函数；

（4）分析岩爆孕育过程中各微震参变量之间的关系及重要性，建立包含所有微震参变量的岩爆等级及其概率预警公式。

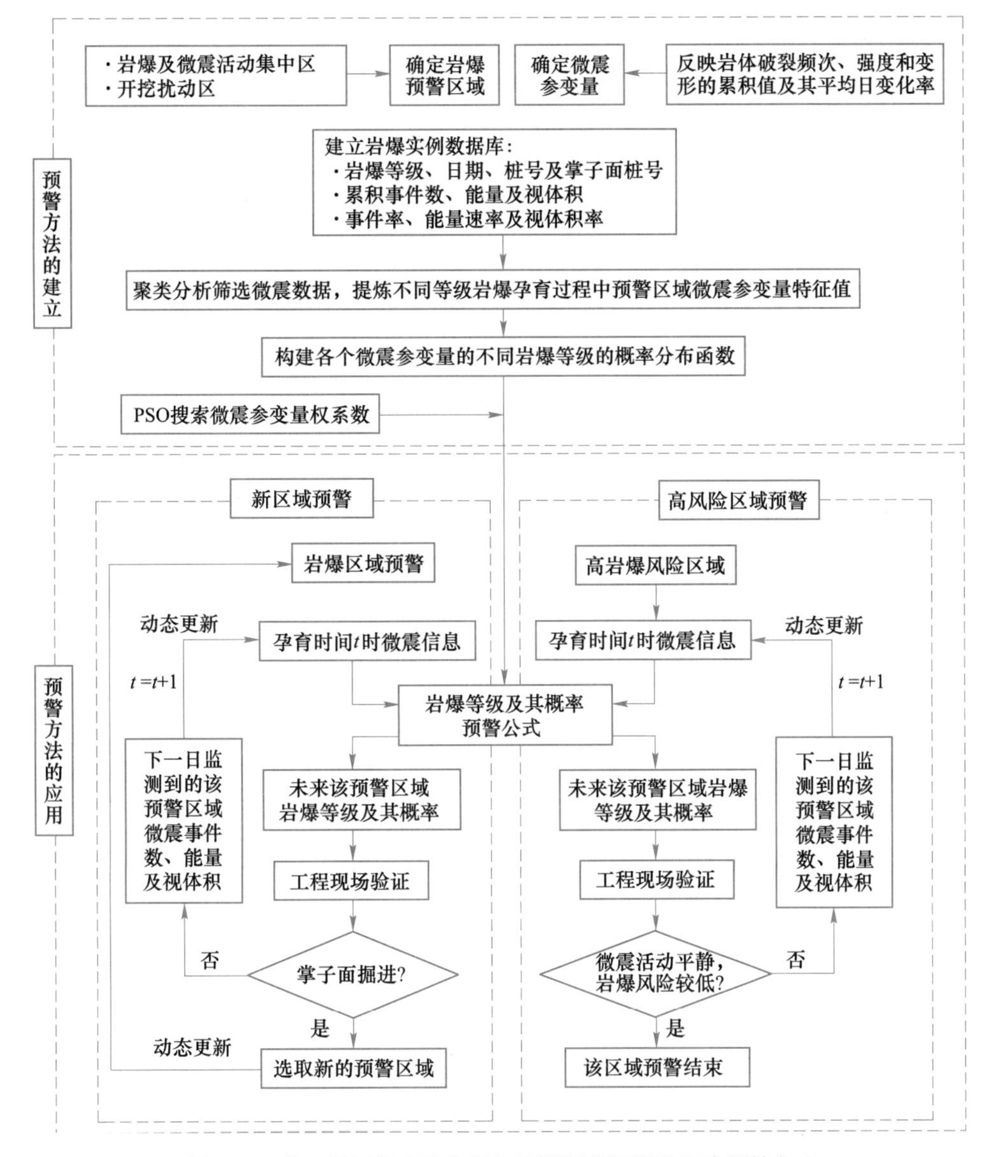

图8-17 基于微震信息演化规律的深埋隧洞岩爆风险预警方法

基于微震信息演化规律的岩爆预警方法的应用包括以下四个方面：

（1）选取岩爆预警区域，获取该区域微震参变量累积值及其平均日变化率。

（2）根据岩爆等级及其概率预警公式对未来该预警区域岩爆等级及其概率，进行预警。

（3）若掌子面向前掘进，则向前推进前一天掘进进尺，更新区域进行预警；若掌子面未掘进，则将下一日监测到的该预警区域微震参变量值累加到该区域微震信息中，动态更新预警区域微震参变量累积值及其平均日变化率。若原预警区域为高风险岩爆区域，则将下一日监测到的该预警区域微震参变量值累加到该区域微震信息中，动态更新原预警区域微震参变量累积值及其平均日变化率。

（4）根据岩爆等级及其概率预警公式，输入上述更新后的预警区域微震参变量累积值及其平均日变化率，对新预警区域或原预警区域未来岩爆等级及其概率进行预警。转到（3），连续进行该区域的岩爆等级及其概率预警，直至预警工作结束。

这样，可以以一天为时间单元，及时进行岩爆的动态预警。

1）微震参变量的选取。考虑时间因素，最终选取的微震参变量包括两大方面，一是反应岩体总破裂次数、强度和变形的累积微震参变量（累积事件数、累积能量和累积视体积）；二是反应破坏时间效应的岩体平均破裂速率、能量和变形演化的微震参变量（事件率、能量速率和视体积率）。微震事件数说明选定预警区域内微破裂的集结程度，能量与视体积体现微破裂的强度和尺寸，将其累积值与平均日变化率相结合，能较好地综合说明岩体内部破裂或滑移的性质。

2）岩爆实例数据库。在锦屏二级水电站深埋隧洞施工过程中，发生多次岩爆，并监测到大量的微震数据（如图 8-18 所示）。岩爆实例数据库包含不同等级岩爆的发生日期和区域，掌子面桩号及微震参变量信息，通过分析不同等级岩爆孕育过程中微震参变量特征，可获取岩爆等级与微震参变量之间的定量关系，为提炼岩爆综合预警公式提供基础。根据钻爆法开挖深埋隧洞洞段岩爆及微震监测情况，整理基于完整连续微震监测数据的不同等级岩爆实例，由于监测洞段无极强岩爆，建立了包含无、轻微、中等和强烈岩爆四种等级的实例数据库。表 8-9 给出了四种等级岩爆实例的微震统计信息。

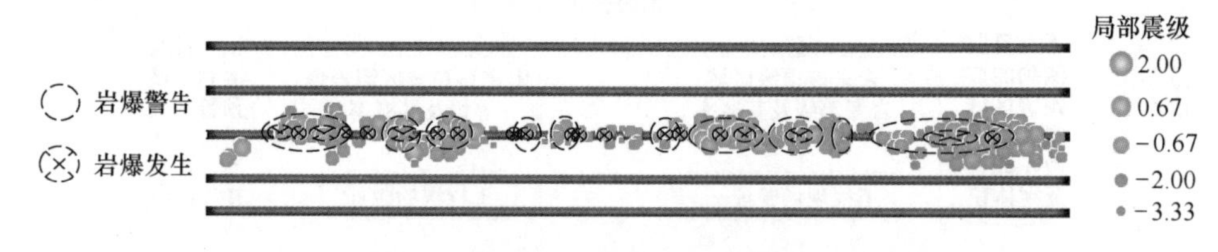

图 8-18 锦屏二级水电站深埋隧洞微震空间分布图（部分）

表 8-9 钻爆法开挖深埋隧洞岩爆微震统计信息实例

岩爆等级	时间	累积事件数 /个	累积释放能量对数 $\lg E$/J	累积视体积对数 $\lg V/\mathrm{m}^3$	事件率 /个 · d^{-1}	能量速率对数 $\lg E$/J · d^{-1}	视体积率对数 $\lg V/\mathrm{m}^3 \cdot \mathrm{d}^{-1}$
强烈	2011-01-11	49	6.419	4.995	12.3	5.817	4.393
中等	2011-05-20	14	5.841	4.622	1.6	4.887	3.668

续表 8-9

岩爆等级	时间	累积事件数/个	累积释放能量对数 lg$E$/J	累积视体积对数 lg$V$/m^3	事件率/个·d^{-1}	能量速率对数 lg$\dot{E}$/J·d^{-1}	视体积率对数 lg$\dot{V}$/m^3·d^{-1}
轻微	2010-12-30	11	4.029	4.944	1.2	3.075	3.990
无	2010-12-12	3	3.668	3.609	0.5	2.890	2.831

3）岩爆等级及概率预警公式。对于不同等级岩爆孕育过程中的微震参变量进行分析之前，有必要对微震数据进行预处理，将离散较大、较奇异的值不予以考虑，筛选出较为集中、具有普遍性的数据。之后，以不同等级岩爆孕育过程中微震参变量的均值为各自等级岩爆的中心点和相邻等级岩爆的分界点，构建各个微震参变量的不同等级岩爆的概率分布函数。

数据筛选后，计算不同等级岩爆孕育过程中六个微震参变量的均值，将均值作为最具有代表性的特征值，当微震参变量为某等级岩爆孕育过程中该微震参变量的均值时，下一日预警区域发生该等级岩爆的可能性最大，当微震参变量离均值越远时下一日预警区域发生该等级岩爆的可能性将会越小。当微震参变量小于最低等级岩爆孕育过程中该微震参变量的均值时，可归属于最低等级岩爆；当大于最高等级的均值时，可归属于最高等级岩爆。以不同等级岩爆孕育过程中微震参变量的均值为各自等级岩爆的中心点和相邻等级岩爆的分界点，采用某种适宜的函数，利用以上思想构建各个微震参变量的不同等级岩爆的概率分布函数，记为 P_{ji}，i、j 的含义如前文所述。当 P_{ji} 越接近于 1，表示下一日预警区域基于微震参变量 j 预警 i 等级岩爆发生的概率越大。相反，P_{ji} 越接近于 0，则表示概率越小。

各个微震参变量的不同等级岩爆的概率分布函数构建如下：设 i 等级岩爆孕育过程中微震参变量 j 的均值为 A_{ji}，实际监测到的微震参变量 j 的值为 J，采用最简洁的线性分布形式，则 P_{ji} 的标准方程为：

$$\text{当}\,i\,\text{为最低等级岩爆时}, P_{ji} = \begin{cases} 1, & 0 \leqslant J \leqslant A_{ji} \\ (A_{j(i+1)} - J)/(A_{j(i+1)} - A_{ji}), & A_{ji} < J < A_{j(i+1)} \\ 0, & A_{j(i+1)} \leqslant J \end{cases} \tag{8-3a}$$

$$\text{当}\,i\,\text{为最高等级岩爆时}, P_{ji} = \begin{cases} 0, & 0 \leqslant J \leqslant A_{j(i-1)} \\ (J - A_{j(i-1)})/(A_{ji} - A_{j(i-1)}), & A_{j(i-1)} < J < A_{ji} \\ 1, & A_{ji} \leqslant J \end{cases} \tag{8-3b}$$

$$\text{当}\,i\,\text{为其他等级岩爆时}, P_{ji} = \begin{cases} 0, & 0 \leqslant J \leqslant A_{j(i-1)},\ A_{j(i+1)} \leqslant J \\ (J - A_{j(i-1)})/(A_{ji} - A_{j(i-1)}), & A_{j(i-1)} < J \leqslant A_{ji} \\ (A_{j(i+1)} - J)/(A_{j(i+1)} - A_{ji}), & A_{ji} < J \leqslant A_{j(i+1)} \end{cases} \tag{8-3c}$$

按照上述方法，对锦屏二级水电站微震监测钻爆法开挖深埋隧洞各个微震参变量与岩爆等级的概率分布函数关系进行研究。以累积微震能量与岩爆等级的概率分布函数关系为例进行说明，根据式（8-3）得到累积微震能量与岩爆等级的概率分布函数公式为式（8-4）。采用同样的方法可获取其他微震参变量的岩爆概率分布函数，图 8-19 为微震参变量与岩爆等级的概率分布函数关系。

$$
\begin{cases}
P_{\mathrm{EN}} = \begin{cases} 1, & 0 \leqslant E \leqslant 2.939 \\ (4.451 - E)/1.512, & 2.939 < E < 4.451 \\ 0, & 4.451 \leqslant E \end{cases} \\
P_{\mathrm{EW}} = \begin{cases} 0, & 0 \leqslant E \leqslant 2.939,\ 5.290 \leqslant E \\ (E - 2.939)/1.512, & 2.939 < E \leqslant 4.451 \\ (5.290 - E)/0.839, & 4.451 < E < 5.290 \end{cases} \\
P_{\mathrm{EM}} = \begin{cases} 0, & 0 \leqslant E \leqslant 4.451,\ 6.277 \leqslant E \\ (E - 4.451)/0.839, & 4.451 < E \leqslant 5.290 \\ (6.277 - E)/0.987, & 5.290 < E < 6.277 \end{cases} \\
P_{\mathrm{ES}} = \begin{cases} 0, & 0 \leqslant E \leqslant 5.290 \\ (E - 5.290)/0.987, & 5.290 < E < 6.277 \\ 1, & 6.277 \leqslant E \end{cases}
\end{cases}
\tag{8-4}
$$

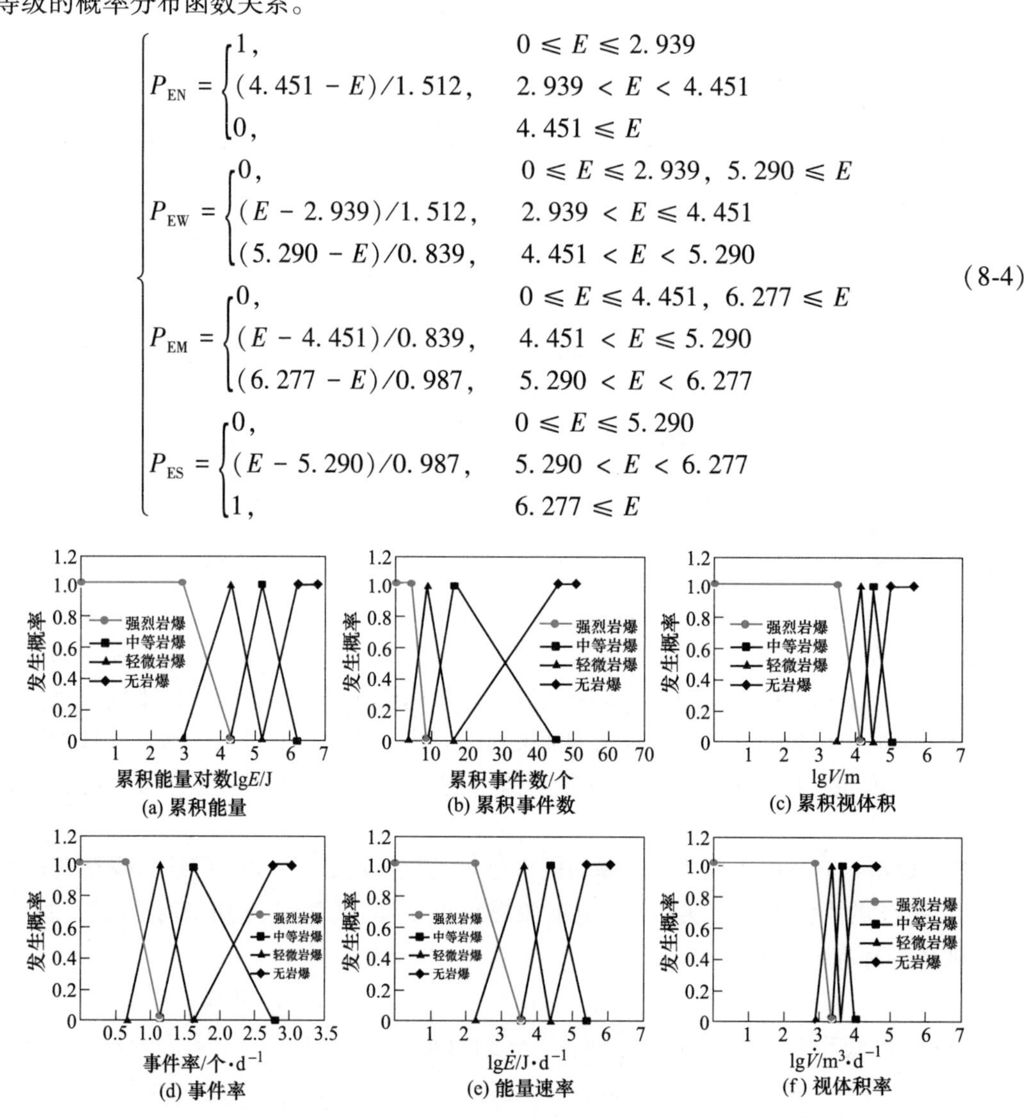

图 8-19 微震参变量与岩爆等级的概率分布函数关系

为避免单一因素的片面性与局限性，将上述参变量相互结合，对岩爆风险进行综合预警。微震参变量的结合方式采用带权系数的加和形式，根据微震参变量之间的相对重要程度对其赋以权重，最终建立基于微震信息演化规律的深埋隧洞岩爆风险预警综合公式如式（8-5)，该公式展开形式为：

$$
\begin{aligned}
P_{\mathrm{E}} &= \omega_{\mathrm{N}} P_{\mathrm{NE}} + \omega_{\mathrm{E}} P_{\mathrm{EE}} + \omega_{\mathrm{V}} P_{\mathrm{VE}} + \omega_{\dot{\mathrm{N}}} P_{\dot{\mathrm{N}}\mathrm{E}} + \omega_{\dot{\mathrm{E}}} P_{\dot{\mathrm{E}}\mathrm{E}} + \omega_{\dot{\mathrm{V}}} P_{\dot{\mathrm{V}}\mathrm{E}} \\
P_{\mathrm{S}} &= \omega_{\mathrm{N}} P_{\mathrm{NS}} + \omega_{\mathrm{E}} P_{\mathrm{ES}} + \omega_{\mathrm{V}} P_{\mathrm{VS}} + \omega_{\dot{\mathrm{N}}} P_{\dot{\mathrm{N}}\mathrm{S}} + \omega_{\dot{\mathrm{E}}} P_{\dot{\mathrm{E}}\mathrm{S}} + \omega_{\dot{\mathrm{V}}} P_{\dot{\mathrm{V}}\mathrm{S}} \\
P_{\mathrm{M}} &= \omega_{\mathrm{N}} P_{\mathrm{NM}} + \omega_{\mathrm{E}} P_{\mathrm{EM}} + \omega_{\mathrm{V}} P_{\mathrm{VM}} + \omega_{\dot{\mathrm{N}}} P_{\dot{\mathrm{N}}\mathrm{M}} + \omega_{\dot{\mathrm{E}}} P_{\dot{\mathrm{E}}\mathrm{M}} + \omega_{\dot{\mathrm{V}}} P_{\dot{\mathrm{V}}\mathrm{M}} \\
P_{\mathrm{W}} &= \omega_{\mathrm{N}} P_{\mathrm{NW}} + \omega_{\mathrm{E}} P_{\mathrm{EW}} + \omega_{\mathrm{V}} P_{\mathrm{VW}} + \omega_{\dot{\mathrm{N}}} P_{\dot{\mathrm{N}}\mathrm{W}} + \omega_{\dot{\mathrm{E}}} P_{\dot{\mathrm{E}}\mathrm{W}} + \omega_{\dot{\mathrm{V}}} P_{\dot{\mathrm{V}}\mathrm{W}} \\
P_{\mathrm{N}} &= \omega_{\mathrm{N}} P_{\mathrm{NN}} + \omega_{\mathrm{E}} P_{\mathrm{EN}} + \omega_{\mathrm{V}} P_{\mathrm{VN}} + \omega_{\dot{\mathrm{N}}} P_{\dot{\mathrm{N}}\mathrm{N}} + \omega_{\dot{\mathrm{E}}} P_{\dot{\mathrm{E}}\mathrm{N}} + \omega_{\dot{\mathrm{V}}} P_{\dot{\mathrm{V}}\mathrm{N}}
\end{aligned}
\tag{8-5}
$$

式中　P_E，P_S，P_M，P_W，P_N——极强、强烈、中等、轻微和无岩爆发生的概率；

ω_i——各参变量的加权系数，可以人为设定，也可采用数学方法获得；

其他参数的含义如前文所述。

利用预警公式（8-5），输入微震参变量累积事件数、累积能量、累积视体积、事件率、能量速率和视体积率，可获取预警区域未来岩爆等级及其概率。

以某次强烈岩爆为例，其在发生前，微震参变量累计值和平均日变化率如图 8-20 所示。通过岩爆等级及其概率预警公式进行预警，结果为：$P_E=0\%$，$P_S=62\%$，$P_M=38\%$，$P_W=0\%$，$P_N=0\%$，之后该强烈岩爆发生。

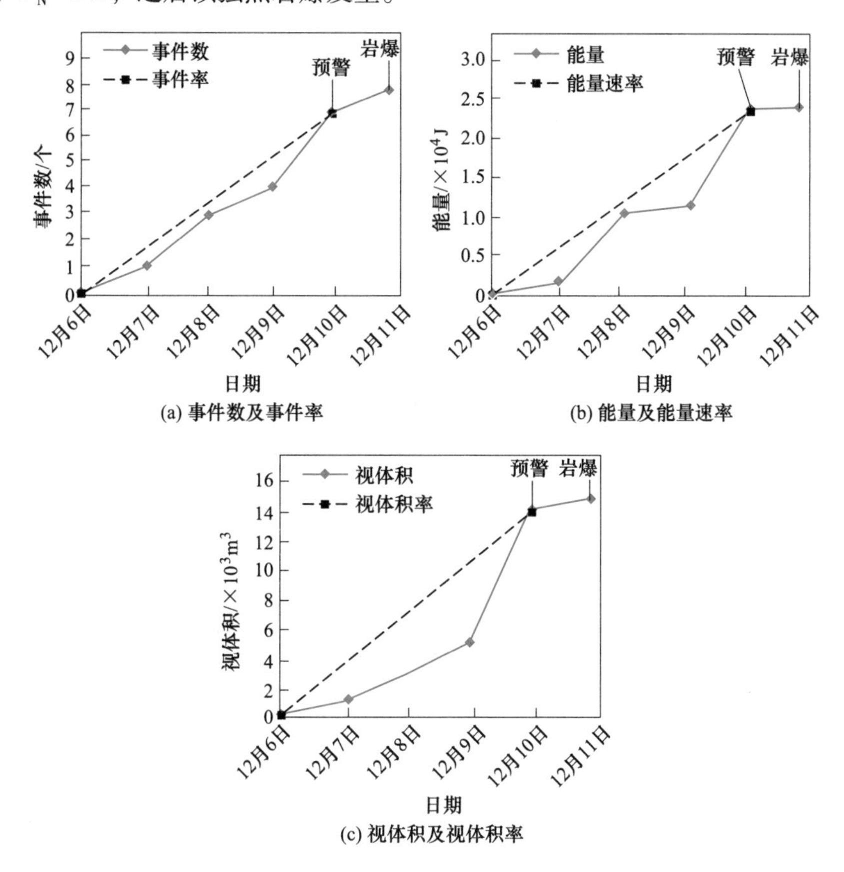

图 8-20　微震参变量随时间演化规律

锦屏二级水电站深埋隧洞岩爆预警结果部分实例如表 8-10 所示，整体上预警结果良好，主要表现在以下几个方面：

（1）绝大部分预警结果与实际相吻合，40 个实例中仅有 5 个实例稍微存在偏差。

（2）存在偏差的 5 个实例，实际发生的岩爆等级均为预警概率最大等级岩爆的相邻等级，而且是预警概率排名第二的岩爆。例如编号为 24 的实例，预警结果中概率最大的为 49.1%的轻微岩爆，实际发生了其相邻等级且预警概率排名第二的中等岩爆。

（3）实际岩爆等级对应的预警概率基本上均较大，明显高于其他等级岩爆发生的概率，绝对占优。

表 8-10 岩爆实例预警结果表

实例编号	微震信息						预警结果				现场实际情况
	累积事件数/个	累积释放能量对数 lg$E$/J	累积视体积对数 lg$V$/m^3	事件率/个·d^{-1}	能量速率对数 lg$\dot{E}$/J·d^{-1}	视体积率对数 lg$\dot{V}$/m^3·d^{-1}	无岩爆	轻微岩爆	中等岩爆	强烈岩爆	
7	41	5.986	4.694	3.727	4.926	3.653	0.000	0.000	0.380	0.620	强烈岩爆
16	14	5.841	4.622	1.556	4.887	3.668	0.000	0.039	0.691	0.271	中等岩爆
18	17	4.754	4.397	1.889	3.800	3.443	0.016	0.404	0.547	0.033	
21	18	5.295	4.703	1.800	4.295	3.703	0.000	0.004	0.839	0.158	
22	10	5.322	4.238	1.429	4.477	3.393	0.026	0.458	0.505	0.011	
24	14	4.818	4.266	1.273	3.776	3.225	0.060	0.491	0.449	0.000	
28	17	4.944	4.598	1.545	3.902	3.556	0.000	0.165	0.782	0.053	
30	18	5.602	4.779	1.800	4.602	3.779	0.000	0.000	0.682	0.318	
31	19	5.865	4.263	1.900	4.865	3.263	0.052	0.218	0.479	0.250	
32	20	5.589	4.589	1.818	4.548	3.547	0.000	0.000	0.816	0.184	
33	11	5.926	4.141	1.222	4.972	3.186	0.078	0.438	0.260	0.224	
37	8	5.621	4.620	2.000	5.019	4.018	0.000	0.239	0.448	0.313	
38	12	4.912	4.565	1.500	4.009	3.662	0.000	0.278	0.672	0.050	
42	7	4.834	4.116	0.538	3.721	3.002	0.214	0.634	0.152	0.000	轻微岩爆
43	10	4.614	4.611	1.111	3.660	3.657	0.000	0.523	0.407	0.069	
46	4	4.530	4.557	0.667	3.752	3.779	0.258	0.380	0.286	0.076	
48	3	4.610	3.372	1.000	4.133	3.255	0.459	0.459	0.082	0.000	
50	10	4.446	4.370	1.667	3.668	3.592	0.001	0.605	0.376	0.018	
53	4	4.595	3.708	1.000	3.993	3.106	0.442	0.486	0.072	0.000	
55	7	4.381	4.132	1.750	3.779	3.529	0.052	0.828	0.108	0.012	
56	13	4.408	4.428	2.167	3.629	3.650	0.009	0.464	0.464	0.063	
58	3	4.443	4.291	0.600	3.744	3.592	0.327	0.475	0.186	0.012	
60	1	0.780	3.441	0.333	0.303	2.964	0.992	0.008	0.000	0.000	无岩爆
62	3	4.448	4.261	0.333	3.493	3.306	0.371	0.578	0.052	0.000	
65	3	3.668	3.609	0.500	2.890	2.831	0.798	0.202	0.000	0.000	
66	7	4.300	3.018	0.778	3.345	2.064	0.426	0.574	0.000	0.000	
67	1	2.970	4.164	0.333	2.493	3.684	0.667	0.212	0.085	0.036	
68	5	3.996	3.279	1.000	3.297	2.580	0.584	0.416	0.000	0.000	
69	2	1.210	4.146	0.500	0.608	3.544	0.684	0.195	0.121	0.000	
72	1	1.650	2.787	0.167	0.872	2.009	1.000	0.000	0.000	0.000	
75	1	0.900	2.759	1.000	0.900	2.759	0.947	0.053	0.000	0.000	
76	4	4.737	4.173	0.800	4.038	3.747	0.255	0.618	0.127	0.000	
78	1	1.670	4.033	0.333	1.193	3.556	0.718	0.161	0.118	0.003	

续表 8-10

实例编号	微震信息						预警结果				现场实际情况
	累积事件数/个	累积释放能量对数 $\lg E$/J	累积视体积对数 $\lg V/m^3$	事件率 /个·d^{-1}	能量速率对数 $\lg\dot{E}$ /J·d^{-1}	视体积率对数 $\lg\dot{V}$ /m^3·d^{-1}	无岩爆	轻微岩爆	中等岩爆	强烈岩爆	
79	1	1.720	3.857	0.167	0.942	3.079	0.861	0.139	0.000	0.000	无岩爆
81	2	1.390	2.908	1.000	1.089	2.607	0.947	0.053	0.000	0.000	
82	5	2.435	3.878	0.455	1.393	2.836	0.772	0.228	0.000	0.000	
84	4	1.316	3.114	0.444	0.361	2.160	0.946	0.054	0.000	0.000	
86	1	0.780	3.441	0.250	0.178	2.839	1.000	0.000	0.000	0.000	
92	3	4.211	3794	0.750	3.609	3.192	0.531	0.466	0.003	0.000	
93	2	1.940	3.250	1.000	1.639	2.949	0.942	0.058	0.000	0.000	

8.6.2 金属矿山

对于深部金属矿山来说，其开采范围大、开采系统复杂，垂直开采深度超过1000m、水平延伸达数千米、井巷工程呈空间立体型复杂交错布置且长度可达数万米；开采强卸荷、爆破强扰动且叠加效应显著，单次最大药量达数吨、数十个采场同时开采作业；扰动源众多，包括巷道掘进、采场回采与充填、凿岩、探矿等。由此诱发的岩爆在采场、巷道、竖井等均有可能发生（如图8-21所示）。

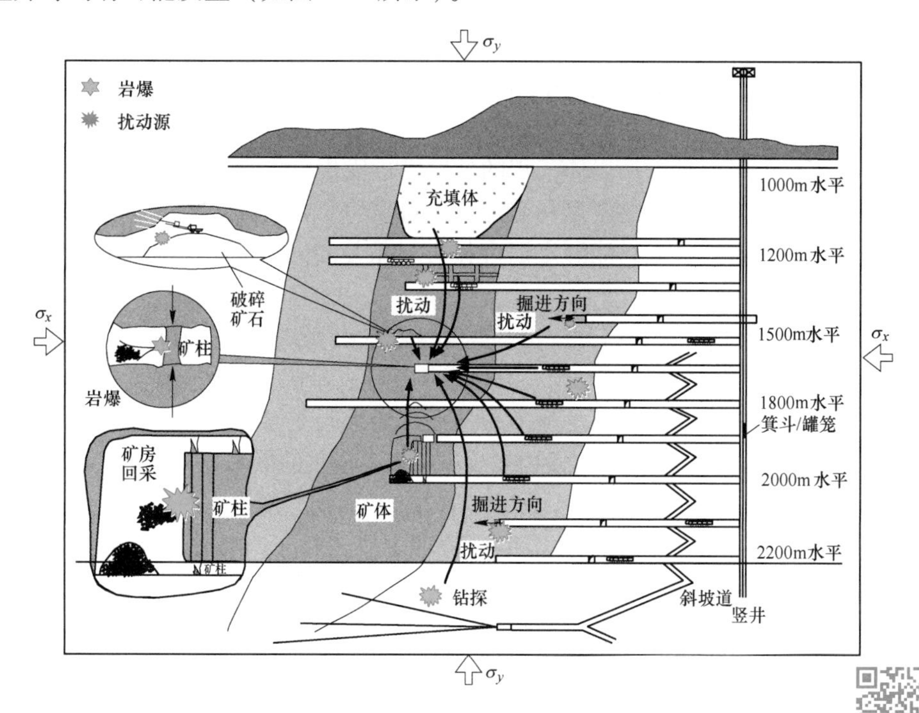

图 8-21 深部金属矿山工程结构的复杂性和扰动源多样性示意图

彩色原图

对开采中的矿山来说，岩体的几何尺寸每天都在发生着改变，因而导致微震事件发生的驱动力每天在改变，对某个特定的区域，矿山微震的历史数据（如两年前的数据）对考察今后一段时间（如一个月）内该区域地压灾害的参考价值不大，这是因为两年中不断的采矿作业在很大程度上改变了区域的几何形态，致使驱动力已发生了很大的变化。因此，需要不同的方法来考虑变化过程中驱动力对地压灾害估计的影响，这可以通过对传统方法进行修正或发展新的分析方法来完成。由于矿山微震监测的目标有长、中、短期之分，因此，需要建立针对上述不同时间尺度的微震灾害评估方法。下面介绍南非金矿关于岩爆等地压灾害风险管理方法及应用。

（1）长期灾害评估。“长期”一般可以指在此时段内矿山可以针对地压发生的潜在区域而改变采矿参数设计。从 20 世纪 80 年代开始，有岩爆灾害的南非矿山在很大程度上依赖于数值模拟的方法来做矿山开采设计，以尽量减少岩爆事件的发生。作为微震监测的其中一个目的，矿山反分析就是为了完善长期采矿计划而进行的，通过反分析可以在数值模拟结果和微震监测数据之间建立相关关系。长期微震风险评估中最重要的一个任务是建立与维护一个微震数据库以便进行反分析和数值模拟。对一个给定的采矿方法，需要同时采用微震灾害反分析和数值模拟反分析相结合的方式以针对采矿计划进行灾害评估。通过建立微震参数和数值分析之间的相关关系，就可对灾害做出评估，并对所设计的开采方法做出相应的调整。当这个调整后的采矿计划开始实施后，应不断地对实际的采矿过程进行模拟，做出地压灾害评估，不断对先前的微震和数值模拟的相关关系进行定期更新，必要时对未来采矿风险进行重新评估。这种方法适合于已积累了一定数量微震数据的已开采的矿山。

（2）中期灾害评估。“中期”指的是一个时段，期间可以允许采取预防性措施，例如改变采矿进度或者改变巷道位置的策略。中期微震灾害估计是对微震数据进行分析，将获取的与微震应变和应力有关的参数在空间分布上进行叠加对比，以判断是否存在潜在的不稳定性。对不同区域（通常是生产作业区）的微震活动性进行定量和统计分析，从而对这些区域的灾害进行分级比较，从岩体工程的角度进行优化风险管理。尽管在某个特定时段内对某个特定区域的岩体进行的定量和统计分析对预估今后微震活动性的价值有限，但其对灾害的分级仍然很有用。如果能够定期（按月）重复相同的分析，就可以获得微震灾害的演化过程。

传统地震灾害分析的结果是得到一份微震震级概率图表，横坐标为时间区间，纵坐标为震级。对两个区域进行对比，可以发现一个区域 A 比另一个区域 B 在概率上更具灾害性，比如说在一个月内发生 2 级以上地震的概率。然而，如果改变参照震级，如改为 3 级以上地震，就有可能发现区域 B 在相同的时段内发生 3 级以上地震的概率更大。灾害级别的概念是将灾害与震级和时间段建立联系，用一个量值来估计地震矩与能量在一年内的变化。

（3）短期灾害评估。“短期”微震风险管理主要依赖于对特定微震参数进行时程分析，通过用时间和参数过滤的方式控制微震的时间分布特征，优化分析以确保成功率。

通过对微震时程记录分析进行短期稳定性评估的原理可以简述为微震时程分析的主要目的是定量估计将要发生的岩体失稳。频繁发生的大微震事件通常有许多前兆，例如能量指数突降，累积视体积持续增加等。由于岩体失稳的演化和成核过程的动力学原理还不十分清楚，因此，任何方向发生明显异常的微震参数的变化，都应立刻加以足够的关注。短期微震灾害评估对矿山作业的日常风险管理极为重要。然而，人们通常认为矿山地震或地震事件是不可预测的。在地下矿山灾害预警中，需要回答的问题是在特定时间将作业人员送到特定的作业区时能否保证他们安全，如果不能提高这种短期预报的成功率，那么就没有达到应用微震监测技术的一个主要目的。

在过去十年，利用累积视体积（V_A）与能量指数（EI）等微震参数的时程分布进行预警的方法已被南非很多矿山应用，为描述这些估计，可根据微震参数的演化规律将微震灾害分级分为“预警 1，预警 2，…”。目前，该系统现被升级为“微震灾害分级系统的日常分类”（Routine Rating of Seismic Hazard Rating，RRoSH），并成功地被 10 多个南非金矿用于评估 100 多个作业面的日常灾害分级评估。

这种灾害分级体系的成功率可以通过反分析加以考察，可采用统计的方法确定某个区域内发生高于平均率的破坏微震事件的概率。将此概率与该事件发生在其他区域的概率进行比较，得到的这些概率比值就是灾害分析体系的成功率，合理的成功率是一个可能的破坏性事件发生的概率约三倍于该事件发生于其他区域的概率。表 8-11 给出 RRoSH 在 Far West Rand 一些矿山的实际应用中的一些结果。

表 8-11　RRoSH 在南非矿山应用的成功率

应用矿山	预　警　指　标	概率/%
矿山 A	在班时间内发生 $m \geqslant 1$ 事件	5.28
	在班时间内发生 $m \geqslant 1$ 事件，如果此前 60h 内 RRoSH≥3，即发生警报	14.18
	在班时间内发生 $m \geqslant 1$ 事件，如果此前 60h 内 RRoSH<3，即撤销预警	0.23
矿山 B	在班时间内发生 $m \geqslant 1$ 事件	10.3
	在班时间内发生 $m \geqslant 1$ 事件，如果此前 2 天内 RRoSH≥4，即发生警报	36.97
	在班时间内发生 $m \geqslant 1$ 事件，如果此前 2 天内 RRoSH<4，即撤销预警	2.52

任何微震灾害估计都需要选定进行估计的空间单元，空间单元的范围与选用的灾害评估方法和主要关注事件的大小有关。一个简便的方法是选择生产区域（如一个作业面）作为分析所需的空间单元，因为对作业面的风险管理通常容易实施，这种选择适合于时程分析。如果仅考虑那些由特定作业场产生的事件，最大震级事件的线性尺度与采场的尺度应该在同一量级。然而，还需要考虑通常发生在结构（断层、岩脉、矿壁、矿柱）上的大事件，这些大事件通常受多于一个采场的影响。对这样的结构，空间单元需要包括可能遭到微震破坏的结构所在区域。另一个需要考虑的因素是微震监测系统的灵敏性、定位精度和分析目的。例如，如要达到 0.5 震级的精度，空间分辨率需要精确到采矿条带的尺度大小，系统灵敏度需要达到-1.5 震级，定位精度小于 10m。

对南非深井金矿通常选用三个层面的空间单元来进行微震分析与解释，可以分为 A、B、C 三类。这三类单元的尺度及相应的分析任务列于表 8-12。

表 8-12　典型空间单元尺度与分析方法

空间单元	最大线性尺度	分析目的	分析方法	时间尺度
A	>1000m 矿山范围	矿山微震大致趋势	统计分析：一般性趋势	月、年
B	500~1000m 部分矿山	防止：监测异常空间分布形式	绘制微震事件等值线图	周、年
C	100~400m 通常为作业区	控制：中期风险管理；短期风险管理	统计与定量微震灾害评估；稳定性分析	月、周、天：换班前

本章小结

岩爆是深部工程开挖或开采过程中常见的一种地质灾害，具有随机性、瞬时性、多样性、分界性、周期性、可预警性等特征。依据发生时间与施工时间和空间的关系，岩爆分为即时型岩爆、时滞型岩爆和间歇型岩爆；依据孕育机制分类可分为应变型和断裂型。由于孕育机制不同，岩爆强度等级也有较大差别。国内外学者多采用能量指标、脆性指标、刚度指标和时间指标等定量评价岩爆倾向性。

高储能性的岩体、高地应力是岩爆发生的两个必要条件。岩爆发生风险评估与预警主要监测内容和技术手段主要有基于岩体应力和物理力学性质的岩爆倾向性分析、基于岩体变形和力学性质评估岩爆风险和基于实时监测的岩体动态信息评估岩爆风险三种。岩爆综合监测原则和方法主要包含深部工程施工条件调查、岩体变形破裂测试的预分析、整体和局部相结合原则、重点部位重点监测的原则、测试信息的一致性原则、监测频率的动态调整原则、监测数据的即时性处理原则等。

岩爆发生前的裂隙、变形、波速、微震参数等有不同程度的前兆特征，可单独或联合多个作为岩爆发生的预警指标，实现岩爆定量预警。常见的定性或定量预警方法主要有EMS岩爆预警方法、3S原理岩爆预报预警方法、支持向量机岩爆预警方法、神经网络岩爆预警方法、构建岩爆预警概率分布函数等。随着人工智能的快速发展，将会有越来越多的智能方法应用于深部工程岩爆预警。

思 考 题

1. 简述岩爆的分类及主要特征。
2. 岩爆倾向性的判别指标有哪些？
3. 岩爆发生风险评估与预警的主要监测内容是什么？
4. 岩爆预警的主要内容是什么？
5. 简述基于概率分布函数岩爆预警方法的基本原理。
6. 金属矿山岩爆复杂性的主要原因是什么？

9 金属矿地下采空区综合监测与稳定性评估

本章提要

采空区综合监测与稳定性评估是采空区事故隐患治理的关键。本章介绍：(1) 采空区的分类与特性，包括依据规模、采矿方法、含水状态、形态规模、危害、形成时间、地表连通形式分类；(2) 采空区危害，包括危害形式及影响范围；(3) 采空区稳定性综合监测，包括形态探测与围岩稳定性监测；(4) 采空区稳定性分析方法，包括影响因素与分析方法；(5) 采空区安全分级，包括依据冲击波风险、水害、地表塌陷风险、地压活动规律和多因素安全分级；(6) 工程应用，包括现场勘探和精细调查。

9.1 概　　述

实时、连续的采空区围岩稳定性监测能够对采空区失稳、塌方等灾害的发生进行及时有效的预警，对防止地表塌陷，保障工作人员生命安全、维护周边采场稳定具有重要意义，具体如下：

(1) 采空区稳定性评估和灾害预警的重要手段。大量采空区的存在，会造成采空区围岩的移动、变形和破坏，给矿山带来安全隐患。为保证矿山的安全生产，对采空区围岩稳定性做出合理评估至关重要。利用多种监测手段开展采空区综合监测，获得采空区围岩破裂、应力、位移等信息，评估采空区围岩稳定性。在此基础上，捕捉采空区失稳灾害发生前监测信息的异常变化，总结采空区灾害前兆特征，实现采空区失稳灾害预警。

(2) 采空区维护与残矿回收的依据。地下采空区围岩的失稳与坍塌会造成严重的后果，通过合理的维护、治理可大大降低采空区坍塌的风险，对维护周边采场的稳定、减少地表塌陷具有重要意义。采空区稳定性监测可发现存在稳定性风险的矿柱和围岩，及时采取必要的措施解除风险，保证采空区的安全。同时，随着采矿技术的发展，前期开采留置于采空区的高品位矿柱也具备了开采条件，采空区监测能够为残矿回收安全管理提供指导依据。

随着埋深的增加，深部开采采空区综合监测与稳定性评估呈现出以下特点：

(1) 深部开采活动的影响显著增加。随着开采深度的增加，深部金属矿开采成本越来越高，规模化开采是深部采矿发展的趋势，不可避免地对采空区围岩带来更剧烈的冲击扰动。因此，这需要对采空区围岩加强监测，尤其是深部开采爆破扰动强度、持续时间等对采空区围岩稳定性影响的监测。

(2) 采空区与深部采区隔离矿柱重点监测。随着环保要求的日益提高和国家政策的引导，越来越多的深部矿山采用充填法开采，采空区多赋存于浅部区域。矿山常采用一定厚度的隔离矿柱降低采空区对深部采区的影响。这种情况下，隔离矿柱应力集中程度较高，其稳定性对深部开采安全至关重要，需对隔离矿柱进行重点监测。

（3）实时、快速的数据处理方法。相对于浅部工程来说，深部岩体处于高应力状态，岩体局部失稳特征更剧烈，影响范围更广，易诱发采空区群多米诺骨牌失稳效应。在进行采空区综合监测与稳定性评估过程中，所获得的数据量相对较大，急需相对应的数据快速处理方法，满足采空区灾害预警时效性要求。

9.2　采空区的分类与特性

按采空区规模分类：依据采空区数量的不同，可将采空区分为单一采空区和采空区群。单一采空区是开采孤立矿体或边缘矿体形成的采空区。一般情况下，采空区不是单独存在的，多数矿山都留有多个大小不等的采空区。在空间上密集分布、相互影响、共同作用于顶板覆岩，形成相对独立群落的若干个采空区称为“采空区群”。根据矿山单个采空区和采空区群的体积，将采空区分为小型、中型、大型和特大型采空区四个等级。采空区的规模等级按表 9-1 确定。

表 9-1　采空区的规模等级

序号	类别	等级	规模 V/万立方米
1	采空区群	小型	$V\leqslant 100$
		中型	$100<V\leqslant 500$
		大型	$500<V\leqslant 1000$
		特大型	$V>1000$
2	独立采空区	小型	$V\leqslant 1$
		中型	$1<V\leqslant 3$
		大型	$3<V\leqslant 10$
		特大型	$V>10$

按采矿方法分类：采空区是矿体开采后形成的空间，因此不同采矿方法形成的采空区也存在较大差异。根据采矿方法种类的不同可将采空区分为空场法采空区、充填法采空区及崩落法采空区。

（1）空场法采空区。空场采矿法是将矿房内的矿石采出，留下矿柱支撑顶板。空场法多用于稳固性好、顶板允许暴露大的矿岩条件。采用空场法回采形成的采空区特点是采空区体积小，形态狭长，围岩有一定的稳定性，暴露时间长，空区形态易于观测。

（2）充填法采空区。充填采矿法在回采的过程中采用充填料充填采空区。应用充填法采矿的矿山，在矿房开挖过程中形成单体小采空区，并用充填料消除采空区。如果充填体沉降变形较大或充填工艺接顶不好，仍会残留一部分采空区，尤其是采用干式充填的矿山，会残留较大体积的采空区。

（3）崩落法采空区。崩落采矿法以崩落围岩来实现地压管理，也是消除采空区的一种方法。崩落法采矿过程中，由于围岩滞后崩落形成采空区，滞后崩落的空区体积大小难以观测。这种崩落法采空区顶板面积达到一定规模后，会发生大规模突然冒落，并产生冲击波。可通过诱导冒落结合合理的覆盖层厚度，避免突然大冒落的冲击波或降低其损失。

综上，空场法是形成采空区的主要方法，充填采矿法和崩落采矿法使用不当时也会形成一定规模的采空区。

按含水状态分类：按照采空区中是否有大量积水，可将采空区分为充水采空区和不充水采空区。

（1）充水采空区。随着时间的推移，废弃的采空区逐渐被地下水或地表水充满，形成了充水采空区。充水采空区在长期地下水的浸泡下，围岩强度变差，垮塌的风险增大。如果后续的开采工程接近这种充水采空区边界，在开采扰动下，易诱发水害事故，国内已发生多起由充水采空区造成的透水事故。

（2）不充水采空区。在地下水位线以上，具备排水能力的采空区，不会发生积水或仅有少量积水，为不充水采空区。

按形态规模分类：可分为全连续、半连续和不连续采空区。

（1）全连续采空区。采空区成片连通，体积大，形态变化大，稳定性差，有较大安全隐患。

（2）半连续采空区。半连续采空区通过巷道、狭长矿房连通，有矿柱分割，虽然稳定性各自独立，但易受冲击波、空区水、炮烟、火灾等采空区次生灾害影响。

（3）不连续采空区。不连续采空区被崩落或封闭结构分隔，相互不连通，稳定性相对较好，次生灾害容易控制，但仍不能忽视塌陷隐患。

按采空区危害分类：依据采空区的危害可将采空区分为四类，如表 9-2 所示。

表 9-2 采空区危害等级划分表

采空区分类		Ⅰ	Ⅱ	Ⅲ	Ⅳ
可能的人员伤亡		无人员伤亡	造成 3 人以下死亡	造成 3 人以上 10 人以下死亡	造成 10 人以上死亡
潜在的经济损失	直接	≤100 万元	100 万~1000 万元	1000 万~5000 万元	≥5000 万元
	间接	≤1000 万元	1000 万~10000 万元	10000 万~50000 万元	≥50000 万元
综合评定		不严重	一般严重	较严重	很严重

按采空区形成时间分类：依据采空区形成时间的长短，将采空区分为老采空区与现采空区。

（1）老采空区。老采空区是指已经完成回采计划后未进行充填或崩落的采空区。历史采矿遗留，废弃的民采、盗采矿井，已经无据可查、无料可考的采空区，已经闭坑的矿井也属于老采空区。老采空区的最主要特点是与现有生产系统的关联度小。资料少、形态不清、状况不明、边界难寻，是大多数矿山治理老采空区灾害面临的问题，治理难度最大。当现有资料不能确定老采空区的特征时，应采用物探和钻探相结合的方法探测采空区。老采空区中有积水时即变为充水老采空区，成为附近区域井巷工程的危险源，威胁井下生产。

（2）现采空区。现采空区是指地下正在开采或正在嗣后处理的采空区。这种采空区变形不稳定，易发生局部的冒顶和片帮。

按地表连通形式分类：

（1）明采空区。由于顶板岩层塌陷或人为在采空区顶板开“天窗”，使地表与采空区贯通的，为明采空区。这种采空区地表水侵害的风险较高。

（2）盲采空区。不与地表贯通的采空区为盲空区。大面积盲空区突然冒落时，会形成空气冲击波，破坏力极强。

9.3 采空区危害

金属矿山采空区的首要危害是井下冒顶。金属矿山地质条件复杂多变，围岩易发生硬脆性断裂，采空区顶板可能经过较长时间的稳定阶段后突然发生垮落，同时引发矿震，盲采空区还有可能产生强烈空气冲击波。如果采空区上覆岩层厚度不足，则采空区失稳进一步引发地面塌陷和变形，导致地面人员、设备陷落。若采空塌陷影响范围内存在高坡、地表水或尾矿库还有可能造成山体滑坡、地表水灌入井下等灾害，损失惨重。此外，老空区水害、毒气和火灾等也是采空区灾害的易发类型。金属矿山采空区灾害可能导致的灾害类型如表9-3所示。统计数据表明，采空区灾害主要伤亡地点在井下，以采空区冒顶、中毒窒息形式最为多见，地表塌陷造成的人员伤亡小，经济损失大，而老采空区水害和火灾发生频度低，但容易造成群死群伤的重大伤亡事故。

表9-3 采空区灾害主要类型及原因

类别	危害形式	发生原因	影响范围
直接影响	冒顶、塌方	采空区围岩失稳垮落	全矿地下作业人员和设备
	冲击气浪	采空区坍塌急剧压缩采空区内空气	全矿地下作业人员和设备
	矿震	采空区坍塌岩石造成机械冲击和冲击气浪及岩爆的复合作用	全矿地下作业人员和设备
	突泥突水	采空区内积泥、水突然涌出	全矿作业人员和设备
	自燃	采空区内氧化反应热量得不到及时扩散	全矿地下作业人员和设备
	毒气	人员误闯入封闭采空区内	地下局部作业地点人员和设备
	串风	部分新鲜风流进入采空区	地下局部作业地点工作人员和设备
	岩爆	采空区存在加剧了应力集中	地下局部作业地点工作人员和设备
间接影响	地表崩塌	采空区垮落或顶板变形发展到地表	地表塌陷坑内人员和设备
	滑坡	采空区坍塌或顶板变形发展到地表	地表滑坡区域内人员和设备

（1）冒顶片帮。冒顶片帮是地下采空区顶板和边帮岩石冒落、崩塌，它是采空区导致的最直接的危害。金属矿山岩石硬度较高，因此冒顶片帮常常无明显前兆特征，具有突发性，发生频度高，难以防范，是矿山生产安全的主要危害。

（2）冲击气浪。采空区大面积顶板瞬时一次性冒落时，改变了采空区的容积，使空腔内的空气瞬时被压缩而具有相当高的压缩空气能量。冒落采空区内被压缩的空气能冲出垮冒区快速向周围流动，这种快速流动到采掘巷道与各个角落的气流形成强大的空气冲击波，对沿途巷道内的作业人员和设备产生极大危害。

（3）大面积冒顶诱发矿震。矿震是开采矿山直接诱发的地震现象，震源浅，危害大，小震级的地震就会导致井下和地表的严重破坏。近年来，金属矿山矿震现象增多，强度增大。

（4）突泥突水。采空区突泥突水是非煤矿山多发性工程地质灾害，因其具有突发性、隐蔽性等特点，一旦发生，往往会发生灾难性事故。

（5）地面塌陷及山体滑坡。由于受采空区影响，地表塌陷及陡坡滚石的事故在国内金属矿山中越来越多。

9.4 采空区稳定性综合监测

矿山安全事故的频发，采空区是主要诱因之一。其对矿山生产的影响是巨大的，主要体现在两个方面：一是采空区的大面积冒落易造成地表开裂及沉陷，严重威胁地表构筑物及人员安全；二是由于采空区的存在，在爆破扰动的持续作用下，易引发岩体裂隙迅速发育，并最终相互贯通，导致突水事故，直接威胁工作面及坑道作业安全。采空区稳定性监测是保障地下建筑物、构筑物、地下水资源等安全的重要手段，是开展采空区稳定性分析的前提，同时减小这种破坏性所带来的经济、环境和社会问题的重要途径。因此，必须加强采空区的监测工作。

采空区稳定性监测包含采空区形态探测和采空区围岩变形、应力、破裂等信息监测。一般情况下采用各种有效的手段，如钻探法、物探法、空区扫描法等观测采空区大小、形状的变化。通过现场监测方法能够简单、直接地了解采空区的实际地压显现情况和空区围岩的应力分布情况。目前常用的监测方法有应力监测、位移监测、声发射等几种监测技术。

9.4.1 采空区形态探测

对于金属矿山，采空区形态千差万别，采空区稳定性与此紧密相关。由于长期以来我国金属矿山，尤其是铁矿山，采用空场法、甚至崩落法形成的采空区往往具有很高的隐蔽性，人员无法进入，且难以掌握采空区的方位及大小，不能进行及时有效的处理，从而造成了大面积地表塌陷，因此对隐覆采空区进行准确定位与探测，具有重要意义。目前主要采用工程钻探及工程物探的方式对采空区进行探测。根据探测工具的不同，电法探测可分为高密度电法及常规电阻法。电磁法探测可分为井间电磁波透视法、探地雷达法及瞬变电磁法；非电法探测可分为 3D 激光探测法、人工实测法及钻孔法；地震波探测可分为地震波速法、浅层地震法及瑞雷波法。各方法技术特点及适用范围见表 9-4。

表 9-4 采空区探测技术及其主要特点

方法名称	电法采空区探测技术		电磁法采空区探测技术			非电法采空区探测技术			地震波法采空区探测技术		
	高密度电法	常规电阻法	井间电磁波透视法	探地雷达法	瞬变电磁法	3D 激光探测法	人工实测法	钻孔法	地震波速法（CT）	浅层地震法	瑞雷波法
利用岩层性质	视电阻率差异	视电阻率差异	电磁波传播速度差	波形与波幅差	脉冲波速差	光波岩壁反射观察	—	—	光波透射与绕射时间差	地震波反射时差与强调	瑞雷波的频散效应
探测深度/m	100	100	<30	<30	<30	无限制	无限制	<200	<30	<30	<30

续表 9-4

方法名称	电法采空区探测技术		电磁法采空区探测技术			非电法采空区探测技术			地震波法采空区探测技术		
	高密度电法	常规电阻法	井间电磁波透视法	探地雷达法	瞬变电磁法	3D 激光探测法	人工实测法	钻孔法	地震波速法（CT）	浅层地震法	瑞雷波法
探测形状	多层复杂采空区	多层复杂采空区	多层复杂采空区	单层采空区	单层采空区	单层采空区	多层复杂采空区	多层复杂采空区	适用于各种形状	适用于各种形状	适用于各种形状
精度范围/%	5	5～10	10	5	5～10	1	3	2	5	10	10
干扰因素	电线、地下水管、铁管、游散电流、电磁干扰		电线、地下水管、铁管、游散电流、电磁干扰			粉尘	仪器精度及人员素质	地质构造	噪声		

目前最新的空区探测方法3D激光探测法，是利用激光的高度精确性对地下采空区的形态大小和位置进行三维探测的新型方法。3D激光扫描仪能迅速记录与所观测对象有关的大量三维数据信息，其探头具有较好的伸展柔韧性，可以在水平和竖直方向进行360°旋转测量。数据遥感勘测系统可以将所有的测量数据送回外部的主控装置，同时利用计算机获取并管理数据，通过软件处理、观察和编辑数据，可以建立采空区的空间立体形态模型，并进行数据分析。3D激光探测法是目前国外广泛应用的一种新型空区探测方法，能快速而准确地探测出采空区形态，并可以进行空区动态监测，探明空区局部跨落状况。随着无人机技术的发展，井下无GPS、空间相对封闭环境中的无人机技术日趋成熟，采用无人机搭载激光扫描头扫描采空区形态应用将越来越广泛。

9.4.2　采空区围岩稳定性监测

采空区赋存范围一般较大，在布置采空区稳定性监测之前，一般首先确定开采区域中的危险区段，指导整个采空区监测方案的制定，在确定采空区监测范围、选择监测方法、布设监测测点时必须全面考虑该矿山的具体情况，否则不能达到预期的目的。

开展采空区稳定性监测，可以圈定矿山在开采过程中的采空区影响范围；掌握开采区域地压活动的发展动态，运用位移沉降与应力变化监测相结合，以起到提前预报的作用；掌握该矿山开采过程中的岩移活动规律，对施工有影响的顶板冒顶、巷道片帮等地压活动进行预测，为井下安全作业、及时变更设计或施工方案及地压控制提供依据。

在制定采空区监测方案时应遵循以下原则：

（1）点、面结合，既要考虑各中段采空区围岩的地压监测，又要考虑整个矿段采空区地压监测的关系。在较大的范围内对采空区地压的现状和趋势进行监测，以掌握整个采空区地压发展的规律。

（2）测点布设位置与密度合适，便于监测点的安装和日常巡查，保障与地压监测相关作业人员的安全。

（3）监测仪器可靠实用，精度满足要求，实施方便，成本低廉，达到经济实用的目的。

（4）空区中矿柱、空区间柱、空区顶板等脆弱部位在长期的地下水侵蚀、爆破振动、凿岩扰动等作用下，易发生塌落，应重点监测。

（5）测试地点应选择在靠近受采动影响最敏感且矿岩整体性好，易产生应力集中区的范围。

（6）重点监测回采分段矿体及围岩的应力变化、空区围岩应力变化，监测孔深度要保证穿透松动区，达到岩石稳定区；测试结果应具有代表性，能够说明一部分岩体的规律。

井下空区稳定性监测主要有变形监测、应力监测、岩体破裂监测等，采用的方法主要有钻孔式应力计、压力盒、位移计（钻孔式多点位移计、裂隙仪、收敛仪等位移监测仪器）、全站仪、声发射仪、微震监测系统等。

9.4.2.1 变形监测

岩层移动也是采空区地压活动的主要表现形式之一。依据采空区埋藏深度的不同又分为地表变形和采空区围岩变形。地表与岩层移动的实地观测工作，就是在采动范围内的地面上和岩层内部用专门的测量方法进行观测，求得岩层或地表的移动和变形。变形位移量测是最有效的方法，它具有直观性强、位移信息采集较容易、量测结果可靠、分析处理方便、可实现反馈和反分析等特点。

A 地表变形监测

采空区地表变形监测应充分考虑按照移动角圈定的开采扰动范围，观测线尽量与开采范围的剖面线平行，观测控制点应布设在非移动区的基岩上，保证点位误差变化在误差极限内。观测工作点埋设在基岩上，测点之间的通视条件良好。工作测点随观测结果的变化可随时增加。常用地表监测方法如表 9-5 所示。

表 9-5 采空区地表监测方法

监测方法	常用监测仪器	监测特点	监测方法适用性
（常规）大地测量方法（两方向或三方向前方交汇法、双边距离交汇法，视准线法、小角法、测距法、几何水准法和精密三角高程测量法等）	高精度测角、测距光学仪器和光电测量仪器，包括经纬仪、水准仪、测距仪等	监测采空区地表变形二维（X，Y）、三维（X，Y，Z）绝对位移量。量程不受限制，能大范围全面控制采空区地表的变形，技术成熟，精度高，成果资料可靠。但受地形、通视条件限制和气象条件（风、雨、雪、雾等）影响，外业工作量大，周期长	适用于所有采空区地表不同变形阶段的监测，是一切监测工作的基础
全球定位系统(GPS)测量法	单频、双频 GPS 接收机	可实现与大地测量法相同的监测内容，能同时测出采空区地表的三维位移量及其速率，且不受通视条件和气象条件影响，精度在不断提高。缺点是价格稍贵	同大地测量法
近景摄影测量法	陆摄经纬仪等	将仪器安装在两个不同位置的测点上，同时对采空区地表监测点摄影，构成立体图像，利用立体坐标仪测量图像上各测点的三维坐标。外业工作简便，获得的图像是采空区地表变形的真实记录，可随时进行比较。缺点是精度不及常规测量法，设站受地形限制，内业工作量大	主要适用于变形速率较大的采空区地表监测
遥感（RS）法	地球卫星、飞机和相应的摄影、测量装置	利用地球卫星、飞机等周期性地拍摄采空区地表的变形	适用于大范围、区域性的采空区地表变形监测

续表 9-5

监测方法		常用监测仪器	监测特点	监测方法适用性
地面倾斜法		地面倾斜仪	监测采空区地表倾斜变化及其方向，精度高，易操作	主要适用于倾斜和角度变化的采空区地表的变形监测
测缝法	简易监测法	钢尺、水泥砂浆片、玻璃片	在采空区地表裂缝、崩滑面两侧设标记或埋桩（混凝土桩、石桩等）、插筋（钢筋、木筋等），或在裂缝、崩滑面、软弱带上贴水泥砂浆片、玻璃片等，用钢尺定时量测其变化（张开、闭合、位错、下沉等）。简便易行，投入快，成本低，便于普及，直观性强，但精度稍差	适用于各种采空区地表的不同变形阶段的监测，特别适用于群测群防监测
	机测法	双向或三向测缝计、收敛计、伸缩计等	监测对象和监测内容同简易监测法。成果资料直观可靠，精度高	同简易监测法。是采空区地表变形监测的主要和重要方法
	电测法	电感调频式位移计、多功能频率测试仪和位移自动巡回检测系统等	监测对象和监测内容同简易监测法。该法以传感器的电性特征或频率变化来表征裂缝、崩滑面、软弱带的变化情况，精度高，自动化，数据采集快，可远距离有线传输，并数据微机化。但对监测环境（气象等）有一定的选择性	同简易监测法，特别适用于加速变形、临近破坏的采空区地表的变形监测
深部横向位移监测法		钻孔倾斜仪	监测采空区地表内任一深度崩滑面、软弱面的倾斜变形，反求其横向（水平）位移，以及崩滑面、软弱带的位置、厚度、变形速率等。精度高，资料可靠，测读方便，易保护。因量程有限，故当变形加剧、变形量过大时常无法监测	适用于所有采空区地表的变形监测，特别适用于变形缓慢、匀速变形阶段的监测。是采空区地表深部变形监测的主要和重要方法
测斜法		地下倾斜仪、多点倒垂仪	在平硐内、竖井中监测不同深度崩滑面、软弱带的变形情况。精度高，效果好，但成本相对较高	适用于不同采空区地表，特别是岩质采空区地表的变形监测，但在其临近失稳时慎用

B　采空区围岩变形监测

地下岩体变形测量方法均适用于采空区围岩变形监测，常见的岩体变形测量方法见第4章岩体内部变形测试。

变形观测过程中发生下列情况之一时，必须立即报告矿方，同时应及时增加观测次数或调整变形测量方案：变形量或变形速率出现突然异常变化、观测数值的变形量达到或超过临界预警值、矿山各中段出现坍塌、岩崩及地表出现异常、由于地震等自然灾害引起的其他异常变形情况等。

9.4.2.2　应力监测

采空区围岩应力监测是在现场布设围岩压力传感器，监测采场矿柱或顶板的应力随时间的变化，对采空区的稳定性趋势进行判断。常用的压力监测仪器有钻孔应力计、锚杆应力计、压力枕、压力盒等。

钻孔应力计通过对应力计二次仪表读数的统计分析，测量岩体应力的变化，判断围岩的稳定状况。钻孔应力计是一种测试围岩内部应力的仪器，类型较多。其设计原理多为振弦式传感器，在安装使用时，可以选择测力方向，将传感器设置在一定孔径大小的孔中。支护锚杆在地下硐室及巷道支护系统中有重要地位，为监测采空区周围锚杆的受力状态及大小，需对锚杆的应力进行监测。其原理通常是锚杆受力后变形，采用应变片或应变计测量锚杆的应变，得出与应变成比例的电阻或频率的变化，然后通过标定曲线或公式将电信号换算成锚杆应力，通过量测锚杆应力，可以了解锚杆的受力情况及支护效果，也可以间接了解采空区围岩变形与稳定状态。

9.4.2.3 岩体损伤监测

岩体发生变形或破裂，在裂纹扩展时，其尖端表面区域，在诱导极化作用下，会积聚大量正负电荷，在岩石破裂过程中，裂纹尖端积聚的正负电荷快速移动和聚集，会伴随电磁辐射效应。电磁辐射信号反映了岩体的受载程度及变形破裂强度，能够用于评估和预测塌陷、冒顶、岩爆等动力灾害现象。通过监测岩体电磁辐射信号的强弱及其变化，可以实现采空区结构稳定性的监测预报。地压活动的发生从时间上可分为准备、发动、发展及结束四个阶段。根据现场实验统计，围岩应力越大，电磁辐射信号就越强，电磁辐射脉冲就越大，发生地压活动的危险性也越大。

声发射技术是目前常用的地压监测方法之一。声发射法以脉冲形式记录弱的、低能量的岩石声发射信号，根据记录到的频率、能量等参数与局部应力场的变化来评价采空区稳定性。由于声发射参量携带大量有关岩体特性变化的信息，对声发射参数加以分析，能及时掌握地压发展的动态规律，可保证现场有足够时间采取安全措施，便于矿山制定安全生产计划。在声发射参数中，事件数和能量是最常用的，是当前判别岩体稳定性的主要依据，其余参数用得相对较少。声发射监测方法分为间断性监测和连续监测。采用便携式单通道声发射仪可进行不定期监测，根据短期测试结果，判断岩体破坏趋势，评价结构稳定性。连续监测采用多通道声发射监测定位仪器，利用声发射信号传播时差和波速关系确定震源位置，长期观测和评价、预测岩体的破坏位置，能够动态掌握地压发展规律，实现地压灾害的预测与预报。

微震监测技术以地下岩体破裂过程为对象，应用已有数十年，它进一步结合了地震和声发射技术，重点监测小尺度的岩层或节理裂隙的地压活动事件所产生的弹性波，采集破裂释放的微地震波信号，通过对震源信号的处理分析评价采空区稳定性和安全状况。随着传感器技术的进步，微震系统的传感器频率监测范围，已经包含了大部分声发射监测的频率。微震监测主要是被动监测，无需人工震源和发射传感器。在矿山地压灾害预报方面，通过对微震事件进行定位和统计，实现对大规模地压活动的预测。目前，微震定位精度随着设备性能改进和信号识别技术的发展逐步提高。同时随着信息技术的发展，在时钟同步、数据传输等方面也不断改进。目前微震监测技术已成为矿山安全监测的重要手段。国际上已经建立了全球化、专业化的微震数据处理中心，实时处理矿山发生的各种微震事件。

为了提高监测结果的可靠性，微震监测需要覆盖矿山监测区域，兼顾关键承载部位的原则。微震监测台网的一般设计原则是：(1) 最大程度地包络整个采空区，使得系统有效监测范围与采空区应力扰动区域大小一致。(2) 传感器交错布置，避免平行或重叠，有利于提高定位效果。(3) 合理的台网间距，即传感器的平均间隔距离要合理，金属矿山常采用的网格尺寸为60~120m。(4) 紧密结合现场工程环境，传感器安装位置和线缆的铺设路径要确保长期的稳定性，同时要具备施工条件。根据采空区分布位置、规模、形态特征以及矿山主要巷道与空区之间的关系进行台网布设。

9.5 采空区稳定性分析方法

9.5.1 采空区稳定性影响因素

采空区的形成从整体上破坏了原始围岩应力场的平衡，使应力出现重分布，出现围岩次生应力场，同时长期受到温度场、渗流场等因素的影响，另外采空区的几何参数及空间位置关系也都会对采空区的稳定性产生影响，因此对采空区稳定性分析的本质，就是分析特定结构的采空区围岩在次生应力场等多场作用下的应力及变形规律。由此来看，影响采空区稳定性的两个“关键因素”是采空区的结构及围岩状态和采空区赋存环境。

具体而言，采空区的结构及围岩状态包括采空区岩体结构类型、岩体质量、采空区形态、采空区跨度、采空区倾角等；采空区赋存环境包括周围开采影响地下水及地下温度场等。

9.5.1.1 采空区岩体结构类型

采空区岩体结构的主要类型有：

(1) 整体块状结构。岩性均一的巨块状岩浆岩、变质岩和巨厚的沉积岩，构造影响轻微，构造变动小、无断层，无软弱结构面，岩层产状为单斜及平斜褶皱，节理裂隙发育较小，结构面多闭合，粗糙，层间结合力强，抗摩擦力大，无充填物或夹少量碎屑泥质充填物。这类岩体完整性良好，是井下采矿较理想的稳定岩体。

(2) 层状结构。岩性单一或多层的中厚层沉积岩和变质岩，构造影响较严重，构造变动较大，层理、片理、原生软弱夹层和小断层均较发育，层间结合力较差，结构面微张或张开，多有碎屑、泥质物充填，有不稳定组合，其稳定性较整块结构岩体差，冒落受软弱结构面所控制，常见的冒落形式有滑移破坏、坍落破坏和弯折破坏。

(3) 碎裂结构。岩性复杂的破碎岩层，构造变动强烈，构造影响严重，原生软弱夹层、褶皱断层、层间错动，接触和挤压破碎带、风化带、节理、劈理等均发育，结构面组数多，密度大，彼此交切，是导致岩体大冒落的主要岩体结构类型。

(4) 散体结构。此种结构类型包括较大的断层破碎带，大型岩浆岩侵入接触带和强烈风化带，松软的黏土及未胶结好的松散沉积物，其构造影响很严重，结构变动剧烈，地层强烈挤压变形，断层及结构面组合发育，岩层产状杂乱，断层破碎带、接触破碎带、节理、劈理等均很发育，结构面摩擦系数小于0.25，组合成泥、岩粉、碎屑碎片等不稳定散块状结构体。这是冒落规模最大最危险的一种岩体结构类型。

综上所述，岩体结构由结构面和结构体两个要素组成，它们是反映岩体工程地质特征的最基本因素，不仅影响岩体的内在特性，而且影响岩体的物理力学性质及其受力变形破坏的全过程。结构面和结构体的特性决定了岩体结构特征，也决定了岩体结构类型。岩体的稳定性主要取决于结构面性质及其空间组合和结构体的性质两个方面，这是影响岩体稳定性的最基本因素。

9.5.1.2 采空区岩体质量

岩体的完整性、岩石质量和不连续面特性是控制岩体质量的内在因素，这三个因素的综合指标是评价岩体质量的准则。

（1）岩体的完整性。岩体的完整性是指岩体的开裂或破碎程度，它反映了不同成因、不同规模、不同性质的结构面在岩体中存在的不同状态，是岩体工程地质特性差异的根源，也是区别岩体不同结构的重要标志。岩体完整性用完整性系数、岩石质量指标（RQD）及结构面平均间距等指标来表征。

（2）岩石质量。岩石质量优劣对岩体质量的好坏有着明显的影响。在采矿工程中，其工程属性的好坏主要表现在岩体的强度和变形特性两个方面。一般来说，裂隙岩体变形特性和变形量的大小，主要取决于岩体的完整程度，即岩体在受力后变形破坏过程中，结构面及其结构体特性起着固有的重要作用。

（3）不连续面特性。不连续面特性的光滑或粗糙程度、组合状态及其充填物的性质，都直接影响结构面的抗剪特性。结构面越粗糙，其摩擦系数越高，对块体运动的阻抗能力越强；结构面宽度或充填物厚度越大且其组成物质越软弱，则压缩变形量越大，抗滑移的能力越小。节理裂隙的组合状态不同也直接影响岩体的工程地质特性。在地下工程中，顶板的不稳定结构体有刃向上或尖向上的锥体、长轴竖向的锥体和棱体，被陡倾裂面切割的缓倾板体；在侧壁主要是倾向壁外的棱体、刃倾向壁外的锲形体。

9.5.1.3 采空区形态

在采空区形成之后，岩体原有的应力平衡状态遭到破坏，采空区周围出现塑性变形区或松动区，因而对采空区周边围岩产生应力即围岩应力。围岩应力的大小及方向对冒落有明显的影响。在构造应力场中，当采空区轴线受地形影响与构造应力方向垂直时，将对采空区侧壁的稳定性极为不利。而且，采空区形状不同对围岩的稳定性影响也不同，矩形采空区在拱角处常呈高度应力集中，以致拱角出现破坏。主应力方向垂直滑动面时，对抗滑稳定有利。

理论计算和实测结果均表明，围岩的松动范围与采空区跨度成正比。大跨度地下采空区围岩的松动范围远远大于小跨度采空区。一般来说，相同结构类型岩体，大跨度发生冒落的数量要多于小跨度的；就不同结构类型而言，散体结构和碎裂结构岩体冒落要多于层状结构和块状结构岩体。

当开采空间高度和宽度很大时，顶板内 σ_1 的应力降低区很大，σ_2 拉应力也很大。若将开采空间旋转90°，使之成为窄而高的状态，则两壁没有应力集中现象，在跨度很小的顶板中应力消失或减小。长边方向不同情况的应力集中系数最大值见表9-6。

表9-6 应力集中系数与长边方向关系

原岩应力场特点	采空区宽高比				
	1∶20	1∶5	1∶1	5∶1	20∶1
单向压缩（侧压为0）	1.02	1.2	1.9	5	5
单向压缩（侧压等于顶压）	0.77	0.96	1.64	2.6	5

9.5.1.4 采空区跨度

试验表明，当水平开采空间长度 l 不大时（长度小于跨度 a 的两倍），采空区的稳固性取决于其暴露面积 S 是否小于极限暴露面积 S_u；当开采空间长度很大时（长度大于跨度 a 的两倍），采空区的稳固性取决于采空区的跨度。

9.5.1.5 采空区倾角

矿体倾角决定了采空区的赋存特征，从而影响到顶底板岩石的受力状态和变形破坏过程。缓倾斜矿体采空区中部顶板岩层一般受压弯曲下沉，然后拉裂破坏，邻近未采区段的矿石或围岩则多受剪切破坏。急倾斜矿体采空区上盘棱柱体向下滑移则多为剪切作用。矿体倾角增大，矿体下盘方向水平移动量增加，岩体移动范围随之扩大；而上盘承受的覆盖岩层重力的法向分力减小。因此，急倾斜矿体开采所形成的采空区在一定深度下稳定性较好，但开采深度加大并形成大规模采空区时，则有突然大范围崩落的可能性。

不同倾角矿体的采空区对地表影响不同。采空区体积相同条件下，在单位面积上，急倾斜采空区要比缓倾斜采空区对地表影响起到更为集中的破坏作用，容易形成柱塞式垂直剪断破坏。在处理采空区效果上，二者也有差别，不论用充填法或崩落法处理采空区，当松散体压缩率相同时，较大的急倾斜矿体采空区不易保持稳定，松散体易随开采下降而不断向下移动或垮落，这是造成地表不断沉降的原因之一。

9.5.1.6 周围开采影响

相邻采空区的稳固性不仅取决于单一开采空间应力分布，还需考虑相邻部位的开采引起的应力叠加问题。多个采空区就会形成一种群的效应。

工程案例表明，两个相距很近的采空区地压显现强烈，当两个小采空区合并成一个大跨度空间后，地压显现反而降低，变得稳定，主要是因为两个小采空区相距太近，之间的岩体受支撑压力叠加影响而失稳。所以为保持相邻采空区的稳固性，需根据次生应力场情况及岩性强度考虑空间间距。另外，相邻矿体开采会产生频繁的爆破振动，加剧了岩体内节理裂隙的发展，使采空区的稳固性大大降低。

9.5.1.7 地下水作用

岩石是颗粒或晶体相互胶结或黏结在一起的聚集体，而地下水又是地质环境中最活跃的因素，水-岩共同作用的实质是一种从岩石微观结构变化导致其宏观力学特性改变的过程，这种复杂作用的微观演化过程是自然界岩体强度软化直到破坏的关键所在。

由前面分析可知，由地下水构成的渗流场，通过静力及动力作用，对应力场产生影响，从而影响采空区的稳定性。能量观点认为，水-岩作用实际上也是岩石矿物的能量平衡变化的过程，利用岩石矿物由于水环境的影响而产生相应的能量变化可以解释并定量分析水-岩反应的力学效应。Booezeratl 和 Swolsf 等人在石英的裂隙渗透试验与砂岩的抗压实验中发现，由于水环境的作用而造成被测矿物表面自由能减少。从动力学的角度来分析，Lgonanad Blakcweu 发现，有水存在时，砂岩的摩擦系数下降 15%。在《裂隙水压力对岩体强度的影响》一文中，朱珍德借助于有效应力原理考虑了渗透水压力对受力岩石宏观力学效应的影响。

无论是从动力学角度还是从能量学角度，由于岩石矿物之间存在化学不平衡导致了水-岩之间不可逆的热力学过程，从而改变了岩石的物理状态和微观结构，削弱了矿物颗粒之间的联系，腐蚀晶格，使受力岩体变形加大，强度降低。因此，岩石劣化损伤机制取决于水-岩共同作用下岩体内裂隙面物理损伤基元及其颗粒、矿物结构之间的耦合作用。水-岩相互作用的结果导致了岩石微观结构成分的改变和原有微观结构的破坏，从而改变了岩石的应力状态和宏观力学性质，使岩石的质量和强度大大降低。

9.5.1.8 地下温度场

由前面分析可知，温度场与渗流场、应力场之间存在着复杂的关系，往往形成两场或多场的耦合作用，这种耦合作用往往对采空区的稳定性产生重要的影响。另外，温度场的影响还体现在岩石的冻融方面。

岩石经过若干次的冻结和融解后，它的强度往往降低，甚至破坏。一方面是由于不同矿物在温度升降时的膨胀和收缩不同从而使岩石的结构逐渐破坏，另一方面也是由于岩石裂隙、孔隙中水结冰时的体积膨胀，在岩石的裂隙、孔隙内产生附加压力，因而造成岩石破坏。

由于不同矿山采空区所赋存环境不同，应力场、渗流场及温度场差异很大而且采空区形态决定于采矿工艺及参数等，因此不同矿山的采空区的稳定性影响因素往往差异较大。因此，进行采空区稳定性分析时，应建立在实地调查的基础之上，针对不同情况，确定关键因素。

9.5.2 采空区稳定性分析方法

采空区稳定性分析实质上是分析在特殊赋存环境中，采空区结构及围岩的稳定状态。由于组成岩体的岩石性质、组织结构及岩体中结构面发育情况的差异，致使岩体力学性质相差较大。目前，针对采空区稳定性分析，国内外学者进行了大量的研究，提出了许多行之有效的分析方法。总体来看，主要包括理论分析方法、相似试验分析法、数值模拟分析法和现场监测分析法等。

9.5.2.1 理论分析方法

近些年，根据采空区的结构特点，对采空区进行简化，在采空区（群）环境下，采空区中的顶板和间柱结构犹如高楼大厦的框架，其力学稳定性直接决定着整个采空区（群）的整体稳定性。根据采空区的这种特性，国内外学者采用结构力学、弹塑性力学及损伤力学等理论，将顶板及矿柱等效为梁、板柱等结构，进行理论计算，以此对采空区稳定性进行分析，并确定采空区的安全结构参数。

作为采空区结构的两个主要承载结构，顶板和矿柱的受力状态具有较大的区别。矿柱作为下部承载结构，主要承受压力及剪力，受力状态相对有利于矿柱保持稳定性。而采空区顶板受力状态复杂，往往处于受拉的状态，因此顶板是相对薄弱的部分，在采空区跨度、高度、承载状况发生变化时，都可能发生坍塌，导致上下相邻采空区相互贯通，改变原有采空区结构，诱发地应力改变，形成局部应力集中和岩体破坏，进而导致更大范围的采空区贯通和失稳。

针对顶板和矿柱不同的受力特点，研究学者提出了不同的理论分析方法，如两端固支梁力学分析法、荷载传递交会线法等。

（1）固定梁力学分析。对于采空区长度远远大于宽度的采空区顶板，可假定它是结构力学中两端固定的梁，计算时将其简化为平面弹性力学问题，取单位宽度进行计算，岩性板梁的计算简图和弯矩如图 9-1 和图 9-2 所示。

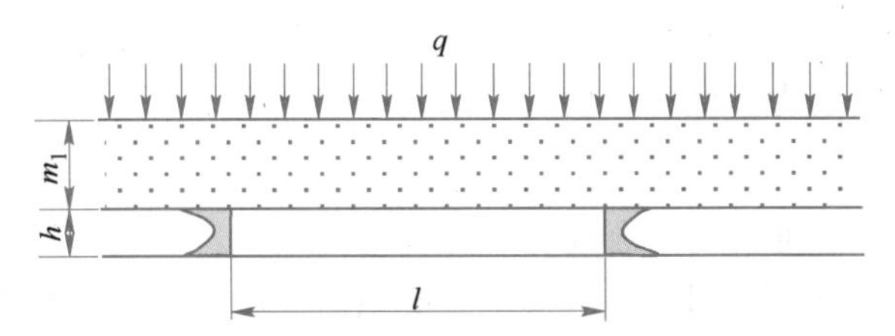

图 9-1　岩性板梁的支撑条件（固支状态）

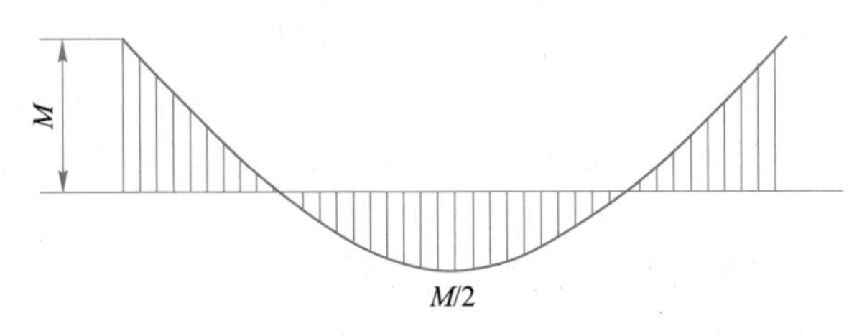

图 9-2　岩性板梁的弯矩大小示意图

图 9-2 中，弯矩 M 为：

$$M = \frac{1}{12}ql^2 \tag{9-1}$$

式中　q——岩梁自重及外界均布荷载；

l——采空区跨度。

将顶板看作是两端固定的厚梁，依此力学模型，可得到顶板厚梁内的弯矩与应力大小为：

$$M = \frac{(\rho gh + q)l^2}{12} \tag{9-2}$$

$$\omega = \frac{1}{6}bh^2 \tag{9-3}$$

式中　ρ——岩梁密度；

M——弯矩，N · m；

ω——阻力矩；

b——梁宽，m；

h——空区高度。

计算可知，在采空区顶板中央位置出现最大弯矩。顶板允许的应力 $\sigma_{许}$ 为：

$$\sigma_{许} = \frac{M}{\omega} = \frac{(\rho gh + q)l^2}{2bh^2} \tag{9-4}$$

$$\sigma_{许} \leqslant \frac{\sigma_{极}}{nK_C} \tag{9-5}$$

式中　$\sigma_{许}$——允许拉应力，MPa；

n——安全系数，可取 2~3；

$\sigma_{极}$——极限抗拉强度，MPa；

K_C——结构削弱系数。

K_C 值取决于岩石的坚固性、岩石裂隙特点、夹层弱面等因素。当用大爆破崩矿时，顶板中会产生附加应力，这些应力将削弱岩体强度和增加裂隙。因此，结构削弱系数 K_C 不应小于 7~10。

（2）荷载传递交会线法。此法假定荷载由顶板中心按竖直线成 30°~35°扩散角向下传递，当传递线位于顶与洞壁的交点以外时，即认为采空区壁直接支撑顶板上的外荷载与岩石自重，顶板是安全的。其计算原理如图 9-3 所示。

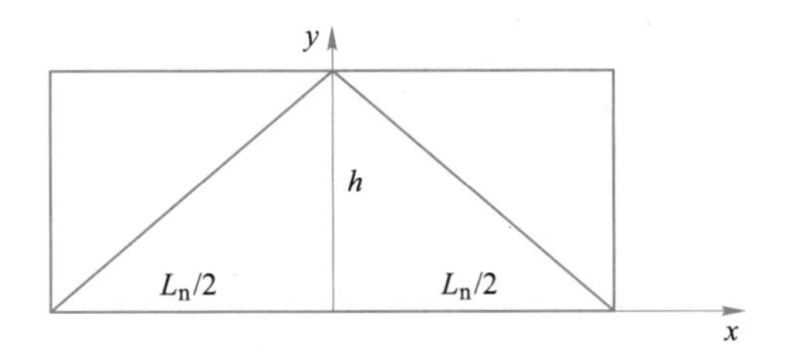

图 9-3 荷载传递交会线法计算原理

设 β 为荷载传递线与顶板中心线间夹角，则顶板安全厚度计算公式为：

$$h = \frac{L_n}{2\tan\beta} \tag{9-6}$$

式中 L_n——采空区跨度，m；

h——顶板计算厚度，m。

（3）厚跨比法。顶板的厚度 H 与其跨越采空区的宽度 W 之比满足 $H/W \geqslant 0.5$ 时，则认为顶板是安全的，取一安全系数，则有：

$$\frac{H}{KW} \geqslant 0.5 \tag{9-7}$$

式中 H——顶板最小安全隔离层厚度，m；

W——采空区跨度，m；

K——安全系数，通常取 1.15。

（4）普氏拱法。普氏拱理论又称破裂拱理论，它根据普氏地压理论，认为在巷道或采空区形成后，其顶板将形成抛物线形的拱带，采空区上部岩体重量由拱承担。对于坚硬岩石，顶部承受垂直压力，侧帮不受压，形成自然拱；对于较松软岩层，顶部及侧帮有受压现象，形成压力拱；对于松散性地层，采空区侧壁崩落后的滑动面与水平夹角等于松散岩石的内摩擦角，形成破裂拱。各种情况下的拱高用下式计算：

自然平衡拱高：

$$H_z \geqslant \frac{b}{f} \tag{9-8}$$

压力拱拱高：

$$H_y = \frac{b + h\tan(45^\circ - \varphi/2)}{f} \tag{9-9}$$

破裂拱拱高：

$$H_p = \frac{b + h\tan(90° - \varphi)}{f} \tag{9-10}$$

式中 b——空场宽度之半，m；

h——空场最大高度，m；

φ——岩石内摩擦角，(°)；

f——岩石强度系数。

对于完整性较好的岩体，可以采用如下的经验公式：

$$f = \frac{R_c}{10} \tag{9-11}$$

式中 R_c——岩石的单轴极限抗压强度，MPa。

（5）长宽比梁板法。根据不同的采空区尺寸，可分两种情况讨论：

1）采空区长度与宽度之比大于 2。此时假定采空区顶板为一块嵌固梁板，其最小安全厚度为：

$$H_n = \frac{L_n}{8} \cdot \frac{\gamma L_n + \sqrt{\gamma^2 L_n^2 + 16\sigma(P + P_1)}}{\sigma} \tag{9-12}$$

式中 H_n——最小安全厚度，m；

L_n——采空区宽度，m；

γ——采空区顶板岩石堆积密度，kN/m^3；

σ——采空区顶板岩石的准许拉应力，kN/m^2；

P——由爆破而产生的动荷载；

P_1——废石等附加荷载对顶板的单位压力，kN/m^2。

$$P = \frac{\gamma H(K_c + K_n)}{K_p} \cdot K_g \tag{9-13}$$

式中 H——阶段高度，m；

K_c——爆堆沉降系数，取 0.1；

K_n——爆破孔超钻系数，取 1.1；

K_p——爆破后岩石松胀系数，取 1.3；

K_g——载重冲击系数，取 2。

2）采空区长度与宽度之比等于或小于 2。此时假定采空区顶板为一个整体板结构，将其视为矩形双向板受自重均布荷载和废石等附加荷载作用，按弹性理论计算板跨中的最大弯矩。为安全起见，可将其四周边界条件视为四边简支结构，计算时利用四边简支的弯矩系数来确定短跨方向的最大弯矩 M_{max}，其计算式为：

$$M_{max} = K_M q l_x^2 \tag{9-14}$$

式中 q——作用在双向板上的均布荷载，kN/m；

l_x——顶板的短边跨度，m；

K_M——弯矩系数，kN/m。

由于岩石抗拉强度较低，利用材料力学方法确定顶板的最小安全厚度为：

$$h = \sqrt{\frac{6K_M q l_x^2}{\sigma}} = \sqrt{\frac{6M_{max}}{\sigma}} \tag{9-15}$$

式中 σ——采空区顶板岩石的准许拉应力，kN/m^2。

（6）顶板稳定性分析 Mathews 图解方法。采用 Mathews 稳定性图解方法分析采空区顶板稳定性，需要计算两个参数：稳定性系数（N）和暴露面的水力半径（HR）。稳定性系数（N）反映了在一定的应力条件下岩体自立的能力。暴露面的水力半径（HR）反映采空区的尺寸和形状。Mathews 稳定性系数（N）与水力半径（HR）的相关关系如图 9-4 所示。

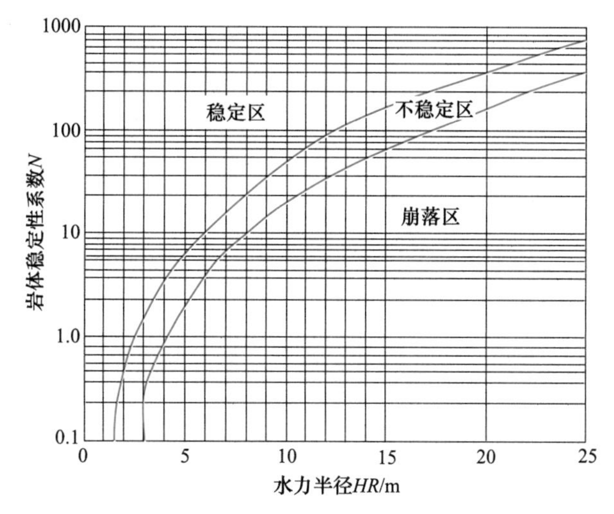

图 9-4 Mathews 稳定性系数（N）与水力半径（HR）的相关关系图

Mathews 稳定性系数（N）的计算公式如下：

$$N = Q'ABC \tag{9-16}$$

式中 N——Mathews 稳定性系数；

Q'——修正的岩石 Q 值；

A——岩石应力系数；

B——节理方位系数；

C——重力调整系数。

Mathews 稳定性图解方法采用了修正的 NGI 隧道质量指标 Q'。

Q'值的计算公式为：

$$Q' = \frac{RQD}{J_n} \cdot \frac{J_r}{J_a} \tag{9-17}$$

式中 RQD——岩石质量指标；

J_n——节理组数系数；

J_r——节理粗糙度系数（最不利的不连续面或节理组）；

J_a——节理事变度（变异）系数（最不利的不连续面或节理组）。

岩石应力系数 A 值考虑高应力影响降低岩体稳定。A 值为完整岩石的单轴抗压强度与平行开挖面的最大诱导应力的比值。A 值与 σ_c/σ_i 成线性关系，变化范围为 0.1~1.0。

A 值可以根据图 9-5 确定。

节理方位系数 B 值要考虑不连续面的方向影响，B 值根据控制性节理与采场表面的相对方位确定，结构面与采场面的夹角为90°时，B 系数被赋值1，不连续结构面与采场表面的夹角为20°时，B 值为0.2，如图 9-6 所示。

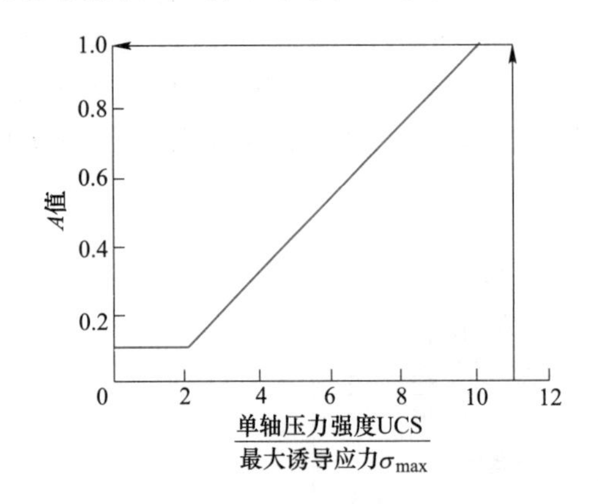

图 9-5　岩石应力系数 A 的图解
（Potvin，1988）

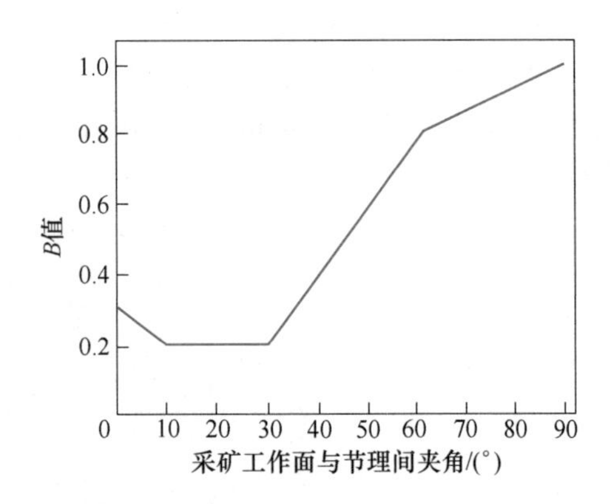

图 9-6　节理方位系数 B 与夹角关系
（Potvin，1988）

由于重力影响，采场顶板的稳定性小于侧帮，重力调整系数 C（如图 9-7 所示）考虑了重力对采场暴露表面崩落、滑落等稳定性的影响。

重力调整系数 C 和采场表面倾角的关系由下式确定：

$$C = 8 - 6\cos(\text{A angle of Dip}) \tag{9-18}$$

式中　　C——重力调整系数；

A angle of Dip——采场表面倾角。

水力半径（HR）计算公式如下：

$$HR = M/L \tag{9-19}$$

式中　M——采场壁面积，m^2；

L——采场壁周长，m。

水力半径可用表面积除以暴露面的周长的比值来表示，如图 9-8 所示。

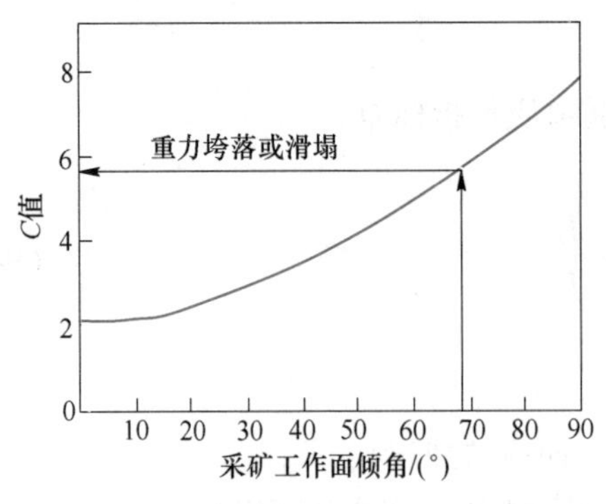

图 9-7　重力调整系数 C 的图解
（Potvin，1988）

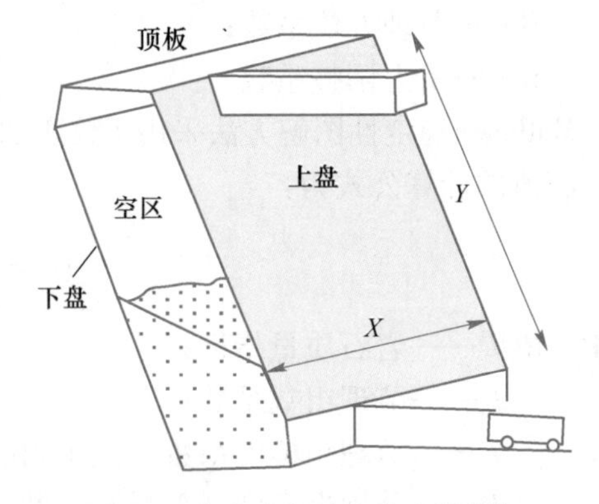

图 9-8　水力半径确定方法的图解
（上盘的水力半径=面积/周长=$XY/(2X+2Y)$）

（7）矿柱安全宽度法。计算矿柱的安全宽度，若采空区矿柱宽度小于安全宽度，则矿柱不稳定，若大于矿柱宽度，则矿柱稳定（或以安全系数判断）。矿柱计算参考式（9-20）。

$$\frac{s}{S}=\frac{A}{A+C}\geqslant\frac{\gamma HKn}{\sigma_0 k_\mathrm{f}} \tag{9-20}$$

式中 s——矿柱的横截面积，m^2；

S——矿柱的支撑面积，m^2；

γ——上覆岩层的容重，$\mathrm{t/m}^3$；

σ_0——矿柱单轴抗压强度，MPa；

k_f——矿柱的形状系数，取决于矿柱的高宽比；

n——安全系数（考虑到不同矿柱之间荷载分布不均以及矿柱横截面上应力分布不均），对临时矿柱，取2~3，永久矿柱，取3~5；

H——开采深度，m；

A——矿房宽度，m；

C——矿柱的宽度，m；

K——荷载系数，K不仅与岩石的性质有关，也与开采深度H和短边的长度L的比值有关。当$H/L<1$时，$K=1$；当$H/L>1$时，$K=0.4\sim0.8$。

此外，依据影响因子在稳定性评价中的隶属程度或者取值范围，建立与稳定性级别相对应的评价关系，该类评价方法在采空区稳定性评价中有相当多的应用，例如模糊理论、层次分析法、灰色理论、神经网络等，此处不再介绍。

9.5.2.2 数值模拟方法

由于矿山岩石节理、裂隙、断层和其他的地质不连续面的存在，实际的开采过程中地质条件、工程影响因素较多，岩层移动的力学模型无法准确预测地表沉降。而数值法具有较广泛的适用性，能够模拟岩体的复杂力学—结构特性，可以方便地分析边值问题和施工过程，对工程进行预测。常用的数值分析方法有：有限单元法、离散单元法、边界单元法以及有限差分单元法等。有限元方法的基础是变分原理和加权余量法。国内许多学者采用ANSYS有限元分析软件对采空区围岩应力、变形进行了模拟，在此基础上开展了采空区围岩稳定性研究。边界元法是在有限单元法后发展起来的一种计算方法。它将所研究问题的偏微分方程，转换为在边界上定义的积分方程，再将边界积分方程离散化，成为只有边界结点未知量的方程组，解算可得边界结点未知量，并进一步求得区域中的其他未知量，从而能处理有限元法较难解决的无限域问题。离散单元法也将区域划分成单元，但单元受节理等不连续面的控制，在计算运动过程中，单元节点可分离，与其邻近单元可接触。单元间相互作用力可根据力和位移的关系求出。各单元的运动根据所受的不平衡力和力矩按牛顿定律确定。离散单元特别适合节理岩体的分析，在采矿工程中得到了广泛应用。有限差分单元法与采空区稳定性数值模拟的其他几种方法相比，适用范围广，发展较成熟，有它独特的优点，尤其适用于覆岩开采、沉陷预测这类复杂大变形问题的求解。

9.5.2.3 相似试验分析采空区稳定性

相似模拟试验是以相似理论为基础的实验方法，可人为控制和改变试验条件，研究单因素或多因素影响规律。相似材料模型法是用与原型物理力学性质相似的人工材料按几何相似常数缩制成模型，在保证模型与原型初始状态和边界条件相似的情况下，通过对模型模拟开挖，对模型采动覆岩移动及地表沉陷规律、岩体采动损伤、采空区稳定性等进行研究分析。相似材料试验可分为定性模型和定量模型。定性模型是通过试验去定性判断原型中发生某种现象的本质或者机理，或通过若干模型试验分析单一因素对某种现象的影响。定量模型则要求主要的物理量都尽量满足相似常数与相似判据。

9.5.2.4 现场监测分析法

该法是采用监测设备对井下采空区及矿柱进行监测，获得应力、位移、声发射率和微震事件等监测数据，对数据进行综合分析后判断采空区周边矿岩及矿柱的稳定性情况。该方法主要基于采空区稳定性监测开展。

9.6 采空区安全分级

自然界的岩体结构非常复杂，其涉及的工程地质条件及岩体性质参数不仅是多变的而且是随机的，用确定的模型描述是非常困难的，特别是矿山开采的地压问题更是一个动态的过程，它与矿山开采的工程活动密切相关。以往所用线性的、连续的、可微的经典理论与实际情况相差甚远，不能对一些现象进行解释。事实上，地压活动的发生既不符合严格的周期性规律，也不符合均匀分布的随机性规律。一个地压活动区，应视为条件复杂的开放系统，它与周围环境不断交换物质和能量，它们之间存在相互联系的制约关系。

采空区诱发灾害的发生是一个复杂的过程。这种复杂性主要是由岩体赋存环境、工程地质条件、矿山开采力学效应等因素引起的，并且随时间变化表现出显著的非线性和不确定性。研究岩体变形非稳定性问题，是为了能够及时地对这种非稳定性问题做出预警，便于及时采取积极有效措施，保障矿山的安全生产。

9.6.1 依据冲击波风险分级

对于可能发生冲击波伤害的采空区，按照发生冒顶时可能产生的井下最大冲击波强度评估采空区安全等级，如表 9-7 所示。

表 9-7 依据冲击波对人体的伤害等级采空区分级

采空区安全等级	Ⅰ	Ⅱ	Ⅲ	Ⅳ
伤害作用	轻微损伤	听觉器官损伤或骨折	内脏严重损伤或死亡	大部分人员死亡
超压 ΔP/MPa	0.02~0.03	0.03~0.05	0.05~0.1	>0.1
风速	15~50	50~100	100~200	>200

9.6.2 依据采空区水害风险分级

在采空区的水害风险评估方面，由于不确定性因素较大，主要从老空区水掌握度、探水界限距离、采掘扰动强度、老空区水量和水头压力、老空区水补给来源等方面进行定性评估，如表 9-8 所示。对于较为明确的老空区水隐患，参照《矿区水文地质工程地质勘探规程》中采空区隔水矿柱厚度公式，将安全矿柱实际值与理论值做比，可评估突透水发生的可能性。

表 9-8 依据采空区含水量的采空区分级

安全等级	评估指标			严重性	可能性	
	掌握度	探水界限	补给水源		安全系数	发生概率
Ⅰ	已知	以外	—	不受威胁	$F_s>6.0$	$P_s \leqslant 10^{-6}$
Ⅱ		以内	$Q \leqslant 60\text{m}^3/\text{h}$	有威胁	$2.0<F_s \leqslant 6.0$	$10^{-6}<P_s \leqslant 10^{-2}$
Ⅲ			$60\text{m}^3/\text{h}<Q \leqslant 600\text{m}^3/\text{h}$	中度威胁	$1.0<F_s \leqslant 2.0$	$10^{-2}<P_s \leqslant 10^{-1}$
Ⅳ			$Q>60\text{m}^3/\text{h}$	严重威胁	$F_s \leqslant 1.0$	$P_s>10^{-1}$
	未知	—	—			

9.6.3 依据采空区地表塌陷风险分级

采空区地表塌陷受地质因素、开采因素的影响，同时通过地表已经发生的变形特征等指标可以评估塌陷性风险，如图 9-9 所示。各影响指标的评估分值可以参照表 9-9 按等级选取。

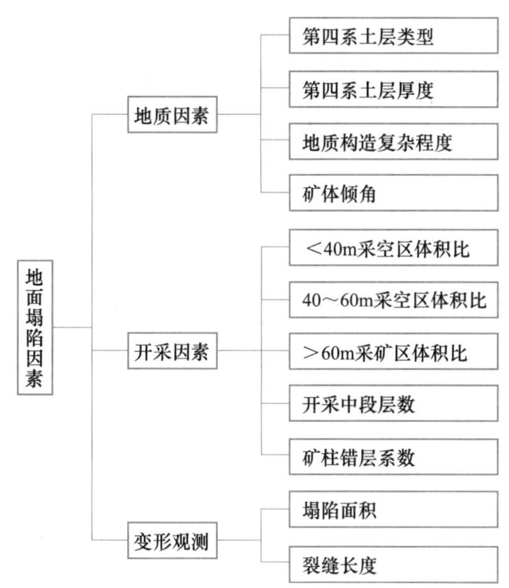

图 9-9 采空区塌陷评价指标体系

表 9-9 采空区地面塌陷危险性分级作用因素

因 素		塌 陷 等 级				
		Ⅰ级（C4）	Ⅱ级（C4）	Ⅲ级（C4）	Ⅳ级（C4）	Ⅴ级（C5）
地质条件	第四系覆盖层类型	粉砂、砂质黏土为主，少量沙砾	砂、砾碎石，混合少量粪土及粉质黏土	砂、砾碎石为主，及粉质黏土	黄土夹砂、砾、碎石及粉质黏土	黄土为主
	第四系覆盖层厚度/m	>500	100~500	30~100	15~30	<15
	地质构造复杂程度	简单	一般	较复杂	复杂	非常复杂
	矿体倾角/(°)	<5	5~15	15~35	35~55	>55

续表 9-9

因素		塌陷等级				
		Ⅰ级（C4）	Ⅱ级（C4）	Ⅲ级（C4）	Ⅳ级（C4）	Ⅴ级（C5）
开采条件	0~40m 采空区体积比	<0.01	0.02~0.01	0.03~0.02	0.04~0.03	>0.04
	40~60m 采空区体积比	<0.02	0.03~0.02	0.04~0.03	0.05~0.04	>0.05
	>60m 采空区体积比	<0.05	0.1~0.05	0.2~0.1	0.3~0.2	>0.3
	采空区空间迭置层数	1	2	3	4	>5
	矿柱错层	1	1~2	3~4	3~4	>4
地面特征	地面塌陷面积/m^2	<1	1.0~10	10~100	100~500	>500
	地裂缝长度/m	<0.5	0.5~1	1~2	2~10	>10

9.6.4　依据地压活动规律采空区安全分级

虽然采空区声发射特征会由于所处的地质条件的不同产生一些差异，但是，这些参数综合反映了岩体在变形破坏过程中的一个实际情况。所以，综合考虑这些指标，制定一个采空区安全评价体系，能更好地体现采空区围岩在力场中的变形破坏特征。参考声发射参数单指标所处地位各异的特点，在声发射参数多指标分级方法中，主要考虑三个分级指标，即声发射事件率 C(次/min)、高能事件率的比率 E(%) 以及 m 值（声发射振幅分布系数）的大小，采用评分方法进行安全等级划分。同时，根据测点所处工程地质条件的不同，对各参数的评分取不同的权值，如表 9-10 所示。

表 9-10　采空区安全等级划分标准

评价因素	评价指标	安全等级		
		Ⅰ级	Ⅱ级	Ⅲ级
C/次·min^{-1}	数值	<5	5~10	>10
	评分标准（有断层）	25	17	7
	评分标准（无断层）	45	33	13
E/%	数值	<30	30~35	>35
	评分标准（有断层）	45	33	13
	评分标准（无断层）	25	17	7
m	数值	>3.8	3.2~3.8	<3.2
	评分标准	30	20	10
总分	数值	71~100	31~70	0~30

矿岩从稳定到破坏，可分为三个发展阶段，即稳定阶段、破坏发展阶段及危险阶段，相应地，将采空区安全等级划分为三级。

Ⅰ级：采空区处于相对安全状态；

Ⅱ级：中等安全，岩体开始产生破裂，节理裂隙扩展，并有可能发展为岩体冒落；

Ⅲ级：不安全状态，破坏现象加剧，随时有可能产生冒顶、片帮。

9.6.5 考虑多因素的采空区安全分级

9.6.5.1 采空区安全等级

采空区的安全等级分为Ⅰ、Ⅱ、Ⅲ、Ⅳ共四个安全级别，其安全程度依次为正常级、病级、险级和危级，采空区的安全等级可由矿柱、顶板跨度及暴露面积的稳定性计算结果进行综合判定。采空区安全等级划分如表9-11所示。

表9-11 采空区安全等级划分表

等级	安全程度	可能导致的后果
Ⅰ	正常级	采空区稳定性状况良好，可正常生产
Ⅱ	病级	采空区处理措施不完全符合设计规定，存在隐患，会产生局部冒顶事故的采空区。应限期整改
Ⅲ	险级	采空区存在严重隐患，若不及时处理将会发生坍塌事故的采空区。必须立即停止生产，排除险情
Ⅳ	危级	采空区存在重大隐患，安全没有保障，随时可能发生坍塌事故的采空区。必须立即停止生产并采取应急措施

9.6.5.2 矿柱稳定性安全分级

根据采空区内留设矿柱安全系数的计算结果，划分矿柱安全等级，分级结果如表9-12所示。

表9-12 矿柱安全等级划分表

矿柱安全等级	安全程度	矿柱安全系数
Ⅰ	正常级	$K_s \geqslant 1.5$
Ⅱ	病级	$1.5 > K_s \geqslant 1.2$
Ⅲ	险级	$1.2 > K_s \geqslant 1.0$
Ⅳ	危级	$K_s < 1.0$

9.6.5.3 顶板跨度安全分级

按照“Barton极限跨度分析法”，依据采空区顶板的实际暴露跨度与容许跨度的比值ESR值，划分采空区顶板的安全等级，分级结果如表9-13所示。

表9-13 顶板跨度安全等级划分表

顶板跨度安全等级	安全程度	顶板支护比（ESR）
Ⅰ	正常级	$ESR \leqslant 1.6$
Ⅱ	病级	$2.0 \geqslant ESR > 1.6$
Ⅲ	险级	$3.0 \geqslant ESR > 2.0$
Ⅳ	危级	$ESR > 3.0$

9.6.5.4 暴露面积安全分级

根据采空区暴露面积，采用“Mathews稳定性图解方法”，依据采空区顶板、上盘及侧帮的稳定性系数计算结果，划分采空区围岩的安全等级，分级结果如表9-14所示。

表 9-14　采空区暴露面积安全等级划分表

暴露面积安全等级	安全程度	采空区顶板暴露面积
Ⅰ	正常级	稳定区
Ⅱ	病级	无支护过渡区
Ⅲ	险级	支护稳定区
Ⅳ	危级	支护过渡区以及崩落区

9.6.5.5　采空区安全等级综合判定

采空区的安全等级由矿柱、顶板跨度、暴露面积等子因素的稳定性计算结果进行综合判定按最不利原则进行综合判定（表 9-15）。即取子因素中的最不利安全程度。

表 9-15　采空区安全等级判定表

采空区安全等级	安全程度	矿柱	顶板跨度	暴露面积
Ⅰ	正常级	Ⅰ	Ⅰ	Ⅰ
Ⅱ	病级	Ⅱ	Ⅰ/Ⅱ	Ⅰ/Ⅱ
		Ⅰ/Ⅱ	Ⅱ	Ⅰ/Ⅱ
		Ⅰ/Ⅱ	Ⅰ/Ⅱ	Ⅱ
Ⅲ	险级	Ⅲ	Ⅰ/Ⅱ/Ⅲ	Ⅰ/Ⅱ/Ⅲ
		Ⅰ/Ⅱ/Ⅲ	Ⅲ	Ⅰ/Ⅱ/Ⅲ
		Ⅰ/Ⅱ/Ⅲ	Ⅰ/Ⅱ/Ⅲ	Ⅲ
Ⅳ	危级	Ⅳ	Ⅰ/Ⅱ/Ⅲ/Ⅳ	Ⅰ/Ⅱ/Ⅲ/Ⅳ
		Ⅰ/Ⅱ/Ⅲ/Ⅳ	Ⅳ	Ⅰ/Ⅱ/Ⅲ/Ⅳ
		Ⅰ/Ⅱ/Ⅲ/Ⅳ	Ⅰ/Ⅱ/Ⅲ/Ⅳ	Ⅳ

9.7　工 程 应 用

福建源鑫矿业有限公司东际金矿位于福建省政和县境内。该矿山自 2005 年 8 月正式投产，东际金矿主矿体为Ⅰ号矿体，矿体走向长度 440m（15 线~4 线），倾向方向被 F1-2 号断层切割为上下两部分，上部矿体位于 600~360m 标高，下部矿体位于 280~−100m 标高，矿体真厚度为 0.41~25.47m，矿体倾角为 25°~45°。金矿石品位一般为 0.5~11.9g/t，上部矿体矿石品位略高于下部矿体矿石品位，在矿体膨大部位矿石品位明显趋于富集。矿体顶板围岩以晶屑凝灰（熔）岩为主，其次为流纹斑岩，底板围岩以流纹斑岩为主，其次为晶屑凝灰岩，局部为变质片岩。顶底板岩石属坚硬-半坚硬，工程地质岩组稳固性较好。

目前矿山根据上下两部分矿体将矿区分为两个采区，一采区为当前的主要生产采区，包括 552m、517m、501m、478m、450m、416m、379m 共 7 个中段，其中 552m、517m 和 501m 中段已基本开采完毕，478m 和 450m 中段处于残采阶段，416m 中段已有部分开采完毕，379m 中段已完成采准切割工程，目前 416m 和 379m 中段是矿山的主要生产中段。二采区目前正处在探矿和开拓阶段，尚未开始大规模开采。矿山目前采用浅孔留矿法回采，随着井下充填系统的建设，矿山将逐步改为上向水平分层充填法回采。由于该矿山经历了多年的民采活动，且这些私有矿山的采矿者在开采过程中没有按照设计的采矿方案进行开采，存在见矿就挖，采富弃贫，采后不对空区进行处理等现象，导致该矿区 416m 中段以上残留了大量的采空区，这些采空区具有数量众多、上下重叠、纵横交错、分布状况复杂等特点，同时由于这些采空区常年无人进入，其空区形态及内部结构不详，更增添了空区的复杂性。这些复杂采空区群的存在严重地影响了东际金矿的安全生产，给矿山安全生产带来巨大的隐患。

针对上述问题，东际金矿联合东北大学开展了采空区探测、治理技术研究。

9.7.1 采空区现场踏勘

针对源鑫矿业的采空区分布情况，进行了现场踏勘。分别在 450m 中段、465m 中段、478m 中段、416m 中段、501m 中段、517m 中段。以 450m 中段为例，450m 中段为矿山过去生产的主要中段，形成了很大采空区。现场调研后发现，中段岩石稳固性较好，巷道较为完整。个别空区由于顶板冒落，空区与地表贯通，或部分人行天井塌落，不能进行精细探测，如图 9-10 中虚线条表示圈定的空区。因此，现场调研后从北向南（图 9-10 中自上而下）将空区顺次编号。

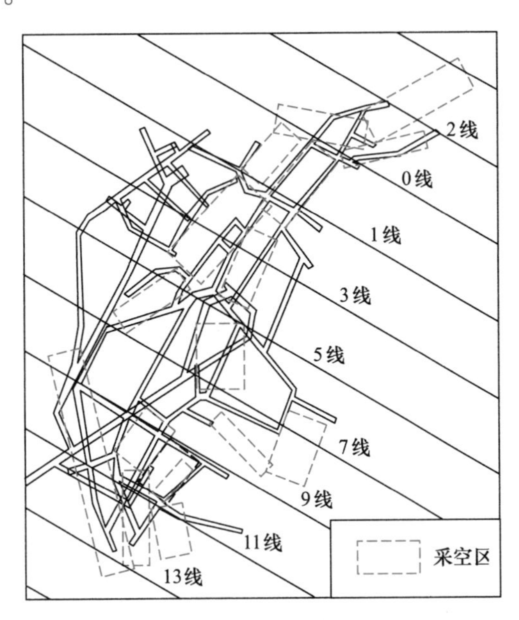

图 9-10 450m 中段空区分布图

450-1 号空区：位于 0~4 线之间，矿体的下盘。该处空区在 3~4 线位置与 416m 中段的采场相连通，连通位置尺寸约 4m×5m。该空区中有约有 4000~5000t 崩落的矿石未出。

450-2 号空区：位于 0~2 线之间，该位置留有较多矿柱，巷道比较完整，具备探测的条件。该空区与 450-1 号空区在底柱以上部分连通。空区附近有天井与 416m 中段的空区连通。

450-3 号空区：位于 0~2 线之间，空区内留设部分矿柱，该空区局部与 450-1 号、450-2 号、450-4 号和 450-5 号空区相连通。

450-4 号空区：位于 0~1 线之间，矿体的下盘。该空区底部留有 5 个矿柱，矿柱尺寸 3m×4m×7m，因此，空区稳固性较好，具备扫描条件。

450-5 号空区：位于 0~1 线之间，矿体的上盘。该位置空区底部留有较多的矿柱，且矿柱的下部与 435m 中段之间留有 15~20m 的底柱。因此，该空区残留有较大的矿量，且矿区稳固性较好。450-5 号空区与 450-4 号空区在底柱以上互相采透，变成一个空区。

450-6 号空区：该空区位于 1~5 线之间，矿体下盘，该空区目前为独立空区仅在下部与 450-8 号空区相连通，空区内部有大量残矿尚未回收，目前矿山计划采用上向水平分层充填法回收该区域的残留矿石并充填空区。

450-7 号空区：该空区位于 1~5 线之间，与 450-4 号、450-5 号空区之间间隔一个斑岩带，空区间互相独立。该区域工程稳定性较好。矿柱完整，空区独立，具备精准扫描条件。

450-8 号空区：该空区位于 5~7 线之间，矿体下盘。属于独立空区。该空区采高 15~20m，体积约 7000m^3，该区域正在作业，有少量余矿未出。

450-9 号空区：位于 5~7 线之间，矿体上盘，该空区与上部 478m 中段空区相连通，且空区底部留设部分矿柱，该空区相对独立，具备探测与扫描的条件。

450-10 号空区：位于 7~9 线之间，矿体上盘，该空区局部区域与 416m 中段对应空区相互连通。空区内留设部分矿柱。

450-11 号空区：位于 7~9 线之间，该空区与 450-10 号空区相互连通。空区高度方向上相对独立，不与 478m 中段和 416m 中段的空区相连通。

450-12 号空区：该空区位于 9~11 线之间，属于独立的小空区。空区长约 20m，宽约 5~6m，采高 10~15m。

450-13 号空区：该空区位于 9~11 线之间，矿体上盘，该空区为相对独立的小空区，空区不与周围空区相互连通，空区内有部分矿石尚未采出。

450-14 号空区：该空区位于 11~13 线之间，相对独立小空区不与周围空区相连通，长度 30m，宽度最宽处 9m。

450-15 号空区：该空区位于 9~13 线之间，空区水平方向与 450-16 号空区相互连通，高度方向上与 416m 中段空区和 478m 中段空区相连通。

450-16 号空区：该空区位于 5~13 线之间，属于水平方向贯通，垂直方向与 416m、435m、478m，501m、517m 中段贯通的一个大空区。空区中巷道封闭，不具备探测条件。

9.7.2 采空区精细调查

根据现场实地踏勘的结果，对具备采用 CMS 三维空区扫描设备探测条件的空区进行采空区精细调查。采空区监测系统（Cavity Monitoring System，CMS）是 20 世纪 90 年代初由加拿大 Noranda 技术中心和 OPtech 系统公司共同研制开发的，已成为矿业发达国家地下采场和空区测量的主要手段，在危险和人员无法进入的空区探测中，CMS 是一种有效的探测手段。CMS 适用于井下采场及空区的探测和精密测量，系统探测空区效率高，探测结果可视化效果好。探测成果可用于建立空区三维模型、确定矿柱采场的实际边界、计算采空区体积等。依据空区扫描结果建立采空区精细探测模型，如图 9-11 所示。

根据实测得到的精细采空区模型统计各个中段内各个空区的体积，加上人工调查预

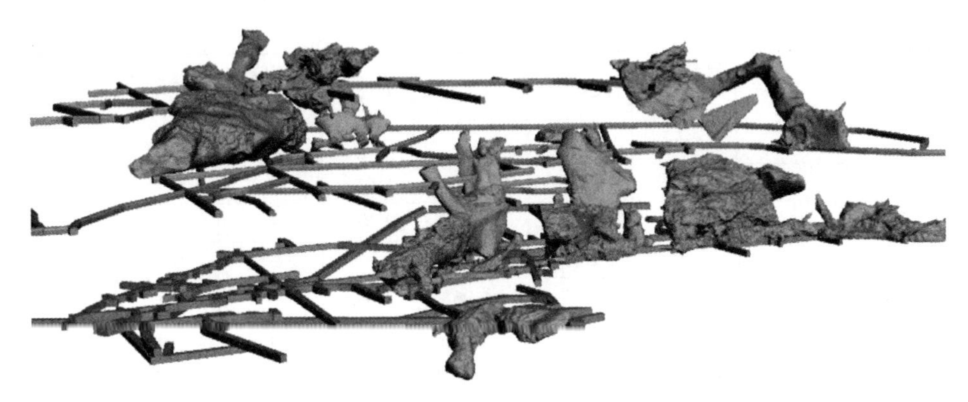

图 9-11 精细探测空区与巷道复合模型（轴测图）

估（不具备精细探测条件）采空区体积，共 25.4 万立方米。与依据矿山生产能力预估的 24.4 万立方米基本吻合。

根据以上假设，将 450m 中段、478m 中段和 501m 中段的空区边界进行等效处理，并计算其安全系数，所得的结果如表 9-16 所示。

表 9-16 采空区稳定性分析结果

空区编号	长度/m	宽度/m	暴露面积/m²	长宽比	$\sigma_{许x}$	$\sigma_{许y}$	极限跨度 l/m	安全系数 n	采空区分级①
450-1	68	21	1428	3.24	10.83	3.35	—	0.71	Ⅰ
450-2	52	11	572	4.73	—	—	77.77	1.35	Ⅲ
450-3	55	18	990	3.06	8.93	2.92	—	0.86	Ⅰ
450-4	36	17	612	2.12	6.75	3.19	—	1.13	Ⅱ
450-5	50	18	900	2.78	8.39	3.02	—	0.91	Ⅱ
450-6	63	14.5	913	4.34	—	—	89.29	1.28	Ⅲ
450-7	45	19	855	2.37	8.04	3.39	—	0.95	Ⅱ
450-8	46	16	736	2.88	7.62	2.65	—	1.00	Ⅱ
450-9	40	30	1200	1.33	9.37	7.03	—	0.82	Ⅰ
450-10	39	25	975	1.56	8.47	5.43	—	0.90	Ⅱ
450-11	44	10	440	4.40	—	—	74.15	1.52	Ⅲ
450-12	32	23	736	1.39	7.35	5.28	—	1.04	Ⅱ
450-13	26	11	286	2.36	4.65	1.97	—	1.65	Ⅲ
450-14	30	20	600	1.50	6.64	4.43	—	1.15	Ⅱ
450-15	57	16	912	3.56	8.83	2.48	—	0.87	Ⅰ
450-16	136	21	2856	6.48	—	—	107.45	0.71	Ⅰ
478-1	86	11.5	989	7.48	—	—	79.52	0.83	Ⅰ
478-2	21	6	126	3.50	3.27	0.93	—	2.34	Ⅲ
478-3	9.7	5.9	58	1.64	2.05	1.25	—	3.73	Ⅲ
478-4	40	10.5	420	3.81	6.09	1.60	—	1.26	Ⅲ
478-5	79	8	632	9.88	—	—	66.32	0.76	Ⅰ
478-6	120	15	1800	8.00	—	—	90.81	0.68	Ⅰ

续表 9-16

空区编号	长度/m	宽度/m	暴露面积/m^2	长宽比	$\sigma_{许x}$	$\sigma_{许y}$	极限跨度 l/m	安全系数 n	采空区分级①
478-7	140	16	2240	8.75	—	—	93.79	0.60	Ⅰ
501-1	28	11	308	2.55	4.86	1.91	—	1.58	Ⅲ
501-2	29.7	11.9	353.6	2.50	5.19	2.08	—	1.47	Ⅲ
501-3	65	15	975	4.33	—	—	82.56	1.14	Ⅱ
501-4	98	26	2548	3.77	14.96	3.97	—	0.51	Ⅰ

①根据安全系数的大小将空区稳定性分为三个等级：当安全系数 $n<0.9$ 时，采空区稳定性为Ⅰ级；当安全系数 $0.9\leqslant n<1.2$ 时，采空区稳定性为Ⅱ级，当安全系数 $n\geqslant 1.2$ 时，采空区稳定性为Ⅲ级。级别越大采空区越稳定。

本章小结

采空区综合监测与稳定性评估是矿山开采过程中采空区防灾减灾的关键。为便于采空区安全管理，通常依据采空区规模、形成原因、含水状态、形态规模、采空区危害程度、形成时间、地表联通形式等因素对采空区进行分类。采空区种类不同，危害形式也有较大差别。常见的采空区危害主要有冒顶片帮、冲击气浪、大面积冒顶诱发的矿震、突泥突水、地面塌陷及山体滑坡等。

开展采空区稳定性综合监测是采空区灾害防治的前提。采空区稳定监测包含采空区形态探测和采空区围岩变形、应力、破裂等信息监测。电法采空区探测技术、电磁法采空区探测技术、非电法采空区探测技术与地震波法采空区探测技术常被用于采空区形态探测。变形监测、应力监测与微震监测技术常用于采空区围岩稳定性监测。

基于采空区稳定性综合监测信息，总结出影响采空区稳定性的两个关键因素，一个是包括采空区岩体结构类型、岩体质量、采空区形态、采空区跨度、采空区倾角等的采空区的结构及围岩状态，另一个是包括周围开采影响地下水及地下温度场等的采空区赋存环境。在此基础上，通过理论分析方法、相似试验分析法、数值模拟分析法和现场监测分析法等研究采空区围岩稳定性。

针对采空区围岩稳定性影响因素种类及程度的不同，可对采空区安全等级依据单一指标，如冲击波风险、水害风险、地表塌陷风险、地压活动规律等，或考虑多因素，如矿柱稳定性、顶板跨度、暴露面积等，进行安全分级，为采空区安全管理及采空区治理提供参考。

思考题

1. 按照采矿方法种类的不同可将采空区分为哪几类？
2. 采空区危害的主要类型有哪些？
3. 列举采空区形态探测主要方法。
4. 3D 激光采空区探测法的优点有哪些？
5. 采空区稳定性影响因素有哪些？
6. 采空区安全分级有哪几类分类方法，依据是什么？

参考文献

[1]《十三五国家科技创新新规划》[R]. 中华人民共和国国务院，2016.

[2]《中共中央关于制定国民经济和社会发展第十四个五年规划和二〇三五年远景目标的建议》[R]. 中华人民共和国中央人民政府，2020.

[3] 李夕兵，周健，王少锋，等. 深部固体资源开采评述与探索 [J]. 中国有色金属学报，2017，27（6）：1236-1262.

[4] Liu J，Si Y，Wei D，et al. Developments and prospects of microseismic monitoring technology in underground metal mines in China [J]. Journal of Central South University，2021，28（10）：3074-3098.

[5] 马洪琪. 水利水电地下工程技术现状、发展方向及创新前沿研究 [J]. 中国工程科学，2011，13（12）：15-19.

[6] 王爱玲，邓正刚. 水电站地下厂房的发展 [J]. 水力发电，2015，41（6）：65-68.

[7] 李利平，贾超，孙子正，等. 深部重大工程灾害监测与防控技术研究现状及发展趋势 [J]. 中南大学学报（自然科学版），2021，52（8）：2539-2556.

[8] 田四明，赵勇，石少帅，等. 中国铁路隧道建设期典型灾害防控方法现状、问题与对策 [J]. 隧道与地下工程灾害防治，2019，1（2）：24-48.

[9] 陈建勋，陈丽俊，罗彦斌，等. 大跨度绿泥石片岩隧道大变形机理与控制方法 [J]. 交通运输工程学报，2021，21（2）：93-106.

[10] 何满潮. 煤矿软岩工程与深部灾害控制研究进展 [J]. 煤炭科技，2012（3）：1-5.

[11] 安亚雄，郑君长，张翾. 软岩隧道塌方事故致灾因素耦合分析 [J]. 中国安全生产科学技术，2021，17（1）：122-128.

[12] 李造鼎. 现代岩体测试技术 [M]. 北京：冶金工业出版社，1993.

[13] 王春来，刘建坡，李佳洁. 现代岩土测试技术 [M]. 北京：冶金工业出版社，2019.

[14] 冯夏庭，陈炳瑞，张传庆，等. 岩爆孕育过程的机制、预警与动态调控 [M]. 北京：科学出版社，2013.

[15] 冯夏庭，张传庆，李邵军，等. 深埋硬岩隧洞动态设计方法 [M]. 北京：科学出版社，2013.

[16] 蔡美峰，何满潮，刘东艳. 岩石力学与工程 [M]. 北京：科学出版社，2013.

[17] 任建喜，年廷凯. 岩土工程测试技术 [M]. 武汉：武汉理工大学出版社，2009.

[18] 刘尧军，叶朝良. 岩土工程测试技术 [M]. 重庆：重庆大学出版社，2013.

[19] 邢皓枫，徐超，石振明. 岩土工程原位测试 [M]. 上海：同济大学出版社，2015.

[20] 王立忠. 岩土工程现场监测技术及其应用 [M]. 浙江：浙江大学出版社，2000.

[21] 费业泰. 误差理论与数据处理 [M]. 北京：机械工业出版社，2015.

[22] 沈扬，张文慧. 岩土工程测试技术 [M]. 北京：冶金工业出版社，2017.

[23] 胡圣武，肖本林. 现代测量数据处理理论与应用 [M]. 北京：测绘出版社，2016.

[24] 翟国栋. 误差理论与数据处理 [M]. 北京：科学出版社，2016.

[25] 孔德仁，朱蕴璞，狄长安. 工程测试技术 [M]. 北京：科学出版社，2018.

[26] Feng X T. Rockburst：Mechanisms，Monitoring，Warning，and Mitigation [M]. Elsevier，2018.

[27] 李晓莹，张新荣，任海果. 传感器与测试技术 [M]. 北京：高等教育出版社，2019.

[28] 赵兴东，徐帅. 矿用三维激光数字测量原理及其工程应用 [M]. 北京：冶金工业出版社，2016.

[29] 宰金珉，王旭东，徐洪钟. 岩土工程测试与监测技术 [M]. 北京：中国建筑工业出版社，2016.

[30] 盛虞. 实用微震监测技术应用指南 [M]. 北京优赛科技有限公司，2009.

[31] 张传庆，卢景景，陈珺，等. 岩爆倾向性指标及其相互关系探讨 [J]. 岩土力学，2017，38（5）：1397-1404.

[32] Mendecki D. Seismic Monitoring in Mines [M]. Chapman & Hall, 1997.

[33] Xiao Y X, Feng X T, Hudson J A, et al. ISRM Suggested Method for in Situ Microseismic Monitoring of the Fracturing Process in Rock Masses [J]. Rock Mechanics and Rock Engineering, 2016, 49: 843-869.

[34] 李夕兵，宫凤强，王少锋，等．深部硬岩矿山岩爆的动静组合加载力学机制与动力判据 [J]. 岩石力学与工程学报，2019，38 (4)：708-723.

[35] 张义平，李夕兵，左宇军．爆破振动信号的 HHT 分析与应用 [M]. 北京：冶金工业出版社，2008.

[36] 宋光明．爆破振动小波包分析理论与应用研究 [M]. 长沙：国防科技大学出版社，2008.

[37] 中华人民共和国国家质量监督检验检疫总局，中国国家标准化管理委员会．中华人民共和国国家标准，GB 6722—2014 爆破安全规程 [S]. 中华人民共和国国家质量监督检验检疫总局，中国国家标准化管理委员会，2014.

[38] 中国爆破行业协会．团体标准，T/CSEB 0008—2019 爆破振动监测技术规范 [S]. 中国爆破行业协会，2019.

[39] 言志信，王后裕．爆破地震效应及安全 [M]. 北京：科学出版社，2011.

[40] 杨年华．爆破振动理论与测控技术 [M]. 北京：中国铁道出版社，2014.

[41] 钟冬望，林大泽，肖绍清．爆破安全技术 [M]. 武汉：武汉工业大学出版社，1992.

[42] 孟吉复，惠鸿斌．爆破测试技术 [M]. 武汉：武汉工业大学出版社，1992.

[43] 卢宏建，李示波，李占金．动态开挖扰动下采空区围岩稳定性分析与监测 [M]. 北京：冶金工业出版社，2017.

[44] 宋卫东，付建新，谭玉叶．金属矿山采空区灾害防治技术 [M]. 北京：冶金工业出版社，2015.

[45] 付建新，宋卫东，杜翠凤，等．硬岩矿山采空区损伤失稳机制与稳定性控制技术 [M]. 北京：冶金工业出版社，2016.

[46] 河南省质量技术监督局．河南省地方标准，DB41/T 1523—2018 金属非金属地下矿山采空区安全技术规程 [S]. 河南省质量技术监督局，2018.

[47] 中华人民共和国交通运输部．中华人民共和国行业推荐性标准，JTG/TD 31-03—2011 采空区公路设计与施工技术细则 [S]. 中华人民共和国交通运输部，2011.

[48] 湖南省质量技术监督局．湖南省地方标准，DB43/T 1385—2018 金属非金属矿山采空区安全风险分级标准 [S]. 湖南省质量技术监督局，2018.

[49] 经来旺，张浩，郝朋伟．套筒致裂法测试地应力原理、技术与应用 [M]. 合肥：中国科学技术大学出版社，2012.

[50] 张景和，孙宗颀．地应力、裂缝测试技术在石油勘探开发中的应用 [M]. 北京：石油工业出版社，2001.

[51] 汤康民．岩土工程 [M]. 武汉：武汉工业大学出版社，2001.

[52] 经来旺，雷成祥，郝朋伟，等．超深矿井岩石巷道及井筒快速施工综合技术研究 [M]. 武汉：武汉理工大学出版社，2014.

[53] 李智毅，唐辉明．岩土工程勘察 [M]. 武汉：中国地质大学出版社，2000.

[54] 李造鼎．岩体测试技术 [M]. 北京：冶金工业出版社，1983.

[55] None. Suggested methods for monitoring rock movements using borehole extensometers [J]. International Journal of Rock Mechanics and Mining Sciences & Geomechanics Abstracts, 1978, 15 (6): 305-317.

[56] Li S J, Feng X T, Hudson J A. ISRM suggested method for measuring rock mass displacement using a sliding micrometer [J]. Rock Mechanics & Rock Engineering, 2013, 46 (3): 645-653.

[57] Ulusay R. The ISRM suggested methods for rock characterization, testing and monitoring: 2007-2014 [M]. Springer, Cham: 2015-01-01.

[58] Li S J, Feng X T, Wang C Y, et al. ISRM Suggested Method for Rock Fractures Observations Using a

Borehole Digital Optical Televiewer [J]. Rock Mechanics & Rock Engineering, 2013, 46 (3): 635-644.

[59] 李邵军，张东生，冯夏庭，等．岩体工程单孔多点光纤光栅空心包体三维应力测试装置 [P]. 中国科学院武汉岩土力学研究所：CN201410539814. 2，2015-01-14.

[60] 程远．基于光纤光栅的深部围岩三维扰动应力测试技术及应用 [D]. 北京：中国科学院大学，2018.

[61] Takahashi T, Takeuchi T, Sassa K. ISRM suggested methods for borehole geophysics in rock engineering [J]. International Journal of Rock Mechanics & Mining Sciences, 2006, 43 (3): 337-368.

[62] 李邵军，冯夏庭，张春生，等．深埋隧洞 TBM 开挖损伤区形成与演化过程的数字钻孔摄像观测与分析 [J]. 岩石力学与工程学报，2010，29 (6)：1106-1112.

[63] 黄仁东，刘敦文，徐国元，等．探地雷达在厂坝铅锌矿采空区探测中的试验与应用 [J]. 有色矿山，2003 (6)：1-3.

[64] 中国建筑出版传媒有限公司．JGJ/T 456—2019　雷达法检测混凝土结构技术标准 [S]. 北京：中国建筑出版传媒有限公司，2019.

[65] 丁荣胜，张殿成，王仕昌，等．高密度电阻率法和地震映像法在采空区勘察中的应用 [J]. 物探与化探，2010，34 (6)：732-736.

[66] 石林珂，刘洪一，冷元宝．高密度电阻率法在采空区探测中的应用 [J]. 华北水利水电学院学报，2010，31 (5)：122-124.

[67] 中华人民共和国住房和城乡建设部，中华人民共和国国家质量监督检验检疫总局．GB 50086—2015　岩土锚杆与喷射混凝土支护工程技术规范 [S]. 中华人民共和国住房和城乡建设部，中华人民共和国国家质量监督检验检疫总局，2015.

[68] 罗刚，黄纪村．白鹤滩水电站预应力锚索荷载损失机理研究 [J]. 山西建筑，2018，44 (11)：59-61.

[69] 胡旭阳，朱赵辉，李秀文，等．白鹤滩水电站左岸地下主副厂房上部开挖围岩稳定监测分析 [J]. 三峡大学学报（自然科学版），2016，38 (5)：36-40.

[70] 江权，樊义林，冯夏庭，等．高应力下硬岩卸荷破裂：白鹤滩水电站地下厂房玄武岩开裂观测实例分析 [J]. 岩石力学与工程学报，2017，36 (5)：1076-1087.

[71] 江权，史应恩，蔡美峰，等．深部岩体大变形规律：金川二矿巷道变形与破坏现场综合观测研究 [J]. 煤炭学报，2019，44 (5)：1337-1348.

[72] 中冶集团建筑研究总院，CECS 22—2005，岩土锚杆（索）技术规程 [S]. 中冶集团建筑研究总院，2005.

[73] 王川婴，Tim L. 钻孔摄像技术的发展与现状 [J]. 岩石力学与工程学报，2005 (19)：42-50.

[74] 李果．新型柔性测斜装置深部位移监测工程实例详解 [M]. 成都：西南交通大学出版社，2016.

[75] 陈成宗．工程岩体声波探测技术 [M]. 北京：中国铁道出版社，1990.

[76] 陈哲，章中良，吴魁彬．单孔与跨孔波速测试在工程中的应用 [J]. 地质学刊，2010，34 (2)：192-195.

[77] 董树巍，刘伟强．波速测试在岩土工程勘察中的应用 [J]. 科技信息，2011 (4)：357-358.

[78] 胡龙胜，覃继．跨孔波速测试技术在沉积地层中的应用 [J]. 水运工程，2013 (7)：114-117.

[79] 赵奎，袁海平．矿山地压监测 [M]. 北京：化学工业出版社，2009.

[80] 纪洪广．混凝土材料声发射性能研究与应用 [M]. 北京：煤炭工业出版社，2004.

[81] 夏才初．岩土与地下工程监测 [M]. 北京：中国建筑工业出版社，2017.

[82] 康红普．煤岩体地质力学原位测试及在围岩控制中的应用 [M]. 北京：科学出版社，2013.

[83] 廖红建，赵树德．岩土工程测试 [M]. 北京：机械工业出版社，2007.

[84] 李迪，马水山，张保军，等．工程岩体变形与安全监测 [M]. 武汉：长江出版社，2006.

[85] 唐建中，于春生，刘杰．岩土工程变形监测［M］．北京：中国建筑工业出版社，2016.
[86] 约翰·邓尼克利夫，卢正超，黎利兵，等．岩土工程监测［M］．北京：中国质检出版社，2013.
[87] 全海．三维水压致裂法地应力测试在水电工程中的应用［J］．四川水力发电，2017，36（1）：75-80.
[88] 钟山，江权，冯夏庭，等．锦屏深部地下实验室初始地应力测量实践［J］．岩土力学，2018，39（1）：356-366.